普通高等教育"十三五"规划教材

环境微生物学
第三版

乐毅全　王士芬　主编

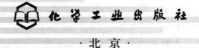

·北京·

本书在汲取国内外众多优秀教材、文献资料的基础上，阐述了与环境工程、市政工程等环境领域有关的微生物及其生命活动规律；从细胞、分子或种群等不同水平上研究环境微生物的形态构造、生理代谢、遗传变异和生态分布等，并从微生物与物质循环的角度叙述了微生物在自然界中的地位和作用；书中还介绍了生物学新技术在环境微生物学领域的应用，并含有与其配套的环境微生物学实验。本书内容全面，文字简明，概念清晰，书中各章节前均有"学习重点"，章节后附有"建议阅读""本章小结"和"思考与实践"，力求重点突出，便于教师备课和学生学习。

　　本书适合作为高等学校环境科学、环境工程等专业本科生的教材，也可作为相关专业的研究生教材，并可供从事环境领域研究工作的人员参考。

图书在版编目（CIP）数据

环境微生物学/乐毅全，王士芬主编. —3 版. —北京：
化学工业出版社，2018.8 （2023.9重印）
普通高等教育"十三五"规划教材
ISBN 978-7-122-32440-5

Ⅰ.①环… Ⅱ.①乐…②王… Ⅲ.①环境微生物学-
高等学校-教材 Ⅳ.①X172

中国版本图书馆 CIP 数据核字（2018）第 135241 号

责任编辑：满悦芝　　　　　　　　　　　　文字编辑：王　琪
责任校对：边　涛　　　　　　　　　　　　装帧设计：张　辉

出版发行：化学工业出版社（北京市东城区青年湖南街 13 号　邮政编码 100011）
印　　装：三河市延风印装有限公司
787mm×1092mm　1/16　印张 16¾　字数 428 千字　2023 年 9 月北京第 3 版第 8 次印刷

购书咨询：010-64518888　　　售后服务：010-64518899
网　　址：http://www.cip.com.cn

定　　价：49.80 元

第三版前言

古语云：学然后知不足，教然后知困，知不足然后能自反，知困然后能自强，故曰教学相长也。《环境微生物学》教材第二版自 2011 年出版已经 7 年多了，在实际使用教学过程中，我们越来越觉得原来的教材存在一些不足，加上环境科学和环境微生物学理论和技术的不断发展，适时对原来的教材进行修订的必要性也逐渐显现出来。

感谢化学工业出版社的编辑，使我们有机会对本教材进行再次修订。

本次修订，我们考虑到原来教材的基本结构和章节还是比较合理适用的，故未对此做大的变动。与第二版相比，第三版对部分原有章节进行了知识点补充和更新，另外，也删去了一些内容，主要变动有：在第 1 章绪论部分，强化了对原核细胞和真核细胞的比较内容；在第 3 章的细菌部分，删去了对具体细菌种类的介绍；在第 5 章的合成代谢方面，增加了对合成代谢的总体叙述；对第 7 章的遗传变异部分的一些内容，也进行了修改；在第 11 章的新技术方面，增加了对高通量测序技术的介绍；在第 12 章的实验部分，则增加了两个实验，都是围绕着分子生物学技术在环境微生物学方面应用的基础实验。同时，也对思考题、参考文献等做了一些微调。

本次教材修订仍然由之前的编写人员承担，由乐毅全、王士芬主编，王磊参与了新技术部分的编写工作，付小花参与了实验部分的编写工作。感谢在编写修订过程中，周群英教授、陈银广教授等对我们的支持和帮助。同时，也要感谢对我们的工作予以支持帮助的唐贤春和张娴等老师，我们的教材中也吸收了他（她）们的工作成果。

通过本教材的修订，希望能为环境微生物学的教学提供更多更好的选择，能为本课程的课程建设做出贡献，这是我们这些长期从事环境微生物学教学工作的教师的最大心愿。衷心希望有关专家和读者对我们的工作提出批评指正。

编　者
2018 年 4 月

第一版序

随着人口的增长和各种新兴工业的飞速发展，进入环境的污染物种类和数量越来越多，全球正面临着越来越突出的环境污染问题。当代人类的发展应考虑到不危及后代人的需求和发展，所以，"可持续发展理论"广为世界各国所接受和重视。我国人口基数大、人均资源少、环境问题多，在经济和科技相对落后的条件下，虽然实现了经济快速发展，但从长远来看，要使国民经济和社会长期保持稳定健康发展，必须实行可持续发展战略。

微生物在自然界生态系统中占有特殊地位，发挥着极其重要的作用。微生物的生命活动，使地球上的非生命组分与生物联系了起来。环境治理的主要任务之一就是利用微生物的生命活动不断清除地球上的"垃圾"，改善人类的生存环境，提高人类的生活质量。

随着社会的进步，环境微生物与环境保护的关系越来越受到人们的重视。人类自工业革命尤其是 20 世纪以来，由于过分破坏和掠夺大自然，生态环境严重恶化。人类文明是人类活动与环境条件相互作用的产物，但是，文明的进步使人类极大地改变了自然环境条件，以致不断恶化的环境反过来抑制了文明的进步。许多有识之士认为，未来的世纪是人类向大自然偿还生态债的世纪，是修复地球的世纪，其中微生物学工作者的作用至关重要。这是因为：微生物是占地球表面积 70％以上的海洋和其他水体中光合生产力的基础，是一切食物链的重要环节，是自然界重要元素循环的首要推动者，更是废水生物处理等各项环境治理中的工作主体。

环境微生物学是一门历史较短、发展较快、学科交叉和广泛联系实际的学科，具有内容覆盖面广和跨度大等特点。环境微生物学研究与环境工程、市政工程等环境领域有关的微生物及其生命活动规律，它从细胞、分子或群体等不同水平上研究环境微生物的形态构造、生理代谢、遗传变异和生态分布等。环境微生物学的实验方法和技术，例如显微镜和有关制片及染色技术、消毒灭菌技术、纯种分离和培养技术以及分子生物学的手段和方法等，正在环境领域发挥着独特的作用。

本教材在汲取国内外众多的教材、文献资料的基础上，阐述了环境微生物学的基本原理和应用，介绍了有关动向及发展趋势，努力反映学科前沿进展；内容全面，重点突出，文字简明，概念清楚，各章节均有要点提示，并采用图解、表格的形式来提高信息密度和信息质量，有利于学生加深理解并增强记忆。本教材还包括与其配套的微生物学实验，是编者多年来教学与科研实践的积累。

本教材的编写，配合了当前环境工程和环境科学作为一级学科的发展需要，与原来的环境工程微生物学相比，适当增加内容，拓宽了应用范围，增强了适应性。这是一本与时俱进的教材，对推动学科建设是十分有益的。

顾国维

2005 年 1 月于同济大学

第一版前言

微生物在环境中充当着极其重要的角色，它在自然界的生态平衡和物质循环中起着不可替代的作用。同时，在环境污染和治理方面，微生物也起着重要作用。环境微生物是大专院校环境专业学生（包括环境工程、给水排水工程和环境科学等）的专业基础课程。环境微生物学的内容十分广泛，而且该学科近年来的发展十分迅速，一些生物学的新技术手段被不断应用到环境领域中，在教学过程中应尽量全面反映本学科的内容和新进展。如何在有限的教学时间内，既让学生了解掌握环境微生物学的基本知识和技能，同时又能让他们了解本学科领域的最新发展，成为教学过程中的难题。而一本合适的教材，对解决上述难题是十分重要的。因此，编者在总结多年教学经验的基础上，在原来《环境工程微生物学》教材的基础上，汲取同类教材的优点，编写成本教材。

本教材在编排上突出下列特点：一是保持环境微生物学领域传统内容基本不变，同时，为使学生及时了解本学科的发展趋势，注意反映本学科较新的一些动态情况，特别是本教材结合了环境微生物学在环境领域的应用；二是注意在教材内容上，重点性和广泛性相结合，突出重点，在每个章节前列出"学习重点"，在章节后以"小结"的形式再次强调，而对于一些非重点的或扩展性的内容，则加以简要叙述或以"建议阅读"的形式列出，引导学生从课外阅读中去获取更多更新的知识，以开拓自己的专业知识面。

本教材共分 12 章，其中第 1 章为绪论，主要介绍环境微生物学的发展和生物学基础知识；第 2～4 章介绍了在环境中存在的微生物主要种类和特点；第 5 章介绍了微生物的生理和代谢；第 6 章介绍了微生物生长和环境因子对微生物的影响；第 7 章的内容是微生物的遗传和变异；第 8 章是微生物的生态，介绍在各种环境条件下微生物的存在和变化；第 9 章则从微生物与物质循环的角度叙述了微生物在自然界中的地位和作用；第 10 章从实际应用的角度介绍了在环境领域中微生物所起的作用；第 11 章介绍了一些生物学新技术在环境微生物学领域的应用；第 12 章是环境微生物学实验，包括环境微生物中主要的、也是最基本的实验内容。

本教材由乐毅全负责第 1～4 章和第 6～11 章的编写，王士芬负责第 5 章和第 12 章的编写。编者在编写过程中参阅了大量国内外的最新教材和资料，在此向有关作者致以谢忱。周群英教授审阅了本书并提出许多宝贵意见，另外，承蒙顾国维教授为本书作序，在此一并感谢。

限于编者水平，难免存在不妥和错误之处，敬请有关专家和读者批评指正。

编　者
2005 年 1 月于同济大学

目　录

1　绪论 ………………………………………… 1
- 1.1　环境微生物学的形成和发展 ………… 1
- 1.2　环境微生物学的研究对象和任务 …… 2
  - 1.2.1　环境微生物学的研究内容 ……… 2
  - 1.2.2　学习环境微生物学的意义 ……… 3
- 1.3　微生物的概述 …………………………… 3
  - 1.3.1　微生物的定义 …………………… 3
  - 1.3.2　微生物的特点 …………………… 4
  - 1.3.3　微生物的分类 …………………… 6
  - 1.3.4　微生物的命名 …………………… 8

2　病毒 ………………………………………… 10
- 2.1　病毒的特征和分类 …………………… 10
  - 2.1.1　病毒的特点 ……………………… 10
  - 2.1.2　病毒的分类和命名 ……………… 10
- 2.2　病毒的形态和结构 …………………… 11
  - 2.2.1　病毒的形态和大小 ……………… 11
  - 2.2.2　病毒的化学组成和结构 ………… 12
  - 2.2.3　病毒的宿主 ……………………… 13
- 2.3　亚病毒和新兴病毒 …………………… 14
  - 2.3.1　类病毒 …………………………… 14
  - 2.3.2　拟病毒 …………………………… 14
  - 2.3.3　朊病毒 …………………………… 14
  - 2.3.4　新兴病毒 ………………………… 15
- 2.4　病毒的增殖过程 ……………………… 15
  - 2.4.1　病毒的增殖过程 ………………… 15
  - 2.4.2　毒性噬菌体和温和噬菌体 ……… 16
- 2.5　病毒的培养和计数 …………………… 17
  - 2.5.1　病毒的培养特征 ………………… 17
  - 2.5.2　病毒的培养基 …………………… 17
  - 2.5.3　动物病毒的空斑实验 …………… 17
  - 2.5.4　噬菌体的培养和测定 …………… 18
- 2.6　环境因子对病毒的影响和病毒的
  存活 ……………………………………… 18
  - 2.6.1　物理因素的影响 ………………… 18
  - 2.6.2　化学因素的影响 ………………… 19
  - 2.6.3　病毒的存活 ……………………… 19

3　原核微生物 ……………………………… 22
- 3.1　细菌 …………………………………… 22
  - 3.1.1　细菌的个体形态和大小 ………… 22
  - 3.1.2　细菌的细胞结构 ………………… 23
  - 3.1.3　细菌的繁殖 ……………………… 29

- 3.1.4　细菌的培养特征 ………………… 29
- 3.1.5　细菌的物理化学性质 …………… 31
- 3.1.6　细菌的分类和鉴定 ……………… 33
- 3.2　古菌 …………………………………… 38
  - 3.2.1　古菌的研究 ……………………… 38
  - 3.2.2　古菌的特点 ……………………… 38
  - 3.2.3　古菌的分类 ……………………… 39
  - 3.2.4　古菌在生物界的特殊地位 ……… 40
- 3.3　放线菌 ………………………………… 41
  - 3.3.1　放线菌的形态和大小 …………… 41
  - 3.3.2　放线菌的菌落形态 ……………… 41
  - 3.3.3　放线菌的生活史和繁殖 ………… 42
  - 3.3.4　放线菌的主要类群 ……………… 42
  - 3.3.5　放线菌在自然界中的分布和
    在生产实际中的应用 …………… 43
- 3.4　蓝细菌 ………………………………… 43
  - 3.4.1　蓝细菌的特点 …………………… 43
  - 3.4.2　蓝细菌的分类 …………………… 43
  - 3.4.3　蓝细菌的分布与生态 …………… 44
- 3.5　其他原核微生物 ……………………… 44
  - 3.5.1　螺旋体 …………………………… 44
  - 3.5.2　立克次体 ………………………… 45
  - 3.5.3　衣原体 …………………………… 45
  - 3.5.4　支原体 …………………………… 45

4　真核微生物 ……………………………… 48
- 4.1　原生动物 ……………………………… 48
  - 4.1.1　原生动物的一般特征 …………… 48
  - 4.1.2　原生动物的分类及各纲简介 …… 49
- 4.2　微型后生动物 ………………………… 54
  - 4.2.1　轮虫 ……………………………… 54
  - 4.2.2　线虫 ……………………………… 54
  - 4.2.3　寡毛类 …………………………… 55
  - 4.2.4　浮游甲壳动物 …………………… 55
- 4.3　真核藻类 ……………………………… 55
  - 4.3.1　真核藻类的一般特征 …………… 55
  - 4.3.2　藻类的分类及各门特征简介 …… 56
  - 4.3.3　藻类与环境保护 ………………… 60
- 4.4　真菌 …………………………………… 61
  - 4.4.1　真菌的一般特点 ………………… 61
  - 4.4.2　真菌的分类 ……………………… 61
  - 4.4.3　酵母菌 …………………………… 61

　　　4.4.4　霉菌 ……………………… 62
　　　4.4.5　伞菌 ……………………… 66
5　微生物的生理 …………………… 68
　5.1　生物生命活动的催化剂——酶 … 68
　　　5.1.1　酶的概念 ………………… 68
　　　5.1.2　酶的催化特性 …………… 68
　　　5.1.3　酶的组成 ………………… 69
　　　5.1.4　酶蛋白的结构 …………… 70
　　　5.1.5　酶的活性中心和酶与底物结合的
　　　　　　机理 ………………………… 71
　　　5.1.6　酶的分类与命名 …………… 72
　　　5.1.7　酶活力和影响酶活力的因素 …… 73
　5.2　微生物的营养 ………………… 76
　　　5.2.1　微生物的化学组成 ……… 76
　　　5.2.2　微生物的营养物质和营养类型 … 77
　　　5.2.3　微生物的培养基 …………… 79
　　　5.2.4　微生物对底物进行代谢的过程 … 80
　5.3　微生物的能量代谢 …………… 82
　　　5.3.1　生物氧化概述 …………… 82
　　　5.3.2　生物氧化的类型 …………… 83
　　　5.3.3　发光现象 ………………… 89
　5.4　微生物的合成代谢 …………… 89
　　　5.4.1　合成代谢概述 …………… 89
　　　5.4.2　产甲烷菌的合成代谢 …… 91
　　　5.4.3　化能自养微生物的合成代谢 … 91
　　　5.4.4　光合作用 ………………… 91
　　　5.4.5　异养微生物的合成代谢 … 93
　　　5.4.6　初级代谢与次级代谢 …… 93
6　微生物的生长与环境因子的影响 … 96
　6.1　微生物的生长 ………………… 96
　　　6.1.1　微生物生长繁殖的概念 … 96
　　　6.1.2　微生物的培养方法和生长曲线 … 96
　　　6.1.3　微生物生长曲线在废水微生物
　　　　　　处理中的应用 ……………… 101
　　　6.1.4　微生物生长繁殖的测定 … 102
　　　6.1.5　微生物的死亡及其测定 … 103
　6.2　影响微生物生长的环境因子 … 103
　　　6.2.1　温度 ……………………… 103
　　　6.2.2　pH ……………………… 106
　　　6.2.3　氧化还原电位 …………… 107
　　　6.2.4　溶解氧 …………………… 107
　　　6.2.5　辐射 ……………………… 109
　　　6.2.6　水的活度与渗透压 ……… 110
　　　6.2.7　重金属 …………………… 111
　　　6.2.8　若干有机物 ……………… 111
　　　6.2.9　抗生素 …………………… 112

　　　6.2.10　其他因素 ……………… 113
7　微生物的遗传和变异 …………… 116
　7.1　微生物的遗传和变异现象和意义 … 116
　　　7.1.1　微生物的遗传和变异现象概述 … 116
　　　7.1.2　遗传和变异的意义 ……… 117
　7.2　微生物的遗传 ………………… 117
　　　7.2.1　遗传和变异的物质基础——
　　　　　　DNA ……………………… 117
　　　7.2.2　DNA的结构与复制 …… 121
　　　7.2.3　DNA的变性和复性 …… 123
　　　7.2.4　RNA及其作用 ………… 124
　　　7.2.5　微生物生长与蛋白质合成 … 126
　　　7.2.6　微生物的细胞分裂 ……… 127
　7.3　微生物的变异 ………………… 127
　　　7.3.1　变异的实质 ……………… 127
　　　7.3.2　基因突变的特点和类型 … 127
　　　7.3.3　基因重组 ………………… 130
　　　7.3.4　基因工程及在环境保护中的
　　　　　　应用 ………………………… 132
8　微生物生态学 …………………… 137
　8.1　生态学原理 …………………… 137
　　　8.1.1　生态学的定义和研究内容 … 137
　　　8.1.2　种群和群落 ……………… 138
　　　8.1.3　生态系统 ………………… 139
　　　8.1.4　生态平衡 ………………… 141
　　　8.1.5　微生物生态系统与微生物
　　　　　　生态学 …………………… 142
　8.2　土壤中的微生物 ……………… 142
　　　8.2.1　土壤的生态条件 ………… 142
　　　8.2.2　微生物在土壤中的数量、
　　　　　　种类和分布 ………………… 143
　　　8.2.3　土壤自净和污染土壤微生物
　　　　　　生态 ………………………… 144
　8.3　空气中的微生物 ……………… 145
　　　8.3.1　空气的生态条件 ………… 145
　　　8.3.2　空气微生物的来源、特点和
　　　　　　种类 ………………………… 145
　　　8.3.3　空气微生物的卫生标准及生物
　　　　　　洁净技术 …………………… 146
　8.4　水体中的微生物 ……………… 148
　　　8.4.1　水体中的微生物群落 …… 148
　　　8.4.2　水体自净和污染水体的微生物
　　　　　　生态 ………………………… 150
　　　8.4.3　水体富营养化 …………… 155
　8.5　微生物之间及其与动物、植物
　　　之间的相互关系 ………………… 157

8.5.1 微生物之间的相互关系 ……… 157

8.5.2 微生物与高等植物之间的相互

关系 ………………………… 158

8.5.3 微生物与人类和动物之间的

相互关系 ………………… 159

9 微生物在环境物质循环中的作用 …… 163

9.1 自然界的物质循环 …………… 163

9.1.1 物质循环与生物 ………… 163

9.1.2 水循环是物质循环的核心 … 164

9.2 微生物与碳循环 ……………… 164

9.2.1 碳循环的过程 …………… 164

9.2.2 微生物在碳循环中的作用 … 165

9.2.3 微生物对主要含碳化合物的

转化和分解过程 ………… 165

9.3 微生物与氮循环 ……………… 170

9.3.1 氮循环的过程 …………… 170

9.3.2 微生物在氮循环中的作用 … 171

9.4 微生物与硫循环 ……………… 174

9.4.1 硫循环的过程 …………… 174

9.4.2 微生物在硫循环中的作用 … 174

9.5 微生物与磷循环 ……………… 176

9.5.1 磷循环的过程 …………… 176

9.5.2 微生物在磷循环中的作用 … 176

10 微生物和环境污染控制与治理 …… 179

10.1 废水好氧生物处理中的微生物 … 179

10.1.1 好氧活性污泥法 ………… 179

10.1.2 好氧生物膜法 …………… 185

10.1.3 氧化塘 ………………… 186

10.2 厌氧生物处理中的微生物 …… 187

10.2.1 厌氧消化——甲烷发酵 … 188

10.2.2 光合细菌处理高浓度有机

废水 …………………… 189

10.2.3 含硫酸盐废水的厌氧处理 … 189

10.3 废水的脱氮和除磷 …………… 190

10.3.1 废水脱氮和除磷的目的与

意义 …………………… 190

10.3.2 废水生物脱氮原理及工艺 … 190

10.3.3 废水生物除磷原理及工艺 … 192

10.4 有机固体废物处理中的微生物 … 194

10.4.1 堆肥法 ………………… 194

10.4.2 填埋法及渗滤液 ………… 195

10.5 废气生物处理中的微生物 …… 195

10.5.1 废气的处理方法 ………… 195

10.5.2 含硫恶臭污染物及 NH_3、CO_2

的微生物处理 ………… 196

10.6 环境监测与微生物 …………… 197

10.6.1 水体污染的生物检验 …… 197

10.6.2 利用微生物检测环境毒性的

方法 …………………… 197

10.7 环境生物修复技术与微生物 … 198

10.7.1 环境生物修复技术概述 … 198

10.7.2 环境生物修复技术的类型 … 199

10.7.3 环境生物修复中的微生物 … 200

10.7.4 环境生物修复的发展前景 … 200

10.8 微生物与大气 CO_2 固定 …… 201

10.8.1 微生物固定 CO_2 的机理 … 201

10.8.2 固定 CO_2 的微生物种类 … 202

10.8.3 环境中的固碳微生物 …… 202

11 微生物学新技术在环境科学

领域中的应用 ……………… 205

11.1 固定化技术 …………………… 205

11.1.1 固定化酶和固定化微生物的

定义和特点 …………… 205

11.1.2 酶的分离提纯 …………… 206

11.1.3 酶的固定化方法 ………… 206

11.1.4 细胞的固定化方法 ……… 207

11.1.5 固定化酶和固定化微生物在

环境工程中的应用 …… 207

11.2 微生物絮凝剂 ………………… 207

11.2.1 微生物絮凝剂的特点 …… 208

11.2.2 微生物絮凝剂的结构组成和

化学本质 ……………… 208

11.2.3 微生物絮凝剂的絮凝机理 … 209

11.2.4 微生物絮凝剂的合成和应用 … 210

11.3 分子生物技术在环境科学领域中的

应用 …………………… 211

11.3.1 核酸探针和 PCR 技术 … 211

11.3.2 16S rDNA 序列及其同源性的

分析 …………………… 212

11.3.3 生物芯片 ……………… 212

11.3.4 高通量测序技术 ………… 213

11.4 微生物非培养技术的原理与应用 … 214

11.4.1 环境中微生物的多样性和

非培养微生物 ………… 214

11.4.2 微生物非培养技术的原理、

特点 …………………… 214

11.4.3 微生物非培养技术的应用 … 216

12 环境微生物学实验 …………… 218

12.1 实验须知 ……………………… 218

12.2 光学显微镜的使用及原核微

生物的个体形态观察 ……… 218

12.2.1 实验目的 ……………… 218

12.2.2　实验材料与器皿 ·············· 218

12.2.3　普通光学显微镜的原理、结构 ·· 218

12.2.4　显微镜的使用 ·················· 221

12.2.5　实验内容 ······················ 221

12.2.6　思考题 ························· 221

12.3　真核微生物的个体形态观察 ········· 221

12.3.1　实验目的 ······················ 221

12.3.2　实验原理 ······················ 222

12.3.3　实验材料与器皿 ·············· 222

12.3.4　实验方法与步骤 ·············· 222

12.3.5　思考题 ························· 222

12.4　四大类微生物菌落形态的识别 ······· 222

12.4.1　实验目的 ······················ 222

12.4.2　实验原理 ······················ 222

12.4.3　实验材料与器皿 ·············· 223

12.4.4　实验方法与步骤 ·············· 223

12.4.5　思考题 ························· 224

12.5　微生物细胞的直接计数和细胞的
　　　显微测量 ······················· 224

12.5.1　实验目的 ······················ 224

12.5.2　实验原理 ······················ 224

12.5.3　实验材料与器皿 ·············· 225

12.5.4　实验方法与步骤 ·············· 225

12.5.5　思考题 ························· 226

12.6　细菌的简单染色和革兰染色 ········· 226

12.6.1　实验目的 ······················ 226

12.6.2　实验原理 ······················ 226

12.6.3　实验材料与器皿 ·············· 226

12.6.4　实验方法与步骤 ·············· 226

12.6.5　注意事项 ······················ 227

12.6.6　思考题 ························· 227

12.7　培养基的配制与灭菌 ··············· 227

12.7.1　实验目的 ······················ 227

12.7.2　实验原理 ······················ 227

12.7.3　实验材料与器皿 ·············· 228

12.7.4　实验方法与步骤 ·············· 228

12.7.5　思考题 ························· 230

12.8　活性污泥中细菌的纯种分离和
　　　培养 ··························· 230

12.8.1　实验目的 ······················ 230

12.8.2　实验原理 ······················ 230

12.8.3　实验材料与器皿 ·············· 231

12.8.4　实验方法与步骤 ·············· 231

12.8.5　思考题 ························· 233

12.9　纯培养菌体和菌落形态的观察 ······· 233

12.9.1　实验目的 ······················ 233

12.9.2　实验材料与器皿 ·············· 233

12.9.3　实验方法与步骤 ·············· 233

12.9.4　思考题 ························· 234

12.10　细菌淀粉酶的测定 ··············· 234

12.10.1　实验目的 ····················· 234

12.10.2　实验原理 ····················· 234

12.10.3　实验材料与器皿 ············· 234

12.10.4　实验方法与步骤 ············· 234

12.10.5　思考题 ······················ 235

12.11　细菌菌落总数的测定 ············· 235

12.11.1　实验目的 ····················· 235

12.11.2　实验原理 ····················· 235

12.11.3　实验材料与器皿 ············· 235

12.11.4　实验方法与步骤 ············· 235

12.11.5　思考题 ······················ 237

12.12　总大肠菌群的检测 ··············· 237

12.12.1　实验目的 ····················· 237

12.12.2　实验原理 ····················· 237

12.12.3　实验材料与器皿 ············· 237

12.12.4　实验方法与步骤 ············· 238

12.12.5　思考题 ······················ 239

12.13　耐热大肠菌群的检测 ············· 239

12.13.1　实验目的 ····················· 239

12.13.2　实验原理 ····················· 239

12.13.3　实验材料与器皿 ············· 240

12.13.4　实验方法与步骤 ············· 240

12.13.5　思考题 ······················ 241

12.14　环境样品中总 DNA 的提取 ········ 241

12.14.1　实验目的 ····················· 241

12.14.2　实验原理 ····················· 241

12.14.3　实验材料与器皿 ············· 242

12.14.4　实验方法与步骤 ············· 242

12.14.5　思考题 ······················ 243

12.15　PCR 扩增总 DNA 中 16S rDNA
　　　　基因片段及琼脂糖凝胶电泳 ···· 243

12.15.1　实验目的 ····················· 243

12.15.2　实验原理 ····················· 243

12.15.3　实验材料与器皿 ············· 244

12.15.4　实验方法与步骤 ············· 244

12.15.5　思考题 ······················ 245

附录 ······································ 246

附录一　教学常用染色液的配制 ·········· 246

附录二　常用染色方法 ·················· 247

附录三　教学用培养基 ·················· 248

附录四　总大肠菌群检索表（MPN 法）····· 251

参考文献 ·································· 254

1 绪　　论

学习重点：

　　了解环境微生物学的研究对象和研究内容；了解学习环境微生物学的意义；掌握微生物的定义、微生物分类和命名的基本方法；掌握微生物的基本特点及其对环境保护的意义。

1.1　环境微生物学的形成和发展

　　微生物个体微小，在自然界中广泛存在，并且起着巨大作用。随着环境问题的日益严重，环境科学得到迅速发展，而环境微生物学作为环境科学的一个重要分支，在 20 世纪 60 年代后期兴起，半个世纪来，已经逐渐发展成为一门独立的学科，在环境科学研究和环境问题解决中发挥着越来越大的作用，成为环境科学和环境工程的重要理论基础。

　　随着工农业生产的发展，人口增加，人类活动对环境的影响越来越大，其中大量的污染物质进入环境，给自然界造成的影响是空前的，自然的净化能力已经无法应对。从 20 世纪起，在发达国家首先出现严重的环境污染问题，相继出现公害事件，如美国洛杉矶的光化学烟雾、英国伦敦烟雾、日本四日市的哮喘病、熊本的水俣病以及神川的骨痛病等，对人类本身的生存造成极大的危害。我国也不例外，随着社会经济的迅猛发展，环境问题也日益凸显，目前我国的各主要江河湖泊都不同程度地被污染。在一些大中城市，不仅由于水污染问题出现水质型缺水，而且大气污染问题同样令人担忧，固体废物的处理现状也不理想。在农村地区，随着乡镇企业的发展和大量使用农药、化肥，各类污染问题也越来越严重。

　　一些发达国家从 20 世纪 50 年代开始治理环境，经过多年的努力，其环境质量已经有了明显的改善，其中一个众所周知的例子就是英国泰晤士河的治理，今天的泰晤士河河水变清，并有鱼类在其中生长。在我们国家，党和政府一贯高度重视环境保护问题，多年来，我国在环境保护方面投入了大量的人力、物力，相关的政策法规也日益完善，环境保护是我国的国策，但是环境问题的形成是个历史的过程，解决环境问题也不是一朝一夕的事情，我们仍然面临着许多困难，要做的工作仍然很多。

　　微生物在环境保护和环境治理中起着举足轻重的作用。微生物容易变异的特点使它具有无可比拟的多样性和适应性，能够对多种污染环境进行适应和治理。而现代生物学的发展促进了微生物学的发展，也同样使微生物在环境领域中的应用得到进一步拓展，人们对污染物高效降解菌的筛选驯化，污染物降解途径的研究，基因工程菌技术的进展，污染物工业化处理中涉及的反应器、机械、电力、供气、监测和控制技术的完善，对污染物的物理、化学、生物监测技术的进步等，都为环境污染控制打下了坚实的基础。

　　进入 21 世纪以来，可持续发展已经成为全人类的共识，一些新的环境问题不断出现，如全球 CO_2 的浓度增加所导致的气候变化、新的致命病毒流行等，都对环境微生物学工作者提出了新的要求，加强这方面的研究无疑是很有意义的。

1.2　环境微生物学的研究对象和任务

1.2.1　环境微生物学的研究内容

环境微生物学研究与环境科学有关的微生物及其生命活动规律，它是研究微生物和环境之间相互关系的科学。环境微生物学所针对的研究对象是在自然和人工环境中存在的微生物，其研究内容包括微生物的形态、细胞结构及其功能，微生物的营养、能量和物质的代谢、生长、繁殖、遗传、变异等方面的基础知识，也包括栖息在各种自然或人工环境中的微生物及其生态，饮用水的卫生细菌学，物质在自然界中的循环和转化，环境对污染物质的净化，以及污染物的微生物处理和污染环境的生物修复等方面的原理。

因此，环境微生物学是微生物学与环境科学的结合，属于边缘学科，也属于应用学科，既强调基础理论知识的学习，同时也十分强调这些知识在生产实际中的应用。

环境微生物学的研究任务是利用微生物来解决人们面临的各类环境问题。具体来说，就是要充分利用有益的微生物资源为人类造福，同时要防止、控制和消除微生物可能对人类造成的危害，化害为利。如消灭病原微生物和利用有益微生物来处理环境中的各种有害物质。

虽然有害的微生物是少数，但它们对人类的危害却很大。细菌、病毒、霉菌、变形虫等的某些种会引起人类的各种疾病，如肝炎、肠道传染病、伤风、感冒等；黄曲霉会产生具有强烈致癌作用的黄曲霉素；在农业、畜牧业、林业上的病害，许多与微生物有关；平时日常生活中食品及物品的腐败、霉变等。在环境领域中，同样会由于微生物的活动造成对人类生活、生产活动的危害，甚至危及人类本身的健康。如硫细菌和铁细菌的活动会引起管道堵塞与锈蚀；微生物的活动使进入环境中的汞被甲基化，产生毒性更大的甲基汞；在富营养化的水体中，由于一些藻类的活动所引起的湖泊"水华"和海洋"赤潮"等。

当然，不能由此形成错误的认识，似乎所有的微生物都是有害的，其实不然。事实上，除了少数有害微生物，更多的是有益微生物，它们给人类的生活、生产带来大量的好处，甚至可以说我们已经离不开这些微生物。自古以来，有益微生物就被人类广泛应用，传统的酿酒工艺，制酱、醋，发面等，都是人类对微生物的成功利用。到了近代，微生物被应用在发酵工业中生产乙醇、丙酮、各种有机酸、氨基酸、抗生素，在医药、印染、石油、矿业等行业中，都有成功利用微生物的例子。在农业生产上，微生物被用作农肥（如固氮菌肥，磷、钾细菌肥料等），用于植物病虫害的生物防治（如苏云金杆菌作为杀虫剂）等。在我们的日常生活中，同样离不开微生物，例如酸菜、酸牛奶的制作等，都需要在有益微生物的协助下完成。

在环境科学领域，同样可以看到微生物所发挥的巨大作用。

自然界（如水体）受到污染，人们当然可以采取一些物化指标（如特定污染物的浓度、pH、COD、BOD_5 等）来反映，但一般来说，测定这些指标比较麻烦，而且反映的综合性也不够。因此，人们开始注意到利用生物来监测环境的污染情况，这种方法称为生物监测，用于生物监测的生物称为指示生物。生物监测可以利用动物、植物，其中微生物也有着重要作用，例如在水体中，针对不同的污染程度，会出现不同种类和数量的微生物，由此可以判断水体的污染情况。

在环境污染治理中，需要对污染物质进行处理，处理废水、废物和废气的方法很多，其中生物处理法占重要地位。它具有经济、高效的优点，并且可以达到无害化。微生物是废物生物处理、净化环境的工作主体。到目前为止，生物治理仍然是最经济、有效的方法之一，特别是在废水的治理方面，已经有大量的应用实例。有关这方面的内容，将在以后的课程学习中进行详细的介绍。

今天，全球气候变暖已经成为一个不争的事实，而 CO_2 浓度增加被认为是其中的重要原因。在整个地球生态系统的物质循环过程中，微生物的作用是十分显著的，如何利用微生物（包括光合微生物和非光合微生物）来固定 CO_2，减缓温室效应，近年来受到许多研究者的青睐。这对保护环境、实现人类社会的长期可持续发展，是十分有意义的。

1.2.2　学习环境微生物学的意义

学习环境微生物学，对于每个从事环境科学领域工作的人都有着很重要的理论和实践意义。没有环境微生物学的知识，就无法去理解各类环境问题，也不可能去应用和开发新的微生物治理技术，因此，必须学习并掌握环境微生物学的知识。

通过学习环境微生物学，可以了解和揭示微生物在自然界中的地位和作用，了解微生物在物质和能量的转化、循环中所处的特殊地位和发挥的重要作用。微生物中的光合细菌、蓝细菌、微型藻类等，能利用光能进行有机物的合成，它们是生态系统中的初级生产者。更加重要的是，大多数微生物又是自然生态系统中的主要分解者，很难想象如果没有微生物的作用，地球表面将是什么样的情景。微生物的分解作用使有机物被分解，自然界的物质不断被循环，也就造就了今天生机勃勃的自然界。

通过学习环境微生物学，可以更清楚地认识环境问题的产生和造成危害的原因。微生物既能给人类带来福音，也会给人类带来危害，一些环境问题的产生有其生物学的背景和原因，有些微生物的活动会引起或加剧环境的污染，甚至会危及人类本身的健康，通过这方面的学习和研究，可以避免和防止微生物对人类及其环境引起的麻烦和危害。

通过学习环境微生物学，可以更好地掌握和应用各种生物处理技术。环境生物处理技术是建立在对体系内微生物的认识和利用的基础上的，微生物是个宝贵的资源库，要开发利用这个宝库，有效地利用微生物保护环境，同样需要我们对微生物有更加深入细致的了解和研究。

1.3　微生物的概述

1.3.1　微生物的定义

微生物是指所有形体微小，用肉眼无法看到，须借助于显微镜才能看见的单细胞或个体结构简单的多细胞或无细胞结构的低等生物的统称。因此，"微生物"不是分类学上的概念，而是一切微小生物的总称。

按照微生物有无细胞结构，微生物可分为非细胞结构的微生物（如病毒、类病毒、拟病毒等）和细胞结构的微生物。在具有细胞结构的微生物中，又可以根据细胞的特点，分为原核微生物和真核微生物两大类。

原核微生物是具有原核细胞的生物。原核细胞是一类比较原始的细胞，其细胞核发育不完善，只是 DNA 链高度折叠形成的一个核区，仅有核质，没有核膜，没有定形的细胞核，称为拟核或似核。原核细胞没有特异的细胞器，只有由细胞质膜内陷形成的不规则的泡沫结构体系，如间体和光合作用层片及其他内褶。原核细胞不进行有丝分裂。原核微生物包括各类细菌、放线菌、蓝细菌、黏细菌、立克次体、支原体、衣原体和螺旋体等。

真核微生物是具有真核细胞的生物。真核细胞有发育完善的细胞核，有核膜将细胞核和细胞质分开，核内有核仁和染色质。真核细胞有高度分化的细胞器，如线粒体、中心体、高尔基体、内质网、溶酶体和叶绿体等，担负着细胞的各种功能。真核细胞能进行有丝分裂。

真核微生物包括各类真核藻类、真菌（酵母菌、霉菌等）、原生动物以及微型后生动物等。原核细胞和真核细胞的结构见图 1-1。原核细胞和真核细胞的比较见表 1-1。

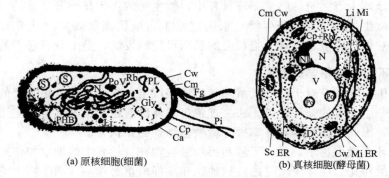

(a) 原核细胞(细菌)　　　　　　　　(b) 真核细胞(酵母菌)

图 1-1　原核细胞和真核细胞的结构

Cw—细胞壁；Cm—细胞膜；Cp—细胞质；N—细胞核；NI—核仁；Rb—核糖体；ER—内质网；
PL—质粒；D—高尔基体；Mi—线粒体；PHB—聚羟基丁酸；Li—脂肪粒；Po—聚磷酸颗粒；
S—硫内含物；Gly—糖原颗粒；V—液泡；Sc—芽痕；Pi—菌毛；Ca—荚膜；Fg—鞭毛

表 1-1　原核细胞与真核细胞的比较

特征		原核细胞	真核细胞
大小		较小(通常直径小于 $2\mu m$)	较大(通常直径大于 $2\mu m$)
结构组成	细胞壁	肽聚糖、脂多糖、磷壁酸	几丁质、多聚糖等
	细胞膜	无甾醇	有甾醇
	鞭毛	无 9＋2 结构	有 9＋2 结构
细胞核	核膜	无	有
	核结构	类核	完整的核结构
	染色体数	1 条	1 条以上
	核仁	无	有
繁殖		二分裂或菌丝断裂	有丝分裂
核糖体		(30＋50)70S	(40＋60)80S
细胞器		无(线粒体、叶绿体等)	有
呼吸链		定位于细胞膜,类型多样	线粒体膜,2 条

1.3.2　微生物的特点

（1）个体小、种类繁多　微生物是一类个体十分微小的生物。衡量微生物大小，一般用的度量单位是微米（μm），$1\mu m=10^{-3}\,mm$，$1\mu m=10^{-6}\,m$。一般的细菌大小为零点几微米至几微米，需要借助光学显微镜才能进行观察，而病毒则更小了（$<0.2\mu m$），需用电子显微镜才能看得见，需用纳米（$1nm=10^{-9}\,m$）来衡量。

微生物的种类数量是十分惊人的。有人估计，目前人们所了解的微生物总数，至多不超过生活在自然界中的微生物总数的 10%。由于近年来分离培养方法的改进，不断有新的微生物种类被发现和报道。

（2）分布广、代谢类型多样　在地球上，微生物的分布可谓无所不在，空气、土壤、水体等到处都有微生物存在，甚至在一些极端的场合（如高温、高毒、低温）下，高等生物无法生存，可仍然有微生物可以适应而生存下来，如温泉中。由于土壤中的各种条件最适合微生物生长，所以其中的微生物的数量和种类最多。

由于微生物的种类繁多，其营养要求和代谢途径各不相同，所以，微生物能对自然界中多种有机物和无机物发生作用，利用它们作为营养物质。凡在自然界存在的有机物，不管其结构如何复杂，都会在特定环境中被某种微生物利用、分解，有时一种微生物的分解能力是有限的，但在同一生境中会有多种微生物同时存在，共同代谢有机物的能力就会十分强大。例如假单胞菌属的一些种，可以分解 90 种以上的有机物，以其作为唯一的碳源和能源进行代谢，有些微生物还能利用有毒物质如酚、氰化物等作为营养物质，微生物这种对物质分解转化的能力，是其他任何生物都无法比拟的。因此，微生物在自然界的物质循环和转化中起着重要作用。

（3）繁殖快、代谢强度大　在适宜的环境条件下，大多数微生物能在十几分钟至二十分钟内完成一代的繁殖，例如大肠杆菌（$E.coli$），其繁殖一代的世代时间为 $17\sim20min$。

对于以二分裂方式进行繁殖的细菌，其数量的增加速度是十分惊人的，如大肠杆菌理论上在一昼夜可从一个个体增加到 4.7×10^{21} 个后代。当然由于种种限制，这种几何级数的增殖速度最多也只能维持几小时。有些微生物（如放线菌、霉菌）以产生孢子的方式进行繁殖，一个个体可以产生成千上万个孢子，每个孢子从理论上讲都是一个未来的个体，这种繁殖的潜力更加惊人。微生物的这种特性也使得它的培养十分容易，成为生产、科研的理想材料。

由于微生物形体微小，比表面积大，有利于细胞吸收营养物质和加强新陈代谢，因此，微生物具有很大的代谢能力。这一特性使微生物可以在短时间内迅速利用环境中的营养物质，而在环境治理中利用微生物迅速降解污染物质正是基于微生物的这一特性。

（4）数量多　由于微生物营养谱极广，生长繁殖速度快，代谢强度大，因此，在自然界的各种环境中，微生物存在的数量是极其多的，我们可以来看一看以下一系列微生物数量的数据：土壤是微生物最多的环境之一，在 1g 土壤中，细菌数量可达数亿个，放线菌孢子达数千万个，霉菌有数百万个，酵母菌有数十万个；正常情况下，生活在人体肠道内的细菌总数有 100 万亿个；新鲜植物叶片表面的微生物数量有 100 万个/g；在日常生活中，我们所使用的钞票，平均每张纸币上的细菌数量多达 900 万个；人在打喷嚏时，一个喷嚏中有 4500～150000 个细菌，感冒患者的一个喷嚏中的细菌数可多达 8500 万个；在生活污水中，每毫升水中含有数亿个细菌及其他种类的微生物。

由此可见，我们生活的地球上，微生物的数量是十分巨大的。

（5）易变异　由于微生物的结构比较简单，多为单细胞或接近于单细胞，通常都是单倍体，加上其繁殖快、数量多，并且微生物与外界环境直接接触，这使得微生物具有容易受到外界的影响而发生变异的特点。一些物理、化学因素，如紫外线、某些化学物质等，很容易使微生物出现变异，即使变异的概率很低（如 $10^{-10}\sim10^{-5}$），也会在短时间内出现大量变异的后代。所以当环境条件变化时，微生物会发生变异，其中适应并存活下来的微生物就会在生理和形态结构上发生适应性的变化。

微生物容易变异，既是优点，能使微生物容易适应外界环境的变化，同时又是缺点，会造成微生物特性的退化和消失。现代工业生产出大量原先在自然界并不存在的物质，进入环境后，开始很难被微生物降解，但由于微生物的适应性，一些能分解利用它们的微生物种类不断被发现；同时利用微生物容易变异的特点，人们还开发选育出新的微生物种类，在微生物药品、制剂等生产中被广泛应用；在环境保护中，也可以通过对微生物的驯化和选育提高对污染物降解的效率。当然同时，由于微生物的变异，也会带来诸如菌种退化、致病菌出现抗药性等不利的影响。

通过了解和掌握上述微生物的主要特点，可以在生产实践中更有效地利用微生物为人类服务。

1.3.3 微生物的分类

研究生物分类理论和技术方法的科学称为生物分类学。生物分类的目的有两个。一个目的是认识、研究和利用生物，地球上生存的生物数量是巨大的，据估计，动物约有150万种，如果包括亚种在内，可能超过200万种，植物约有40万种，至于微生物的种类就更多了。这样多的生物，如果没有科学的分类法，则对其认识将陷于杂乱无章的境地，无法进行调查研究，更说不上充分利用生物资源和防治有害生物了。生物分类的另一个目的是了解生物进化发展史，研究生物之间的亲缘关系。按照达尔文的进化理论，生物是进化的，各种生物之间存在亲缘关系，通过了解生物之间的进化关系，可以为我们了解诸如生命起源等重大问题提供科学依据。

在对各种生物进行细致观察的基础上，通过比较研究，找出它们的共同点和不同点，并将有许多共同点的类归并成一个种类，又根据它们的差异分成若干不同的种类，如此分门别类、顺序排列，形成分类系统。研究这种分类的学科就是分类学。在生物学上，对生物的分类采用按其生物属性和它们的亲缘关系有次序地分门别类排列成一个系统，系统中有七个等级：界、门、纲、目、科、属、种。每一种生物，包括微生物，都可在这个系统中找到相应的位置。其中种（species）是分类的基本单位，是自然界的客观存在。

在实际应用中，必要时，还可以在这些等级之间再增设一些亚等级，如亚门、亚纲等，但在种以下的等级，可以用亚种、变种等，在微生物学上常用菌株这个概念，但菌株并不是分类单位。

在生物分类鉴定中，经常要用到生物检索表。所谓生物检索表，是在生物分类中常用的工具之一。它是人们为了方便使用，将生物的有关性状编成一个表，由一系列的问题引导，最终让使用者来确定分类对象的分类地位。

各类群微生物的分类有各自的分类系统，如细菌分类系统、酵母菌分类系统、霉菌分类系统等。在对原核微生物（以细菌为主）分类中，目前国际上有三个影响较大和比较全面的分类系统，即美国细菌学家协会出版的《伯杰细菌鉴定手册》、前苏联克拉西里尼科夫著的《细菌和放线菌的鉴定》（1949年出版，1957年翻译成中文）和法国普雷沃著的《细菌分类学》（1961年出版）。这三个系统虽然都是针对细菌的，但它们所依据的原则、排列的系统、对各类细菌的命名和所用名称的含义等都不相同。

前苏联克拉西里尼科夫（Krassilnikov）著的《细菌和放线菌的鉴定》所采用的细菌分类系统中，设立植物界原生植物门，下设裂殖菌类和裂殖藻类，该系统将所有的细菌及近似于细菌的裂殖菌都归入裂殖菌类中。下设四个纲，分别是放线菌纲、真细菌纲、黏细菌纲和螺旋体纲。法国普雷沃（Prévot）著的《细菌分类学》，把细菌归入原核生物界，下分真细菌、分枝细菌、藻细菌和原生动物状细菌4大类群，下设纲、目、科、属和种。

伯杰分类系统在三个分类系统中是最有权威性的，而且是当前国际上普遍采用的细菌分类系统，该系统在《伯杰细菌鉴定手册》（Bergey's Manual of Determinative Bacteriology）中体现。手册自1923年第一版问世后，相继在1925年、1930年、1934年、1939年、1948年、1957年和1974年出版了第二至第八版，其内容经过不断扩充和修改，1994年，该书的第九版出版。该手册经过几十年不断修订，逐渐发展成为一个国际性手册，而且反映了细菌分类学的发展变化趋势。期间还出版了《伯杰系统细菌学手册》（Bergey's Manual of

Systematic Bacteriology)(1984—1989 年)，该书在表型分类的基础上，在各级分类单元中广泛采用细胞化学分析、数值分类方法和核酸技术，尤其是 16S rRNA 寡核苷酸序列分析技术，以阐明细菌之间的亲缘关系。该书共分四卷，第一卷为一般常见的医学或工业方面重要的革兰阴性细菌；第二卷为放线菌以外的革兰阳性细菌（6 个组）；第三卷为古细菌、蓝细菌和其他革兰阴性细菌（8 个组）；第四卷为放线菌（8 个组）。该系统手册的第二版也已经出版，在修订第一版的基础上，更多地采用核酸序列资料对分类群进行新的调整，分成 5卷，分别在 2001 年、2005 年、2009 年、2010 年和 2012 年出版。

生物的分类中，我们比较熟悉的是所谓的二界学说，即把生物分为动物界和植物界两个界，这种分法已有很长的历史。其中的动物是指细胞无细胞壁，不进行光合作用，能运动的生物；植物是指细胞有细胞壁，进行光合作用，不能运动的生物。

但是随着人类认识水平的不断进步，1665 年荷兰人列文虎克发明了显微镜并观察到了一个神奇的微观世界。微生物的发现，使人们认识到传统的二界学说已难以对生物进行合理的分类，在传统分类中一部分微生物被列入植物界（如细菌、真菌等），另有一部分被列入动物界（如原生动物等），而人们发现，有的微生物具有两方面的特性，如绿眼虫，它既有细胞壁和叶绿素，又具有鞭毛，能运动，按照传统的二界的分类方法无法进行分类。在 19世纪，细胞学说被提出，人们认为所有的生物都是由细胞组成的，而在 20 世纪 30 年代，电子显微镜的发明又使人们认识了病毒的非细胞结构。因此，生物的分类也随着人们认识的进步而不断地在改进。

1969 年，魏塔克（R. H. Whittaker）提出五界学说，后经 Margulis 修改，为较多的人所接受，即原核生物界、真核原生生物界、真菌界、动物界、植物界。我国学者提出的六界学说，在上述五界的基础上再增加一个病毒界（见表 1-2）。

表 1-2　生物分类的六界学说

生物	非细胞结构的生物	病毒界		
	具细胞结构的生物	原核细胞生物	原核生物界	蓝藻门
				细菌门
		真核细胞生物	真核原生生物界	原生动物
				真核藻类
			真菌界	酵母菌
				霉菌
			动物界	微型后生动物
				高等和低等动物
			植物界	低等植物
				高等植物

微生物分类是一个十分复杂的问题，主要是由于微生物的特点，其分类的方法不同于一般的生物分类。由于微生物的形态结构非常简单，长久以来，微生物分类，特别是细菌分类学，在分类时主要是以形态为主、生理生化为辅，结合生态学和细胞化学等方面的特征，进行各级分类单位的划分。常用的微生物分类依据主要有形态学特征、表型特征、生理特征、生态特征、血清学反应、噬菌体反应等。随着生物科学的发展，现代微生物分类技术也在不断进步，已经开始采用分子生物学等最新研究手段和成果，如 DNA 中 G＋C 含量分析、DNA-DNA 杂交、DNA-rRNA 杂交、16S rRNA 碱基顺序等。这些新技术的应用，不仅使

微生物分类更加客观，更加接近系统分类的要求（即反映生物种类的系统进化关系），也纠正了一些原先的错误。而数值分类法的应用，更能使分类（检索）过程实现自动化。

随着分子生物学的发展，到 20 世纪 70 年代，Woese(1977) 等在研究了 60 多种不同细菌的 16S rRNA 序列后，发现了一群序列独特的细菌——甲烷细菌，这是地球上最古老的生命形式，与细菌在同一进化分枝上，称为古细菌（archaebacteria）。1990 年，Woese 等正式提出了生命系统是由细菌（bacteria）域、古菌（archaea）域和真核生物（eukarya）域所构成的三域说（three domains proposal），由此构建出新的宇宙生物进化树（见图 1-2），在分类等级上，在界以上增加了一个"域"的等级。

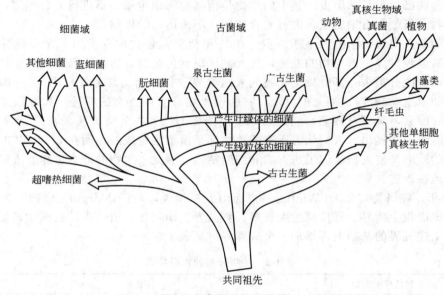

图 1-2　宇宙生物进化树

1.3.4　微生物的命名

为避免混乱和便于工作、学术交流，有必要给每一种生物制定统一使用的科学名称，即学名（scientific name）。国际上建立了生物命名法规，如国际植物命名法规、国际动物命名法规、国际栽培植物命名法规、国际细菌命名法规等。

目前在国际上对生物进行命名所统一采用的命名法是"双名法"。其基本原则是由林奈确定的。林奈是瑞典生物学家（Linnaeus Carolus，1707—1778），他在 1753 年发表的《自然系统》一书中首先提出了双名法（binomial nomenclature），并且为生物学家们所认可，由此，林奈被称为近代生物分类法的鼻祖。

一个生物的名称（学名）由两个拉丁字（或拉丁化形式的字）表示，第一个字是属名，为名词，主格单数，第一个字母要大写，第二个字是种名，为形容词或名词，第一个字母不用大写；出现在分类学文献上的学名，往往还再加上首次命名人的姓氏（外加括号）、现名命名人的姓氏和现名命名年份，但一般可以忽略这三项；学名在印刷时，应当用斜体字，手写时下加横线。需要注意的是，其他的分类阶元，如门、纲、目、科等的名称，首字母要大写，但不需印成斜体字。

学名＝属名＋种名＋（首次命名人）＋（现名命名人）＋（命名年份）

例如，我们所熟悉的大肠埃希菌（大肠杆菌），其学名为 *Escherichia coli* （Migula）Castellani et Chalmers 1919，简称 *E.coli*；枯草芽孢杆菌（枯草杆菌）的学名为 *Bacillus subtilis*（Ehrenberg）Cohn 1872。

　　属名被缩写，一般发生在或是该属名十分常见，或是在文章的前面已经出现过该属名的情况下，如 *Escherichia coil* 就经常被缩写成 *E. coil*。当该细菌只被鉴定到属，没鉴定到种，则该细菌的名称只有属名，没有种名，这时可以用 sp. 或 spp. 来代替种名进行表达，sp. 或 spp. 为种 species 的缩写，如 *Bacillus* sp.（spp.）表示该细菌为芽孢杆菌属中的某一个种。

　　变种或亚种的命名由所谓的三名法构成。

学名＝属名＋种名＋var. 或 subsp. ＋变种或亚种的名称

　　例如，苏云金芽孢杆菌蜡螟亚种的表达方式为 *Bacillus thuringiensis* subsp. *galleria*；椭圆酿酒酵母（或酿酒酵母椭圆变种）的表达方式为 *Saccharomyces cerevisiae* var. *ellipsoideus*。

建议阅读　为了更好地学习理解生物学和微生物学的知识，为后面的学习打好基础，建议学生在课外阅读一些基础生物学方面的书籍和文献。

[1] 周德庆. 微生物学教程. 第 3 版. 北京：高等教育出版社，2011.
[2] 刘广发. 现代生命科学概论. 北京：科学出版社，2002.
[3] 沈萍，陈向东. 微生物学. 北京：高等教育出版社，2009.

本 章 小 结

　　1. 环境微生物学研究与环境科学有关的微生物及其生命活动规律，它是研究微生物和环境之间相互关系的科学。环境微生物学所针对的研究对象是在自然和人工环境中存在的微生物。环境微生物学的研究任务是利用微生物来解决人们面临的各类环境问题。

　　2. 微生物是指所有形体微小，用肉眼无法看到，须借助于显微镜才能看见的单细胞或个体结构简单的多细胞或无细胞结构的低等生物的统称。

　　3. 细胞可分为原核和真核两种，其中原核细胞比较原始，为细菌等低等生物所具有，真核细胞为大多数生物，特别是高等生物所具有。

　　4. 微生物具有个体小、种类繁多，分布广、代谢类型多样，繁殖快、代谢强度大，数量多，易变异等特点。这些特点使微生物在自然界中发挥着其他生物不可替代的作用，也是认识和利用微生物为人类服务的前提。

　　5. 通过生物分类，不仅可以了解、认识和研究各种各样的生物，而且还可以探索生物之间的亲缘和进化关系。

　　6. 六界学说将生物分为病毒界、原核生物界、真核原生生物界、真菌界、动物界、植物界共六个界；而三域学说则将生物分为细菌域、古菌域和真核生物域。

　　7. 微生物的命名采用国际标准的双名法，即学名＝属名＋种名，用拉丁文书写，有时根据情况再加上命名人、变种或亚种名称等。

思考与实践

　　1. 从环境微生物学的研究对象和任务上来看，本学科与一般的微生物学有什么区别？
　　2. 真核微生物与原核微生物的差异表现在哪些方面？它们各自包括哪些主要类群？
　　3. 微生物的分类对于认识和研究微生物有何意义？
　　4. 在生物分类学中，各个等级是如何确定的？其中界定种的单位与界定种以上各个单位时有何区别？这种区别的根本原因是什么？
　　5. 微生物是如何命名的？举例说明双名法的主要规则。
　　6. 微生物有哪些特点？这些特点对于在生产实际中研究和应用微生物有何意义？
　　7. 结合您所知的专业知识来谈谈您对本门课程的认识。

2 病 毒

学习重点：

掌握病毒的主要特点，了解病毒的分类和命名；掌握病毒的形态特征及病毒的化学组成和结构；了解亚病毒的特点和新型病毒出现的原因；掌握病毒的增殖过程；了解两种类型的噬菌体——毒（烈）性噬菌体和温和噬菌体；了解病毒的培养特征和培养方法以及环境因子对病毒的影响。

2.1 病毒的特征和分类

1892 年俄国人伊万诺夫斯基在研究烟草花叶病时发现，通过细菌过滤器的病叶汁液仍能感染健康烟草引起花叶病。1935 年美国人斯坦尼从烟草花叶病病叶中提取了病毒结晶，这种结晶具有致病能力。人们把这种通过细菌过滤器仍具有感染活性的感染因子称为滤过性病毒，简称病毒。

病毒是没有细胞结构的，专性寄生在活的敏感宿主体内，可通过细菌过滤器，大小在 $0.2\mu m$ 以下的超微小微生物。由于病毒特殊的结构和形态及其生活习性，生物分类中把其列为单独的一个界，即病毒界。

2.1.1 病毒的特点

（1）极其微小　病毒个体极小（$<0.2\mu m$），大多数病毒可以通过细菌过滤器（孔径为 $0.45\mu m$ 或 $0.22\mu m$）。由于病毒太小，它在普通的光学显微镜下不容易被观察到，要借助于分辨率更高、放大倍数更大的电子显微镜才能看见病毒的形态结构。

（2）非细胞结构　病毒结构十分简单，不像细胞那样有细胞壁、细胞膜、细胞器等结构，大多数由蛋白质和核酸组成，有的含有类脂、多糖等。

（3）专性寄生　病毒没有合成蛋白质的机构——核糖体，也没有合成细胞物质和繁殖所必备的酶系统，不具有独立的代谢能力。因此，它必须专性寄生在活的敏感宿主细胞内，依靠宿主细胞的酶系统进行复制。

但病毒并不是可以感染任何种类的细胞，它对宿主有专一性。有时病毒会因为发生变异而在不同的宿主体内生长，如 2003 年出现的严重急性呼吸道综合征（SARS）病毒，据研究认为是由动物体内的冠状病毒变异而能感染人体，产生危害的。

（4）只含一种遗传因子（DNA 或 RNA）　不同于细胞生物，一般来说，在病毒颗粒中，只含有脱氧核糖核酸（DNA）或核糖核酸（RNA），外部包以蛋白质外壳。大多数病毒所含的核酸是呈双链的 DNA，少数（如细小病毒组的病毒）为单链 DNA，另外有一些病毒所含的 RNA 多为单链 RNA（呼肠孤病毒组的病毒为双链 RNA）。

由于病毒的结构十分简单，它不具备人们一般认为生物所应该具有的结构，它们在活细胞外仅表现为生物大分子的特征，只有当它们进入宿主细胞后才表现出生命的特征。所以，甚至有人对病毒是否属于生物提出质疑。

2.1.2 病毒的分类和命名

2.1.2.1 病毒的分类

病毒有自己单独的分类系统，随着新病毒的不断被发现，人们意识到必须对已经发现并记载的病毒进行分类，以免在科研和应用上发生混乱。最早的分类系统是以病毒所引起的疾病的症状和病理特点为标准，将引起相同症状的病毒归为一类。如引起肝炎病的病毒有肝炎 A 病毒、肝炎 B 病毒和黄热病毒等。引起呼吸系统疾病的病毒有流感病毒、腺病毒等。随着现代实验技术特别是分子生物学的发展，病毒分类在原有的基础上得到补充和加强，如高分辨率的电子显微镜可揭示病毒的细微形态结构，分子生物学技术可鉴定病毒所含遗传物质的种类和数量。概括起来，目前在病毒分类中经常使用的指标有以下几种。

(1) 病毒的形态学指标　如病毒颗粒的大小和形态；有无包膜；外壳的对称性；多面体病毒的壳微体的数目和螺旋对称病毒的外壳直径等。

(2) 理化性质　病毒颗粒的分子量；浮力密度；沉降系数；对酸碱热的稳定性等。

(3) 基因组特点　核酸类型（DNA 或 RNA）；单链或双链；线状或环状；核酸上碱基的特征；转录方式；翻译特征；翻译后加工等。

(4) 病毒的蛋白质　转录酶、反转录酶、血凝素和神经氨酸酶的存在与否；氨基酸同源性；蛋白质的糖基化和磷酸化等。

(5) 宿主范围　对宿主的专一性；对细胞种类的特异性；生长特性。

(6) 抗原性　血清学反应的特点；与相关病毒的交叉反应程度等。

(7) 致病性　是否引起疾病；传播方式；病理学特点等。

根据国际病毒分类委员会（International Committee on Taxonomy of Virus，ICTV）在 2005 年公布的第八次报告，将已知的 5450 株病毒按照其所含核酸类型分为 8 大类，分别归属于 3 个病毒目、73 个病毒科、11 个病毒亚科和 289 个病毒属、1950 个种。

在生产实际中，人们经常根据病毒不同的专性宿主，把病毒分为动物病毒、植物病毒、细菌病毒（噬菌体）、放线菌病毒（噬放线菌体）、藻类病毒（噬藻类体）、真菌病毒（噬真菌体）等。

2.1.2.2　病毒的命名

早期病毒的命名是以地名、症状或疾病、病毒粒子形态、人名、缩拼字以及字母或数字命名，甚至可以说是比较混乱的，所依据的特点也不尽相同。例如，有的病毒是以它所引起的疾病的名称来命名的，像痘病毒和疱疹病毒；也有的病毒是以其形态特点来命名的，如冠状病毒（其形状像帽子）、弹状病毒（其形状像子弹）；有的病毒是以其发现地来命名的，如科萨奇病毒，它是在美国一个叫科萨奇的小镇最早被分离到的；还有的病毒则是以发现人的名字进行命名的，如 *Epstein-Barr* 病毒。

国际病毒分类委员会（ICTV）制定的病毒命名规则，与其他生物不同，例如不再采用拉丁文双名法，而是采取英文或英文化的拉丁词，只有单名，用斜体字母书写；目、科、亚科和属名也用斜体字母书写；病毒种名应由少而有实意的词组成，种名与病毒株名一起应有明确含义，不涉及属或科名，已经广泛使用的数字、字母及其组合可以作为种名的形容语。

2.2　病毒的形态和结构

2.2.1　病毒的形态和大小

病毒具有多种多样的形态，依种类的不同而不同，大致可以分为三大类：杆状、线状和多面体形（或球形）。动物病毒的形态主要有球状、卵圆形、砖形等；植物病毒的形态有杆状、丝状、球状等；噬菌体的形态有蝌蚪状、丝状等（见图 2-1）。

大肠杆菌 T 偶数系列噬菌体，具有头部和尾部的结构，称为蝌蚪状的形态，其头部为

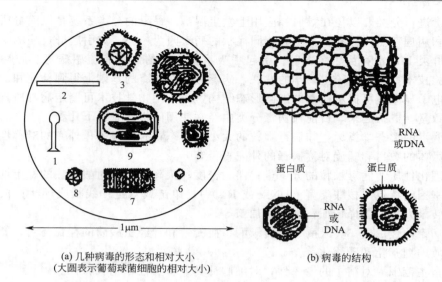

(a) 几种病毒的形态和相对大小
(大圆表示葡萄球菌细胞的相对大小)

(b) 病毒的结构

图 2-1　病毒的形态和结构

1—葡萄球菌噬菌体；2—烟草花叶病毒；3—疱疹病毒；4—腮腺炎病毒；5—流感病毒；
6—脊髓灰质炎病毒；7—狂犬病毒；8—腺病毒；9—痘病毒

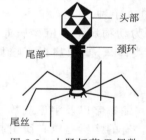

图 2-2　大肠杆菌 T 偶数系列噬菌体的形态

一个 20 面体，尾部包括中空的管状尾髓和外包的尾鞘以及基片、尾丝、刺突等结构（见图 2-2）。

　　病毒的体积极小，大多数病毒的直径在 20～300nm。动物病毒中，痘病毒（*Poxvirus*）最大，其大小为 100nm×200nm×300nm；口蹄疫病毒（*Foot-and-Mouth Virus*）最小，直径为 22nm。植物病毒中，马铃薯 Y 病毒（*Potato Virus Y*）最大，为 750nm×12nm；南瓜花叶病毒（*Squash Mosaic Virus*）最小，为 22nm。大肠杆菌噬菌体 T_2、T_4、T_6 的头部为 90nm×60nm，尾部为 100nm×20nm，大肠杆菌噬菌体 f_2 的直径为 25nm，丝状的大肠杆菌噬菌体 M_{13} 长度为 600～800nm。

2.2.2　病毒的化学组成和结构

　　（1）病毒的化学组成　组成病毒粒子的物质主要是核酸和蛋白质，一些个体大的病毒如痘病毒，除蛋白质和核酸外，还含类脂质和多糖类物质。

　　（2）病毒的结构　病毒没有细胞结构，但也有其自身独特的结构。整个病毒粒子分为两部分：蛋白质衣壳和核酸内芯。有的病毒粒子的外面还有被膜包围。而最简单的病毒甚至只有核酸，不具有蛋白质，如寄生在植物体内的类病毒和拟病毒，只有 RNA。

　　病毒的蛋白质衣壳是由一定数量的衣壳粒（由一种或几种多肽链折叠而成的蛋白质亚单位）按照一定的排列组合构成的。它决定了病毒的形状。

　　衣壳粒以高度对称的排列方式形成了病毒的颗粒，因此病毒的外壳结构就具有了对称性（见图 2-3）。所谓对称是指当病毒颗粒绕一个轴旋转一定角度时，你会看到相同的病毒外形。一般来说，病毒颗粒有两种基本对称性：螺旋对称和多面体对称。螺旋对称出现在杆状或线状病毒，如杆状的烟草花叶病毒、线状的黏病毒等。多面体对称出现在多面体病毒，多数外形像球状的病毒颗粒大多具有多面体对称性，主要是由至少 60 个衣壳粒组成 20 面体，如腺病毒、疱疹病毒、脊髓灰质炎病毒等。有的病毒（如大肠杆菌 T 偶数系列噬菌体）同

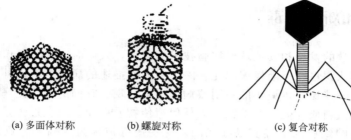

(a) 多面体对称　　　　　　(b) 螺旋对称　　　　　　(c) 复合对称

图 2-3　病毒外壳结构的对称性

时具有两种对称性，称为复合对称，它的头部是多面体形而尾部是杆状，即头部是多面体对称而尾部是螺旋对称。另外，也有一些病毒不具有任何对称性，它们的外壳组成是不规则的，如冠状病毒和风疹病毒。

病毒的蛋白质的作用是：保护作用，使病毒免受环境因素的影响；决定病毒感染的特异性；决定病毒的致病性、毒力和抗原性等。

病毒的核酸在病毒颗粒内折叠或盘旋，或者是 DNA，或者是 RNA，而且这些 DNA 或 RNA，不是单链，就是双链。一个病毒粒子并不同时具有 RNA 和 DNA。

病毒核酸的功能是决定遗传、变异和对宿主细胞的感染力。

有的病毒，如痘病毒、腮腺炎病毒等，除了核酸和蛋白质外，最外面还有一层外膜（被膜或囊膜），这层膜结构中含有磷脂、胆固醇等，膜中有的还包有糖蛋白。多数病毒不具有酶，少数病毒中发现有核酸多聚酶的存在，如在反转录病毒中存在的反转录酶。

2.2.3　病毒的宿主

病毒的宿主各种各样，包括动物、植物和微生物。因此自然界中就存在着形形色色的各类病毒。

动物病毒寄生在人体和动物体内引起人和动物疾病，如人的流行性感冒、水痘、麻疹、腮腺炎、乙型脑炎、脊髓灰质炎等，引起的动物疾病有家禽、家畜的瘟疫病及昆虫的疾病。

植物病毒寄生在植物体内引起植物疾病，如烟草花叶病、番茄丛矮病、马铃薯退化病、水稻萎缩病及小麦黑穗病等。

噬菌体是一类寄生在细菌、放线菌、蓝细菌等原核微生物体内的病毒，在自然界中广泛存在，如大肠杆菌噬菌体广泛分布在废水和被粪便污染的水体中。由于噬菌体相对其他病毒比较容易被分离和测定，花费少，可以用噬菌体作为细菌和病毒污染的指示生物，在环境病毒学中已经使用噬菌体作为模式病毒。利用噬菌体和动物疾病之间存在的相似性和相关性，可对水和废水的处理效率进行评价。在生物防治中，也有人研究用蓝细菌的噬菌体来控制蓝细菌的分布和种群动态，从而防止水体因蓝细菌而导致的水华作用。

病毒的寄生是专一性的，换而言之，一种病毒并不是可以感染任何种类的细胞，这多半是由宿主细胞的表面受体决定的。受体可以与病毒颗粒表面特定的蛋白质结构（有时称为反受体）或配体相互作用，从而使病毒能进入宿主细胞。基因突变常常会导致病毒宿主的改变。

除了受体外，宿主细胞的其他蛋白因子或酶类也会对病毒的宿主专一性或致病性有决定作用。另外，有一种很有趣的现象是所谓的卫星病毒（拟病毒），它必须依赖于其他病毒才能复制，因此它不能单独感染宿主细胞，而依赖于其他病毒的共同感染。

2.3　亚病毒和新兴病毒

随着分子生物学的发展和其他现代实验技术的应用，人们对于病毒认识的不断进步，科学家对病毒性质的认识也在不断发展深化。除了上面所描述的病毒类型以外，人们又发现一些新的病毒类型，一些比病毒更小的不明致病因子被发现。它们的结构比病毒更简单，有的只有一段核酸而无蛋白质外壳；有的甚至无任何遗传物质存在，这在过去是不可思议的，但是这种具有感染性的致病因子确实是存在的。这些病毒被称为亚病毒。亚病毒的发现，是20世纪下半叶生物学上的重要事件，对于生物学基础理论和生产实践具有重大的意义。已知的亚病毒有类病毒、拟病毒和朊病毒等。

2.3.1　类病毒

类病毒（viroid）是一类寄生于高等生物细胞中最小的病原体，与病毒类似，但又有不同。

类病毒与病毒一样为严格专性寄生，化学组成和结构比病毒更为简单，仅仅是一条没有蛋白质外壳的游离的长 $50\sim70nm$ 的棒状 RNA 分子，分子量约 10 万，约为已知最小病毒分子量的 1/10。

目前对类病毒的结构、组成、复制的机理等方面的知识积累还不多。自 1971 年发现第一种类病毒（马铃薯纺锤块茎类病毒）以来，已经发现的多种类病毒都是以植物为宿主的。

2.3.2　拟病毒

拟病毒（virusoids），又称为类类病毒、壳内类病毒、卫星病毒等，是一类包裹在病毒体中的有缺陷的类病毒，最早在植物绒毛烟斑驳病毒中发现（1981 年），其成分是环状或线状的 ssRNA 分子。拟病毒所感染的对象不是细胞，而是病毒，被拟病毒感染的病毒称为辅助病毒，拟病毒的复制必须依赖辅助病毒的协助，而拟病毒又会对辅助病毒的感染和复制起着不可缺少的作用。

拟病毒大多存在于植物病毒中，近年在动物病毒如丁型、乙型肝炎病毒中也发现有拟病毒的存在。

2.3.3　朊病毒

朊病毒（virino），也称为普立昂（Prion），是自然界中存在的具有感染能力的有机物，它们能像病毒一样传播疾病，能侵染动物并在宿主细胞内复制，它不具有核酸，是小分子的无免疫性的疏水蛋白质，分子量在 $(2.7\sim3.0)\times10^{4}$，在电镜下呈杆状颗粒，成丛排列。

美国学者普鲁西纳（S. B. Prusiner）通过对克-雅氏症、库鲁病等类疾病病因方面的研究，发现导致这类神经系统疾病的致病因子是一种蛋白质，他称其为普立昂（Prion），这是 Proteinaceous infectious particle 一词的缩写，意为"蛋白质性质的感染颗粒"，在正常生物体内也存在正常的朊蛋白，但它在致病朊蛋白的影响下发生相应构象变化而转变成致病的朊蛋白（普立昂），所以两者均来自同一编码基因，具有相同的氨基酸序列，所不同的是它们在三维空间结构上的差异。为此，普鲁西纳获得了 1997 年的诺贝尔生理学奖。

普立昂感染，在山羊或绵羊中表现为羊瘙痒病，在牛类中为疯牛病，在人类中为克-雅氏症、库鲁病等。变异后的普立昂能抗 100℃高温，抗蛋白酶水解，而且不会引起生物体内的免疫反应，因此患疯牛病牛的肉被人食用后，很可能完整进入人体，并进入脑组织，导致疾病。由于牛类的普立昂与人类的普立昂在结构上存在差异,原先人们认为存在物种间屏障,可在欧洲发生的疯牛病风波中,据报道有两位曾拥有患疯牛病牛的农场主死于克-雅氏症,使人们怀疑这一点,这也是为什么疯牛病会造成如此大的恐慌的原因。

朊病毒的发现对传统的遗传理论提出了挑战。因为生命科学的一个重大基础理论就是遗传变异的物质基础是核酸,但是朊病毒是不具有核酸的,仅仅具有蛋白质,因此很可能会对分子生物学的发展产生革命性的影响。

2.3.4　新兴病毒

新兴病毒(emerging viruses)是一个从 20 世纪 90 年代开始出现的新名词,它们是一类病毒通过基因变异或重配改变其原有的一些特征,在扩展的新区域或扩展的新宿主中迅速蔓延,对人和重要动植物造成严重危害的病毒。

每个新兴病毒都有一个现代病毒进化的故事,见表 2-1,而且这张表的长度还在不断延伸。这与人类对自然的破坏有着密切关系。

表 2-1　部分新兴病毒

病毒种	病毒科	新兴病毒出现的原因
流感病毒(Influenza virus)	正黏病毒科	整合到猪、鸭、鸡,可迅速移动种群
登革热病毒(Dengue virus)	黄病毒科	城市高密度种群,有利于蚊子产卵的开放水体
严重肺综合征汉坦病毒(Sin Nombre virus)	布尼安病毒科	麝鼠种群自然增加,随后人与啮齿动物接触增加
裂谷热病毒(Rift Valley fever virus)	布尼安病毒科	堤坝,灌溉
汉坦病毒(Hantaan virus)	布尼安病毒科	有利于人与啮齿动物接触的农业技术
马秋博病毒(Machupo virus)	沙粒病毒科	有利于人与啮齿动物接触的农业技术
胡宁病毒(Junin virus)	沙粒病毒科	有利于人与啮齿动物接触的农业技术
埃博拉病毒(Ebora virus)	丝状病毒科	在非洲,人与未知的天然宿主接触;在欧洲和美国,猿类输入
马尔堡病毒(Marburg virus)	丝状病毒科	未知,在欧洲,猿类输入
人免疫缺陷病毒(HIV)	反转录病毒科	输血、输液和血液产品,性传播,乱用毒品时的针头传播
人 T 细胞白血病病毒(Human T-cell leukemia virus)	反转录病毒科	输血、输液和血液产品,污染的针头,社会因素
狗细小病毒(Canine parvovirus)	细小病毒科	病毒随机突变产生的新的宿主范围和新的病原性
诺瓦克/胃肠炎病毒(Norwalk/gastroenteritis virus)	杯状病毒科和其他	新方法检测,感染性腹泻
严重急性呼吸道综合征(SARS)病毒	冠状病毒科	未知,可能由野生动物传播
禽流感病毒(AIV)	正黏病毒科	由禽类传播,变异后会感染人类
寨卡病毒(Zika virus)	黄病毒科	通过蚊虫传播,宿主不明确,人感染后会出现新生儿小头畸形

2.4　病毒的增殖过程

2.4.1　病毒的增殖过程

病毒的增殖不同于其他微生物的繁殖。其基本特点是:无生长过程;不是以二分裂方式繁殖;由病毒基因组的核酸指令宿主细胞复制大量病毒核酸,继而合成大量病毒蛋白质,最后装配成大量子病毒并从宿主细胞中释放出来。

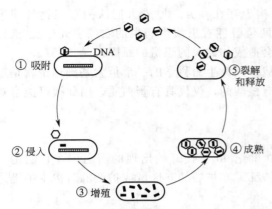

图 2-4 病毒的增殖（复制）过程

各类病毒的增殖过程基本相似，以 $E.coli$ T 系列噬菌体为例，来介绍病毒感染宿主细胞进行增殖的过程（见图 2-4）。

（1）吸附　噬菌体以其尾部末端吸附于敏感细菌（$E.coli$ 细胞）表面的特定部位（受体）。这是一个识别过程，病毒对敏感细胞表面的特定的化学成分，或是细胞壁，或是鞭毛，或是纤毛等，进行识别。

（2）侵入　T 系列噬菌体吸附到细胞壁上后，借助尾丝的帮助固着，由尾部的酶水解细胞壁的肽聚糖，破坏细胞壁，形成小孔，然后通过尾鞘收缩，将头部的 DNA 注入细菌体内，此时噬菌体的蛋白质外壳留在宿主细胞外（在其他种类的病毒中，也有整个粒子侵入宿主细胞的情景），宿主细胞壁上的小孔被修复。一般情况下，一个宿主细胞只能被一个噬菌体个体侵入。

（3）增殖（复制）　噬菌体的 DNA 进入细菌体内后，细菌自身的 DNA 被破坏，病毒的 DNA 控制了细菌细胞的代谢，借助于细菌的合成机构，如核糖体、mRNA、tRNA、ATP 和酶等，噬菌体进行自身核酸的复制和蛋白质的合成。

（4）成熟（装配）　噬菌体的 DNA 和蛋白质等在细菌体内装配成一个个完整的大肠杆菌噬菌体。在大肠杆菌 T_4 噬菌体中，其装配过程如下：先合成 DNA 的头部，然后合成尾部的尾鞘、尾髓和尾丝，并逐个加上去装配成一个完整的大肠杆菌 T_4 噬菌体。

（5）裂解和释放　噬菌体粒子成熟后，噬菌体的水解酶水解宿主细胞的细胞壁而导致宿主细胞破裂，释放出噬菌体粒子，一个宿主细胞可以释放 10～1000 个（平均为 300 个）病毒粒子。释放出的新的病毒粒子又可去感染新的宿主细胞。

对于大肠杆菌 T_4 噬菌体来说，完成上述一个复制增殖的周期，共需要大约 25min 的时间。

另一种现象，大量的噬菌体吸附在同一宿主细胞表面并释放众多的溶菌酶，而导致细菌细胞破裂，称为自外裂解，显然，它是不同于由于噬菌体在细胞内增殖而发生的裂解情况。

2.4.2 毒性噬菌体和温和噬菌体

并非所有的噬菌体在感染宿主细胞后都立即引起细胞的裂解。

侵入宿主细胞后立即引起宿主细胞破裂的噬菌体称为毒性噬菌体。而有些噬菌体侵入宿主细胞后，其核酸附着并整合在宿主染色体上，和其一起同步复制，宿主细胞不裂解而继续生长，这种不引起宿主细胞裂解的噬菌体称为温和噬菌体。含有温和噬菌体的宿主细胞称为溶原细胞，而在溶原细胞内的温和噬菌体核酸称为原噬菌体（或前噬菌体），见图 2-5。

溶原性是遗传的，溶原性细菌的后代也是溶原性的，在溶原性细菌中找不到形态上可见的噬菌体颗粒，但细菌可能由于原噬菌体的存在而带来某种新的性状，如不能再被新的同种噬菌体感染等。在特定条件下，温和噬菌体会发生变异（自发或诱发），从细菌染色体上脱落，恢复复制能力，引起细菌裂解，转化成毒性噬菌体。

温和噬菌体的核酸从宿主染色体上脱离时，会携带部分宿主的基因。利用这一特性，在遗传（基因）工程中可用温和噬菌体进行基因的转移。

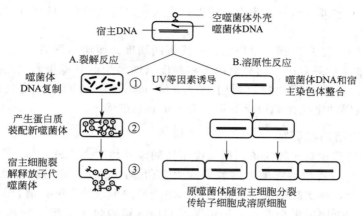

图 2-5 细菌受噬菌体感染后的两种反应：裂解反应和溶原性反应

2.5 病毒的培养和计数

2.5.1 病毒的培养特征

（1）病毒在液体培养基中的培养特征 将噬菌体的敏感宿主细胞在液体培养基中先进行培养，敏感细菌会均匀分布在液体培养基中，使培养基出现浑浊。当接种噬菌体后，敏感细菌被感染后发生裂解，原来浑浊的细菌悬浊液因此而变得透明。

（2）病毒在固体培养基中的培养特征 将噬菌体的敏感细胞接种在琼脂固体培养基上，形成菌落。当噬菌体被接种后，会在感染点上进行反复感染，导致细菌菌落中的细菌被裂解而出现空斑，这些空斑称为噬菌斑（plague）。

2.5.2 病毒的培养基

由于病毒的专性寄生的习性，所以其培养也较为困难，必须提供活的敏感细胞，而且要求它能提供病毒附着的受体，不对侵入的病毒核酸进行破坏（没有破坏特异性病毒的限制性核酸内切酶）。

不同种类的病毒，其培养基是不同的。

脊椎动物的病毒敏感细胞有人胚组织细胞、人体组织细胞、肿瘤细胞、动物组织细胞、鸡鸭胚细胞，也可以用敏感动物（如猴、兔、羊、马、小白鼠等）来培养病毒。不同病毒对组织的敏感性不一样，如脊髓灰质炎病毒对人胚肾细胞最敏感，乙型脑炎病毒对鸭胚肌皮细胞及猪肾细胞最敏感。

植物病毒的培养可用相应的敏感植物或植物组织细胞进行。

噬菌体的培养，要求提供与之相应的敏感细菌，如大肠杆菌噬菌体就需要用大肠杆菌（*Escherichia coli*）来培养。

2.5.3 动物病毒的空斑实验

动物病毒的培养可分为动物接种、鸡胚接种和组织培养技术。其中组织培养技术受到广泛的应用。

首先要进行动物细胞的培养，将动物病毒的敏感细胞按照一定的方法，经过培养后制成单层细胞的培养基。然后用采集的病毒样品进行接种感染。经适当时间的孵育培养，结果在单层细胞的表面出现空斑。以出现的空斑数来判断单位体积中所含的病毒数 η_{PFU}。

所谓空斑是指原代或传代单层细胞被病毒感染后，一个个细胞被病毒侵蚀而形成的空斑

（或称蚀斑）。一个空斑表示一个病毒。所以，通过病毒空斑单位的计数可以求出环境样品中存在的病毒数量。

在病毒计数时，还常用到一个概念——病毒的滴度。所谓病毒的滴度是指能产生培养管中 50% CPE（细胞病理效应）的最高病毒稀释度（即最少的病毒量），称为 $TCLD_{50}$（组织培养感染剂量）。若是敏感动物，则用 ID_{50}（使 50% 感染动物发生变化的感染剂量）或 LD_{50}（使 50% 敏感动物死亡的致死剂量）来表示病毒的滴度。

2.5.4　噬菌体的培养和测定

由于细菌的培养相对比较简单，所以噬菌体的培养相对也比较简单。

1mL 培养液中含有的活噬菌体的数目称为噬菌体的效价。常用双层琼脂法来测定（滴定）噬菌体的效价，在实验的前一天在灭菌的培养皿内倒入约 10mL 适合某种宿主细菌生长的琼脂培养基，待凝固成平板后置于一定温度的培养箱内烘干平板上的水分，取 2~3 滴宿主菌（每毫升含 10^8 个细菌）加入软琼脂培养基（融化并冷却到 45℃）中，再加入 0.1mL 噬菌体样品，摇动混匀后全部倒入平板，使之铺满这个平板，凝固后，在一定温度下倒置培养一定时间后，在平板上会出现噬菌斑，可以根据噬菌斑的数目计算出原液中噬菌体的数量（效价）。双层琼脂法见图 2-6。

$$
双层平板法
\begin{cases}
底层平板 & （约 2\% 琼脂培养基 7~8mL） \\
上层平板
\begin{cases}
上层培养基 & （约 1.0\% 琼脂培养基 3mL） \\
宿主菌悬液 & （对数期菌液 0.2mL） \\
噬菌体试样 & （合适稀释液 0.1mL）
\end{cases}
\end{cases}
混匀 \xrightarrow[十余小时]{37℃} 计数
$$

图 2-6　双层琼脂法

2.6　环境因子对病毒的影响和病毒的存活

2.6.1　物理因素的影响

（1）温度的影响　高温条件下，大多数离开宿主细胞的病毒会被破坏（灭活），在 55~65℃ 范围内存活时间不到 1h。有些病毒，由于发生变异而出现抗热的变异株，如脊髓灰质炎病毒的抗热变异株，可以在 75℃ 温度下生存。一般情况下，高温会使病毒的核酸和蛋白质衣壳受损伤，高温对病毒蛋白质的灭活要快于对病毒核酸的灭活。蛋白质的被破坏阻碍了病毒吸附到宿主细胞上，削弱了病毒的感染力。但是，环境中的蛋白质和金属阳离子（如 Mg^{2+}）可保护病毒免受热的破坏，黏土、矿物和土壤也有保护病毒免受热破坏的作用。

低温条件下，病毒不会被灭活，因此可以用 $-75℃$ 来保存病毒。天花病毒在鸡胚膜中冰冻 15 年仍存活，经真空冷冻干燥后可保存数月至数年。

（2）光及其他辐射的影响　紫外线、X 射线、γ 射线等有灭活病毒的作用。紫外线会使病毒核酸中的嘧啶环受到影响，形成胸腺嘧啶二聚体（即在相邻的胸腺嘧啶残基之间形成共价键），导致病毒的遗传物质被破坏而死亡。

在天然水体和氧化塘中，日光对肠道病毒有灭活作用。在低浊度的水中，当平均光强为 $2.37J/(cm^2 \cdot min)$、平均温度为 26℃ 时，80% 的脊髓灰质炎 I 型病毒在 3h 内被灭活。在氧气和染料存在的条件下，大多数肠道病毒对可见光敏感而被杀死，称为光灭活作用，在此过程中，染料附着在病毒的核酸上，催化光氧化过程，引起病毒灭活。

（3）干燥的影响　干燥是影响病毒在环境中生存的重要因素。不同病毒在干燥环境中的生存时间不同。如在相对湿度为 7% 时，在载玻片上的腺病毒 2 型和脊髓灰质炎 II 型病毒至少可存活 8 周，柯萨奇病毒 B3 可存活 2 周；当相对湿度为 35％时，肠道病毒可以在衣物表面存活 20 周。无被膜的病毒如细小核糖核酸病毒类和腺病毒在相对湿度较高时存活最好，而有被膜的病毒如黏病毒类、副黏病毒类、森林病毒等则在相对湿度较低时存活最好。

2.6.2　化学因素的影响

环境中的各种化学因子会对病毒产生影响。

当病毒侵入机体后，机体会产生一种特异的蛋白质来抵抗入侵的外来病毒，称为抗体。入侵的病毒是抗原，而产生的特异蛋白质是抗体。宿主细胞为了抵抗病毒的入侵，还会产生一种糖蛋白——干扰素，它进而诱导宿主产生一种抗病毒蛋白而将病毒灭活。

酚能破坏病毒蛋白质的衣壳，从而对病毒发生灭活作用。

低离子强度（低渗缓冲溶液）的环境会使病毒蛋白质的衣壳发生细微变化，阻止病毒附着在宿主细胞上。如柯萨奇 A 病毒在低离子强度的环境中，可引起结构多肽 VP4 的丢失，在 30～40min 内其感染性降低 99％。然而，脊髓灰质炎 I 型病毒和柯萨奇 B 病毒在低离子强度环境下不被灭活。

甲醛是有效的消毒剂，它能破坏病毒的核酸，不改变病毒的抗原特性。亚硝酸与病毒核酸反应导致嘌呤和嘧啶碱基的脱氨基作用。氨可以引起病毒颗粒内 RNA 的裂解。

含脂类被膜的病毒对醚、十二烷基硫酸钠、氯仿、去氧胆酸钠等脂溶剂敏感而被破坏（如流感病毒），无被膜的病毒则对上述物质不敏感。

氯气（或次氯酸、二氧化氯、漂白粉）和臭氧灭活病毒的效果很好，它们对蛋白质和核酸均有作用。

强酸、强碱除本身对病毒的灭活作用外，还能通过导致 pH 的变化而对病毒产生影响。病毒一般对酸性环境不敏感，而对高 pH 敏感。碱性环境可破坏蛋白质衣壳和核酸，当 pH 达到 11 以上会严重破坏病毒。

由于病毒是非细胞结构的生物，因此大多数作用于细胞结构的抗生素对病毒不具有灭活作用，但有些来自生物的物质，如藻类产生的丙烯酸和多酚等，会对病毒产生影响。

2.6.3　病毒的存活

自然环境中的各种物理、化学和生物因子会影响到病毒的存活。在不同环境中病毒的存活时间是不一样的。

（1）水体中病毒的存活　水体温度是影响病毒存活的主要因素，与病毒类型也有关。在 3～5℃时肠道病毒滴度下降 99.9％所需要的时间为 40～90 天，在 22～25℃时需要 2.5～9 天，而在 37℃时只需要 5 天。在水体淤泥中，当病毒被吸附在固体颗粒上或被有机物包裹在颗粒中间时，由于受到保护其存活时间会较长一些。

（2）土壤中病毒的存活　土壤由黏土、沙砾、腐殖质、矿物质、可溶性有机物及许多微生物等组成，具有一定的团粒结构和孔隙，在土壤中的毛细管作用可以起到很好的过滤作用，对污染物质有净化功能。进入土壤中的病毒，会被渗透进地下水或被截留在土壤中。土壤截留病毒的能力受土壤类型、渗滤液的流速、土壤孔隙的饱和度、pH、渗滤液中的阳离子的价数（阳离子吸附病毒的能力：3 价＞2 价＞1 价）和数量、可溶性有机物及病毒类型等的影响。雨水的冲刷会使病毒在土壤中转移和重新分布。吸附状态的病毒保持感染力。虽然病毒在土壤中的存活时间受很多因素的影响，但其中温度和湿度的影响最大。低温时的存活时间要长于高温时，干燥条件下病毒的数量也会大大减少。

（3）空气中病毒的存活　生活污水喷灌和生活污水生物处理的过程，会使污水中存在的病毒气溶胶化。进入空气后，气溶胶进一步与空气中的尘埃结合，随风飘浮于空气中，有可能在空气中停留很长时间。空气中病毒的存活时间受干燥程度、相对湿度、阳光中的紫外辐射、温度和风速等的影响。相对湿度越大，病毒存活时间越长；反之，病毒的存活时间就越短。

（4）污水处理过程中对病毒的去除效果　污水处理可分为一级处理、二级处理和三级（深度）处理。一级处理是以物理过程，如过筛、除渣、初级沉淀等，来去除沙砾、碎纸、塑料袋及纤维状固体废物，因此其去除病毒的效果很差，最多去除30%。二级处理是通常所谓的生物处理方法，通过生物吸附、生物降解和絮凝沉淀等过程，去除废水中的有机物、脱氮和除磷，同时也可以对水中的病毒有很好的去除效果，可达90%～99%的去除率，病毒被吸附到活性污泥中，由液相转向固相。三级处理是在生物处理后进行的深度处理，包括絮凝、沉淀、过滤和消毒（加氯气或臭氧等），可以进一步去除有机物、脱氮和除磷，通过三级处理，病毒被进一步消除，可以使病毒滴度的常用对数值下降4～6。

建议阅读　病毒与人类的生活、生产有着密切关系。特别是由于病毒的存在，会造成很大的危害，其中病毒造成的各种传染病，对农业、畜牧业以及人类健康造成很大的损失。建议学生在课外针对病毒对人类的危害、如何防治病毒的危害等阅读有关的文献资料。

[1]　谢天恩，胡志红.普通病毒学.北京：科学出版社，2002.
[2]　黄文林.分子病毒学.第3版.北京：人民卫生出版社，2016.
[3]　有关SARS和禽流感等新型病毒的传染、危害及其防治技术方面的资料.

本 章 小 结

1.病毒是一类特殊的微生物，它体积极小，没有细胞结构，仅有一种遗传物质（核酸），专性寄生在活的敏感宿主体内。

2.根据病毒所寄生的宿主类型，可把病毒分为动物病毒、植物病毒、细菌病毒（噬菌体）、放线菌病毒（噬放线菌体）、藻类病毒（噬藻类体）、真菌病毒（噬真菌体）等。

3.病毒具有多种多样的形态，依种类的不同而不同，大致可以分为三大类：杆状、线状和多面体形（或球形）。

4.组成病毒粒子的物质主要是核酸和蛋白质，蛋白质在外形成衣壳，核酸在内形成内芯。

5.各类病毒的繁殖过程基本相似，大致可以分为吸附、侵入、复制、成熟（装配）和裂解释放五个阶段。

6.类病毒、拟病毒和朊病毒等是一些比病毒更小、结构更简单的亚病毒类型。亚病毒的发现，具有重大的理论和实践意义。

7.噬菌体有毒性噬菌体和温和噬菌体两种类型。侵入宿主细胞后立即引起宿主细胞破裂的噬菌体称为毒性噬菌体；温和噬菌体不会引起宿主细胞的裂解。含有温和噬菌体的宿主细胞称为溶原细胞，溶原性是遗传的，但在一定条件下会发生变异而转化成毒性噬菌体。

8.病毒的培养必须提供活的敏感细胞，而且要求它能提供病毒附着的受体，不对侵入的病毒核酸进行破坏（没有破坏特异性病毒的限制性核酸内切酶）；在琼脂固体培养基上，噬菌体感染后，细菌菌落被裂解而出现噬菌斑。

9.温度、辐射和干燥等环境因子对病毒的生存会有很大影响。在不同环境条件下病毒的存活时间不同。

思考与实践

1.病毒是一类什么样的微生物？它与一般生物相比有什么特点？

2.病毒的分类依据是什么？可分为哪几类病毒？病毒的命名与一般生物的命名有什么不同？

3.病毒在形态结构上有什么特点？它对寄主的要求有什么特点？

4.类病毒、拟病毒和朊病毒具有什么样的与普通病毒不同的特征？

5.以大肠杆菌 T 系列噬菌体为例，说明病毒的增殖过程。

6.比较病毒的增殖过程与一般生物的繁殖过程的差异。

7.毒性噬菌体和溶原性噬菌体有什么区别？以此为例，来说明病毒与寄主之间的关系。

8.病毒的培养有什么特殊要求？如何在固体和液体培养基上判断病毒的存在与否？

9.破坏病毒的物理和化学因素有哪些？如何利用这些因素来杀灭病毒？

10.为什么大多数抗生素对病毒不起作用？作为抗病毒的药品应该有什么特点？

11.从近年来 SARS 和禽流感等病毒爆发的事实，来思考新兴病毒出现的原因，以及人类应该如何应对和防止类似病毒的再次产生？

3　原核微生物

学习重点：

　　掌握细菌的主要特点，包括个体（细胞）形态、细菌细胞各组成结构的特点和功能；掌握细菌在固体培养基上的特征，掌握革兰染色的基本原理和过程，了解细菌细胞的主要物理化学性质；了解细菌鉴定的基本原理和方法；了解古菌的主要特点及其在生物学中的特殊地位；掌握放线菌和蓝细菌的主要特点，了解它们在生产实际中的应用；了解螺旋体、立克次体、衣原体和支原体的特点。

　　原核微生物的核很原始，发育不完善，只是 DNA 链高度折叠形成的一个核区，无核膜；原核微生物没有细胞器，也不进行有丝分裂。所以这是一类在生物进化中比较原始的生物，在分类中归入原核生物界。原核生物包括真细菌的细菌门和蓝细菌门。细菌门包括细菌（真细菌）、放线菌、黏细菌、古（生）细菌、衣原体、立克次体、支原体、螺旋体等。蓝细菌门有蓝细菌。

3.1　细菌

　　在自然界中，细菌的种类和数量均是最多的，平时我们在生活中提到微生物往往就是指细菌，它与我们的关系十分密切，其在环境中作用也是很大的，因此，它成为环境微生物学的主要研究对象。

3.1.1　细菌的个体形态和大小

　　细菌属于原核生物，为单细胞，即一个细胞就是一个个体。细菌的个体（也就是细胞）基本形态有三种：球状、杆状和螺旋状（见图 3-1）。

　　（1）球状　细胞个体形状为球形，其直径为 $0.5\sim2.0\mu m$，称为球菌。

　　各类球菌又可以根据其分裂后排列方式分为以下几种：单球菌，细胞分散而独立存在，

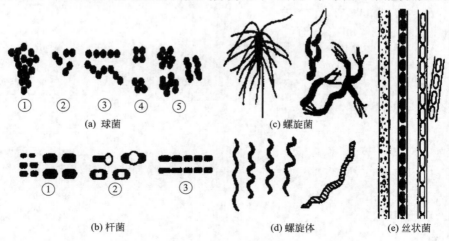

图 3-1　细菌的个体形态

如脲微球菌（*Micrococcus ureae*）；双球菌，两个细胞连在一起，如脑膜炎双球菌（*Neisseria meningitidis*）；四联球菌，四个细胞连在一起成田字形，如四联微球菌（*Micrococcus tetragenus*）；八叠球菌，八个细胞叠在一起成立方体，如甲烷八叠球菌（*Sarcina methanica*）；链球菌，细胞排列成一链条状，如乳链球菌（*Streptococcus lactic*）；葡萄球菌，细胞不规则地排成一串，如金黄色葡萄球菌（*Staphylococcus aureus*）。

（2）杆状　细胞个体形状为杆状，其大小为（0.5～1）μm×（1～5）μm，称为杆菌。

杆菌中细胞长宽比比较大的为长杆菌，如枯草杆菌（*Bacillus subtilis*）；细胞长宽比比较小的为短杆菌，如大肠杆菌（*Escherichia coli*）。另外，多个杆菌连成一长串的称为链杆菌；末端膨大成棒状的称为棒杆菌。

（3）螺旋状　细胞个体形状呈螺旋卷曲状，其大小为（0.25～1.7）μm×（2～60）μm。螺旋菌中螺旋的数目和螺距随细菌的不同而不同。其中，螺纹不满一圈的称为弧菌，如霍乱弧菌（*Vibrio cholerae*）；螺纹在一圈以上的称为螺菌，如紫硫螺旋菌（*Thiospirillum violaceum*）和红螺菌属（*Rhodospirillum*）。

还有一种比螺旋菌弯曲得更多、更长的菌体，称为螺旋体（见3.5节）。

另外，我们在环境中经常可以看到一种被称为丝状菌的细菌，在水体、潮湿土壤及活性污泥中都可以看到这种形状的细菌。在有的教材中将其列为第四种细菌形态。

所谓丝状菌，其实是由柱状或椭圆状的细菌细胞一个个连接而成的，外面有透明的硬质化的黏性物质包裹（称为鞘）。所以它实际上是一种细菌的群体形态，故从严格意义上来说，是不应把它列为细菌的个体形态的，但从实际应用的角度，这种分法也是具有价值的。环境中常见的丝状菌有浮游球衣菌（*Sphaerotilus natans*）、发硫菌属（*Thiothrix*）、贝日阿托菌属（*Beggiatoia*）、亮发菌属（*Luecothrix*）等。

在正常情况下，细菌的个体形态和大小是相对稳定的，故它也是细菌分类鉴定的重要依据。但是，环境条件的变化，如营养条件、温度、pH、培养时间等，会引起细菌个体形态的改变或畸形；不同的种类和菌龄的细菌个体，在个体发育过程中，细菌的大小有变化，刚分裂的新细菌小，随发育逐渐变大，老龄细菌又变小；另外，有的细菌种是多形态的，即在其生命的不同阶段，会有不同的个体形态出现，如黏细菌在生命的某一阶段会出现无细胞壁的营养细胞和子实体。

3.1.2　细菌的细胞结构

细菌是单细胞的原核微生物，但所谓"麻雀虽小，五脏俱全"，其内部结构相当复杂，各种结构保证了细菌作为一个独立个体能完成其生长繁殖等生命活动的各项功能。

细菌的细胞结构可分为一般结构和特殊结构：其中所有的细菌均有的结构（称为一般结构或基本结构）有细胞壁、细胞质膜、细胞质、内含物及细胞核物质等；而有的结构是某些种类的细菌所特有的（称为特殊结构），如芽孢、荚膜、鞭毛、黏液层、菌胶团、衣鞘等，特殊结构常常是细菌分类鉴定的重要依据。细菌细胞的结构模式见图3-2。

3.1.2.1　细菌的一般结构

从细菌细胞最外层开始，由外向内，依次有下列的细胞一般结构。

（1）细胞壁（cell wall）　细胞壁是在细胞最外面的坚韧而略带弹性的薄膜。它占菌体的10%～25%。

① 细胞壁的化学组成和结构　细胞壁的

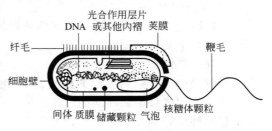

图3-2　细菌细胞的结构模式

化学组成主要有肽聚糖、蛋白质和脂肪，另外还可能会有磷壁酸、脂多糖等。在所有的细菌中，只有胶膜醋酸菌（*Acetobacter xylinum*）和产醋酸杆菌（*A. acetigenum*）例外，它们的细胞壁是由纤维素构成的。

由于细胞壁组成的不同，可把细菌分成两大类：革兰阳性菌（G$^+$）和革兰阴性菌（G$^-$）。革兰阳性菌和革兰阴性菌的划分是通过革兰染色实验来确定的（见 3.1.5 节）。

运用电子显微镜观察和其他分析研究手段，人们发现，革兰阳性菌和革兰阴性菌在细胞壁的化学组成和结构上有明显差异。革兰阳性菌的细胞壁比较厚（20～80nm），结构比较简单，含肽聚糖（包括以下几种成分：D-氨基酸、L-氨基酸、胞壁酸和二氨基庚二酸）、磷壁酸（质）、少量蛋白质和脂肪。革兰阴性菌的细胞壁比较薄（10nm），结构较复杂，分为外壁层和内壁层。外壁层分为三层，最外面是脂多糖，中间是磷脂，内层是脂蛋白；内壁层含肽聚糖，不含磷壁酸。细菌细胞壁的结构见图 3-3。革兰阳性菌和革兰阴性菌细胞壁化学组成的比较见表 3-1。

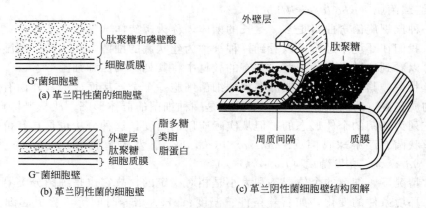

图 3-3　细菌细胞壁的结构

表 3-1　革兰阳性菌和革兰阴性菌细胞壁化学组成的比较

细菌	壁厚度/nm	肽聚糖/%	磷壁酸/%	脂多糖/%	蛋白质/%	脂肪/%
革兰阳性菌	20～80	40～90	+	—	约 20	1～4
革兰阴性菌	10	10	—	+	约 60	11～22

肽聚糖是一种独特的物质，其组成成分是在动植物中从未见到过的，因此细胞壁中肽聚糖层的存在几乎是所有原核生物的鉴别性特征。

革兰阳性菌和革兰阴性菌不仅在化学组成上不同，而且在各成分的含量上也有很大差异，革兰阳性菌的肽聚糖含量百分比要高于革兰阴性菌，而革兰阴性菌的脂肪和蛋白质含量要高于革兰阳性菌。

② 细菌细胞壁的生理功能

a. 保护原生质体免受渗透压引起的破裂作用。

b. 保持和固定细胞形态。

c. 为鞭毛提供支点，使鞭毛运动。

d. 细胞壁的多孔结构可起到分子筛的作用，可以阻挡某些分子进入和保留蛋白质在间质（革兰阴性菌和细胞质之间的区域）。

细胞壁能保持和固定细胞形态可以通过两个实验来证明：一个为溶菌酶实验，用溶菌酶去除细胞壁后，发现所有的细菌形态都成为球状；另一个为质壁分离实验，将细胞置于高糖溶液中，使细胞内的水分外渗，细胞质收缩，但细胞的形态没有发生变化。

（2）细胞质膜（protoplasmic membrane） 位于细胞壁以内的所有结构，统称为原生质体，包括细胞质膜、细胞质及其内含物、细胞核物质。

细胞质膜（质膜）是在细胞壁和细胞质之间，紧贴在细胞壁内侧的一层柔软而富有弹性的薄膜，厚度为7~8nm。它是一层半透性膜，其质量占菌体的10%。

① 细胞质膜的化学组成 细胞质膜主要由蛋白质（60%~70%）、脂类（30%~40%）和多糖（约2%）组成。蛋白质与膜的透性及酶的活性有关。脂类是磷脂，由磷酸、甘油、脂肪酸和胆碱组成。

② 细胞质膜的结构 在电子显微镜下，可以看到细胞质膜的双层结构，上下两层为致密的着色层，中间夹一个不着色的层（区域）。对此，目前人们公认的解释是：磷脂分子构成膜的基本骨架，上下两层磷脂分子层平行排列，具有极性的磷脂分子亲水基朝向膜的内、外表面的水相，疏水基（由脂肪酰基团组成）在中间。蛋白质镶嵌在磷脂层中或膜表面，有的蛋白质由外侧伸入膜的中部，有的穿透膜的两层磷脂分子，膜表面的蛋白质还带有多糖。有的蛋白质在膜上的位置是不固定的，可以转动和扩散，因此，细胞质膜是一个流动镶嵌的功能区域。细胞质膜还可以内陷成层状、管状或囊状的膜内褶系统，位于细胞质的表面或深部，常见的有中间体。细胞质膜的结构模式见图3-4。

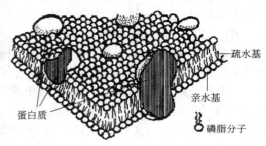

图3-4 细胞质膜的结构模式

③ 细胞质膜的作用 细胞质膜的功能有以下几种。

a.控制细胞内外物质的交换（吸收营养和排泄废物等）。膜的半透性以及膜上存在的与渗透有关的酶，可以选择性决定物质的进出细胞。

b.细胞壁合成的场所。膜上有合成细胞壁和形成横隔膜所需要的酶。

c.进行物质和能量代谢。膜上有许多重要的酶，如渗透酶、呼吸酶及ATP合成酶等。

d.膜内陷形成的中间体上有呼吸电子传递需要的酶系，具有类似高等生物线粒体的功能，它还与染色体的分离和细胞分裂有关，为DNA提供附着点。

e.与细菌运动有关。鞭毛基粒位于细胞膜上，是鞭毛附着的部位。

（3）细胞质（cytoplasm）及其内含物 细胞质是位于细胞膜以内，除核物质以外的无色透明的黏稠胶体物质，又称为原生质。细胞质由蛋白质、核酸、多糖、脂类、无机盐、水等物质组成。细胞质内含有各种酶系统，是细菌细胞进行新陈代谢的场所。

幼龄菌的细胞质稠密、均匀，富含RNA，易被碱性和中性染料着色，着色均匀。老龄菌缺乏营养，RNA被细菌作为氮源、能源和磷源而利用，使细胞着色不均匀。所以由染色均匀与否可判断细菌的生长阶段。

内含物是细胞质内存在的各种颗粒结构，它们担负着重要的生理功能。常见的细胞质内含物有以下几种。

① 核糖体（ribosome） 核糖体是分散在细菌细胞质中的亚微颗粒，以游离状态或多聚核糖体状态存在，是合成蛋白质的场所。它由60%的RNA（rRNA）和40%的蛋白质组成。

在细菌（原核生物）的核糖体中，RNA（rRNA）有三种，分别为5S、16S和23S（S为沉降常数，用来衡量分子量的大小）。核糖体的沉降常数为70S（由50S和30S大小两个亚基组成），直径为20nm。

核糖体的作用是合成蛋白质，因此，核糖体的数量与蛋白质合成直接有关，当细菌处于旺盛生长时，每个个体内的核糖体数可达 $(1 \sim 7) \times 10^4$ 个，生长缓慢时，可减少到 2000 个左右；一般细菌细胞中约有 10000 个核糖体。

② 内含颗粒（inclusive granule）　成熟细菌细胞，在营养过剩时，细胞质内可形成各种储藏颗粒。如异染粒、聚 β-羟基丁酸（PHB）、硫粒、淀粉粒等。内含颗粒的产生与菌种有关，也与环境条件有着十分密切的关系。当营养缺乏时，它们又可被分解利用。

a. 异染粒（volutin granule）　异染粒主要由多聚偏磷酸、核糖核酸、蛋白质、脂类及 Mg^{2+} 组成，可用蓝色的碱性染料（如甲苯胺蓝、亚甲蓝）使之染成紫红色。异染粒是磷酸盐的储备，在聚磷菌中富含异染粒。在生长的细胞中异染粒含量较多，在老龄细胞中被细胞用作碳源和磷源而减少。

b. 聚 β-羟基丁酸（poly-β-hydroxybutyric，PHB）　PHB 是 β-羟基丁酸的直链聚合物，被一单层蛋白质膜包围。它为脂溶性，不溶于水，易被脂溶性染料苏丹黑着染，在光学显微镜下清晰可见。在假单胞菌（*Pseudomonas*）、根瘤菌（*Rhizobium*）、固氮菌（*Azotobacter*）、肠杆菌（*Enterobacter*）等细菌菌体内均可见有 PHB 的存在。当缺乏营养时，PHB 可以被用作碳源和磷源。

c. 硫粒（sulfur granule）　贝日阿托菌（*Beggiatoa*）、发硫菌（*Thiothrix*）、紫硫螺菌及绿螺菌（*Chlorobium*）等细菌能利用 H_2S 作为能源，生成硫粒，积累在菌体内。当缺乏营养时，氧化体内的硫粒为 SO_4^{2-}，从中取得能量。硫粒具有很强的折光性，可以在光学显微镜下很容易被看到。

d. 肝糖粒（glycogen granule）和淀粉粒　有些细菌在含碳源丰富而氮源不足的培养基上生长时，会形成肝糖粒和淀粉粒。两者都能被碘液染色，前者被染成红色，后者被染成深蓝色。肝糖粒和淀粉粒可被细菌作为碳源和能源利用。

③ 气泡（gas vacuole）　在一些光合细菌和水生细菌的细胞质中，含有气泡，呈圆柱形或纺锤形，由许多气泡囊组成。气泡的主要功能是调节浮力。在含盐量高的水中生活的专性好氧的盐杆菌属（*Halobacterium*）体内含气泡量较多，细菌借助气泡浮到水面吸收氧气。

（4）核物质　细菌是原核生物，没有定形的细胞核（无核仁、核膜），但具有遗传物质 DNA（脱氧核糖核酸），即核物质，又称为拟核（nucleoid），亦称为细菌染色体。

在细菌中，DNA 纤维存在于核区，由环状双链的 DNA 分子高度折叠缠绕而成。如 *E. coli* 的菌体长度仅 $1 \sim 2\mu m$，而其 DNA 分子总长可达 1.1mm。由于细菌 DNA 含有磷酸基，带有很强的负电荷，用特异性的富尔根（Fulegen）染色法染色后，可在光学显微镜下看见，呈球状、棒状或哑铃状。

细菌的拟核虽然简单，但它与其他生物的细胞核一样具有储存遗传信息、决定和传递遗传性状的功能，它是细菌的主要遗传物质。

许多细菌细胞还具有质粒（plasmid）。质粒是存在于染色体外的小分子环状 DNA，它可以独立进行复制或整合到染色体上。它可以被遗传或者传递给后代。质粒的存在对细胞本身的生长和繁殖并不重要，但质粒上携带的一些基因可以给细胞带来新的特性，如使细胞具有抗药性，赋予细胞新的代谢能力，产生致病性及其他许多特性。

根据质粒的存在和传播类型将其分为游离质粒（episome plasmid）和结合质粒（conjugative plasmid）。游离质粒既可以整合到染色体上，也可以不在染色体上而存在。结合质粒可以在细菌结合时将自己的拷贝转给另外的细胞。

质粒在细菌生活中起着许多重要作用。它对微生物学家和分子遗传学家构建和转化重组细胞及基因克隆提供着有价值的作用。

3.1.2.2　细菌的特殊结构

常见的细菌特殊结构有以下几种。

（1）荚膜（capsule）　在一些种类的细菌中，能分泌一种黏性物质于细胞壁的表面，完全包围并封住细胞壁，使细菌和外界环境有明显的边缘，这层黏性物质称为荚膜。碳氮比高和强的通气条件有利于好氧细菌形成荚膜。细菌荚膜可以很厚（约 $200\mu m$），称为大荚膜（macrocapsule）；也可以很薄（小于 $200\mu m$），称为微荚膜（microcapsule）。荚膜是细菌分类的依据之一。

荚膜的含水量在 $90\%\sim98\%$，主要化学成分是多糖、多肽、脂类或脂类蛋白复合体。如在巨大芽孢杆菌中，荚膜有多糖组成的网状结构，其间镶嵌以 D-谷氨酸组成的多肽。

荚膜对染料的亲和力很低，不易被着色，在实验中可用负染色法（亦称衬托法）进行染色，即把细菌样品制成涂片后，先对菌体进行染色，然后用墨汁将背景涂黑，在菌体和黑色背景之间的透明区就是荚膜（见图 3-5）。

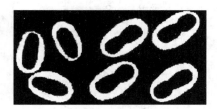

图 3-5　细菌的荚膜和负染色法

① 荚膜的功能　荚膜的功能有以下几个。

a. 保护功能，荚膜的存在有利于细菌对干燥的抵抗，也有利于防止细菌被吞噬和噬菌体的侵染，因此，荚膜的存在也是很多致病菌的特征（可以抵抗机体细胞的吞噬作用）。

b. 当营养缺乏时，荚膜可以成为细菌的外碳源（或氮源）和能量的来源。

c. 在废水处理中，荚膜能吸附废水中的有机物、无机固体物及胶体物，把它们吸附在细胞表面，有利于对其的吸收降解。

d. 荚膜是分类鉴定的依据之一。

② 细菌细胞结构和群体结构　另外有几个与荚膜有关的细菌细胞结构以及由细菌组成的群体结构（菌胶团），希望注意区分。

a. 黏液层（slime layer）　有些细菌不产荚膜，其细胞表面分泌的黏性多糖物质疏松地附着在细胞壁表面，与周围环境无明显的边缘，称为黏液层。在废水生物处理中，黏液层具有吸附作用，并很容易因冲刷和搅动而进入水中，成为其他生物的有机物来源。

b. 菌胶团（zoogloea）　当多个细菌个体排列在一起时，其荚膜互相融合，形成公共荚膜包藏的具有一定形状的细菌集团，称为菌胶团。在活性污泥中常能见到多种形态的菌胶团，如球形、椭圆形、蘑菇形、分枝状、垂丝状及不规则状。菌胶团的形成对于水处理有十分重要的意义，它是废水生物处理中常见的由细菌组成的群体结构（见图 3-6）。

c. 衣鞘（sheath）　在一些水生细菌中，如球衣菌属、纤发菌属、发硫菌属、亮发菌属、泉发菌属等，多个细菌呈丝状排列，表面的黏性物质硬质化，形成丝状菌，这个在外面包围

垂丝状　　　分枝状　　蘑菇形　　　椭圆形

图 3-6　菌胶团的形态

的结构就是衣鞘。

上述荚膜、黏液层、菌胶团、衣鞘等结构，其化学组成主要都是糖类，故有的书上将它们统称为糖被（glycocalyx）。

（2）芽孢（spore） 某些细菌在其生活史的某一阶段或遇到不良环境条件时，会在其细菌体内形成一个圆形、椭圆形或圆柱形的内生孢子，称为芽孢。能产生芽孢的细菌种类包括好氧的芽孢杆菌属（*Bacillus*）和厌氧的梭状芽孢杆菌属（*Clostridium*）、一个属的球菌（芽孢八叠球菌属 *Sporosarcina*）和一个属的弧菌（芽孢弧菌属 *Sporovibrio*）。芽孢的位置因种而异，有的是在菌体中间（如枯草芽孢杆菌），有的是在菌体的一端（如破伤风杆菌）。芽孢的位置、形状、大小等也是菌种鉴别的依据（见图 3-7）。

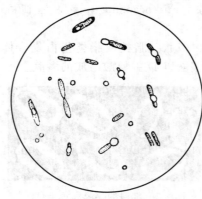

图 3-7 细菌芽孢的各种类型

芽孢的特点如下。

① 芽孢的原生质高度脱水，含水量少（约 40%），所以芽孢内代谢活动停止。

② 芽孢的壁很厚，紧密结实，可分为三层：外壳层主要由硬蛋白组成；中层为皮层，由肽聚糖组成，含大量 2,6-吡啶二羧酸（dipicolinic acid，DPA）；内层由肽聚糖构成，包围芽孢细胞质和核质。

③ 芽孢内含有大量的 DPA，可达干重的 15%，以钙盐形式存在，所以芽孢内钙含量高，DPA 的存在是芽孢具有抗热性的主要原因。

④ 含有耐热性酶，在 120～140℃还能生存几小时。

由于上述特点，芽孢对不良环境如高温、低温、干燥和有毒物质等具有较强的抗性。芽孢处于不活动的休眠状态，可以帮助细菌度过不良的环境，一旦外界条件变好，它可萌发成为营养细胞。由于芽孢的抗性最强，故我们在检查灭菌效果时，可以采用芽孢为指示，即以它作为灭菌效果是否彻底的标志。

（3）鞭毛（flagella） 鞭毛是从细菌细胞膜上的鞭毛基粒长出，并穿过细胞壁伸向体外的一条长丝状、波曲状的蛋白质附属物。鞭毛的直径为 0.01～0.025μm，长度为 2～50μm。

绝大多数能运动的细菌具有鞭毛，鞭毛是细菌的运动胞器。鞭毛的旋转、摆动使细菌可以迅速运动。一般幼龄菌活动活跃，而老龄菌鞭毛会脱落而失去活动能力。有鞭毛的细菌能运动，但并不是能运动的细菌都有鞭毛，有的细菌能借助其他方式运动，如滑行细菌（贝日阿托菌、透明颤菌、黏细菌等）。

有的细菌的鞭毛是单根的，也有多根的，可以是一端单生的或者两端单生的；也可以是成束的，一端丛生的或者是两端丛生的；也有的是周生的。鞭毛的着生位置、数量、排列方式等都与细菌的鉴定有关，它是细菌种的特征（见图 3-8）。

鞭毛运动是靠细胞膜上的 ATP 酶水解 ATP 提供能量。由于鞭毛很细，无法直接观察，通常用鞭毛染色法将染料沉积在鞭毛上使之变粗，就可在光学显微镜下看见了；也可以直接在电子显微镜下进行观察。

（4）菌毛（fimbira）和性毛（pilus） 菌毛，又称为纤毛、伞毛、线毛或须毛，是一种长在细菌体表的纤细、中空、短直且数量较多的蛋白质类附属物，其功能是使菌体能附着于物体表面。菌毛的直径一般为 3～10nm，长度为 0.2～2μm，每菌数量可达 250～300 条，周身分布。菌毛多存在于 G$^-$致病菌中。

性毛，又称为性菌毛，是一类特殊的菌毛，存在于大肠杆菌和肠道菌表面，构造和成分

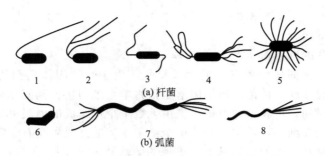

图 3-8　细菌鞭毛的着生位置

1—极端生；2—亚极端生；3—两极端生；4,7—两束极端生；5—周生；6—单根极端生；8—束极端生

与菌毛相同，但比菌毛长，且数量只有一根至少数几根。其功能被认为与细菌的遗传物质的传送（细菌结合）有关。

3.1.3　细菌的繁殖

细菌生活在适宜条件下，细胞体积、质量不断增加而开始繁殖。细菌一般被认为不存在有性繁殖，只进行无性繁殖。细菌的繁殖方式主要为裂殖，只有少数种类进行芽殖和孢子生殖。在适宜条件下，多数细菌繁殖速度极快，分裂一次需时仅 20～30min。

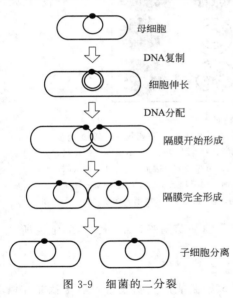

图 3-9　细菌的二分裂

（1）裂殖　裂殖是指一个细胞通过分裂而形成两个子细胞的过程。首先是 DNA 进行复制，两条 DNA 链各自形成一个核区，两个核区间形成细胞质膜，使细胞质分开，形成两个子细胞的细胞壁，最后形成两个大小一致的子细胞（见图 3-9）。

对杆状细胞来说，有横分裂和纵分裂两种方式，一般细菌均进行横分裂（又称为二分裂）。个别种类的细菌，如绿色硫细菌，存在三分裂的方式，蛭弧菌中，存在复分裂的方式。

（2）芽殖与孢子生殖　芽殖是指在母细胞的表面（尤其是一端）先形成一个小突起，待其长大到与母细胞相仿后再相互分离并独立生活的一种繁殖方式。凡以这类方式繁殖的细菌统称为芽生细菌，包括芽生杆菌属（*Blastobacter*）、生微丝菌属（*Hyphomicrobium*）、生丝单胞菌属（*Hyphomonas*）、硝化杆菌属（*Nitrobacter*）、红微菌属（*Rhodomicrobium*）和红假单胞菌属（*Rhodopseudomonas*）等十余属细菌。

少数细菌能由一个细胞形成许多分裂孢子或节孢子，与真菌的孢子不同，这些孢子有的很小，以致可通过细菌过滤器。

3.1.4　细菌的培养特征

在对细菌的研究中，经常要让细菌（通常是纯种）在各种培养基上生长，在不同的培养基上，不同种类的细菌会呈现不同的培养特征。这些培养特征也是对细菌进行分类鉴定或者判断其呼吸类型和运动性的重要依据。

首先来认识什么是培养基。所谓培养基是人工配制的供给微生物营养物质的基质。微生物在培养基上生长繁殖或进行某种生理活动。培养基有固体培养基（加入 1.5%～2% 的琼脂，在常温下凝固）、半固体培养基（加入 0.3%～0.5% 的琼脂，使之在常温下呈半固体状）和液体培养基的区分。

3.1.4.1　细菌在固体培养基上的培养特征

（1）菌落　细菌在固体培养基上的生长繁殖，由于受到固体表面的限制，无法自由活动，从而聚集在一起，就是菌落。所谓菌落是指将单个细胞接种到固体培养基上，在合适的条件下培养一定的时间，生长繁殖形成一堆由无数个个体组成的肉眼可见的群体。

（2）菌落特征　在细菌培养中，获得单个细菌个体的办法主要有稀释平板法和平板划线法。不同种类的细菌在不同的培养基上所出现的菌落特征是不同的（见图 3-10）。菌落的特征主要有大小、形状、光泽、颜色、质地软硬、透明度等。菌落特征是细菌分类的依据之一。可以从三个方面来看菌落的特征：菌落表面的特征，如光滑还是粗糙、干燥还是湿润等；菌落的边缘特征，如圆形、边缘整齐、呈锯齿状等；纵剖面的特征，如平坦、扁平、隆起、凸起、草帽状、脐状、乳头状等。

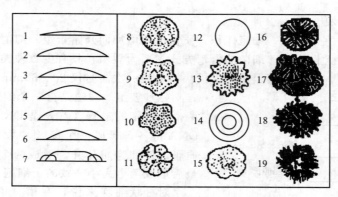

图 3-10　细菌菌落特征

纵剖面：1—扁平；2—隆起；3—低凸起；4—高凸起；5—脐状；6—草帽状；7—乳头状
表面结构、形态及边缘：8—圆形，边缘整齐；9—不规则，边缘波浪；10—不规则，颗粒状，
边缘叶状；11—规则，放射状，边缘花瓣形；12—规则，边缘整齐，表面光滑；13—规则，
边缘齿状；14—规则，有同心环，边缘完整；15—不规则，似毛毯状；16—规则，似菌丝状；
17—不规则，卷发状，边缘波浪；18—不规则，丝状；19—不规则，根状

　　菌苔是细菌在斜面培养基接种线上长成的一片密集的细菌菌落，不同种类的细菌所产生的菌苔也是不同的（见图 3-11）。

3.1.4.2　细菌在明胶培养基上的培养特征

用穿刺接种法将细菌接种到明胶培养基上，如果该细菌能产生明胶水解酶，就能在培养基上看到不同形态的由于明胶水解而产生的溶菌区（见图 3-12），这也是细菌分类鉴定的依据之一。

3.1.4.3　细菌在半固体培养基上的培养特征

半固体培养基由于琼脂含量比较少，细菌能在内部运动，因此可以用来判断细菌的运动

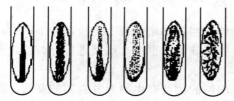

图 3-11　细菌在斜面培养基上的菌苔

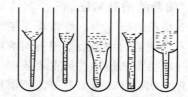

图 3-12　细菌在明胶培养基上的生长特征

性以及呼吸类型等（见图 3-13）。

用穿刺接种法接种细菌到半固体培养基上，如果细菌在培养基表面及穿刺线的上部生长，为好氧菌；如果只在穿刺线的下部生长，为厌氧菌；如果在整条穿刺线都能生长，则为兼性菌。如果只沿穿刺线生长，为没有鞭毛、不运动的细菌；如果它还能穿透培养基扩散生长，则为有鞭毛、能运动的细菌。

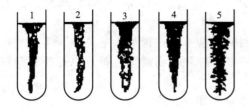

图 3-13　细菌在半固体培养基上的生长特征
1，2—不运动性好氧菌；3—不运动性兼性菌；
4—运动性好氧菌；5—运动性兼性菌

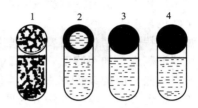

图 3-14　细菌在液体培养
基中的生长特征
1—絮状；2—环状；3—菌膜；4—薄膜状

3.1.4.4　细菌在液体培养基上的培养特征

在液体培养基上，细菌个体可以自由扩散生长，细菌在液体培养基上的主要培养特征有是否成膜、浑浊、沉淀等，也是分类的依据之一（见图 3-14）。如枯草芽孢杆菌在肉汤培养基表面会形成无光泽、皱褶而黏稠的膜。

3.1.5　细菌的物理化学性质

3.1.5.1　细菌表面电荷和等电点

在细菌体内和细胞膜表面存在大量的蛋白质，蛋白质由 20 种氨基酸组成（这部分内容将在后面的章节中详细描述）。氨基酸是两性电解质，在碱性溶液中表现带负电荷，在酸性溶液中表现带正电荷，在某一 pH 溶液中（等电点），正负电荷相等，表现为不带电荷的中性。

$$NH_3^+\!-\!\underset{\underset{H}{|}}{\overset{\overset{R}{|}}{C}}\!-\!COO^- + NaOH \longrightarrow NH_2\!-\!\underset{\underset{H}{|}}{\overset{\overset{R}{|}}{C}}\!-\!COO^- + Na^+ + H_2O$$

$$NH_3^+\!-\!\underset{\underset{H}{|}}{\overset{\overset{R}{|}}{C}}\!-\!COO^- + HCl \longrightarrow NH_3^+\!-\!\underset{\underset{H}{|}}{\overset{\overset{R}{|}}{C}}\!-\!COOH + Cl^-$$

由氨基酸构成的蛋白质也是两性电解质，也呈现一定的等电点。细菌细胞壁表面含蛋白质，所以，细菌也具有两性电解质的性质。已知革兰阳性菌的等电点在 pH 2~3，革兰阴性菌的等电点在 pH 4~5，革兰染色不稳定菌的等电点在 pH 3~4，而在一般情况下，细菌所处的环境溶液，包括培养基条件，其 pH 为中性，或略偏碱或偏酸，都高于细菌的等电点。所以细菌的游离氨基电离受到抑制，而游离羧基电离，细菌表面带负电荷。加上革兰阳性菌细胞壁的磷壁酸含有大量酸性较强的磷酸基，更加导致细菌表面带负电。

细菌表面所带的负电荷，对细菌具有重要的生理意义，它与细菌染色、细菌对营养物质的吸收等都有关系。

3.1.5.2　细菌的染色原理和方法

（1）细菌的染色原理　大多数细菌菌体是无色透明的，在显微镜下由于反差小而不易观察。通过染色，可增加菌体与背景的反差，在显微镜下可清楚地看见菌体的形态。另外，利用染色方法，还可以对细菌的某一结构进行特定的染色，以便于观察和鉴定。因此染色是微生物（细菌）研究中最基本也是最重要的手段。

在细菌染色中常用的染料有：属于碱性染料的结晶紫、龙胆紫、碱性品红（复红）、番红、美蓝（亚甲蓝）、甲基紫、中性红、孔雀绿等；属于酸性染料的酸性品红、刚果红、曙红等。不同的染料可以把细菌菌体染成不同的颜色，由于细菌表面通常带负电，所以碱性染料的使用比较多，但有些种类的细菌，如分枝杆菌（*Mycobacterium*）的某些种类，需用酸性染料染色。

对一些特殊的结构，需要用一些特殊的染料和方法。如细菌的鞭毛染色，通过把银离子沉淀到鞭毛表面，加粗鞭毛，以便观察。还有一些特殊颗粒物的染色等，也都是根据对象的特性采用一些专门的染色方法。

（2）染色方法 染色方法分为两大类：简单染色和复合染色。

简单染色是用一种染料染色，目的是为了增加菌体与背景的反差，便于观察。而复合染色常用两种或更多的染料或试剂，根据需要进行多次染色，以达到实验的要求。如区别不同细菌的革兰反应或抗酸性反应，或区别比较细菌的结构和差异等。在复合染色法中，最著名也是最常用的就是革兰染色法。

（3）革兰染色法 1884 年，丹麦细菌学家 Christain Gram 发明了革兰染色法。

① 染色步骤 革兰染色法是一种复合染色法，即通过多次染色达到目的，其主要步骤如下。

a. 初染 用草酸铵结晶紫或龙胆紫染料，将菌体染成紫色。

b. 媒染 用碘-碘化钾溶液（鲁哥液）进行媒染，这是一个中间处理步骤，目的在于降低细菌表面的等电点，形成草酸铵结晶紫、碘-碘化钾复合物。

c. 脱色 用乙醇或丙酮酸进行脱色，常用 95% 的乙醇，革兰阳性菌不被脱色而保持紫色，而革兰阴性菌被脱色。

d. 复染 用品红或番红进行复染，革兰阳性菌仍呈紫色，而革兰阴性菌被染成红色。

② 染色机制 关于革兰染色的机制有不同的解释，但目前比较公认的解释有以下两点。

a. 革兰染色与等电点的关系 已知革兰阳性菌的等电点在 2～3，革兰阴性菌的等电点在 4～5，革兰阳性菌的等电点低于革兰阴性菌，说明革兰阳性菌所带的负电荷要多于革兰阴性菌，它与结晶紫的结合力大，用鲁哥液媒染形成复合物后，两者的等电点均有下降，但革兰阳性菌降得更多，因此它不易被乙醇提取和脱色。最后看到革兰阳性菌的结果为紫色。

b. 革兰染色与细胞壁的关系 上述等电点不能解释在一些细菌中出现的因细胞结构被破坏而发生革兰染色结果变化的现象。研究人员通过电子显微镜对细胞壁的观察和对细胞壁化学成分的分析，发现革兰阳性菌的细胞壁脂类含量少，肽聚糖含量多，而革兰阴性菌则相反。因此，用乙醇脱色时，革兰阴性菌的脂类物质被乙醇溶解，细胞壁的孔径和通透性增加，乙醇较容易进入细胞体内将草酸铵结晶紫、碘-碘化钾复合物提取出来；而在革兰阳性菌中，由于脂类物质少，肽聚糖多，加上乙醇的脱水作用，缩小了细胞壁上的孔径，降低了通透性，阻止了乙醇分子的进入，菌体不易被脱色。

革兰染色是细菌研究中最基本的技术手段之一。通过革兰染色方法几乎可把所有的细菌分成革兰阳性菌和革兰阴性菌两大类，是细菌分类鉴定的重要指标；另外，革兰阳性菌和革兰阴性菌在细胞结构、成分、形态、生理、生化、遗传、免疫、生态和药物敏感性等方面都有明显的不同，因此，通过革兰染色就可以提供不少其他重要的生物学特性方面的信息。

3.1.5.3 细菌悬液的稳定性和稳定度

细菌在液体培养基中的存在状态有稳定和不稳定两种：一种为 S 型（光滑型），其细菌悬液很稳定，整个菌体为亲水基，均匀分布于培养基中，不发生凝聚，只有在电解质浓度很高时才会发生凝聚；另一种为 R 型（粗糙型），它具有强电解质，细菌悬液很不稳定，容易发生凝聚而沉淀，培养基很清。细菌的这种区别取决于细菌表面的解离层，取决于细菌表面的亲水基和疏水基的比例和平衡。

细菌呈半透明状态，光线照射菌体时，一部分光线透过，而一部分被折射，所以细菌悬液会有浑浊现象。浑浊度指标可以大致反映液体内细菌数量的多少。

3.1.5.4　细菌的多相胶体性质

细菌细胞质中含有多种蛋白质，其成分和功能各不相同，所以细胞质是个多相胶体，某一相吸收一组物质进行生化反应，另一相又吸收另一组物质进行另一种生化反应，在一个细菌体内可同时进行多种生化反应。

3.1.5.5　细菌的比表面积

细菌个体微小，但具有巨大的比表面积，如乳酸杆菌的表面积/体积约为 120000。这有利于细胞吸收营养物质和加强新陈代谢。

3.1.5.6　细菌的密度和质量

细菌的密度为 $1.07 \sim 1.19(1.09) \text{g/cm}^3$，细菌的密度与菌体所含物质有关。蛋白质的密度为 1.5g/cm^3，糖的密度为 $1.4 \sim 1.6 \text{g/cm}^3$，核酸的密度为 2g/cm^3，盐的密度为 2.5g/cm^3，脂类的密度小于 1g/cm^3，整个菌体的密度略大于水的密度。单个细菌的质量是很小的，为 $1 \times 10^{-10} \sim 1 \times 10^{-9} \text{mg}$。

3.1.6　细菌的分类和鉴定

研究微生物分类理论和技术方法的科学称为微生物分类学（microbial taxonomy）。分类学内容涉及三个既相互依存又有区别的组成部分——分类、命名和鉴定。

分类（classification）是根据一定的原则（表型特征相似性或系统发育相关性），对微生物进行分群归类，根据相似性或相关性水平排列成系统，并对各个分类群的特征进行描述，以便查考和对未被分类的微生物进行鉴定。

命名（nomenclature）是根据命名法规，给每一个分类群一个专有的名称。

鉴定（identification 或 determination）是指借助现有的微生物分类系统，通过特征测定，确定未知的、新发现的或未明确分类地位的微生物所应归属分类群的过程。

在本教材的绪论部分，已经介绍了有关分类和命名的基本知识。对于环境科学工作者而言，在实际工作中接触到比较多的是有关鉴定的工作，因而，在此介绍有关微生物（细菌）鉴定的基本原理和方法。

3.1.6.1　细菌鉴定和分类的联系与区别

细菌的常规鉴定和细菌分类的工作方案从表面上看有相似之处，都包括菌株的分离、纯化和性状测定各环节，但实际上两者是有区别的。

（1）从工作目的来看，分类是按相似性或同源性界定和排列分类单元，也就是确定分类单元在分类系统中的位置。鉴定是对分离物进行识别，如在水的卫生检验中，我们关心的是是否存在指示菌——大肠杆菌，而该菌在分类上如何处置在此并不重要。

（2）鉴定方案是根据一群菌共同具有的（或缺少的）一个或多个特征为基础制定出来的。因此，鉴定方案是在分类研究的基础上制定出来的。只有当一群菌被分类以后，它的鉴定方案才能被设计出来。

（3）细菌鉴定中多采用特有的鉴别特征或实验，而不需像分类工作那样对分离物进行全面分析。鉴定中多选用形态和生理生化等表型特征。在上述特征无法鉴别时，需要借助于一些较复杂的方法，如 DNA 的碱基组成和核酸的同源性分析等。

3.1.6.2　细菌分类和鉴定的主要依据

鉴于微生物（细菌）形体微小、结构简单的特点，其分类和鉴定除了传统的形态学、生理学和生态学特征之外，还必须寻找新的特征依据。20世纪60年代以来，微生物学家从不同层次（细胞的、分子的等），用不同学科（化学、物理学、遗传学、免疫学、分子生物学等）的技术方法来研究和比较不同的微生物细胞、细胞组成或代谢产物，来寻找微生物分类和鉴定的依据。所以，实际上在现代微生物分类学中，任何能稳定地反映微生物种类特征的资料，都能被作为分类和鉴定的依据。现代微生物分类学已经从一门描述性的学科发展成为集多学科先进技术于一身的实验性科学。

（1）形态学特征　形态学特征始终被用作细菌（包括其他各类微生物）分类和鉴定的重要依据之一，其中有两个重要原因：一是它容易观察和比较；二是许多形态学特征依赖于多基因的表达，具有相对稳定性。因此，形态学特征不仅是细菌分类的重要依据，也往往是研究系统发育相关性的一个标志。

由于普通光学显微镜和相差显微镜操作简便，所以是观察个体形态最常用的工具。而扫描电镜和透射电镜除用于超微结构的观察外，对于许多形态学特征的观察也常常会得到更好的效果。

形态学特征包括个体形态特征和培养特征。

个体形态指的是显微镜可以观察到的细胞形状、大小和排列方式，具有区分属及属上分类单元的作用。在观察细菌的个体形态时，要注意有些细菌在生活周期中有多形性变化，要注意其幼龄（6～8h）、生长对数期的菌体和老龄菌体的形态变化及革兰染色的变化。

培养特征是细菌在培养基上的群体特征，它们是可以直接用肉眼进行观察的一些特征，在分类中一般起辅助作用。它们包括固体琼脂培养基上的菌落形态、半固体琼脂培养基中的穿刺生长情况（需氧性、运动性）、液体培养情况以及明胶穿刺培养（胨化及其形状）。

（2）生理生化和生态学特征　由于细菌个体小，形态简单，所以，在细菌分类的早期，人们就注意引进生理和生化特征。这些生理生化特征与形态学特征相结合，在细菌不同等级的分类单元的分类与鉴定中起了重要作用。

生理生化特征与微生物的酶和调节蛋白质的本质和活性直接相关，酶及蛋白质都是基因产物，所以，对微生物生理生化特征的比较也是对其基因组的间接比较，加上测定生理生化特征比直接分析基因组要容易得多，因此，生理生化特征对于微生物的系统分类仍然是有意义的。许多细菌，仅仅根据形态学特征是无法区别和鉴定的，所以生理生化特征往往是细菌分类和鉴定的重要特征。

主要生理生化特征有能量代谢、营养（如碳、氮源利用谱）、代谢产物以及酶反应（接触酶和氧化酶）等。

生态学特征如氧的需求、温度、酸碱度、寄生、共生及致病性。

生境对于某些菌的分类有很重要的意义。例如，同为弯曲的或螺旋形细菌，生活在海洋中的为海洋螺菌（*Oceanospirillum*），淡水中的为水螺菌（*Aquaspirillum*），而弯杆菌（*Campylobacter*）则主要分布在动物体内。寄主范围对寄生菌来说常具有重要的分类价值。

细胞成分包括细胞壁、细胞膜的结构与组成，核酸、蛋白质等生物大分子的组成与序列等。细胞组分分析在现代细菌分类中占有非常重要的位置。它们是化学分类和核酸分析的主要研究内容，是确定化学型及细菌种、属的重要特征。细胞壁中氨基酸和糖类组分是放线菌及一些革兰阳性菌分种、属的主要性状。不同的细胞组分可以为细菌的分类、鉴定或系统发育关系提供佐证。

（3）血清学实验与噬菌体分型

① 血清学反应 抗原（菌体）和相应的抗体（抗血清），在体内或体外均能发生特异性结合，称为免疫反应。在体外进行体液免疫反应，一般用血清进行实验，通常称为血清学反应。血清学反应具有高度特异性，在微生物分类和鉴定中，可以用来进行未知菌的鉴定和抗原组成的分析。

将血清学反应与有关技术结合，形成了各种准确、灵敏、快速的血清学细菌鉴定与分类技术，如凝集反应、沉淀反应（凝胶扩散、免疫电泳）、补体结合、直接或间接的免疫荧光抗体技术、酶联免疫以及免疫组织化学等方法。通常是对全细胞或者细胞壁、鞭毛、荚膜或黏液层的抗原性进行分析比较，也可以用纯化的蛋白质（酶）进行分析，以比较不同细菌同源蛋白质之间的结构相似性。

② 噬菌反应 与血清学反应相似，噬菌体也具有高度的特异性，它不仅可以对某一种细菌的寄生有专一性，就是对同种细菌的不同型也有特异性，所以，不仅可以用噬菌体来进行细菌种的鉴定，而且可以进一步把它分型。

（4）分子生物学的方法 由于细菌比较简单的形态学特征，又缺乏化石证据，对于细菌分类学需要确定其系统发育关系，也就是不同细菌类群之间的亲缘关系，单靠上述特征是不够的，无法获得精确的信息。这也是细菌的分类系统一直不完善的主要原因。

随着分子生物学的迅速发展和各种新技术的广泛采用，有关细菌种属间亲缘关系的分类和鉴定工作已经从一般的表型特征的鉴定，深化为遗传型特征的鉴定。

目前应用于细菌分类和鉴定的分子生物学方法主要有 DNA 中 G＋C 含量的测定、DNA-DNA 分子杂交、DNA-rRNA 的同源性测定以及 16S rRNA 基因序列的测定等。

（5）数值分类法 数值分类法是借助于电子计算机将运算分类单元（OUT）（如细菌的菌株）按其性状的相似程度归类成表观群（phenon），目的是揭示生物分类单元之间的真实关系。该方法须有尽可能多的性状测定，并将这些信息转化为数值，对这些数值进行运行处理，必须借助电子计算机来完成。

数值分类法的一个重要原则是给分类单位的各种性状特征采用"等重衡量"原则，即对所有的性状给予相等的地位。该原则又称为 Anderson 原理，是在 1757 年由 Michel Anderson 提出的。

数值分类的优点是：减少工作者的主观偏见（在分类关系的估价和分类单元的建立上都是客观而明确的）；可以使分类过程实现自动化（将模式种的信息输入电子计算机，可进行自动检索）。

3.1.6.3 细菌鉴定的方法和过程

细菌的鉴定是确定一个新的分离物是否属于一个已被命名的分类单元的过程。主要包括分离培养、显微镜观察、生理生化实验、血清学检验和动植物接种等环节或技术。此外，还有噬菌体敏感性及抗生素敏感性实验等。

（1）检索表 细菌鉴定首先要有一个分类系统作基础。根据这个分类系统，找出各分类单元间相互区分的一系列特征，构成一个鉴定系统，即细菌鉴定的检索表。换言之，检索表由一系列有关细菌特征的问题构成，这些问题引导人们通过一个分类系统来确定一个菌株的分类地位。检索表有双歧式和表格式两种形式。

① 双歧式检索表 由一系列是与否的问题构成，通过逐级分支的流程图将一个菌株确定到一个已知的分类单元。其中的问题（性状）必须逐级逐个回答，不能跨越。如在《一般细菌常用鉴定方法》（1982 年）一书中的鉴定系统就是按双歧法编制的。按照该书的体系，首先根据供试菌株的细胞形状、革兰染色反应、对氧的需求及色素有无分为 5 个大群，即球

状菌、革兰阳性杆菌、产色的革兰阴性杆菌、氧化性的革兰阴性杆菌和发酵性的革兰阴性杆菌，然后再用其他性状进一步区分。图 3-15 为该书中氧化性革兰阴性杆菌的检索表，从中可以看出常规鉴定的一个显著特点，即传统分类可以依靠少数性状来区分细菌的属（也包括种）。在分类研究中，检索表中的一个性状不确定，分离物就不能得到确切的鉴定。

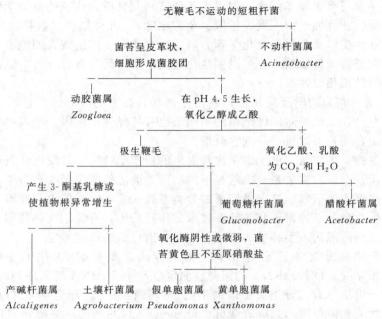

图 3-15　氧化性的革兰阴性杆菌

（引自：中科院微生物所．一般细菌常用鉴定方法．1982）

② 表格式检索表（鉴定特征表）　只对分类群的特征进行总结，而不给分类特征以等级化的排列。表格式检索表往往包含较多的性状特征，因而看起来比双歧式复杂，但比双歧式优越。表 3-2 所列为芽孢八叠球菌（*Sporosarcina*）种的鉴别特征。表中记为"＋"的结果是该分类单元中 90％以上的成员为阳性的特征。由此看来，允许被鉴定对象的个别特征不确定。

表 3-2　芽孢八叠球菌（*Sporosarcina*）种的不同特征[①]

项目	盐芽孢八叠球菌(*S. halophila*)	脲芽孢八叠球菌(*S. urea*)
生长在：		
营养液	－	＋
含 10％ NaCl 和 0.5％ MgCl$_2$	＋	－
能水解：		
酪蛋白	＋	－
明胶	＋	－
酪氨酸	＋	－
淀粉	＋	－
支链淀粉	＋	－
尿素	－	＋
硝酸盐还原成亚硝酸盐	－	＋

① ＋表示 90％或更多的菌株呈阳性；－表示 90％或更多的菌株呈阴性。

注：引自：Holt J G. Bergey Manual of Determinative Bacteriology. 9th. 1994.

（2）鉴定工作的原则和步骤　鉴定工作的总原则是：在鉴定的最初阶段运用简单的鉴别方法，得到必要的信息后，通过实验尽量缩小分离物的归属范围，并减少以后的实验项目。当一个分离物大体被归到一个类群时，就应当遵循该群的性状或检索表中所采用的实验项目去做。归纳如下。

① 保证鉴定的分离物是纯培养。

② 根据掌握的材料将分离物由一个大的归属范围逐步缩小到较小的或特殊的类群，如光合细菌、革兰阳性球菌等。

③ 根据可得到的一切信息，进一步缩小分离物的归属范围到属、种。

④ 尽量减少所使用的实验项目。

⑤ 在鉴定中要有一个适当分类单元的标准菌株作对照，以证明本实验室采取的实验条件是有效的。

鉴定的最后结果应与分类手册中的模式菌株的性状描述进行对比来确定分类地位。

3.1.6.4 微生物的快速鉴定和自动化分析技术

如何使微生物的鉴定快速、准确、简易和自动化，一直是微生物工作者的研究热点。随着微电子、计算机、分子生物学、物理、化学等先进技术向微生物学的渗透和多学科的交叉，这方面的技术在微生物鉴定中被广泛使用，推动了微生物学的发展。

（1）微量多项实验鉴定系统　微量多项实验鉴定系统（细菌的自动化鉴定）是建立在数值（编码）鉴定的基础上的。

常规（传统）分类和鉴定需要测定项目众多，不能适应快速的需求，尤其是临床病原菌的鉴定。因此，应运而生地出现了多种类型的成套鉴定系统及编码鉴定方法。

该方法的基本原理是：针对微生物生理生化特征，配制各种培养基、反应底物、试剂等，分别微量（约 0.1mL）加入各个分隔室中（或用小圆纸片吸收），冷冻干燥脱水或不干燥脱水，各分隔室在同一塑料条或板上构成检测卡。实验时加入待检测的某一种菌液，培养 2~48h，观察检测卡上的各项反应，按判定表判定实验结果，所得结果以数字方式表达（编码），并与数据库数据（手册或软盘）对照，或输入计算机后使用相应的软件，从而得出鉴定结果（包括属、种的名称，有的鉴定系统还可给予分类位置）。

微量多项实验鉴定系统已广泛应用于动植物检验、临床检验、食品卫生、药品检查、环境监测、发酵控制、生态研究等方面，尤其是在临床检验中深受欢迎，发展迅猛。目前，已应用的快速、简便的商品化鉴定系统很多，例如法国生物-默里埃（Bio-Merieux）公司的 API（analytic products Inc）/ATB，瑞士罗氏公司的 Micro-ID 系统、Enterotube 系统、Minitek 系统、R/B 系统、IDS 系统以及 Spectrum10 系统等。国内也有不少的编码鉴定以及商品化的微型鉴定系列。

微量多项实验鉴定技术的优点是能快速、敏感、准确、重复性好地鉴定微生物，而且简易，节省人力、物力、时间和空间；其缺点是各系统差异较大，价格较贵，有的个别反应不准，难以判定。但是毫无疑问，这项技术是微生物鉴定技术向快速、简易和自动化发展的重要方向之一。

（2）自动化的微生物鉴定仪　应用较早而普遍的有法国 Bio-Merieux Vitex Inc 公司生产的微生物鉴定仪（auto microbial system，AMS）。从接种（由充样机和封口机完成，由于充样机的负压能将已稀释好的菌液吸入试验卡的小池内，并由封口机密封）、培养和读数（由培养室保温于 35.4℃，读数仪可将试验卡逐个拉出读数，并将结果输入计算机中心）到报告（由计数机将从读数仪所得结果收集，与数据库数据比较后，将结果打印输出）的全过程达到全自动化的程度。数据库由许多试验卡所组成。

还有半自动化的鉴定仪，也是 Bio-Merieux 公司生产的 ATB（automatic testing bacteriology）。接种试验卡和培养是由人工完成，有多种不同的试验卡可选择，可对不同细菌进行鉴定。结果是由读数器和已装有模式菌株数据的计算机完成。另外还有美国安普中心生产的 Biolog 仪，与 ATB 相同的是接种试验卡和培养也是人工完成，试验卡分为革兰阳性和革兰阴性两种，鉴定结果由读数器和计算机完成，其特点是除可给出种名之外，也有相近种的树状谱。

这些微生物自动鉴定仪可以快速、自动对微生物同时或分别进行鉴定、计数、药敏实验等，在国内外得到广泛应用，但其价格昂贵，所用测试卡的耗费也很大。

3.2　古菌

3.2.1　古菌的研究

长期以来，由于受到研究技术和手段的限制，人们对古菌的了解不多，一直将其列入细菌的范畴。

1977 年，在太平洋深海的极端环境下（$48\sim94℃$，2.03×10^7Pa），发现了一类自养的产甲烷菌。这种细菌是原核的，但它与已知的其他原核类生物有明显不同，从其所处的地质年代来看，它是一种很古老的生物，这就引起了人们对这类微生物重新研究的兴趣。美国伊利诺斯大学的 Carl R. Woese 等改进了研究方法，通过对细胞结构、化学组成、生存环境条件的研究，特别是应用分子生物学研究技术，通过 16S rRNA 序列以及 DNA 的 G+C 含量分析和 DNA 分子杂交等，发现这类原归属于原核生物的生物，实际上与一般的细菌（原核生物）有着很大的差异。由于这些生物的栖息生境类似于早期的地球环境（如热、酸、盐等），所以将这些生物统称为古细菌（archaebacteria）。后又进一步提出，将古菌与细菌、真核生物并列为生物的三大亲缘类群（也称为域，domains）。

3.2.2　古菌的特点

（1）古菌的形态　古菌的细胞呈不同形状，包括球形、螺旋形、板状或杆状，也存在单细胞和多细胞的丝状体或聚集体。单细胞的大小为 $0.1\sim15\mu m$，而其丝状体的长度可达 $200\mu m$。细胞群体的颜色呈红色、紫色、粉红色、橙褐色、黄色、绿色、墨绿色、灰色和白色。

（2）古菌的细胞结构　古菌的细胞膜含有植烷甘油醚，使之对 β-内酰胺抗生素不敏感。在细胞壁内不含有二氨基庚二酸和胞壁酸，其成分为（糖-）蛋白或假肽聚糖。蛋白质为酸性的，脂类是非皂化性甘油二醚的磷脂和糖脂的衍生物。

（3）分子生物学结构　古菌的染色体与细菌类似，为一条环状 DNA 分子，也有质粒的存在，但它的 DNA 复制、转录以及基因结构有很多类似于真核生物的特点。其 5S、16S 和 23S rRNA 的序列与细菌和真核生物的相应 rRNA 有很大区别，在其 16S、23S 和 tRNA 基因中发现含有内含子结构。

（4）古菌的代谢　古菌的代谢有多样性。在代谢过程中有特殊的辅酶，如绝对厌氧的产甲烷菌有辅酶 M、F_{420}、F_{430} 等。

（5）古菌的呼吸类型　古菌多为严格厌氧、兼性厌氧，少数为好氧。

（6）古菌的繁殖　古菌繁殖靠二分裂、出芽、收缩、断裂或不明机制的方式，但繁殖速度较慢。

（7）古菌的分布　古菌主要是陆地生和水生微生物，很多古菌存在于极端环境，如高盐分、极热、极酸和绝对厌氧的环境中，有些能在动物消化道内营共生生活。

3.2.3　古菌的分类

按照伯杰氏手册上的描述，古菌属于古菌域，分为泉古生菌门和广古生菌门，有9纲、13目、23科、79属，共有289个种。

在实践中，按照古菌的生活习性和生理特点，可分为三个类群：厌氧产甲烷菌、嗜热嗜酸菌和极端嗜盐菌。

3.2.3.1　厌氧产甲烷菌

人类利用产甲烷菌进行沼气发酵已经有很长的历史了，对产甲烷菌的认识也有150多年的历史。产甲烷菌与其他微生物（水解菌、产酸菌）协同作用，能使有机物甲烷化，产生具有经济价值的生物能物质——甲烷。

有许多产甲烷菌能利用氢作为电子供体（能源），总反应式为：

$$4H_2 + H^+ + HCO_3^- \longrightarrow CH_4 + 3H_2O$$

另外一些产甲烷菌可以通过从甲醇、甲酸和乙酸来产生甲烷进行生长。

（1）产甲烷菌的细胞结构　产甲烷菌的细胞结构有细胞封套（细胞壁、表面层、鞘和荚膜）、细胞质膜、原生质和核质。革兰阳性和革兰阴性产甲烷菌的细胞壁结构和化学组成有所不同。

① 大多数G^+产甲烷菌的细胞壁在结构上与G^+真细菌相似，有一层和三层的。其化学成分不同于G^+真细菌，不含胞壁质（二氨基庚二酸和胞壁酸），而是假胞壁质或是未硫酸化的异多糖。

② G^-的炽热高温产甲烷菌的细胞壁外有一层六角形的蛋白质亚基即S层覆盖。

③ G^-产甲烷菌不具有球囊多聚物或外膜。只有一层六角形或四角形的、由蛋白质亚基或糖蛋白亚基组成的S层。

④ 甲烷螺菌的细胞质膜外只有一层由蛋白纤维组成的鞘包裹几个细胞。

近年来的研究表明，产甲烷菌有一个环形染色体DNA，长1664976bp；还有两个染色体外环形DNA，各长58407bp和16550bp；共有1738个基因。将其与已知的原核生物和真核生物比较，1738个基因中56%是前两者所没有的。可见，这类菌是一种完全不同的类型。

代表性的产甲烷菌见图3-16。

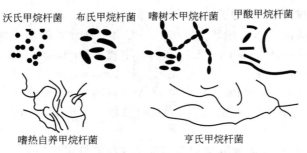

图3-16　产甲烷菌的各种形态

（2）产甲烷菌的培养方法　由于产甲烷菌是严格厌氧的，其分离和培养等要求特殊的环境和技术，如厌氧的培养条件、厌氧的操作条件等。一般要求不高时，可采用隔绝空气、抽真空或加入除氧物质（如焦性没食子酸和碳酸钾）等方法。如果对厌氧条件要求比较高，则需要采用特殊的装置，如厌氧培养皿、试管以及厌氧手套箱等。

3.2.3.2 嗜热嗜酸菌

嗜热嗜酸菌包括古生硫酸还原菌（Archaebacterial Sulfate Reducers）和极端嗜热古菌（Hyperthemophilic Archaea）。

这一类菌的特点是：好氧、严格厌氧或兼性，革兰阴性，杆状、丝状或球状，专性嗜热（最适温度在70～105℃），嗜酸性和嗜中性，自养或异养。这类菌大多数是硫代谢菌。

3.2.3.3 极端嗜盐菌

这类菌对 NaCl 有特殊的适应性和需要性。多栖息在高盐环境，如晒盐场、天然盐湖或高盐腌渍食物如鱼和肉类。极端嗜盐菌的一般定义是指，最低 NaCl 浓度为 1.5mol/L（约9%），最适生长 NaCl 浓度为 2～4mol/L（12%～23%），最高生长 NaCl 浓度为 5.5mol/L（约32%，达饱和浓度）的古菌。有的种也能在低盐浓度下生长。

极端嗜盐菌的细胞为链状、杆状或球状，革兰阴性或阳性，化能有机营养型，多为专性好氧菌，嗜中性或碱性，嗜中温或轻度嗜热，生长温度可高达55℃。为抵御高盐浓度的生长环境，细胞内往往积累了大量（4～5mol/L）的钾离子以维持渗透压的平衡。细胞壁中不含二氨基庚二酸和胞壁酸，其成分主要含脂蛋白，其荚膜含 20% 的类脂。含有多种色素，菌体呈多种颜色。其中专性好氧菌中有气泡。

按照《伯杰氏鉴定细菌学手册》（第九版），极端嗜盐菌被划分为 8 个属、19 种，见表 3-3。

表 3-3 一些极端嗜盐古菌的分类

属	形态	DNA 中 G＋C 含量（摩尔分数）/%
盐杆菌属（Halobacterium）	杆状	66～71
盐红杆菌属（Halorubrum）	杆状、多形态杆状	68
盐棒杆菌属（Halobaculum）	杆状	
富盐菌属（Haloferax）	平圆盘或杯形	63～66
盐盒菌属（Haloarcula）	不规则圆盘状或三角形、长方形	65
嗜盐球菌属（Halococcus）	球形	60～66
嗜盐碱杆菌属（Natronobacterium）	杆状	65
嗜盐碱球菌属（Natronococcus）	球形	64

3.2.4 古菌在生物界的特殊地位

Carl R. Woese 根据 rRNA 序列分析结果，提出生物分类的新建议，将生物分为真细菌（Eubacteria）、古细菌（Archaebacteria）和真核生物（Eucaryote）。这种分类趋向于生物的自然分类体系。1990 年，Woese 为了避免人们将 Eubacteria 和 Archaebacteria 误认为都是细菌，建议将 Eubacteria 改为 Bacteria，并将 Archaebacteria 改为 Archaea。同时，将 Eucaryotes 改为 Eukarya。上述三大类生物称为三个领域（domain），它们取代界而成为生物学的最高分类单元。

古菌有关能量、代谢和细胞分裂的大多数基因与原核生物相似，而有关复制、转录和翻译的多数基因则与真核生物相似。这提示，在早期生命进化中古核生物有独立的起源，但它与真核生物的关系比原核生物与真核生物的关系要近。现在人们认为古菌和细菌大约是在40 亿年前从它们最近的共同祖先分叉进化产生的，而现代的真核生物又是从古菌分叉进化形成的，因此，古菌在进化中的特殊地位受到人们的极大关注。古菌研究的一个重要意义在于使我们了解了生命的统一性，正如 Woese 所说的那样："以前，生物主要分为两个大类群——原核生物和真核生物。这种关系就是一堵墙。随着古菌的发现，由此形成的新关系就像一座我们能够跨越的桥。"

另外，古菌的特殊性质，如抗热、抗酸、抗盐等，使人们希望能从对其的研究中获得新的启示，提取和利用这些特殊的酶。例如，在嗜热菌研究中最引人注目的成果之一就是将水生栖热菌中耐热的 Taq DNA 聚合酶用于基因的研究和遗传工程的研究以及基因技术的广泛应用中。

古菌在自然界中的分布和数量比我们想象的要多，如有研究发现，在海洋深处，古菌是微生物的主要类群，因此它参与物质循环过程，如对溶解的有机物进行分解，对海洋甚至大气的影响是很大的。

3.3 放线菌

放线菌因其在固体培养基上呈辐射状生长而得名，它在细胞结构上属于原核生物，在分类上归入原核生物界。

3.3.1 放线菌的形态和大小

放线菌为单细胞，菌体是由纤细分枝的菌丝组成的菌丝体，无横隔膜。细胞壁内含肽聚糖，无线粒体等细胞器，细胞核无核膜，与细菌类似。放线菌绝大多数为革兰染色阳性。

放线菌的菌丝可分成以下三类。

（1）基内菌丝（又称为营养菌丝） 像根一样潜入固体培养基中或在培养基表面，其功能是吸取营养，菌丝直径约为 $0.8\mu m$，长 $50\sim600\mu m$，有色或无色。

（2）气生菌丝 由营养菌丝向空气中延伸生长，其功能是繁殖，气生菌丝比较粗，直径为 $1\sim1.4\mu m$，有弯曲状、直线状或螺旋状。有的气生菌丝会产色素。

（3）孢子丝 气生菌丝生长到一定阶段，会在顶端分化出孢子丝，孢子丝的功能是产生分生孢子。孢子丝的形状和着生方式因种而异（见图 3-17），形态有直形、波曲形、螺旋形之分，着生方式也可分为互生、丛生、轮生等多种形态。孢子丝产生的分生孢子具有各种颜色。孢子丝的排列方式、形状、颜色以及孢子的颜色等都是放线菌分类和鉴定的重要特征。

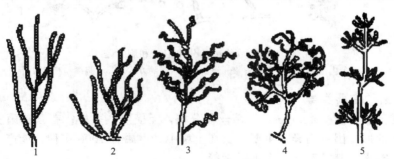

图 3-17 放线菌孢子丝的形态

1—直形；2—波曲形；3,4—螺旋形；5—直形（二级轮生）

在放线菌中，诺卡菌（*Nocardia*）的营养菌丝具有横隔膜并断裂成杆状或类球状，有气生菌丝或无气生菌丝两类。

3.3.2 放线菌的菌落形态

放线菌的菌落是由一个分生孢子或一段营养菌丝生长繁殖而来的，许多菌丝相互缠绕，导致其菌落质地紧密、坚硬，表面呈绒状或密实、干燥、多皱。由于营养菌丝潜入培养基内，其菌落不易被挑起。但诺卡菌的菌落呈白色粉末状，质地松散，易被挑取。

3.3.3　放线菌的生活史和繁殖

放线菌的生活史包括分生孢子的萌发、菌丝的生长、发育及繁殖等过程（见图 3-18）。

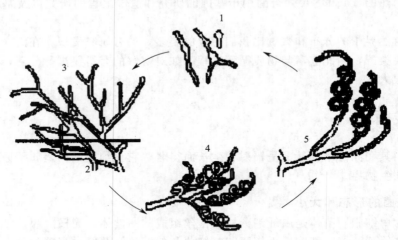

图 3-18　链霉菌的生活史

1—孢子萌发；2—基内菌丝；3—气生菌丝；4—孢子丝；5—孢子丝产生分生孢子

放线菌的繁殖是通过无性繁殖的方式进行的，通过分生孢子和胞囊孢子繁殖。

分生孢子在孢子丝的顶端以凝聚方式或横隔分裂方式形成。一些放线菌先在菌丝上形成孢子囊，胞囊孢子在孢子囊内形成，见图 3-19。

放线菌形成的孢子与芽孢不同，不是休眠体，只能耐干旱而不耐高温。

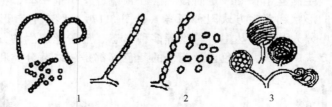

图 3-19　放线菌的分生孢子和胞囊孢子

1—分生孢子（凝聚方式）；2—分生孢子（横隔方式）；3—胞囊和胞囊孢子

3.3.4　放线菌的主要类群

（1）链霉菌属（*Streptomyces*）　菌丝体分枝，无横隔，多核；有营养菌丝、气生菌丝；孢子丝和孢子的形态因种而异；主要生长在土壤中。本属有 1000 多种，能产生多种抗生素，如链霉素、土霉素、制霉菌素、卡那霉素等。

（2）诺卡菌属（*Nocardia*）　只有营养菌丝，无气生菌丝或很薄一层气生菌丝。菌丝体长到一定阶段会产生横隔，断裂成杆状或类球状体。本属中也有不少抗生素产生菌，如利福霉素、瑞斯托菌素等，一些诺卡菌被用于石油脱蜡、烃类发酵及含腈废水的处理。

（3）放线菌属（*Actinomyces*）　只有营养菌丝，可断裂成 V 或 Y 字形体，无气生菌丝，也不形成孢子，厌氧或兼性厌氧。本属多为寄生的致病菌。

（4）小单胞菌属（*Micromonospora*）　菌丝体纤细，无横隔，不断裂，菌丝体伸入培养基内，不形成气生菌丝。繁殖时在基内菌丝上长出孢子梗，顶端着生一个分生孢子。人们发现本属中有多种菌能产生抗生素，如庆大霉素产生菌之一就是本属的棘孢小单胞菌（*M. echinospora*）。

（5）链孢囊菌属（*Streptosporangium*） 有营养菌丝与气生菌丝，营养菌丝分枝很多，气生菌丝形成孢子囊并产生孢囊孢子。有些种能产生广谱抗生素，如绿灰链孢囊菌（*S. viridogriseum*）产生的绿菌素对细菌、霉菌、酵母菌都有抑制作用。

3.3.5 放线菌在自然界中的分布和在生产实际中的应用

大多数放线菌为腐生菌，也有共生菌，如与植物共生的弗兰克菌。少数为寄生菌，如分枝杆菌。放线菌的分布，以在土壤中为多，仅次于细菌，在自然物质循环中起着积极作用。

有多种放线菌能产生各种抗生素，在医学、农药等领域有广泛应用。

在环境治理上，在有机固体废物堆肥发酵及废水生物处理中都有应用。有的菌种能应用于石油脱蜡、烃类发酵、含腈废水、脱硫、脱磷等。

3.4 蓝细菌

3.4.1 蓝细菌的特点

蓝细菌，又称为蓝藻，在植物学和藻类学中属于蓝藻门，但它是原核细胞，结构简单，因此把它列入原核生物界中。

蓝细菌（Crynobacteria）是古老的生物，曾在 30 亿年前的前寒武纪地壳中发现蓝细菌（螺旋藻）的化石。在地球刚形成的年代，地球是个无氧环境，使地球从无氧环境转变为有氧环境正是由于蓝细菌出现并产氧的结果。

蓝细菌的细胞内只有原始核，不具核膜和核仁，没有叶绿体，细胞质内具有膜结构的类囊体，内含光合色素，为叶绿素 a 和藻胆素等，能进行放氧性的光合作用，以水为电子供体，并且产生氧气。细胞质中有蓝细菌淀粉和颗粒体（为天冬氨酸和丙氨酸的共聚物）。

蓝细菌在形态上极为多样，细胞直径在 $1\sim10\mu m$，单细胞或群体或丝状体。细胞壁内含有肽聚糖和二氨基庚二酸，革兰阴性。

许多蓝细菌具有固氮能力，能把自由氮转化成氨，一些蓝细菌具有异形胞，是固氮的部位。

蓝细菌的繁殖方式有二分裂、芽殖、断裂和多分裂。在多分裂中，细胞膨大，然后经几次分裂产生多个小的子代，它们在母细胞破裂后释放出来。细丝状蓝细菌的断裂会产生小的、运动的片段，称为藻殖段（hormogonia）。

3.4.2 蓝细菌的分类

蓝细菌属于蓝细菌门（Cyanobacteria），通常分为 5 个目，主要是依据其菌落或丝状体的形态和繁殖方式（见图 3-20）。

（1）色球蓝细菌目（Chroococcales） 单细胞，杆状或球状，几乎不运动；二分裂和出芽生殖。如色球蓝细菌属（*Chroococcus*）、管孢蓝细菌属（*Chameaesiphon*）等。

（2）宽蓝细菌目（Pleurocapsales） 杆状或球状，单细胞或群体；多分裂方式进行繁殖。如宽蓝细菌属（*Pleurocapsa*）、皮果蓝细菌属（*Dermocarpa*）等。

（3）颤蓝细菌目（Oscillatoriales） 只有营养细胞的不分枝丝状体；二分裂或断裂。如颤蓝细菌属（*Oscillatoria*）、*Spirulina* 等。

（4）念珠蓝细菌目（Nostocales） 细丝状，包含特化细胞的不分枝丝状体；二分裂或断裂成藻殖段。如鱼腥蓝细菌属（*Anabaena*）、念珠蓝细菌属（*Nostoc*）、筒孢蓝细菌属

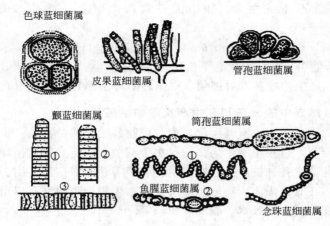

图 3-20　常见蓝细菌

（*Cylindrosperum*）等。

（5）真枝蓝细菌目（Stigonematales）　细丝状丝状体，分枝或由一串以上的细胞组成；二分裂或断裂成藻殖段。如真枝蓝细菌属（*Stigonema*）、*Geitleria* 等。

3.4.3　蓝细菌的分布与生态

蓝细菌忍受极端环境的能力很强，在地球上的分布极广，几乎在所有的水域和土壤中存在。多喜生于含氮量较高、有机质丰富的碱性水体中，高温种类可以在温度高达 70～80℃ 的温泉中生活。一些单细胞的蓝细菌甚至可以在沙漠岩石的沟壑里生长。夏秋季节，在营养丰富的池塘、湖泊或者海洋中，水表生活的蓝细菌如组囊蓝细菌属（*Anacystis*）和鱼腥蓝细菌属（*Anabaena*）会很快地繁殖，形成"水华"或"赤潮"，造成水体的富营养化。另外一些蓝细菌如颤蓝细菌的强抗污染能力和净化有机废水的能力，使得它们被用作水污染的指示生物。

蓝细菌在与其他生物形成共生关系方面也非常成功。它们与大多数地衣型真菌联合进行光合作用；是原生动物和真菌的共生者；固氮的种类与植物形成联合体（地钱藓、裸子植物和被子植物）。

微囊藻毒素（microcystin，MC）是由微囊藻（微囊藻属，或微囊蓝细菌属，*Microcystis*）产生的一类天然毒素。被微囊藻毒素（MC）污染的饮用水和水产品，会给人类健康带来巨大威胁，有研究表明，微囊藻毒素与肝癌的发病存在关联。不论常规的自来水处理工艺，还是将水煮沸，都难以有效去除微囊藻毒素。研究显示，即使在 300℃ 高温下，微囊藻毒素仍然可以保留一部分活性。近年来，随着蓝藻水华的频频发生，中国有很多湖泊和水系都面临微囊藻毒素污染问题。从 2007 年 7 月 1 日起，我国开始实施新的生活饮用水标准，其中，微囊藻毒素被列入水质检测指标。

3.5　其他原核微生物

除了上述原核微生物之外，在自然界还存在一些更简单、更原始的原核微生物，往往与人类的生活、生产活动有密切的关系，它们的存在是不容忽视的。

3.5.1　螺旋体

螺旋体（Spirochaeta）是介于细菌和原生动物之间的单细胞原核生物，是一类形态和运动机制独特的细菌。

螺旋体菌体细长，柔软，弯曲呈螺旋状，无鞭毛，菌体宽度为 $0.1\sim0.5\mu m$，有的可达 $30\mu m$，长度为 $3\sim20\mu m$，有的可达 $500\mu m$。细胞结构与细菌稍有不同，富有弹性的轴丝生于细胞两端，向中部延伸，并相互重叠。螺旋体依靠轴丝运动。其繁殖方式为纵裂。

螺旋体广泛分布于自然界和人与动物体内，为腐生或寄生。腐生性常见于污泥、垃圾和水体，寄生性可引起人、畜疾病。如引起梅毒的梅毒密螺旋体（*Treponema pallidum*）、引起回归热的回归热疏螺旋体（*Borrellia recurrentis*）等。

3.5.2　立克次体

立克次体（Rickettsia）的大小介于细菌和病毒之间，杆状、球状和丝状，$(0.3\sim0.6)\mu m\times(0.8\sim2.0)\mu m$，大多不能通过细菌过滤器。细胞壁含有二氨基庚二酸和胞壁酸，革兰阴性，无芽孢，无鞭毛，细胞核无核膜。培养时需要用敏感动物、鸡胚、卵黄囊及动物组织培养，活细胞寄生，常见于虱、蚤、蜱、螨等节肢动物的消化道细胞内，通过它们的叮咬或排泄物传染给人和其他动物。以二分裂方式繁殖，最后宿主细胞破裂而被释放出来。引起的传染病有流行斑疹伤寒、恙虫热及 Q 热等。立克次体对热、干燥、光照、脱水及普通化学药剂等的抗性较差，对磺胺和抗生素敏感。

3.5.3　衣原体

衣原体（Chlamydia）是一类专性寄生在细胞内的微小生物，形态一般为球形或椭圆形，直径为 $0.2\sim1.5\mu m$，细胞化学成分和结构与革兰阴性菌相似。含 DNA 和 RNA，繁殖为二分裂法。衣原体能在鸡胚的卵黄囊中或脊椎动物的组织培养中繁殖。

衣原体多寄生在脊椎动物或人体内，能引起沙眼、鹦鹉热、淋巴肉芽肿及粒性结膜炎等疾病。

3.5.4　支原体

支原体（Mycoplasma）是能自由生活的最小的原核微生物，介于细菌和病毒之间。它缺少细胞壁，只有细胞质膜。支原体呈高度多形态，基本形态为球状和丝状，也可有环状、星状等不规则形态。球状的直径在 $125\sim250nm$，丝状体可长可短，从几微米到 $150\mu m$。其繁殖为二分裂或出芽方式，含 DNA 和 RNA。

支原体可在人工培养基上生长，但营养要求比较高，需要加入新鲜血清或牛心浸汁、胆固醇等。在固体培养基上的菌落形态十分特殊，类似油煎蛋模样，中央厚，周围薄而透明，嵌入培养基的深部。在无氧或好氧条件下，一般都能生长。在液体培养基中生长时，培养基一般不浑浊。

已分离到的支原体多为腐生性的，也有的是人和动物（哺乳动物和鸟类）的寄生菌和致病菌。人类的一种非典型性肺炎就是由肺炎支原体引起的。在自然界中，支原体分布于土壤、污水、垃圾等中。

建议阅读　随着生物学的发展，微生物（细菌）分类与鉴定的具体方法和手段也在不断进步和发展。了解这些新手段对于更好地了解微生物及其应用，有着重要的意义。

[1]　陈仁彪，孙岳平.细胞与分子生物学基础.第 2 版.上海：上海科学技术出版社，2003.

[2]　东秀珠，蔡妙英，等.常见细菌系统鉴定手册.北京：科学出版社，2001.

[3]　杨苏声.细菌分类学.北京：中国农业大学出版社，1997.

本 章 小 结

1. 细菌的个体（也就是细胞）基本形态有三种：球状、杆状和螺旋状。

2. 细菌的细胞结构可分为一般结构和特殊结构。其中一般结构或基本结构有细胞壁、细胞质膜、细胞质、内含物及细胞核物质等；特殊结构有芽孢、荚膜、鞭毛、黏液层、衣鞘等。

3. 革兰阳性菌和革兰阴性菌在细胞壁的化学组成和结构上有明显差异，这在细菌研究中具有重要意义。

4. 细胞质膜是由磷脂和蛋白质组成的双层结构，是一层半透性膜，在微生物的生理活动中有着重要作用。

5. 核糖体是细菌合成蛋白质的场所，由蛋白质和 rRNA 组成，原核生物的 rRNA 有三种，分别为 5S、16S 和 23S；原核生物核糖体的沉降常数为 70S。

6. 细菌的遗传物质有拟核中的染色体 DNA 和细胞质中的质粒 DNA。

7. 细菌分泌黏性物质到体外，形成荚膜、黏液层等结构。

8. 芽孢具有的一系列特点，使它对不良环境如高温、低温、干燥和有毒物质等具有较强的抗性。芽孢是细菌抵抗不良环境条件的休眠体。

9. 鞭毛是细菌的运动胞器。

10. 不同微生物在不同培养基上会有不同的培养特征。细菌在固体培养基上生长形成菌落。菌落的各种特征是分类和鉴定的依据。

11. 在一般情况下，细菌表面带的是负电荷，这与细菌细胞的化学组分有关。

12. 染色是细菌研究的基本手段，分为简单染色和复合染色。其中革兰染色是鉴别细菌的重要依据，它是一种复合染色方法，其机理与细胞壁的化学组成和等电点有关。

13. 细菌种类繁多，其分类和鉴定主要是以形态学特征为主，生理生化特征为辅，结合生态学和细胞化学以及分子生物学等方面的特征，进行各级分类单位的划分。

14. 古菌是一类在细胞结构、化学组成、生存环境条件等方面很特殊的生物，大致可分为三个类群：厌氧产甲烷菌、嗜热嗜酸菌和极端嗜盐菌。

15. 现将古菌与细菌、真核生物并列为生物的三大亲缘类群（也称为域，domains）。

16. 放线菌是菌丝体状的原核生物，菌丝可分成三类：基内菌丝（又称为营养菌丝）、气生菌丝和孢子丝。许多种类的放线菌能产生抗生素。

17. 蓝细菌是能进行放氧性光合作用的原核生物。它能忍受极端环境，分布极广，在水体的富营养化和水污染监测和治理中有着重要作用。

18. 螺旋体、立克次体、衣原体和支原体等是一些特殊的原核生物，虽然很简单原始，其对人类的生活、生产活动的作用是不可忽视的。

思考与实践

1. 细菌的个体形态有哪几种？细菌的形态会变化吗？为什么？

2. 细菌有哪些一般结构和特殊结构？它们各自有什么生理功能？

3. 革兰阳性菌与革兰阴性菌的细胞壁组成上有什么差异？为什么它们会在革兰染色中表现出不同的结果？

4. 细胞膜的组成和特点是什么？它与细胞膜的功能有什么联系？

5. 荚膜具有什么功能？细菌的荚膜与其致病性有什么关系？

6. 为什么说芽孢是细菌抵抗不良环境的休眠体？

7. 在实验室中是如何来获得细菌的菌落的？菌落具有哪些特征？这些特征在实践中有什么意义？

8.在一般情况下，细菌细胞表面带的是何种电荷？为什么？它有什么实际意义？

9.叙述革兰染色的步骤和机制。

10.细菌鉴定的主要依据是什么？对于一个熟练的微生物工作者来说，能在显微镜下就判断某种菌的种类吗？

11.古菌在生物中占有什么样的特殊地位？

12.放线菌与细菌有什么不同？其菌丝分为哪几种？各有什么功能？

13.蓝细菌与一般细菌和一般藻类相比，有什么特点？

14.蓝细菌的异形胞具有什么功能？

15.螺旋体与螺菌有什么区别？

4 真核微生物

学习重点:

掌握原生动物的特点和主要种类,熟悉在水处理中常见的原生动物种类;了解微型后生动物和藻类的主要特点及其应用;掌握真菌的基本特点以及酵母菌和霉菌的主要特点和应用。

真核生物是一类与原核生物有着很大区别的生物,其细胞核具有核膜,能进行有丝分裂,细胞质内存在线粒体或同时存在叶绿体等多种分化的细胞器。自然界的高等生物(包括高等植物和动物)均是真核生物。环境中常见的真核微生物包括真核原生生物界的原生动物、真核微型藻类,真菌界的霉菌和酵母菌,另外也包括动物界中的微型后生动物,如轮虫、线虫等。

4.1 原生动物

4.1.1 原生动物的一般特征

4.1.1.1 原生动物的特点

原生动物是一类最原始、最低等、结构最简单的单细胞动物。在生物分类中被归入真核原生生物界。原生动物在自然界中广泛存在于水体和土壤等环境中,或者寄生在其他生物体内,在废水生物处理的活性污泥和生物膜中也可见到。

(1) 原生动物是单细胞生物,或者数个细胞集合而成为群体,没有细胞壁,细胞为真核细胞;形体微小,大小在 $10 \sim 300 \mu m$;形态多样,具有各种形态,或没有固定形态;原生动物没有器官分化,由分化的细胞器完成各种生命活动所需要的各种生理功能,如纤毛、鞭毛、伪足(行动胞器),胞口、吸管(营养胞器),伸缩泡、胞肛(排泄胞器),眼点(感觉胞器)等。

(2) 原生动物在不利的环境条件下,会形成胞囊。在正常的环境条件下,原生动物都能保持自己的形态特征。若环境条件变坏,如干燥缺水、温度或 pH 不宜、溶解氧不足、缺少食物或者有毒物质积累等,原生动物会形成胞囊。胞囊具有两层结构(见图 4-1),外层胞壳较厚,表面凸起,内层薄而透明,对恶劣的环境条件有较强的抗性,所以胞囊是原生动物抵抗不良环境的一种休眠体。胞囊能随灰尘飘浮或被其他动物带至他处,遇到适宜的环境,其胞壳会破裂恢复虫形。

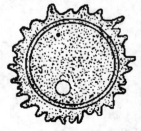

图 4-1 原生动物的胞囊

4.1.1.2 原生动物的营养类型

原生动物的营养类型十分多样化,几乎包括各种的生物营养方式。按照其获取营养的方式,概括起来有以下三种。

(1) 全动性营养(holozoic) 全动性营养,又称为动物性营养。全动性营养类型的原生动物依靠吞噬其他生物个体(细菌、放线菌、酵母菌等)或有机颗粒来获取营养。绝大多数原生动物属于全动性营养。

（2）植物性营养（holophytic） 有色素的原生动物能够依靠光合作用，吸收 CO_2 和无机盐，合成有机物作为其自身的营养，如绿眼虫、衣滴虫等。

（3）腐生性营养（saprophytic） 一些无色鞭毛虫和寄生的原生动物，依靠体表吸收环境中或宿主体内的可溶性的有机物作为营养来源。

大多数原生动物是异养的，即以吞噬（动物性）或渗透（腐生性）方式来摄取营养。原生动物在整个生态系统中起到重要作用，它构成生物链的重要一环，一方面它以比它更小的生物（如细菌）为食，另一方面，它本身又是比它更大的生物（如甲壳动物）的食物，因此，原生动物与其他各类生物一起构成了自然界中物质循环的体系。

4.1.1.3 原生动物的繁殖

原生动物的繁殖通常是以无性的二分裂方式进行的（见图 4-2），也有进行出芽生殖（如吸管虫）或多分裂方式的（如寄生的孢子虫）。

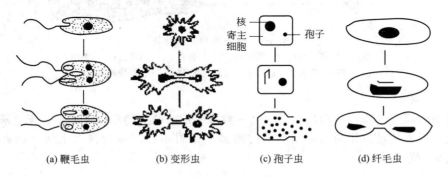

（a）鞭毛虫　　　（b）变形虫　　　（c）孢子虫　　　（d）纤毛虫

图 4-2　原生动物的无性繁殖方式

在原生动物中，已经开始出现有性繁殖（即结合繁殖）的方式，特别是当环境条件差时。

4.1.2　原生动物的分类及各纲简介

原生动物的分类属于动物界、原生动物门，可以按照运动胞器、摄食方式及其他特点，分为四个纲：鞭毛纲、肉足纲、纤毛纲和孢子虫纲。以鞭毛运动的为鞭毛纲，以变形虫方式运动的为肉足纲，以纤毛运动的为纤毛纲，能产生孢子的类群为孢子虫纲。其中，以鞭毛纲最原始，肉足纲结构比较简单，纤毛纲结构最复杂，孢子虫纲全是寄生的。

4.1.2.1　鞭毛纲

鞭毛纲的原生动物称为鞭毛虫，它具有一根或多根鞭毛，作为其运动胞器。个体自由生活或群体生活。

前述的三种营养类型在本纲中都有出现，如内管虫（Entosiphon）和波多虫（Bodo edax）以鞭毛摄食，为全动性营养；带有叶绿素的绿眼虫以植物性方式获取营养；另有一些无色鞭毛虫则营腐生性营养。

常见的鞭毛纲原生动物有眼虫、滴虫、粗袋鞭虫等（见图 4-3）。眼虫具有一个环状的眼点，能感光，为其感觉胞器，调节眼虫的向光运动；绿眼虫（Euglena viridis）体内有放射状排列的绿色素体，能利用阳光进行光合作用。

鞭毛虫喜欢有机质丰富的环境（水域），所以在自然水体中，鞭毛虫多在有机物比较多的水域（多污带或 α 中污带）生活。在污水生物处理系统中，活性污泥培养初期或在处理效果差时鞭毛虫大量出现，可作为污水处理的指示生物。

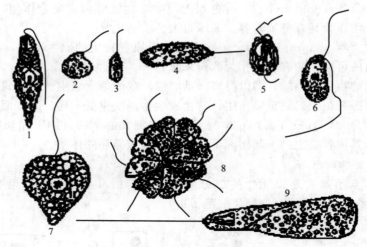

图 4-3　鞭毛纲的原生动物

1—眼虫；2—油滴虫；3—绿眼虫；4—杆囊虫；5—内管虫；6—波多虫；

7—屋滴虫（个体）；8—屋滴虫（群体）；9—粗袋鞭虫

4.1.2.2　肉足纲

肉足纲的原生动物称为肉足虫。这是一类可变形的原生动物，形体小，无色透明，通过细胞质流动形成伪足，作为摄食和运动的胞器（见图 4-4）。多为自由生活，也有寄生的种类，如痢疾阿米巴。

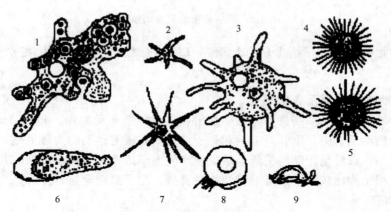

图 4-4　肉足纲的原生动物

1—变形虫；2—蜗足变形虫；3,4—辐射变形虫；5—珊瑚变形虫；

6—单核变形虫；7—多核太阳虫；8,9—表壳虫

肉足纲分为两个亚纲，即根足亚纲（Rhizopoda）和辐足亚纲（Actinopoda）。前者的典型代表是变形虫（*Amoeba*），其形态可以变化，伪足既是其运动胞器，也是其摄食胞器；后者的虫体为球状，伪足细长呈针状，从身体内伸出，如太阳虫（*Actinophrys*）和辐射虫（*Actinosphaerium*）。

变形虫常在有机质浓度较高的水体中出现，如 α 中污带或 β 中污带的自然水体。在污水生物处理系统中，则在活性污泥培养中期出现。

4.1.2.3　纤毛纲

纤毛纲的原生动物称为纤毛虫。纤毛虫以纤毛作为运动和摄食的胞器，分为游泳型和固

着型两种类型。常可在细胞内看到两个核：大核（营养核）和小核（生殖核）。纤毛虫靠吞噬颗粒状食物为食，属于全动性营养。其生殖方式为分裂生殖和结合生殖。

纤毛区别于鞭毛，从形态上，鞭毛的数量少（一根或数根）、长度长；而纤毛的数量多、长度短。

（1）游泳型纤毛虫　游泳型纤毛虫在分类上属于全毛目（Holotricha），往往周身具有纤毛，能在水体中自由游动，常见的有草履虫（*Paramecium candatum*）、喇叭虫（*Stebtor*）、四膜虫（*Tetrahymena*）、肾形虫（*Clopoda*）、漫游虫（*Litonotis*）、豆形虫（*Colpidium*）、裂口虫（*Amphileptus*）、楯纤虫（*Aspidisca*）等（见图4-5）。

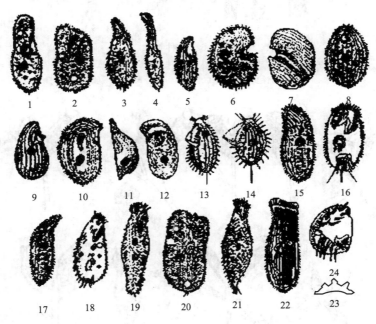

图 4-5　游泳型纤毛虫

1—尾草履虫；2—绿草履虫；3—敏捷半眉虫；4—漫游虫；5—裂口虫；6,7—僧帽肾形虫；
8,9—梨形四膜虫；10～12—构刺斜管虫；13—长圆膜袋虫；14—银灰膜袋虫；
15—弯豆形虫；16—棘尾虫；17—细长扭头虫；18—伪尖头虫；19—纺锤全列虫；
20—柱前管虫；21—粗圆纤虫；22—刀口虫；23,24—有肋楯纤虫

（2）固着型纤毛虫　固着型纤毛虫在分类上属于缘毛目（Peritricha）和吸管虫目（Suctoria）。

缘毛目虫体前端口缘有纤毛带（由两圈能波动的纤毛组成），大多数虫体呈钟罩状，故又称为钟虫类。多数有柄，营固着生活，尾柄内多具有肌原纤维基丝，能收缩。

单个个体固着生活的为钟虫属（*Vorticella*），尾柄内有肌丝，见图4-6。群体生活的有独缩虫属（*Carchesium*）、聚缩虫属（*Zoothamnium*）、累枝虫属（*Epistylis*）、盖纤虫属（*Opercularia*）等，它们不易区分。独缩虫和聚缩虫的虫体相像，每个虫体的尾柄有肌丝，其中独缩虫的尾柄相连但肌丝不相连，所以一个虫体收缩时不会带动其他虫体，故名独缩虫，而聚缩虫的尾柄和肌丝都相连，所以一个虫体收缩时会带动其他虫体一起收缩，故名聚缩虫。累枝虫和盖纤虫也有共同之处，尾柄分枝，尾柄内没有肌丝，不能收缩，累枝虫的口缘有两圈纤毛环形成的似波动膜，和钟虫相像，其柄等分枝或不等分枝，盖纤虫的口缘有两圈纤毛形成的盖形物，或有小柄托住盖形物，能运动，因有盖而得名。水体中常见的钟虫和固着型纤毛虫见图4-6和图4-7。钟虫的繁殖方式为无性的裂殖和有性的结合生殖（见图4-8）。

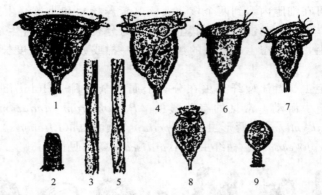

图 4-6　几种钟虫
1,2—大口钟虫；3—大口钟虫尾柄；4—沟钟虫；5—沟钟虫尾柄；6—念珠钟虫；
7—绘饰钟虫；8—小口钟虫；9—绘饰钟虫（收缩态）

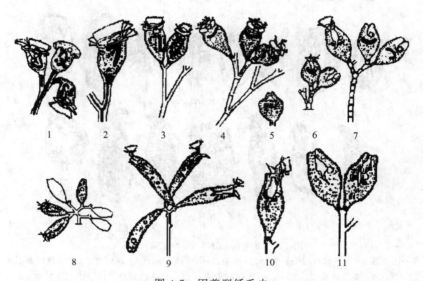

图 4-7　固着型纤毛虫
1—螅状独缩虫；2—树状聚缩虫；3～5—湖等累枝虫；6—小盖纤虫；
7—节盖纤虫；8—圆筒盖纤虫；9—长盖纤虫；10,11—彩盖纤虫

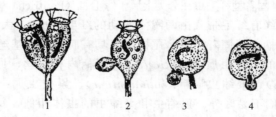

图 4-8　钟虫的繁殖方式
1—裂殖；2～4—有性生殖（即结合生殖）

　　吸管虫具有吸管，作为捕食胞器。幼体有纤毛，成虫纤毛消失，长出长短不一的吸管，虫体为球形、倒圆锥形或三角形等，有的靠一根尾柄固着生活，当其他微型动物碰上吸管时，就会被粘住并注入毒素和消化液，麻痹和消化后通过吸管被吸干而死亡。常见的吸管虫

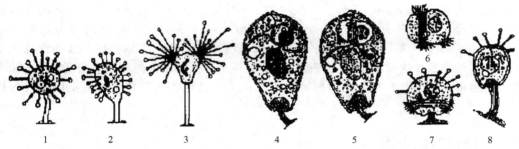

图 4-9　几种吸管虫及其内出芽生殖过程

1,2—足吸管虫；3—壳吸管虫；4—胚体开始形成；5—胚体变成纤毛幼体；

6—纤毛幼体脱离母体；7,8—幼体固着并逐渐成长

有吸管虫属（*Acineta*）、壳吸管虫属（*Tokophrya*）、足壳吸管虫属（*Podaphrya*）等。吸管虫的生殖为有性生殖和内出芽生殖（见图 4-9）。

　　吸管虫多在 β 中污带出现，有的也能在 α 中污带和多污带的污水处理效果一般时出现。

　　纤毛虫是环境工程中最为常见的指示生物，经常被用来对水环境的污染和水处理装置的运行进行监测。纤毛纲中的游泳型纤毛虫多数在水体的 α 中污带或 β 中污带出现，少数在寡污带中生活；在污水生物处理中，在活性污泥培养中期或在处理效果较差时出现。固着型纤毛虫，尤其是钟虫，喜欢在寡污带中生活，在 β 中污带也能生活，它是水体自净程度高、污水生物处理效果好的指示生物。

4.1.2.4　孢子虫纲

　　孢子虫纲的所有种类全部营寄生生活，寄生在人或动物体内，可引起疾病。成体无伪足、纤毛或鞭毛，故不能游动。营养方式为通过外壁吸收可溶性营养物。通过孢子传播到新的寄主体内。生活史以产生孢子的无性生殖和产生配子的有性生殖交替进行（见图 4-10）。代表虫如由按蚊传播的疟原虫（*Plasmodium*）等。

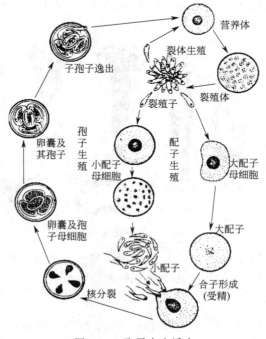

图 4-10　孢子虫生活史

　　隐孢子虫（*Cryptosporidium*）广泛存在于多种脊椎动物体内。寄生于人和大多数哺乳动物的主要为微小隐孢子虫（*C. parvum*），由微小隐孢子虫引起的疾病称为隐孢子虫病（cryptosporidiosis），是一种以腹泻为主要临床表现的人畜共患性原虫病。食用或饮用含隐孢子虫卵囊污染的食物或水是主要传播方式。近年来，英国、美国等国家均有水源污染引起暴发流行的报道。因此，在我国新的饮用水标准中，已经将其与贾第鞭毛虫一起列为检测指标。

4.2　微型后生动物

　　除原生动物以外的多细胞动物统称为后生动物，与原生动物不同，它们是多细胞的，一般有细胞和组织分化。其中一些形体微小，需要借助显微镜才能观察清楚的种类称为微型后生动物。它们在生物分类上属于动物界，包括轮虫、线虫、寡毛类、浮游甲壳动物、苔藓动物等。微型后生动物在天然水体、潮湿土壤、水体底泥和污水生物处理构筑物中均有存在。

4.2.1　轮虫

　　轮虫属于担轮动物门（Trochelminthes）的轮虫纲（Rotifera）。其形体微小，长度为 4～4000μm，多为 500μm 左右；身体长形，有头部、躯干和尾部的区分；头部有一个由 1～2 圈纤毛组成的能转动的轮盘，因纤毛摆动时犹如轮子转动而得名；轮盘为运动和摄食的器官，水流从纤毛环之间的口部进入虫体，同时将食物（细菌、悬浮有机颗粒物等）带入；有个体生活的，也有群体生活的；自由生活或固着生活，少数为寄生种；轮虫的生殖为雌雄异体，但多为孤雌生殖。大多数轮虫以细菌、霉菌、藻类、原生动物及有机颗粒物为食，同时它自己又可作为水生动物的食料。

　　轮虫的地理分布十分广泛，以底栖为多，栖息在沼泽、池塘、浅水湖泊和深水湖的沿岸带。在淡水中常见的轮虫有旋轮虫属（*Philodina*）、轮虫属（*Rotaria*）和间盘轮虫属（*Dissotrocha*）等，见图 4-11。

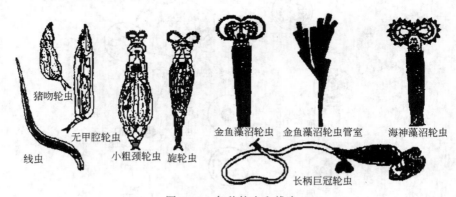

猪吻轮虫　无甲腔轮虫　小粗颈轮虫　旋轮虫　金鱼藻沼轮虫　金鱼藻沼轮虫管室　海神藻沼轮虫　长柄巨冠轮虫　线虫

图 4-11　各种轮虫和线虫

　　轮虫要求环境中有较高的溶解氧，在水处理装置运行正常、水质较好、有机物含量较低时出现。故轮虫是水体寡污带和污水处理效果好的指示生物。

4.2.2　线虫

　　线虫属于线形动物门（Nemathelminthes）的线形纲（Nematoda）（见图 4-11）。线虫为长形，形体微小，多在 1mm 以下，线虫前端有感觉器官，体内有神经系统和消化道。靠吞噬其他生物为食，寄生或自由生活，污水处理中出现的多是自由生活的。线虫的生殖为雌雄异体，卵生。

线虫有好氧和兼性厌氧之分，在活性污泥或生物膜的厌氧区常会大量出现。线虫是污水净化程度差的指示生物。

4.2.3　寡毛类

寡毛类属于环节动物门（Annelida）的寡毛纲（Oligochaeta）。身体细长分节，节侧长有刚毛，靠刚毛爬行运动。常见的种类有颗体虫、颤蚓、水丝蚓等。

在废水处理装置中，经常可以看到红斑颗体虫（*Aeolosoma hemprichii*），见图 4-12，它是污泥中体形最大的一种多细胞动物，前叶侧面有纤毛，为捕食器官，以细菌和污泥颗粒为食。

颤蚓及水丝蚓为水体底泥污染的指示生物。

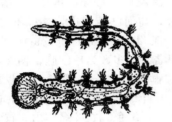

图 4-12　红斑颗体虫

剑水蚤　　　　水蚤

图 4-13　浮游甲壳动物

4.2.4　浮游甲壳动物

浮游甲壳动物是浮游动物中重要的一类，数量大，种类多，也是鱼类的基本食料。广泛分布于河流、湖泊和水塘等淡水水体及海洋中，大多为淡水种。它们是水体污染和水体自净的指示生物。常见的种类有剑水蚤（*Cyclops*）和水蚤（*Daphnia*），见图 4-13。

水蚤俗称红虫，属于枝角类的小型甲壳动物，其身体内含有血红素，随环境中溶解氧的高低血红素的含量会变化，水体溶解氧低，血红素含量就高，反之就会下降。根据这个特点，当水体被污染造成溶解氧下降时，就会使水体中的水蚤颜色变红，以此可以来判断水体的清洁程度。

4.3　真核藻类

4.3.1　真核藻类的一般特征

藻类是一大群含有光合色素的低等植物，其中许多个体微小，需要借助显微镜才能看清楚，也称为微型藻类。

藻类除了蓝藻（蓝细菌）外，都是真核生物，单细胞或多细胞群体。其大小和结构差异很大：小的以微米计，只能在显微镜下才能看见；大的有红藻（如紫菜）和褐藻（如海带）等。

真核藻类的共同特点是具有叶绿体，有各种色素，包括叶绿素 a、叶绿素 b、叶绿素 c、叶绿素 d、β-胡萝卜素、叶黄素以及其他色素。光能自养，能进行光合作用。少数藻类营腐生，还有少数与其他生物共生。大多数是水生的，少数为陆生。

大多数藻类有明显的细胞壁，主要成分是纤维素和果胶质，硅藻的细胞壁主要成分是二氧化硅和果胶质。

　　藻类生长要求有阳光，最适 pH 6～8（生长范围 pH 4～10），多为中温性的，极端的能在 85℃ 温泉或长年不化的冰上生长。藻类的生长分布很广，在各个水域中都可见到藻类的存在，在自然界的生态平衡中起着重要作用。

　　藻类的繁殖有无性方式和有性方式两种：无性方式为裂殖或产生孢子；有性方式则形成专门的生殖细胞配子，配子经结合后长成新的个体。

4.3.2　藻类的分类及各门特征简介

　　全球已知的藻类约有 3 万余种，其分类主要依据光合色素的种类、个体的形态、细胞结构、生殖方式和生活史等，传统上将藻类分为 10 个门：蓝藻门、裸藻门、绿藻门、轮藻门、金藻门、黄藻门、硅藻门、甲藻门、红藻门和褐藻门。也有分为 8 个门或 11 个门的：即将金藻门、黄藻门、硅藻门合并为一个金藻门成为 8 个门；而 11 个门的分类是再增加一个隐藻门。需要特别说明的是，蓝藻门实际上就是蓝细菌，属于原核生物的范畴。

柄裸藻属

血红裸藻　曲膝裸藻　　　　三星裸藻

尖尾扁裸藻　　梨形扁裸藻　　绿色裸藻

相似囊裸藻　细粒囊裸藻　尾棘囊裸藻　棘刺囊裸藻

图 4-14　裸藻的代表属

　　（1）蓝藻门（Cyanophyta）　蓝藻门的藻类即蓝细菌，前面已经叙述，这里不再重复。

　　（2）裸藻门（Euglenophyta）　裸藻因不具细胞壁而得名。大多数为单细胞，柄裸藻属（Colacium）形成群体，有 1～3 条鞭毛。多数种类具有叶绿体，内含叶绿素 a、叶绿素 b、β-胡萝卜素和叶黄素，颜色呈绿色。在叶绿体内有较大的蛋白质颗粒，为造粉粒，其储存物为裸藻淀粉，并形成颗粒，另外还有脂肪。少数不含色素的种类营腐生性营养或全动性营养。裸藻的繁殖为细胞纵裂，环境不良时形成胞囊，环境好转时重新形成个体。

　　裸藻的代表属有囊裸藻属（即颈胞藻属 Trachelomonas）、扁裸藻属（Phacus）、柄裸藻属（Colacium）及裸藻属（即眼虫藻属 Eugleme），在分类中，有一部分种类也属于原生动物（鞭毛虫类），部分裸藻的代表属见图 4-14。

　　裸藻主要生长在有机质丰富的水体中，对温度的适应性强，在 25℃ 时繁殖最快，大量繁殖时会形成"水华"，故裸藻是水体富营养化的指示生物。

　　（3）绿藻门（Chlorophyta）　绿藻形态多样，有单细胞、群体、丝状体分枝或不分枝等。细胞壁主要由纤维素组成。多具有 2 根顶生等长鞭毛，少数为 4 条或其他数目。色素体与高等植物相似，含有较多的叶绿素 a、叶绿素 b、叶黄素和胡萝卜素。储藏物质为淀粉和油类，叶绿体内也有造粉核。绿藻的繁殖通过细胞分裂、藻体断裂或产生孢子，有性繁殖有同配、异配和卵配。

　　绿藻的代表属有衣藻属（Chlamydomonas）、小球藻属（Chlorella）、盘藻属（Gonium）、实球藻属（Pandorina）、空球藻属（Eudorina）、团藻属（Volvox）、栅藻属（Scenedesmus）、盘星藻属（Pediastrum）、新月藻属（Closterium）、鼓藻属（Cosmarium）、转板藻属（Mougeotia）、丝藻属（Ulothrix）、双星藻属（Zygnema）、水绵藻属（Spirogyra）、绿球藻属（Chlorococcus）和绿梭藻属（Chlorogonium）等，部分绿藻的代表属见图 4-15。

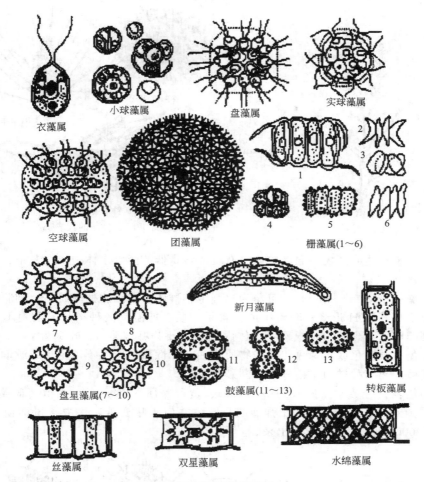

衣藻属　　小球藻属　　盘藻属　　实球藻属

空球藻属　　团藻属　　栅藻属(1～6)

新月藻属

盘星藻属(7～10)　　鼓藻属(11～13)　　转板藻属

丝藻属　　双星藻属　　水绵藻属

图 4-15　绿藻的代表属

　　绿藻是藻类中重要的一类，分布广泛，在水体、土壤表面和树干上都能生长。水生绿藻有浮游的和固着的，寄生的种类能引起植物病害。有的能与绿水螅共生，与真菌共生形成地衣。小球藻和栅藻富含蛋白质，有可能成为未来食物的来源。绿藻在水体自净中起净化和指示生物的作用。

　　（4）轮藻门（Charophyta）　轮藻的细胞结构、光合色素和储藏物质与绿藻大致相同，所不同的是轮藻有大型顶细胞，具有一定的分裂步骤，有节和节间，节上有轮生的分枝（见图 4-16）。轮藻的生殖为卵配生殖。轮藻多生活在淡水或半咸水体中。

　　轮藻能对蚊子产生拮抗作用，有轮藻生长的水体中孑孓不能生长。轮藻受精卵化石可作为地层鉴定和陆地勘探的依据。

　　（5）金藻门（Chrysophyta）　金藻形体为单细胞、群体或分枝丝状体。多数能运动的种类具有 2 条鞭毛，少数为 1 条或 3 条，细胞裸露或具有硅质化鳞片、小刺或囊壳。不能运动的种类细胞具有细胞壁。体内色素中叶黄素和 β-胡萝卜素占优势，藻体呈金黄色和金棕色。储藏物质为金藻糖和油。金藻的繁殖为细胞分裂、群体断裂或产生内生孢子。

　　代表性的金藻有鱼鳞藻属（Mallomonas）、合尾藻属（Synun）、钟罩藻属（Dinobry-on）等，见图 4-17。

轮藻

图 4-16 轮藻

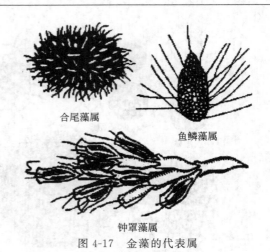

合尾藻属

鱼鳞藻属

钟罩藻属

图 4-17 金藻的代表属

金藻多生长在透明度大、温度较低、有机质含量低的淡水水体中，在冬季、早春、晚秋季节生长旺盛。

(6) 黄藻门（Xanthophyta） 黄藻为单细胞、群体或多细胞的丝状体。细胞壁大多数由两个相等或不相等的 H 形半片套合组成，含果胶质。能游动的种类具有两根不等长的略偏于腹部一侧的鞭毛，少数为一根鞭毛。体内色素主要为叶绿素 a、叶绿素 c、β-胡萝卜素和叶黄素，颜色为黄褐色或黄绿色，储藏物质为油。无性繁殖产生不动孢子或游动孢子，少数进行有性繁殖。丝状种类通常由丝状体断裂而繁殖。

黄藻的代表属有黄丝藻属（*Tribonema*）、黄群藻属（*Synura*）和拟黄群藻属（*Synuropsis*），见图 4-18。黄群藻能发出强烈的臭味，并使水味变苦，水中含量即使极少（质量分数 1/2500000），人们也能觉察出来。

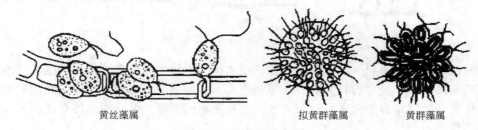

黄丝藻属

拟黄群藻属

黄群藻属

图 4-18 黄藻的代表属

(7) 硅藻门（Bacillariophyta） 硅藻为单细胞，具有高度硅质化的细胞壁，壳体由上下两个半片套合而成，壳面上的各种花纹是分类的依据。细胞壁内含有硅质（$SiO_2 \cdot x H_2O$）和果胶质。细胞色素体为黄褐色和黄绿色，色素主要有叶绿素、藻黄素和 β-胡萝卜素，储存物质为淀粉和油。硅藻的繁殖方式为细胞分裂和有性孢子。

现存的硅藻有约 120 个属，据可靠记载有 16000 多种，代表属有舟形藻属（*Navicula*）、星杆藻属（*Asterionella*）、平板藻属（*Tabellaria*）等，见图 4-19。

硅藻是地球上光合作用的冠军，硅藻每年固定的 CO_2 大约是陆地上所有高等植物所固定的碳的总量的 3～4 倍，它们制造的氧气大约占了整个植物界的 40%。

硅藻的分布十分广泛，在各种水体中都能生长，也有一些生活在土壤中。有的种类可作为土壤和水体盐度、腐殖质含量及酸碱度的指示生物。硅藻是水体中鱼类、贝类以及其他水生动物的主要饵料，对水体生产力起重要作用。

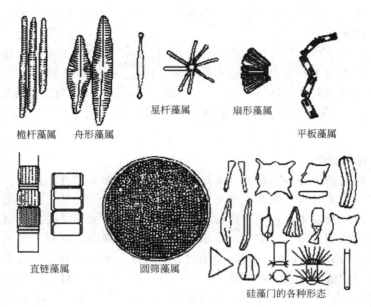

星杆藻属　　扇形藻属

桅杆藻属　　舟形藻属　　　　　　　　平板藻属

直链藻属　　　　　圆筛藻属

硅藻门的各种形态

图 4-19　硅藻的代表属

（8）甲藻门（Pyrrophyta）　甲藻多为
单细胞，细胞形状从球形到针状，背腹扁平
或左右侧扁；多数有细胞壁，少数为裸露
型；含有叶绿素 a、叶绿素 c、β-胡萝卜素、
硅甲黄素、甲藻黄素、新甲藻黄素及环甲藻
黄素，颜色为棕黄色或黄绿色，偶尔红色；
储存物为淀粉、淀粉状物质和脂肪；具有 2
条鞭毛，不等长，排列不对称，少数种类无
鞭毛。甲藻的繁殖为裂殖，有的种类可产生
动孢子或不动孢子。

甲藻的代表属有多甲藻属（Peridini-
um）、角甲藻属（Ceratium）和裸甲藻属
（Gymnodinium）等，见图 4-20。

甲藻可在各种水体中生长，对光照和温

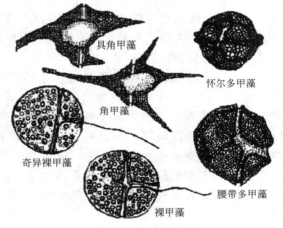

具角甲藻

怀尔多甲藻

角甲藻

奇异裸甲藻

腰带多甲藻

裸甲藻

图 4-20　甲藻的代表属

度要求严格，在合适条件下大量生长，使水变红，形成海洋"赤潮"。甲藻是水生动物的饵
料，甲藻死后沉入海底形成生油地层中的主要化石。

（9）褐藻门（Phaeophyta）　褐藻属于较高级的藻类，在构造上极其多样，呈橄榄色和
深褐色；含有叶绿素 a、叶绿素 c、β-胡萝卜素、叶黄素，后两者的含量高于前两者；储存
物有褐藻淀粉、甘露糖、油类和还原糖。营定生生活，也就是所谓底栖生物。褐藻的繁殖主
要是无性的分裂繁殖，有性方式为配子结合。

褐藻门植物中除一些淡水种类外，都是海洋中的藻类，它们在海洋中的温带及冷水带大
量发展。许多褐藻的细胞中都聚集有相当大量的碘，因此有许多种类能被用作提取碘的工业
原料。

典型的褐藻有海带属（Laminaria）、裙带菜属（Undaria）和水云属（Ectocarpus）等。

（10）红藻门（Rodophyta）　红藻与其他藻类的区别在于其藻体几乎经常为红色或鲜红

色，色素为红藻藻红素和红藻藻蓝素。储存物质为红藻淀粉和红藻糖。繁殖为有性方式，生活史中具有复杂的世代交替。

红藻主要是海生藻类，只有少数出现在淡水中。海产的红藻生活在所有海洋的近岸，是底栖的生物，以假根或固着器附着在岩石、石头、沙粒、其他基质或水生植物上。

红藻的代表属有紫菜属（*Porphyra*）、江篱属（*Gracilaria*）、石花菜属（*Gelidium*）和麒麟属（*Eucheuma*）等。后三个属的红藻含有琼脂，可供食品、医药工业以及科学研究所用。

4.3.3　藻类与环境保护

藻类可以说是地球上各种水域的主要绿色植物。水中如果没有藻类，包括鱼、贝等在内的水生动物，都将失去其食物来源。近年来由于粮食、污染等问题日趋严重，藻类在提供人类食物或原料来源以及在生态环境中所扮演的角色，已成为大家所注意的焦点。

藻类进行光合作用所释放的氧气，是水中氧气的主要来源，有利于水栖动物的呼吸。另外可供食用的藻类约有数十种，这些藻类不仅繁殖迅速，而且含有丰富的蛋白质及其他矿物盐类，科学家们正积极研究大量培养这些藻类的方法。除了可供食用之外，在工业上也有多方面的用途，例如从红藻中可提炼出洋菜（琼脂），褐藻中的昆布可提取出藻酸，用以制造食品添加剂、乳化剂等。

在无植被的环境中，藻类起到一个关键的先行者的作用，在荒地和被剥蚀地区，藻类是最早出现的。藻类对土壤结构和控制侵蚀也起到了显著的作用。

但是藻类对人类也有间接或直接的不利影响，如藻类造成饮用水水质的下降以及造成水体富营养化等问题。

（1）藻类的去除　藻类繁殖过多会妨碍水中溶解氧，影响鱼类的生存，有些藻类会释出恶臭。因此常在储水池中造成严重污染，通常储水池中的藻类超过 500 个/mL 时，就要施用杀藻剂。常用的杀藻剂是硫酸铜和漂白粉或氯气。投药量随藻类的种类和数量以及其他有关条件而定。一般来说，硫酸铜效果好，药效长，每升水投加 $0.3 \sim 0.5 \mathrm{mg}$，在几天之内就能杀死大多数产生气味的藻类植物，但往往不能破坏死藻放出的致臭物质。漂白粉或氯气能去除这种放出的致臭物质，但投药量要多些，如 $0.5 \sim 0.8 \mathrm{mg/L}$。应当注意，加漂白粉或氯气不应过多，否则反而又会增加水的气味。药剂的正确用量可借实验确定。

（2）水体富营养化　藻类与水体富营养化有着密切关系。水体（湖泊、海湾等）中的营养物质（氮、磷）过多，会导致其中的藻类过度繁殖，发生水体富营养化，造成严重的环境问题（如赤潮等）。水体富营养化是目前环境领域中的热点问题之一，有关这部分内容，将在本书的第 8 章中进一步介绍。

（3）氧化塘和氧化沟　氧化塘和氧化沟是特殊的水处理方法，在一个人工或接近天然的水体中，利用水体中的细菌和藻类处理污水。系统内的藻类和菌类形成互惠互利的互生关系，一方面，藻类通过光合作用为菌类提供氧气，另一方面，菌类对有机物的分解能为藻类提供 CO_2 及氮等营养物质。加上其他生物共同构成一个生态系统，该系统对进入废水中的污染物质进行有效的降解，见图 4-21。

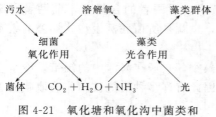

图 4-21　氧化塘和氧化沟中菌类和
藻类之间的互生关系

4.4 真菌

4.4.1 真菌的一般特点

真菌是一类种类繁多、分布广泛的真核生物。不同类型的真菌在形态和大小上差异很大，少数为单细胞，一般具有发达的菌丝体（分枝或不分枝）。真菌传统上被归入植物界，但真菌在营养方式上与植物有本质的区别，真菌体内缺乏叶绿素，不进行光合作用，是以吸收现成的有机物质的方式来维持生活的，是异养的，腐生或寄生生活。真菌一般都有细胞壁，其成分为具有几丁质的微纤维或纤维素（或其他葡聚糖）或两者兼有；真菌能产生大量孢子，以无性和（或）有性方式进行繁殖，无性繁殖方式为裂殖或出芽生殖，而有性繁殖则产生各种有性孢子（接合孢子、子囊孢子和担子孢子等）。真菌多为陆生。

真菌在自然界构成了一个非常庞大的类群，在土壤、水、空气和腐败的有机物上都有存在，遍布于全球，真菌的总数据估计有 150 万种，已经被描述的不足 7 万种。

由于真菌在形态、结构、分布等方面的独特性，在六界学说的生物分类中将其列为单独的一个界——真菌界。

真菌与人类的生活具有非常密切的关系，虽然人类对真菌的系统研究只有约 250 年的历史，但对这类生物自觉或不自觉的利用却要早得多。早在几千年前，古人就开始酿酒和发酵食品。真菌在酿造、食品及医药方面给人类带来了巨大的利益，但同时，也可引起人和动植物疾病等，直接或间接地给人类带来很大的危害。

4.4.2 真菌的分类

根据 Ainsworth（1966）的分类系统，依据营养方式、细胞壁成分、形态以及繁殖方式，将真菌分为 5 个亚门：鞭毛菌亚门（Mastigomycotina）、接合菌亚门（Zygomycotina）、子囊菌亚门（Ascomycotina）、担子菌亚门（Basidiomycotina）和半知菌亚门（Deuteromycotina）。其中鞭毛菌亚门的有性阶段产生卵孢子，接合菌亚门产生接合孢子，子囊菌亚门产生子囊孢子，担子菌亚门产生担子孢子，而半知菌亚门是一类无有性阶段或有性阶段未知的真菌。真菌的有性孢子见图 4-22。

在生产实际中，经常把真菌按照其细胞形态分为酵母菌、霉菌和伞菌。

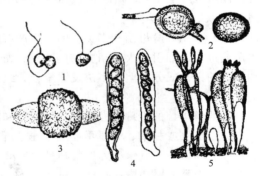

图 4-22 真菌的有性孢子

1—合子；2—卵孢子；3—接合孢子；
4—子囊及子囊孢子；5—担子及担子孢子

4.4.3 酵母菌

（1）酵母菌的形态与大小 酵母菌为单细胞真菌。有各种形态，如卵圆形、圆形、圆柱形或假丝状，直径 $1\sim5\mu m$，长 $5\sim30\mu m$ 或更长，见图 4-23。

（2）酵母菌的细胞结构 酵母菌为典型的真核细胞，具有细胞壁、细胞质膜、细胞核及内含物。酵母菌的细胞壁成分不同于细菌，含葡聚糖、甘露聚糖、蛋白质及脂类。啤酒酵母还含有几丁质。细胞核具有核膜、核仁和染色体。细胞质内含大量 RNA、核糖体、中心体、线粒体、中心染色质、内网质膜、液泡等。其中线粒体呈球状或杆状，位于核膜和中心体的表面，含有脂类和呼吸酶系统，执行呼吸功能；中心体附着在核膜上；中心染色质附着在中心体上，有一部分附着在核膜上。当营养过剩时，会形成内含物，如异染粒子、肝糖颗粒、

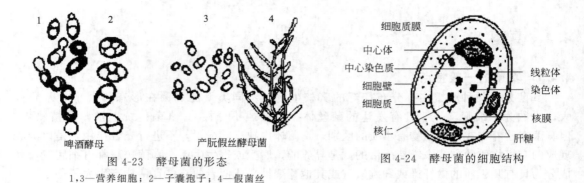

图 4-23　酵母菌的形态　　　　　　　图 4-24　酵母菌的细胞结构
1,3—营养细胞；2—子囊孢子；4—假菌丝

脂肪粒、蛋白质和多糖等。酵母菌的细胞结构见图 4-24。

（3）酵母菌的繁殖　酵母菌可以通过无性和有性方式进行繁殖。

无性生殖又分为芽殖和裂殖。芽殖是芽细胞（子细胞）在母细胞上出现并长大，然后与母细胞分隔，芽殖是大多数酵母菌进行无性繁殖的方法。少数以裂殖方式进行，如裂殖酵母属（*Schizosaccharomyces*）。有些酵母菌在环境条件不是很好的情况下进行有性繁殖，产生有性孢子（多数为子囊孢子，少数为担子孢子等）。

（4）培养特征　酵母菌的菌落形态与细菌类似，但较大而厚，表面湿润光滑，有黏性，大小与细菌差不多，颜色为乳白色或红色，培养时间久后菌落表面转为干燥。

酵母菌喜欢高糖环境，适宜 pH 在 4.5～6.5，温度为 20～30℃，兼性厌氧。

（5）分类　按照 Lodder（1970）的分类系统，根据是否具有有性生殖过程、是否形成各种孢子及孢子的特点、是否形成假菌丝等，把酵母菌分为 40 多个属。常见的有酵母菌属（*Saccharomyces*）、裂殖酵母属（*Schizosaccharomyces*）、假丝酵母属（*Candida*）、红酵母属（*Rhodotorula*）等。

（6）应用　酵母菌和人类生活、生产有着密切关系，既可以为人类带来益处，也可能对人类造成危害，如引起人和动植物的疾病。如白色假丝酵母菌（*Candida albicans*）是人体微生物区系的正常成分，但许多诱发因素会导致它变成致病菌，引发鹅口疮、皮肤病、气管炎、肺炎等。

按照酵母菌的生理特性可分为发酵型和氧化型两种。发酵型酵母菌发酵能力强，能发酵糖类成为乙醇（或甘油、甘露醇、有机酸、维生素及核苷酸等）和二氧化碳，适用于发面做面包、馒头和酿酒。氧化型酵母菌则是无发酵能力或发酵能力弱而氧化能力强，可以应用于环境治理。如拟酵母属和毕赤酵母属对正癸烷、十六烷氧化能力强；热带假丝酵母和阴沟假丝酵母氧化烷烃类的能力最强；球拟酵母属、白色假丝酵母、类酵母的阿氏囊霉属、短梗霉属等在石油加工工业中起到积极作用，被用于石油脱蜡，降低石油的凝固点等；酵母菌往往含有高蛋白，通过回收酵母菌菌体可以作为饲料；在环境污染治理中，一些油脂废水、残糖废水等可以利用酵母菌进行生物处理并获得饲料酵母。

4.4.4　霉菌

凡在基质上长成绒毛状、棉絮状或蜘蛛网状的丝状真菌，统称为霉菌。霉菌在自然界中广泛存在，与人类的生活和生产关系密切。

4.4.4.1　霉菌的形态与大小

典型的霉菌是由分枝和不分枝的菌丝交织在一起形成菌丝体。菌丝分为营养菌丝和气生菌丝两种：营养菌丝（基内菌丝）伸入培养基内或匍匐在培养基表面，主要功能是摄取营养和排除废物；气生菌丝具有繁殖功能，其上长出分生孢子梗和分生孢子。霉菌菌丝直径为 $3\sim10\mu m$，而其长度可以是无限的。菌丝可分为有横隔和无横隔两种类型。菌丝可产生色素而具有不同颜色。

霉菌与放线菌均为丝状体结构，它们之间的区别在于霉菌为真核细胞而放线菌为原核细胞，另外菌丝的粗细也不一样，放线菌较细，直径为 $0.2\sim0.8\mu m$。

4.4.4.2　霉菌的细胞结构

大多数霉菌为多细胞，少数种类为单细胞。在显微镜下区别单细胞和多细胞很容易，可以通过观察是否有横隔来判断。若菌丝内有横隔将菌丝分为若干段，则每一段为一个含有细胞质和单核或多核的菌丝细胞，该霉菌为多细胞的类型，如曲霉、青霉、镰刀霉、木霉等；反之，则为单细胞种类，如根霉、毛霉等。霉菌的营养菌丝见图4-25。

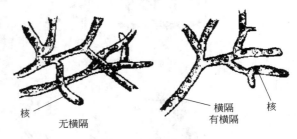

图4-25　霉菌的营养菌丝

霉菌细胞由细胞壁、细胞质膜、细胞核、细胞质及内含物等组成。大多数霉菌的细胞壁含有几丁质，少数水生霉菌的细胞壁内有纤维素。霉菌菌丝内往往有多个细胞核存在。老龄细胞会出现大液泡和各种储藏物质，如肝糖、异染颗粒、脂肪粒等。

不同的真菌（霉菌）在长期进化中，对各自所处的环境条件产生了高度的适应性，其营养菌丝体和气生菌丝体的形态和功能发生了明显变化，形成各种特化的构造，从而形成各种菌丝的变态。如营养菌丝特化形成的假根、吸器（吸收营养），菌核（休眠），附着枝、附着胞（附着），菌环、菌网（捕食）；而气生菌丝特化形成的有各种子实体，如分生孢子头、分生孢子器、分生孢子盘、孢子囊、担子及子囊果等。

4.4.4.3　霉菌的繁殖

霉菌的繁殖主要是借助于孢子进行的。无性生殖时，产生分生孢子或借助菌丝的片段繁殖。有性生殖时，霉菌产生有性孢子，进行结合生殖，产生有性结构（子囊、担子等）。霉菌的繁殖结构是鉴定霉菌种类的重要特征。

4.4.4.4　霉菌的培养特征

霉菌的菌落有明显的特征，外观上很容易辨认。霉菌的菌落呈圆形、绒毛状、絮状或蜘蛛网状。菌落大，有无限生长的能力（蔓延至整个平板）；菌落疏松，较易挑取。由于许多霉菌会产生色素，水溶性色素进入培养基内，使菌落背面带有颜色，往往不同于正面的颜色。

霉菌喜欢生长在偏酸性（pH 4.5～6.5）的环境，适宜温度为 20～30℃，腐生（异养），好氧。

4.4.4.5　霉菌的分类

霉菌在生物分类上分属于真菌门内的鞭毛菌亚门、接合菌亚门、子囊菌亚门、担子菌亚门和半知菌亚门。常见的霉菌属有单细胞的毛霉、根霉等和多细胞的青霉、曲霉、木霉、镰刀霉、交链孢霉属等。

（1）毛霉属（*Mucor*）　毛霉属隶属于接合菌亚门中的毛霉目（见图4-26），为单细胞的霉菌，菌丝体无横隔，白色；腐生为主；无性繁殖产生顶生的孢子囊，有性阶段产生接合孢子。本属许多种能产生蛋白酶，常用于制作腐乳，著名的四川豆豉就是用总状毛霉（*Mucor racemosus*）制成的，毛霉属中的有些种被用于生产柠檬酸和转化甾体物质。

（2）根霉属（*Rhizopus*）　根霉属也属于毛霉目（见图4-27），其特点是由营养菌丝产

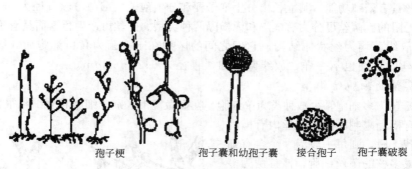

孢子梗	孢子囊和幼孢子囊	接合孢子	孢子囊破裂

图 4-26　毛霉属

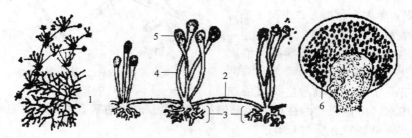

图 4-27　根霉属

1—营养菌丝；2—匍匐菌丝；3—假根；4—孢子梗；5—孢子囊；6—孢囊孢子

生匍匐菌丝，向四周蔓延，并生出假根伸入基质，摄取营养；无性繁殖时，向上生出孢子梗，顶端形成孢子囊，内有孢囊孢子；有性繁殖时产生配子囊，结合后产生结合孢子。

根霉的一些种在生产实际上应用甚广。如米根霉（*Rhizopus oryzae*）具有很强的转化淀粉为糖的能力，多用作糖化菌；民间制甜酒常用根霉和酵母菌混合作为酒曲；工业上还用于生产乳酸、延胡索酸、丁烯二酸和转化甾体物质；此外，它还会引起瓜果、蔬菜、粮食和食品等在运输和储藏中的霉变或腐烂。

（3）青霉属（*Penicillum*）　青霉属隶属于半知菌亚门（见图 4-28），营养菌丝呈无色、淡色或鲜明的颜色，有横隔；分生孢子梗分叉生出小梗并连续分枝，在最后一级的小梗上长出一串分生孢子，呈扫帚状；分生孢子多为蓝色或灰绿色，从而使菌落也带颜色。在青霉菌的鉴定时，颜色是一个重要依据，须借助色谱区分。

青霉以生产青霉素而著名。其实青霉还能产生多种有机酸和酶等，在工业上有很大的经

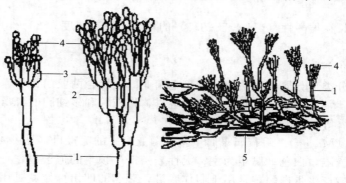

图 4-28　青霉属

1—分生孢子梗；2—梗基；3—小梗；4—分生孢子；5—营养菌丝

济价值。同样，青霉也会引起物品霉变，包括粮食、皮革、饲料、水果及工业产品等，特别是对储粮有危害，能导致粮食发热霉变。

（4）曲霉属（*Aspergillus*）　曲霉属隶属于半知菌亚门（见图 4-29），营养菌丝体为具有横隔的分枝菌丝；菌丝特化形成厚壁的足细胞，在其垂直方向生出分生孢子梗，顶端膨大形成顶囊，由顶囊向外辐射生长一层或两层的小梗，上生分生孢子，为无性繁殖孢子；分生孢子具有黄色、绿色、黑色、褐色等颜色，曲霉菌落表面的颜色由分生孢子决定。

曲霉在自然界分布极广，可以说到处都有，被广泛应用于制造发酵食品、酶制剂、有机酸、抗生素和甾族化合物转化等，有重要的经济意义，但也会造成物品霉变腐败等，有些曲霉产生的黄曲霉素，是已知的致癌物质。

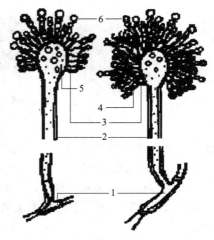

图 4-29　曲霉属
1—足细胞；2—分生孢子梗；3—顶囊；
4—初生小梗；5—次生小梗；6—分生孢子

（5）镰刀霉属（*Fusarium*）　镰刀霉属也是半知菌亚门的霉菌，由于其分生孢子的形状呈长柱状或稍弯曲像镰刀而得名（见图 4-30）。产生两种类型的分生孢子：小型分生孢子和大型分生孢子。小型分生孢子着生在分生孢子梗上，孢子呈卵圆形、球形、梨形或纺锤形，多为单细胞；大型分生孢子产生在气生菌丝或分生孢子座上，或产生在黏孢团中，孢子多为多细胞的长柱形或镰刀形，内有 3～9 个平行隔膜。在固体培养基上的菌落呈圆形、平坦、绒毛状，有多种颜色。

分生孢子的几种形态

图 4-30　镰刀霉属

镰刀霉种类多，适应性强，分布广泛，且多为腐生，也有许多种危害农作物，造成损失，可引起小麦、水稻、蔬菜等的病害，少数是人和动物的致病菌。镰刀霉能产生许多激素，如赤霉素就是由串珠镰刀霉（*Fusarium moniliforme*）产生的。有的种类能产生蛋白酶和用于生物防治。镰刀霉还具有对氰化物的强分解能力，可用于处理含氰化物废水。

（6）木霉属（*Trichoderma*）　木霉（见图 4-31）具有无色或淡色的蔓延菌丝，分隔，分枝，生长迅速；进行无性繁殖，分生孢子梗从菌丝的短侧枝长出，其上对生或互生分枝，可连续分枝形成二级或三级分枝，分枝呈锐角或近乎直角；顶端为小梗，前端生出成簇的分生孢子；孢子近球形、椭圆形或圆筒形等，透明或呈亮黄绿色。

木霉广布于自然界，在腐烂木头、种子、植物残体、有机肥料、土壤和空气中都能分离到，有些种对纤维素和木质素的分解能力较强。

（7）交链孢霉属（*Alternaria*）　交链孢霉（见图 4-31）的分生孢子梗短而有隔膜，单生或丛生，多不分枝；顶端长分生孢子并排列成链状，单个孢子呈纺锤形，有横或竖的隔膜

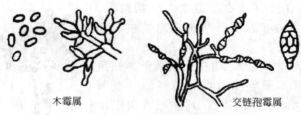

图 4-31　木霉属和交链孢霉属

将孢子分隔成砖壁状；分生孢子颜色暗至黑色，故菌落也是类似颜色。

4.4.4.6　霉菌的应用

人类对霉菌的认识和利用，可以追溯到很久以前的古代，利用霉菌制酱、制曲；近代，随着对霉菌研究的深入，新的应用领域不断被开发，如利用霉菌生产各种有机酸、抗生素以及酶制剂等。

霉菌也会给人类带来危害，其中最常见的就是由于霉菌造成的人、动物和植物的疾病。如马铃薯晚疫病在 19 世纪中叶曾摧毁了欧洲的绝大多数马铃薯，并引起饥荒；人类也深受类似表皮感染、癣症等的危害。霉菌还会造成物品的损坏，包括食品、木材、棉布、皮革等。

霉菌具有很强的分解有机物的能力，在环境治理中，霉菌经常被用来处理纤维素、半纤维素、单宁等难降解的物质。另外，也有报道利用镰刀霉处理含氰化物的废水，对废水中氰化物的去除效率可达 90％以上。当然，在活性污泥系统中，丝状真菌的过量繁殖会引起"污泥膨胀"的问题。

4.4.5　伞菌

伞菌，也称为蕈菌，一般指具有菌盖和菌柄的肉质腐生菌类，属于大型真菌，其特征是产生肉质的伞状子实体，也是我们通常能见到的部分。伞菌多属于担子菌，其双核菌丝形成结构复杂的子实体，子实体里通过菌丝结合方式产生囊状担子和最终外生的四个担子孢子，这类子实体称为担子果（basidiocarp）。少数伞菌能进行无性繁殖，主要是产生粉孢子和厚垣孢子，萌发产生菌丝体。

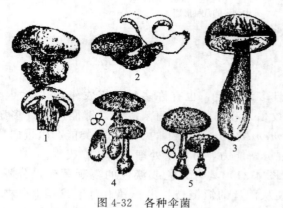

图 4-32　各种伞菌
1—二孢蘑菇；2—洁丽香菇；
3—美味牛肝菌；4—毒鹅膏；5—豹斑毒伞

伞菌大多腐生于土壤、枯枝落叶、树木或粪肥上，有少数寄生于其他大型真菌，也有的可与植物共生形成菌根。

常见的伞菌有伞菌属（*Agaricus*）、香菇属（*Lentinus*）、鹅膏属（*Amanita*），见图 4-32。

伞菌是一类重要的真菌，既包括有益菌，也包括有害菌。食用菌、药用菌的栽培已经发展成为相当规模的产业，为人们提供了大量味道鲜美、营养丰富的健康食品以及各种药材，但是有些伞菌是有毒的，因食用野生蘑菇中毒甚至死亡的事故时有所闻，所以在采集和食用时必须十分小心。另外，利用无毒有机废水（如淀粉废水）培养食用菌，既能处理废水，又能获得食用菌。

建议阅读　原生动物和微型后生动物等是水体和水处理工程中很常见的生物，这些生物在水环境中往往起着重要的作用，藻类也是如此。另外，真菌也与人类生活有着密切关系。建议学生在课外能阅读有关这方面的一些参考资料，特别注意在环境生物监测中这些生物的作用。

[1] 沈萍，陈向东.微生物学.北京：高等教育出版社，2009.

[2] 刘建康.高级水生生物学.北京：科学出版社，1999.

[3] 任何军，张婷娣.环境微生物学.北京：清华大学出版社，2015.

本 章 小 结

1.原生动物是一类最原始、最低等、结构最简单的单细胞动物，有全动性、植物性和腐生性三种营养类型。原生动物一般分为四个纲，即鞭毛纲、肉足纲、纤毛纲和孢子虫纲。原生动物，尤其是纤毛纲，是水处理装置中常见的指示生物。

2.各类微型后生动物中，轮虫是很常见的一类，它以及其他微型后生动物能够成为水体水质或水处理（生物处理）装置运行效果的指示生物。

3.藻类（除蓝藻或蓝细菌外）是真核的，具有光合色素，自养。藻类的种类很多，水体中常见的有绿藻、金藻、硅藻、甲藻等。藻类的过量繁殖会造成水体富营养，利用藻类可以对废水进行处理。

4.酵母菌和霉菌均属于真菌。真菌是自然界中十分特殊的一类生物，它不具色素，类似细菌，但又具有细胞壁，被列为真菌界。真菌分类的主要依据是其有性阶段的特点。

5.酵母菌为单细胞的非丝状真菌，为典型的真核细胞，具有出芽生殖方式，在生产实际中有很大的意义。

6.霉菌是丝状真菌，具有发达的菌丝体，无性繁殖产生分生孢子。霉菌有多个种类与人类关系密切。

思考与实践

1.原生动物有什么特点？它在水体生态系统中起着什么样的作用？

2.在水处理（生物处理）装置中常见的原生动物有哪几类？各有什么特点？

3.原生动物的胞囊在什么条件下会形成？它有什么特点和功能？

4.原生动物在废水生物处理中如何起指示作用？

5.常见的微型后生动物有哪些？

6.原生动物和微型后生动物在水体生态系统中起着什么样的作用？

7.藻类的分类依据是什么？它可以分为哪几个门？

8.绿藻在人类生活、科学研究和水体自净中起什么样的作用？

9.真菌是一类什么样的生物？它与细菌和藻类有什么区别？

10.真菌的分类中，有性繁殖的方式具有什么样的意义？如果无法确定某种真菌的有性繁殖方式，如何进行分类？

11.在各大类微生物中，细菌、藻类和真菌都是具有细胞壁的，请将这些种类的微生物的细胞壁做一全面比较。

12.请将酵母菌细胞与细菌细胞做一个全面的比较。

13.酵母菌有哪两种类型？它们分别具有什么意义？

14.霉菌的菌丝与放线菌的菌丝有何异同？如何在显微镜下进行区分？

15.细菌、放线菌、酵母菌和霉菌的菌落有什么区别？

16.霉菌在我们的生产和生活中有什么实际意义？举例说明。

5　微生物的生理

学习重点：

掌握酶的特点、酶的蛋白质本质和结构以及酶的主要分类等内容；了解酶反应机理和反应动力学以及影响酶活力的主要因素；了解微生物的化学组成，熟悉微生物的营养类型和营养物质等内容；熟悉培养基的选用和配制，了解营养物质进入细胞的方式和途径；熟悉微生物获取能量的方式，掌握生物氧化的特点和分类，了解不同类型生物氧化的途径和区别；了解微生物合成代谢的特点和主要合成代谢方式，区别不同类型的光合作用；了解初级代谢和次级代谢的联系和区别。

5.1　生物生命活动的催化剂——酶

5.1.1　酶的概念

为了搞清楚酶的定义，首先需要了解什么是催化剂。在化学中，能改变化学反应的速率而其本身在反应前后没有发生变化的物质称为催化剂。化学催化剂的存在，可以使一些原先进行得缓慢的反应在较短的时间内完成。例如，蔗糖→葡萄糖＋果糖，该反应在没有催化剂的情况下，其反应速率极慢，甚至难以察觉到反应，但少量的盐酸（HCl）就可以大大促进该反应的速率，这里盐酸就是该反应的催化剂。由催化剂加速反应速率的现象称为催化作用。

一般的化学催化往往要求较剧烈的反应条件，如工业合成氨的反应如下：

$$N_2(气) + 3H_2(气) \longrightarrow 2NH_3(气) + 92.4kJ$$

该反应需要以铁为主体的多成分催化剂（铁触媒），在 500℃、$2 \times 10^7 \sim 5 \times 10^7$ Pa（$200 \sim 500$atm，$1atm = 101.325kPa = 1.01 \times 10^5$ Pa）的条件下进行，高温、高压等剧烈的反应条件是化学催化中常见的。

我们再来看生物体内的情况，生命活动其实就是生物所进行的各种化学反应（称为生物化学反应）。在生物体内不断地进行着大量而复杂的生物化学反应，这些反应以极快的速率进行，而且要求十分精准，才能达到生物体生理活动的要求。另外，生物体内的各种条件是温和的。为了满足生物体内生物化学反应的需要，必须由特别的催化剂来完成，这种特殊的生物催化剂就是酶。

酶是生物体内合成的一种具有催化性能的蛋白质，是生物体为其自身代谢活动而产生的生物催化剂。

酶能在温和条件下高效率地进行催化作用，保证了生物体的新陈代谢，因此，酶在生物的生命活动中占有极其重要的地位，研究和了解酶的性质及其作用机理，对于了解生命活动的规律具有十分重要的意义。

5.1.2　酶的催化特性

作为生物体内的催化剂，酶除具有一般催化剂所有的共性，还具有生物催化剂的特性。

5.1.2.1　酶作为催化剂的共性

（1）降低反应的活化能　如过氧化氢的分解反应，当有过氧化氢酶的存在时，其活化能从 75.31kJ/mol 降至 8.37kJ/mol。

（2）加快反应速率　与一般催化剂相比，酶具有极高的催化效率，如 1mol 的过氧化氢酶在 1s 内能使 10^5 mol 的 H_2O_2 分解，其催化效率比铁离子 Fe^{3+}（一般催化剂）要高 10^{10} 倍。

（3）不改变反应平衡点　不能改变反应的平衡常数，酶本身一般在反应中不消耗，反应前后无变化。

5.1.2.2　酶的生物催化特性

（1）具有很强的专一性　一种酶只能作用于一种物质或一类物质，或者说只能催化一种或一类化学反应，如淀粉酶催化淀粉水解，而蛋白酶只能催化蛋白质水解。酶的这种专一性是酶作为催化剂最重要的特性，也是酶催化反应优于一般化学反应的最重要的理由之一。

（2）催化作用条件温和　一般在常温、常压和近中性的水溶液中就可以进行（相当于生物体内环境）。

（3）对环境条件极为敏感　高温、强酸、强碱等能使酶丧失活性；Cu^{2+}、Hg^{2+}、Ag^+ 等重金属离子能使酶被钝化、发生沉淀、失去活性。

5.1.3　酶的组成

酶的组成有两类：一类是单成分酶，化学组成只有蛋白质；另一类是全酶，由蛋白质和非蛋白成分组成。

全酶中的非蛋白成分可以是不含氮的小分子有机物，或者是不含氮的小分子有机物和金属离子组成。通常根据它们与酶蛋白的结合程度，分为辅酶和辅基：辅酶是指与酶蛋白结合比较松弛的小分子有机物，如辅酶Ⅰ和辅酶Ⅱ等；辅基是指以共价键与酶蛋白结合、不容易与酶蛋白分开的一类物质，如细胞色素氧化酶中的铁卟啉等。这种辅酶和辅基的划分是相对的，并无严格的界限。

在全酶中，酶蛋白的作用是识别底物及起加速生物化学反应的作用；辅酶和辅基起传递电子、原子和化学基团的作用，其中的金属离子还起激活剂的作用。

常见的辅酶和辅基有以下几种。

（1）铁卟啉　铁卟啉是细胞色素氧化酶、过氧化氢酶、过氧化物酶等的辅基，其中含有铁离子，当铁离子在二价与三价之间变化时，电子被传递。

（2）辅酶 A（CoA 或 CoASH）　辅酶 A 是泛酸的主要活性形式，是各种酰化反应中的辅酶。具有核苷酸结构，由等分子的泛酸、氨基乙硫醇、焦磷酸和 3′-AMP 组成。在糖代谢和脂肪代谢中起重要作用，它是通过巯基（—SH）的受酰和脱酰参与转酰基反应。

（3）NAD（辅酶Ⅰ）和 NADP（辅酶Ⅱ）　烟酰胺是辅酶Ⅰ和辅酶Ⅱ的组成成分之一。辅酶Ⅰ的全称是烟酰胺腺嘌呤二核苷酸，简称 NAD；辅酶Ⅱ的全称为烟酰胺腺嘌呤二核苷酸磷酸，简称 NADP。两者是多种脱氢酶的辅酶，如醇脱氢酶等，在氧化还原过程中起携带和传递氢的作用。

（4）FMN（黄素单核苷酸）和 FAD（黄素腺嘌呤二核苷酸）　两者均为氨基酸氧化酶和琥珀酸脱氢酶（黄素核苷酸类脱氢酶）的辅酶，这类脱氢酶的酶蛋白部分各异，但辅酶只有这两种，也称为氢载体，作用与 NAD 相似，它们是电子传递体系的组成部分，其功能是传递氢。

（5）辅酶 Q（CoQ）　又称为泛醌，是电子传递体系的组成部分，其功能是传递氢和电子。

（6）硫辛酸（L）和焦磷酸硫胺素（TPP）　二者结合成 LTPP，是 α-酮酸脱羧酶和糖类转酮酶的辅酶，参与丙酮酸和 α-酮戊二酸的氧化脱羧反应，起传递酰基和氢的作用。

（7）磷酸腺苷及其他核苷酸类　磷酸腺苷包括 AMP（一磷酸腺苷）、ADP（二磷酸腺苷）和 ATP（三磷酸腺苷），其他核苷酸类包括 GTP（鸟嘌呤核苷三磷酸）、UTP（尿嘧啶核苷三磷酸）、CTP（胞嘧啶核苷三磷酸）等，这些物质都含有高能磷酸键，在转化过程中，能量被吸收或释放，在生物氧化（能量代谢）过程中起着重要作用。

（8）磷酸吡哆醛和磷酸吡哆胺　磷酸吡哆醛和磷酸吡哆胺与氨基酸代谢关系密切，磷酸吡哆醛是氨基酸的转氨酶、消旋酶和脱羧酶的辅酶，磷酸吡哆胺与转氨作用有关。

（9）生物素（维生素 H）　生物素对某些微生物如酵母菌、细菌等的生长有强烈的促进作用，属于 B 族维生素。生物素是很多需要 ATP 的羧化酶的辅基，并与酶蛋白紧密结合，作为羧基的载体，催化 CO_2 的固定和转移及脂肪合成反应。

（10）四氢叶酸（辅酶 F，THFA）　叶酸的辅酶形式，其功能是传递甲酰基及羟甲基。

（11）金属离子　金属离子是酶的辅基，又是激活剂，许多酶中含有铁、铜、镁、锌、钴、钼、镍等离子。

由于专性厌氧菌的生理特性不同于一般的好氧微生物，因此它们具有一些特殊的辅酶，下列几种辅酶是专性厌氧菌所特有的。

（12）辅酶 M　为专性厌氧的产甲烷菌所特有，具有渗透性和热稳定性，是甲基转移酶的辅酶，是活性甲基的载体。

（13）F_{420}（辅酶 420，Co420）　F_{420} 是产甲烷菌具有的辅酶，为低分子的荧光化合物。当 F_{420} 被氧化时，在 420nm 处出现一个明显的吸收峰和荧光，当被还原时，会失去吸收峰和荧光。F_{420} 是甲基转移酶的辅酶，是活性甲基的载体。

（14）F_{430}（辅酶 430，Co430）　F_{430} 的结构尚不清楚，但已知它是含有一个镍原子的吡咯结构，在 430nm 处有最大吸收峰。F_{430} 是甲基辅酶 M 还原酶组分 C 的弥补基，参与甲烷形成的末端反应。

（15）MPT（methanopterin）　即甲烷蝶呤，为蓝色荧光化合物，有多种衍生物，如 H_4MPT 等。它的作用类似叶酸，参与 C_1 还原反应，如嗜热自养甲烷杆菌在乙酸合成时需要 H_4MPT 及其衍生物。

（16）MFR（methanofuran）　即甲烷呋喃，原名 CDR（二氧化碳还原因子）。为产甲烷菌独有，在甲烷和乙酸形成过程中起甲基载体的作用。

5.1.4　酶蛋白的结构

蛋白质是生物体最重要的组成物质之一。酶蛋白与其他各种蛋白质一样，也是由 20 种氨基酸组成的（见表 5-1）。一个氨基酸的氨基与另一个氨基酸的羧酸基通过肽键（—CO—NH—）连接（见图 5-1），多个氨基酸按一定的排列顺序形成多肽链。多肽链的两端分别是氨基端（N端）和羧基端（C 端），多肽链之间或一条多肽链卷曲后相邻的基团之间通过氢键、二硫键、盐键、疏水键、范德华引力及金属键等相连接，形成蛋白质的空间结构。

表 5-1　组成生物体蛋白质的 20 种氨基酸

氨基酸	Ala（丙氨酸）　Arg（精氨酸）　Asn（天冬酰胺）　Asp（天冬氨酸）　Cys（半胱氨酸） Gln（谷氨酰胺）　Glu（谷氨酸）　Gly（甘氨酸）　His（组氨酸）　Ile（异亮氨酸） Leu（亮氨酸）　Lys（赖氨酸）　Met（蛋氨酸）　Phe（苯丙氨酸）　Pro（脯氨酸） Ser（丝氨酸）　Thr（苏氨酸）　Trp（色氨酸）　Tyr（酪氨酸）　Val（缬氨酸）

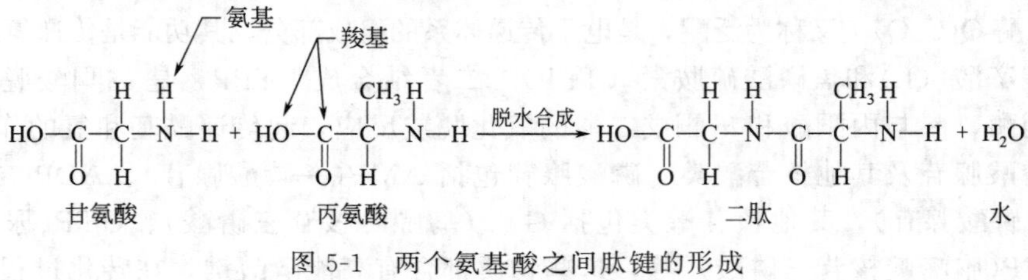

图 5-1　两个氨基酸之间肽键的形成

　　通常可以把蛋白质的结构分为一级、二级、三级，少数酶具有四级结构。一级结构是指多肽链本身的结构，也就是氨基酸的排列顺序；二级结构是由多肽链形成的初级空间结构，由氢键维持；三级结构是在二级结构的基础上，多肽链进一步弯曲盘绕形成更复杂的构型，三级结构的稳定性依靠氢键、盐键、疏水键等维持；少数酶具有四级结构，它是由几个或几十个亚基形成，每一个亚基都是由一条或几条多肽链在三级结构基础上形成的小单位，亚基之间以氢键、盐键、疏水键、范德华引力等相连。有关酶蛋白的结构见图 5-2。

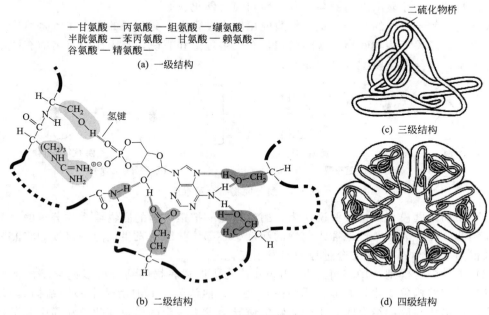

图 5-2　酶蛋白的结构

　　目前普遍认为，酶的本质是蛋白质，大多数教科书上也是如此描述。然而近年来发现，除了"经典"酶以外，某些生物分子也具有催化活性。1982 年，科罗拉多大学的 Cech 等研究发现，四膜虫的 rRNA 前体能在完全没有蛋白质的情况下进行自我加工，催化得到 rRNA 产物。也就是说，RNA 本身可以是一个生物催化剂。Cech 将这种具有酶活性的 RNA 称为核酸酶（ribozyme）。1983 年，耶鲁大学的 Altman 和 Pace 等发现核糖核酸酶 P（由 RNA 和蛋白质组成）中的 RNA 组分能单独催化前体 tRNA 从 C5′ 末端切除某些核苷酸片段，而成为成熟的 tRNA，显示出该 RNA 组分具有核糖核酸酶的活性。这些结果对酶的传统概念提出了挑战，提出了酶并不一定是蛋白质的问题。

5.1.5　酶的活性中心和酶与底物结合的机理

　　酶的活性中心是指在酶蛋白分子中与底物结合，并起催化作用的小部分氨基酸微区。构成活性中心的氨基酸可以是处于同一多肽链的不同部位，也可以是位于不同多肽链上，当酶蛋白形成并保持空间结构时，它们按一定位置靠近在一起，形成特定的酶活性中心。如在牛胰核糖核酸酶中，它一共由 124 个氨基酸组成，其中的第 12 号、第 119 号两个组氨酸和第 41 号赖氨酸在空间上位置靠得很近，从而形成该酶的活性中心（见图 5-3）。又如溶菌酶由 129 个氨基酸组成，第 35 号和第 52 号天冬氨酸组成活性中心。

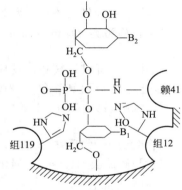

图 5-3　牛胰核糖核酸酶的活性中心

活性中心可分为结合部位和催化部位，分别起着不同的作用。只有酶蛋白保持一定的空间构型，酶的活性中心才能存在，酶才能具有活性。如果酶蛋白发生变性，酶蛋白的结构被破坏，构成酶活性中心的基团互相分开，酶与底物将无法形成结合，酶促反应也就无法进行。

在全酶的非蛋白成分上，具有催化功能的那一部分，称为活性基，它决定着催化反应的性质，担负着传递电子、原子或化学基团的功能。单独的酶蛋白没有酶活性或活性很低，只有与活性基结合，才显示出酶的高度专一性和强大催化效率。

酶与底物的专一性的结合，是发生酶催化反应过程中十分重要的一步，也是酶作用专一性的重要保证。关于酶与底物结合的机理，有很多理论和假说，其中比较有名的有两个：锁和钥匙模型、诱导楔合模型（见图 5-4）。

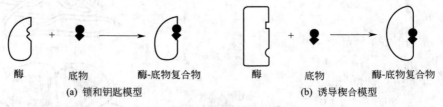

(a) 锁和钥匙模型　　　　　　　　(b) 诱导楔合模型

图 5-4　酶与底物结合示意图

（1）锁和钥匙模型　这种假说认为，酶就像是一把锁，酶的底物或底物分子的一部分结构犹如钥匙一样，能专一性地插入到酶的活性中心部位，因而发生反应。该模型将酶和底物的关系视为"刚性的"，在结合过程中不发生变化。

（2）诱导楔合模型　1958 年，Koshland 首先认识到底物的结合可以诱导酶的活性中心部位发生一定的构象变化，并提出诱导楔合理论。他认为，酶的活性中心的结构具有柔性，是可变的，当酶与底物结合时，由于底物的诱导会发生一定的构象变化，从而引起活性中心在空间位置上的改变，而形成酶与底物的中间复合物。近年来的研究证明，酶与底物结合时确实会发生酶构象的改变。

5.1.6　酶的分类与命名

根据不同的标准，酶有不同的分法，以下进行简单介绍。

5.1.6.1　酶的分类

（1）按照酶所催化的化学反应类型分类　可分为六大类。

① 氧化还原酶类（oxido-reductase）　催化氧化还原反应，其反应通式为：

$$AH_2 + B \rightleftharpoons A + BH_2$$

式中，A 为供氢体；B 为受氢体。

② 转移酶类（transferase）　催化底物的基团转移到另一有机物上，其反应通式为：

$$A—R + B \rightleftharpoons A + B—R$$

式中，R 可以是氨基、醛基、酮基、磷酸基等。如谷丙转氨酶催化谷氨酸的氨基转移到丙酮酸上，生成丙氨酸和 α-酮戊二酸。

③ 水解酶类（hydrolase）　催化大分子有机物水解，其反应通式为：

$$A—B + H_2O \rightleftharpoons AOH + BH$$

许多大分子物质在分解时，都需要由水解酶作用，如蛋白水解酶、淀粉水解酶等。

④ 裂解酶类（lyase）　催化有机物裂解成小分子物质，其反应通式为：

$$AB \rightleftharpoons A + B$$

如羧化酶可以催化底物分子中 C—C 键的断裂，产生 CO_2。

⑤ 异构酶类（isomerase） 催化同分异构体之间的转化，其反应通式为：

$$A \Longrightarrow A'$$

如葡萄糖异构酶催化葡萄糖和果糖之间的互相转化。

⑥ 合成酶类（synthetase） 催化底物的合成反应为：

$$A+B+n\,ATP \Longrightarrow AB+n\,ADP+n\,Pi$$

由于合成反应需要能量，通过消耗 ATP 获得能量。

根据催化反应的性质将酶分为六大类，这也是国际上的标准分类，人们由此对酶进行编号。在每一大类中又可分为若干亚类和亚亚类，采取四位阿拉伯数字编号的系统对其进行编号。每种酶都有一个四位数字的号码，每个数字之间用圆点隔开，编号前冠以 EC(Enzyme Commission)。其中，第一位数字代表大类；第二位、第三位数字分别代表亚类和亚亚类，由前三位数就可确定反应的性质；第四位数字则是该酶在亚亚类中的顺序。例如，L-乳酸：NAD 氧化还原酶（乳酸脱氢酶）的四位编号是 EC1.1.1.27。其中，第一位的 1 是指氧化还原酶大类；第二位的 1 是指该酶作用于底物的 CHOH 基，使之脱氢；第三位的 1 表明受氢体是 NAD^+；第四位的 27 是该酶在大类中的序号。

（2）按照酶作用的部位分类 可分为胞外酶、胞内酶和表面酶等。

（3）按照酶作用的底物不同分类 可分为淀粉酶、蛋白酶、脂肪酶、纤维素酶、核糖核苷酶等。

（4）按照酶在生物体内存在的状况分类 可分为固有酶和诱导酶。固有酶，也称为组成酶（constitutive enzyme），无论培养基中有无它们的底物，这种酶都能形成。诱导酶，也称为适应酶（adaptive enzyme），只有在培养基中存在其底物时才能形成。如在 *E. coli* 中的利用乳糖的酶就是适应酶。

诱导酶的产生，是一个十分复杂的过程，既受外界是否存在有关的底物的影响，也与生物体内基因的调控有关。这种适应现象对生物来说是一种节约，对于微生物适应环境有着重要意义。同样，诱导酶在环境工程领域也具有重要意义，因为在环境领域，经常会遇到一些在自然界不常见的物质，由于微生物的适应能力（产生诱导酶），使对这些物质的降解成为可能。

5.1.6.2 酶的命名

酶的命名有习惯命名和系统命名两种方法。

习惯命名是根据以下两个原则。第一个原则是根据酶所催化的物质（底物）的名称，在底物名称后面加一个"酶"字。例如，水解淀粉的酶称为淀粉酶，水解蛋白的称为蛋白酶。有的时候为了区别不同来源的酶，可以再加上酶的来源，如胃蛋白酶、尿淀粉酶。第二个原则是根据酶所催化的反应物质的类型来命名，如水解酶、氧化酶等。

也有根据上述两种原则综合命名或指出酶的特点来命名的，如酸性磷酸酶、碱性磷酸酶等。

系统命名法是包括底物的名称、反应性质，加上一个"酶"字，如果反应涉及两个底物，则必须将两种底物都列出，并用"："隔开。例如，酶催化的反应是：

$$醇+NAD^+ \longrightarrow 醛或酮+NADH+H^+$$

此酶的习惯命名是醇脱氢酶，系统命名是醇：NAD 氧化还原酶。

5.1.7 酶活力和影响酶活力的因素

5.1.7.1 酶活力的表达

酶是生物催化剂，酶加速化学反应的能力称为酶的活力或活性。检查酶是否存在必须检查是否有催化活性。所以酶的测定与其他测定不同，一般不是以质量表示，而是以活性来表示酶的含量。

因为酶是蛋白质，在样品中含量很少，又不容易提纯分离，所以难以直接测定其实际含量。除了少数几种因具有特殊的化学结构而能直接用化学法或光谱法检测其含量的酶以外，大多数酶均不能直接测定其绝对含量，所以一般都是根据酶的催化效果来测定酶的含量，也就是测定酶所催化的反应速率。只有具有活性的酶才能有催化作用，如果酶已经变性或被破坏，则一定无法测出酶的含量，所以酶含量的测定就称为酶活性或活力的测定。

反应速率是用单位时间内底物的减少量或产物的生成量来表示的。

大多数酶均不像常用的无机或有机分析试剂那样具有 $90\% \sim 100\%$ 的含量，其含量通常在 $1\% \sim 5\%$ 之间变动。有必要给酶规定一个合适的单位，来定量表示酶的含量和活性。这个单位与测定方法有关，由于一种酶往往有多种测定方法，而且不同方法所规定的酶活性单位的含义不同，正常值也不同，导致同一种酶用不同方法测得的结果不能相互比较。

在 1959 年的国际生物化学协会酶学委员会和国际纯粹与应用化学联合会曾规定了一种"国际单位"：在温度 25℃、最适 pH、最适缓冲溶液和最佳底物浓度等诸条件下，每分钟能使 $1\mu mol$ 的底物转化所需要的酶量为一个酶活力单位（IU 或 U）。

1972 年国际酶学委员会推荐了一个新的酶活力单位 Katal，符号为 Kat。一个 Kat 单位定义为：在最适条件下，1s 内催化 1mol 底物转化的酶量。

在实际应用中，为了能更好地对不同酶样品进行比较，常用酶的比活力的概念。所谓比活力是指在固定条件下，每毫克或每毫升酶液所具有的酶活力。

5.1.7.2　酶反应动力学——米-门公式

（1）酶反应机理——中间产物学说　米契里斯（Michaelis）和门坦（Menten）根据前人的工作，从酶被底物饱和的现象出发，按照"稳态平衡"假说的设想，提出酶反应的中间反应学说：

$$E + S \underset{k_2}{\overset{k_1}{\rightleftharpoons}} ES \overset{k_3}{\longrightarrow} E + P$$

式中，E、S、ES、P 分别代表酶、底物、中间产物和最终产物。

（2）米-门公式　由上述反应，根据质量作用定律，导出酶促反应速率方程（米-门公式）为：

$$v = \frac{v_{max} [S]}{K_m + [S]} \qquad \left(K_m = \frac{k_2 + k_3}{k_1} \right)$$

式中，v 为酶促反应速率；$[S]$ 为底物浓度；v_{max} 为最大反应速率；K_m 为米氏常数。

米氏常数 K_m 是酶的特征常数之一，只与酶的性质有关，而与酶的浓度无关，它表示当反应速率为最大反应速率一半时的底物浓度。K_m 越小，表明酶与底物的反应越趋于完全；K_m 越大，表明酶与底物的反应越不完全。

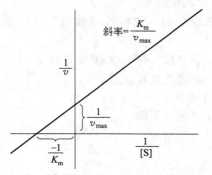

图 5-5　Lineweaver-Burk
图解法求 K_m 和 v_{max}

K_m 和 v_{max} 的求法有很多，最常用的是 Lineweaver-Burk 图解法，也称为双倒数作图法。将上述公式改写为：

$$\frac{1}{v} = \frac{1}{v_{max}} + \frac{K_m}{v_{max}} \times \frac{1}{[S]}$$

在实验中，选择不同的 $[S]$，测得相应的 v，作图就可求得 K_m 和 v_{max}（见图 5-5）。

5.1.7.3　影响酶活力的主要因素

在酶促反应中，酶的活性会受到底物浓度、酶浓度、温度、pH、激活剂、抑制剂等多种因素的影响。

（1）酶浓度对酶促反应的影响　当底物分子浓度足够时，酶促反应速率与酶分子浓度成正比，酶分子越多，底物转化的速率越快（见图 5-6）。在实际测定中，当酶浓度很高时，曲线会逐渐趋向平缓，这可能是由于高浓度底物夹带有较多的抑制剂所导致的。

（2）底物浓度对酶促反应的影响　当酶的浓度为定值时，底物的起始浓度较低时，酶促反应速率与底物浓度成正比，即随底物浓度的增加而增加。而当所有的酶与底物结合生成 ES 后，即使再增加底物浓度，中间产物浓度［ES］也不会增加，酶促反应速率也不增加。

在底物浓度相同的条件下，酶促反应速率与酶的初始浓度成正比。酶的初始浓度大，其酶促反应速率就大（见图 5-7）。

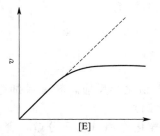

图 5-6　酶浓度与酶促反应速率的关系

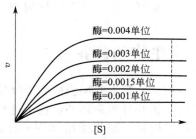

图 5-7　底物浓度与酶促反应速率的关系

（3）温度对酶促反应的影响　各种酶都有其最适温度范围，在此范围内，酶活性最强，酶促反应速率最大（见图 5-8）。在适宜的温度范围内，温度每升高 10℃，酶促反应速率可相应提高 1～2 倍。用温度系数 Q_{10} 来表示温度对酶促反应的影响。Q_{10} 表示温度每升高 10℃，酶促反应速率随之相应提高的因数。酶促反应的 Q_{10} 通常在 1.4～2.0，小于无机催化反应和一般化学反应的 Q_{10}。

$$Q = \frac{\text{在}（T+10）℃\text{时的反应速率}}{\text{在} T ℃\text{时的反应速率}}$$

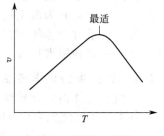

图 5-8　温度对酶促反应速率的影响

温度的影响存在三基点：最高、最适、最低。一般微生物的最适温度范围在 25～60℃。当温度过高或过低时，酶的活性会受到影响。温度过高会破坏酶蛋白，造成酶的变性；温度过低会使酶作用降低或停止，但可以恢复。

（4）pH 对酶促反应的影响　pH 对酶的影响同样存在三基点：最高、最适、最低。酶在最适 pH 范围内表现出活性，大于或小于最适 pH，都会降低酶活性。

pH 对酶活力的影响主要表现在两个方面：一方面，不同的 pH 改变底物分子和酶分子的带电状态，从而影响酶和底物的结合；另一方面，过高、过低的 pH 都会影响酶的稳定性，进而使酶遭到不可逆的破坏。

（5）激活剂对酶促反应的影响　许多酶只有当某一种适当的激活剂存在时，才表现出催化活性或强化其催化活性，这称为对酶的激活作用。能激活酶的物质称为酶的激活剂。激活剂种类很多，有无机阳离子、无机阴离子、有机化合物等，激活剂也可以由另外一种酶来充当。例如，金属离子的激活作用起了某种搭桥作用，它先与酶结合，再与底物结合，形成酶-金属-底物的复合物。而有些酶被合成后呈现无活性状态，这种酶称为酶原。它必须经过适当的激活剂激活后才具有活性。如胰蛋白酶刚合成时，没有活性，为胰蛋白酶原，需经肠激酶（来自十二指肠）激活后才具有活性。又如酵母磷酸葡萄糖变位酶，需 Mg^{2+} 来进行激活，其活性可以增加 6.6 倍。

（6）抑制剂对酶促反应的影响　能减弱、抑制甚至破坏酶活性的物质称为酶的抑制剂，它可降低酶促反应速率。酶的抑制剂有重金属离子、一氧化碳、硫化氢、氢氰酸、氟化物、碘化乙酸、生物碱、染料、对氯汞苯甲酸、二异丙基氟磷酸、乙二胺四乙酸、表面活性剂等。

对酶促反应的抑制可分为竞争性抑制和非竞争性抑制。与底物结构类似的物质争先与酶的活性中心结合，从而降低酶促反应速率，这种作用称为竞争性抑制。竞争性抑制是可逆性抑制，通过增加底物浓度最终可解除抑制，恢复酶的活性。与底物的结构类似的物质称为竞争性抑制剂。

抑制剂与酶活性中心以外的位点结合后，底物仍可与酶活性中心结合，但酶不显示活性，这种作用称为非竞争性抑制。非竞争性抑制是不可逆的，增加底物浓度并不能解除对酶活性的抑制。与酶活性中心以外的位点结合的抑制剂，称为非竞争性抑制剂。

有的物质既可作一种酶的抑制剂，又可作另一种酶的激活剂。

5.2　微生物的营养

微生物从外界不断地摄取营养物质，经过一系列的生物化学反应，转变成细胞的组分，同时产生废物并排泄到体外，这个过程称为新陈代谢（代谢）。

新陈代谢包括同化作用（物质合成，吸收能量）和异化作用（物质分解，释放能量）。两者是相辅相成的：异化作用为同化作用提供物质基础和能量；同化作用为异化作用提供基质。新陈代谢是生命的最基本特征之一，任何活的生命体都需要通过新陈代谢来维持其个体生命的延续。营养为微生物的各种生命活动提供必需的物质基础和保证。

为了要了解微生物的营养及其所需营养物的种类和数量，首先要了解微生物的化学组成、元素组成和生理特性。

5.2.1　微生物的化学组成

在微生物体内，其质量的 70%～90% 为水分，其余 10%～30% 为干物质。

各类微生物细胞内均含有大量的水分，如细菌为 75～85g/100g、酵母菌为 70～85g/100g、霉菌为 85～90g/100g，芽孢的水分最少，仅 40g/100g，这与它的生理功能有关（抵抗不良环境）。

在干物质中，有机物占 90%～97%，无机物占 3%～10%。有机物主要是蛋白质、糖类（碳水化合物）、核酸、脂类等，无机物则是各类元素（见表 5-2）。

表 5-2　微生物的物质组成（占干重的百分比）

微生物	蛋白质、核酸/%	糖类(碳水化合物)/%	脂肪/%	灰分/%
细菌	50.00～93.70	12.00～28.00	0.40～35.60	1.34～13.86
酵母菌	31.20～82.50	35.00～60.00	1.72～5.00	6.50～10.17
霉菌	13.70～43.60	8.00～40.00	2.50～23.00	5.95～12.20

从元素组成的角度，可以把微生物体内的各种元素分为以下几类。

（1）C、H、O、N　这四种元素为生物体的有机元素，在生物体内大量存在，占 90%～97%，是组成有机体的主要元素。

除此之外的元素为矿质元素，又可分为大量元素和微量元素。

（2）大量元素　包括 P、S、K、Na、Ca、Mg、Cl 等。它们与细胞结构、物质组成、能量转移、原生质胶体状的维持等有关。

（3）微量元素　包括 Fe、Cu、Mn、B、Mo、Co、Si 等，含量极微，但却是不可缺少的，具有一些特殊的功能，如酶的激活等。

　　当然，微生物的化学组成并不是绝对不变的，它往往会由于菌龄的不同和培养条件的改变而发生变化。

　　根据微生物有机元素组成分析数据，可得到化学组成实验式。如霉菌的化学组成实验式是 $C_{12}H_{18}O_7N$，注意它不是分子式，只是用来说明组成有机体的各种元素之间的比例关系，可供在培养微生物时作为提供营养的参考。

5.2.2　微生物的营养物质和营养类型

5.2.2.1　微生物需要的营养物质

　　从微生物的化学组成中我们可以看到：微生物首先需要大量的水分；需要较多地供给构成有机物碳架和含氮物质的碳元素和氮元素；另外，还需要一些含 P、Mg、K、Ca、Na、S 等的盐类及微量的 Fe、Cu、Zn、Mn 等元素。因此，除了某些特殊要求的微生物外，一般微生物得到上述这些营养物质，才能正常地生长繁殖。

　　(1) 水　水是微生物机体的组成部分，同时又是微生物代谢过程中必不可少的。它的作用体现在两方面：一是有助于营养物质的吸收利用（先溶解于水）；二是保证各种生化反应的进行（须在水溶液中进行）。

　　(2) 碳源和能源　凡能供给微生物碳素营养的物质，称为碳源。

　　碳源的主要作用是构成微生物细胞的含碳物质（碳架）和供给微生物生长、繁殖及运动所需要的能量。所以，充当碳源的物质，往往同时又是能量的提供者。

　　从简单的无机碳化合物到复杂的有机碳化合物，都可作为碳源。例如，糖类、脂肪、氨基酸、蛋白质、脂肪酸、丙酮酸、柠檬酸、淀粉、纤维素、半纤维素、果胶、木质素，醇类、醛类、烷烃类、芳香族化合物（如酚、萘、菲及蒽等）、氰化物（如氰化钾、氢氰酸和丙烯酯），各种低浓度的染料等。少数微生物还能以 CO_2 或 CO_3^{2-} 中的碳素为唯一的或主要的碳源。可见，自然界蕴藏着丰富碳源。微生物最好的碳源是糖类，尤其是葡萄糖、蔗糖，它们最易被微生物吸收和利用。许多碳源可同时作能源。

　　微生物细胞中的碳素含量相当高，占干物质质量的 50% 左右。可见，微生物对碳素的需求量最大。

　　(3) 氮源　凡是能够供给微生物氮素营养的物质称为氮源。氮源有 N_2、NH_3、尿素、硫酸铵、硝酸铵、硝酸钾、硝酸钠、氨基酸和蛋白质等。氮源的作用是提供微生物合成蛋白质的原料。根据对氮源要求的不同，将微生物分为四类。

　　① 固氮微生物　这类微生物能利用空气中的氮分子（N_2）合成自身的氨基酸和蛋白质。如固氮菌、根瘤菌和固氮蓝细菌。

　　② 利用无机氮作为氮源的微生物　能利用氨（NH_3）、铵盐（NH_4^+）、亚硝酸盐（NO_2^-）、硝酸盐（NO_3^-）的微生物有亚硝化细菌、硝化细菌、大肠杆菌、产气杆菌、枯草杆菌、铜绿色假单胞菌、放线菌、霉菌、酵母菌及藻类等。

　　③ 需要某种氨基酸作为氮源的微生物　这类微生物称为氨基酸异养微生物。如乳酸细菌、丙酸细菌等。它们不能利用简单的无机氮化物合成蛋白质，而必须供给某些现成的氨基酸才能生长繁殖。

　　④ 从分解蛋白质中取得铵盐或氨基酸的微生物　这类微生物如氨化细菌、霉菌、酵母菌及一些腐败细菌，它们都有分解蛋白质的能力，产生 NH_3、氨基酸和肽，进而合成细胞蛋白质。

　　(4) 无机盐　无机盐的生理功能包括：构成细胞组分；构成酶的组分和维持酶的活性；调节渗透压、氢离子浓度、氧化还原电位等；供给自养微生物能源。

　　微生物需要的无机盐有磷酸盐、硫酸盐、氯化物、碳酸盐、碳酸氢盐。这些无机盐中含有钾、钠、钙、镁、铁等元素，其中，微生物对磷和硫的需求量最大。此外，微生物还需要锌、锰、钴、铂、铜、硼、钒、镍等微量元素。

（5）生长因子（生长因素）　生长因子是指一些微生物维持正常生活所必需而需要量又不大的特殊营养物，包括维生素、氨基酸、嘌呤、嘧啶等物质。各种微生物对生长因素的要求不同。

很多异养微生物及自养微生物具有合成生长因子的能力，所以，它们可以不必从外界环境中获取现成的生长因子，因为它们可以自己合成本身所需要的生长因子。但对有些微生物，自己不能合成时，则必须供给生长因子，方能生长繁殖。

5.2.2.2　微生物的营养类型

（1）光能微生物和化能微生物　根据微生物获得能量的不同来源，可以把微生物分为光能微生物和化能微生物。

光能微生物体内含有光合色素，能进行光合作用，从光得到能源。化能微生物不具色素，不能进行光合作用，依靠氧化化合物来获得所需要的能量。

（2）无机营养微生物和有机营养微生物　根据微生物对各种碳素营养物的同化能力的不同，可把微生物分为无机营养微生物和有机营养微生物两种。

无机营养，也称为无机自养。凡是有光合色素的微生物，例如藻类、光合细菌及原生动物中的植物性鞭毛虫，均属于无机营养微生物。这一类型的微生物具有完备的酶系统，合成有机物的能力强，CO_2、CO 和 CO_3^{2-} 中的碳素为其唯一的碳源，能利用光能或化学能在细胞内合成复杂的有机物，以构成自身的细胞成分，而不需要外界供给现成的有机碳化合物。因此，这类微生物又称为自养微生物。

自养微生物又分为光能自养微生物和化能自养微生物。光能自养微生物利用阳光（或灯光）作为能源，依靠体内的光合色素，进行光合作用；化能自养微生物不具光合色素，不能进行光合作用。合成有机物所需的能量来自于它们氧化 S、H_2S、H_2、NH_3、Fe 等时，通过氧化磷酸化产生的 ATP。CO_2 可以是化能自养微生物的唯一碳源。化能自养微生物有亚硝化细菌、硝化细菌、好氧的硫细菌（硫化细菌和硫黄细菌）及铁细菌。

自养微生物有严格自养微生物和兼性自养微生物两种。

有机营养微生物，也称为异养微生物。大部分细菌、放线菌、酵母菌、霉菌、病毒等属于有机营养微生物。这类微生物具有的酶系统不如自养微生物完备，它们只能利用有机碳化合物作为碳素营养和能量来源。糖类、脂肪、蛋白质、有机酸、醇、醛、酮及碳氢化合物、芳香族化合物等都可作为异养微生物的碳素营养。异养微生物有腐生性和寄生性两种，前者占大多数。

异养微生物又分为光能异养微生物和化能异养微生物。光能异养微生物是以光为能源，以有机物为供氢体，还原 CO_2 合成有机物的一类厌氧微生物，也称为有机光合细菌。化能异养微生物是一群依靠氧化有机物产生化学能而获得能量的微生物。它们包括绝大多数的细菌、放线菌及全部的真菌。

按照微生物的碳源和能源的不同所划分的营养类型见表 5-3。

表 5-3　微生物的营养类型

营养类型	能源	基本碳源	实例
光能自养微生物	光能	CO_2	藻类、蓝细菌
光能异养微生物	光能	有机物	红螺细菌
化能自养微生物	无机物	CO_2	硝化细菌、铁细菌
化能异养微生物	有机物	有机物	大多数细菌，真菌

应当指出，四大营养类型的划分是相对的，很多情况下取决于生长环境。许多微生物是兼性营养类型的。如红螺细菌在有光与厌氧条件下为光能异养型，而在黑暗与有氧条件下就成了化能异养型。又如，氢单胞菌在完全无机的环境中为化能自养型，而在有有机物存在的环境中是化能异养型。微生物往往首先利用现成的容易被吸收利用的有机物质。由此可见，要对四大营养类型下严格定义是不容易的。

5.2.3　微生物的培养基

培养基是为人工培养微生物而制备的、提供微生物以合适营养条件的基质。由于微生物的种类、营养类型以及我们工作目的的多样性，培养基的配方和种类是很多的。

5.2.3.1　培养基的配制原则

（1）要根据培养对象和目的来选择和制备培养基　不同微生物对营养要求不同，就需要设计或选择不同的培养基配方。如自养微生物（如藻类）的培养基可以完全由无机物组成；而异养微生物的培养基中至少要有一种有机物。另外，不同的培养目的，所选择的培养基也是不同的。如为获取微生物细胞或做种子培养时，培养基内的营养成分应丰富些，有利于微生物的生长繁殖；当要获得代谢产物时，所含氮源宜低些，以使微生物生长不要过旺而有利于代谢产物的积累。

（2）培养基提供的营养应是协调的　在培养基中，含有微生物生长繁殖必需的营养条件，更重要的是各种营养物质的浓度、比例应该是合适的。

不同微生物对各营养元素的比例要求是不同的，主要是指碳氮磷比，其中碳源与氮源的比例（碳氮比）尤为重要，不同微生物要求的碳氮比不同，如细菌和酵母菌为 5:1，霉菌约为 10:1。

在实际废水处理中，活性污泥中好氧微生物要求碳氮磷比为 $BOD_5:N:P=100:5:1$。为了保证生物处理效果，要按碳氮磷比配给营养。有时某种营养缺乏，应供给或补足。但也不可盲目添加，否则会导致反驯化（由于微生物优先利用加入的较容易被利用的有机物，而导致其对污染物质降解能力的下降）。

除了比例，物质的浓度也是必须注意的，很多无机盐在低浓度时为微生物生长所必需，但在超出其生长范围的高浓度时就变为有害的因子了。

各种物质在培养基中所起的作用不同，有的成分具有多重作用，如磷酸氢二钾及磷酸二氢钾既是缓冲剂又是磷源和钾源，硫酸铵可作氮源和硫源，葡萄糖同时作碳源和能源。另外，在加入各种成分时，考虑到成分之间可能发生的相互作用，需要按照一定的顺序加入。

（3）要为微生物创造尽可能适宜的生长条件　培养基还要提供合适的微生物生长条件，如适宜的 pH、渗透压条件等。因此配制培养基时，适宜的 pH 调节是不可忽略的。对于培养好氧微生物要提供充足的氧气，而培养严格厌氧微生物时要把培养基和周围环境中的氧气驱除掉。

此外，在选择配制培养基的原料时，还要注意经济节约的原则。

5.2.3.2　培养基的种类

（1）按培养基组成物的性质分类　根据培养基组成物的性质，可把培养基分为以下三种。

① 合成培养基　用无机物或有机物配制而成的称为合成培养基，合成培养基中各成分均是已知的。

② 天然培养基　用天然物质配制而成的称为天然培养基，如用酵母膏、血清、牛奶、麦芽汁等配制而成。

③ 复合培养基　用天然物质和无机物或有机物配制而成的称为复合培养基。

（2）按培养基的状态分类　按照培养基的状态，可把培养基分为以下三种。

① 液体培养基　培养基中不加入凝固剂（如琼脂、明胶、硅胶等），培养基为液体状态。液体培养基用途广泛，尤其适合于大规模培养微生物。

② 固体培养基　在培养基中加入 15～30g/1000mL 的琼脂，即成固体培养基。琼脂来自于红藻（如石花菜属），是一种干燥的、无定形的与动物胶相似的物质，其化学成分是一个线性的半乳聚糖的碳水化合物（多糖类），它不溶于冷水而溶于热水。因此当固体培养基冷却下来时，可以做成平板或斜面等形式。固体培养基可用于菌种培养、分离、鉴定、计数、育种、保藏、测定等多种目的。

③ 半固体培养基　如果加入 3～5g/1000mL 的琼脂，培养基会出现一种半凝固状态，称为半固体培养基。半固体培养基常用于一些特殊的培养要求，如培养微好氧细菌或观察微生物的运动能力等。

（3）按实验目的和用途分类　根据实验目的和用途的不同，还可以把培养基分为下列四种。

① 基础培养基　这类培养基含有微生物需要的主要成分，适用于大多数微生物。其中最常用的就是肉汤蛋白胨培养基，由牛肉膏、蛋白胨和氯化钠等组成。

② 选择培养基　在培养基中加入某种物质，如染料、金属盐、抗生素等，抑制非目的微生物的生长而使需要的微生物生长繁殖，这种培养基称为选择培养基。如在培养基中加入胆汁酸盐，可以抑制革兰阳性菌而使革兰阴性菌生长。

③ 鉴别培养基　利用不同微生物生理特性的差异，在同一培养基上出现不同特征的菌落，以区别不同的微生物，这种培养基称为鉴别培养基。如大肠菌群中的大肠埃希菌、枸橼酸盐杆菌、产气杆菌和副大肠杆菌对乳糖的分解能力不同，将它们在远藤培养基上培养，就会出现不同的菌落特征。大肠埃希菌分解能力最强，菌落呈紫红色并带金属光泽；枸橼酸盐杆菌次之，菌落呈紫红或深红色；产气杆菌第三，菌落呈淡红色；而副大肠杆菌不具分解乳糖的能力，菌落呈无色透明。由此，通过远藤培养基这一鉴别培养基，我们就可以区分这四种菌了。

④ 加富（富集）培养基　当样品中微生物数量很少或对营养要求比较高而不易培养出来时，可以在培养基中加入某些特殊成分，促使目的微生物快速生长，这种用特别物质或成分配制而成的培养基称为加富培养基。所用的特殊物质可以是植物或动物的提取液、土壤浸出液、血或血清等。

5.2.4　微生物对底物进行代谢的过程

5.2.4.1　向底物接近

生物体要利用降解某种物质，首先必须与之接近。接近意味着微生物处于这种物质的可扩散范围之内，胞外酶处于这种物质可扩散范围之内，或微生物处于细胞外消化产物的扩散距离之内。因此，混合良好的液体环境（湖泊、河流、海洋）与基本不相混合的固体环境（土壤、沉积物）之间有很大差别，后者存在运动扩散的障碍。

某些细菌和微生物存在朝向某种化学物质的趋向性（趋化性）。

5.2.4.2　对固体营养物的吸附

如果营养物是以固体形态存在于环境中，则微生物必须对其进行吸附以保证降解的发生。纤维素消化需要有物理吸附；在沥青降解菌的分离中发现细菌与固体基质之间有非常紧密的结合。

5.2.4.3　胞外酶的分泌

不溶性的多聚体，无论是天然的（如木质素）还是人工合成的（如塑料）都难被降解。

不能降解的原因之一是分子太大。生物采取的办法是分泌胞外酶将其水解成小分子量的可溶性产物。

5.2.4.4　底物的跨膜运输（进入微生物细胞）

在微生物对物质代谢利用过程中，底物的跨膜运输是关键性的一步。大多数微生物没有专门的摄食器官或细胞器（原生动物、微型后生动物除外）。各种营养物质通常需要由特定的、诱导性的运输系统吸收到细胞内，这在自然环境中尤其重要。营养物质必须通过细胞膜才能进入细胞，细胞膜为磷脂双分子层，其中镶嵌的蛋白质分子控制营养物质的进入和代谢产物的排出。一般认为，细胞膜以四种方式控制物质的运输，其中主动运输为重要方式（见图 5-9）。

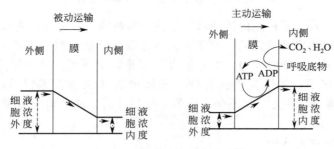

图 5-9　被动运输和主动运输

（1）单纯扩散（simple diffusion）　很多小分子、非电离分子尤其是亲脂性分子可以通过物理扩散方式被动通过细胞膜，如 O_2、CO_2、无机盐和乙醇等。这种扩散方式不需要载体蛋白，是非特异性的，也不需要提供能量，其扩散的动力是内外浓度的梯度差，扩散速率慢。这种情况在自然界中不多。

（2）促进扩散（facilitated diffusion）　又称为促成扩散。对于一些非脂溶性的物质，如糖、氨基酸、金属离子等，不能通过单纯扩散的方式进入细胞，而微生物通过促进扩散的方式使这些物质通过细胞膜。和单纯扩散一样，促进扩散也是必须从环境中的高浓度向细胞内的低浓度扩散，同样不需要额外提供能量，其主要区别在于物质通过细胞质膜要依靠膜上的特异性载体蛋白。载体蛋白具有酶的特性，又称为渗透酶、移位酶或移位蛋白，通过诱导产生。这种方式多见于真核生物，只能在高营养物质浓度时发挥作用。

前两种方式都是被动运输方式，它们都要求环境中的物质浓度要高于细胞内。而在自然环境中，物质浓度往往很低，通常只有微摩尔（μmol）级，这就要求微生物能有积累机制，即从低浓度的环境中摄取物质。

（3）主动运输（active transport）　是微生物吸收营养的主要方式，其特点是：需要特异性的渗透酶作为载体，需要能量（质子势、ATP），逆浓度梯度运输。渗透酶在此过程中起着改变平衡点的作用（不同于一般的酶）。通过主动运输进入细胞的物质有无机离子（Na^+、K^+）、有机离子、一些糖类、有机酸等。

（4）基团转位（group translocation）　是一种既需要能量又需要特异性载体蛋白的运输方式，存在于某些原核生物中。物质在运输前后分子结构发生变化，基团转位主要用于葡萄糖、果糖、甘露糖、核苷酸、乙酸等物质的运输。

在细菌中广泛存在的一个例子是磷酸烯醇式丙酮酸转移酶系统，糖类物质通过在运输过程中被磷酸转移酶系统磷酸化而进入细胞内，参与运输的磷酸转移酶系统包括非特异性的酶Ⅰ、与糖特异性结合的酶Ⅱ及高能磷酸的载体——热稳定蛋白（HPr）。

5.2.4.5　膜泡运输

　　除了前面所述的四种细胞吸收营养物质的方式之外，在一些真核微生物中，如原生动物，特别是变形虫，还可以通过膜泡运输的方式来吸收营养物质（见图5-10）。

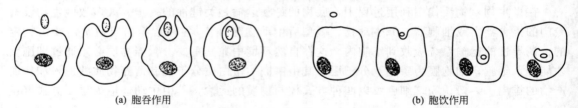

(a) 胞吞作用　　　　　　　　　　　　　　　　(b) 胞饮作用

图 5-10　膜泡运输（胞吞作用和胞饮作用）

　　原生动物（变形虫）通过趋向运动靠近某种营养物质，并将该物质吸附到膜表面，然后在该物质附着处的细胞膜开始内陷，细胞膜逐步包围该物质，最后形成包含该物质的膜囊，膜囊离开细胞膜而游离于细胞质中。如果包含的营养物质是固体（如细菌颗粒等），称为胞吞作用（phagocytosis）；如果其中包含的是液体或胶体状的营养物质，则称为胞饮作用（pinocytosis）。膜泡运输的专一性不强，膜囊在溶酶体的帮助下形成食物泡，所摄取的营养物质逐步被分解并利用。

5.2.4.6　底物的细胞内代谢

　　进入细胞后，通过各种代谢途径，营养物质被降解。有的代谢途径是诱导性的，并且有些是由质粒编码的。同时会产生各种代谢产物。

5.3　微生物的能量代谢

　　微生物维持正常的生命活动，除了需要从外界获得各种营养物质以外，还需要获得能量，而能量要通过微生物的产能代谢过程来提供。

5.3.1　生物氧化概述

5.3.1.1　生物氧化的特点

　　生物氧化是微生物获得能量的基本方式。无论是哪一种类型的生物氧化，其本质都是氧化还原反应，即在化学反应中一种物质失去电子而被氧化，另一种物质得到电子而被还原，微生物从中获得生命活动需要的能量。

　　作为生物体内的氧化过程，生物氧化与一般的化学氧化还原相比，在化学本质上是一样的，但二者进行的方式有很大不同：生物氧化是在酶的作用下，在常温常压的温和条件下进行的；在生物氧化过程中，复杂有机物被氧化成二氧化碳、水和其他简单的物质；生物氧化产生的能量逐步释放，一般储存在一些特殊的化合物中（如ATP），供给生物进行各种生命活动或以热能形式被释放；生物氧化过程产生许多中间产物；在生物氧化的同时，微生物在吸收和同化各种营养物质。另外，生物氧化受到细胞的精确调节控制，有很强的适应性，可随环境和生理条件变化而改变。

5.3.1.2　生物能量的转移中心——ATP

　　在微生物的生物氧化过程中，底物的氧化分解产生能量；同时，微生物将能量用于细胞组分的合成。在这两者之间存在能量转移的中心，即ATP（三磷酸腺苷或腺苷三磷酸）。无论微生物的能量是来自有机物、阳光或还原态无机物，均是经过转化释放后产生ATP的。占微生物绝大多数的化能微生物是利用有机物降解或无机物氧化过程中释放的能量，通过氧化磷酸化和底物水平磷酸化生成 ATP，少数光能微生物通过光合磷酸化合成 ATP。

ATP 生成的具体方式如下。

（1）基质（底物）水平磷酸化 微生物在基质氧化过程中，形成多种含高能磷酸键的产物，如 1,3-二磷酸甘油酸、磷酸烯醇丙酮酸、琥珀酰辅酶 A 等，这些物质将能量传递给 ADP，使 ADP 磷酸化而生成 ATP。

（2）氧化磷酸化 又称为电子传递链磷酸化，微生物将底物脱氢后，通过电子传递体系的递氢（或电子）和受氢过程与磷酸化反应相偶联并产生 ATP 的过程称为氧化磷酸化。我们将在后面的内容中进行介绍。

（3）光合磷酸化 光引起叶绿素、菌绿素或菌紫素逐出电子，通过电子传递产生 ATP 的过程称为光合磷酸化。产氧光合生物包括藻类和蓝细菌，它们依靠叶绿素通过非环式的光合磷酸化合成 ATP。不产氧的光合细菌则通过环式的光合磷酸化合成 ATP。

$$ADP+Pi \longrightarrow ATP \qquad 或 \qquad AMP+2Pi \longrightarrow ATP$$

由上述反应式和图 5-11 可知，ATP 含高能磷酸键，它水解释放出高能键，每摩尔高能键含 31.4kJ 的能量。ATP 通过与 ADP（或 AMP）的转化，达到转运和储存能量的目的。

ATP 只是一种短期的储能物质。若要长期储能，还需转换形式。如果有过剩的 ATP，大多数微生物会将其能量转化到储能物中去，如 PHB（聚 β-烃基丁酸）、异染粒、淀粉、肝糖、糖原及硫粒等，以备缺乏营养和能源时用。

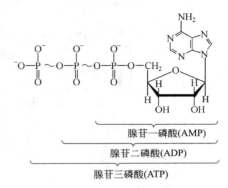

图 5-11 ATP、ADP 和 AMP 的分子结构

5.3.2 生物氧化的类型

对于化能微生物，能量的释放、ATP 的生成都是通过生物氧化来实现的。根据最终电子受体（或最终受氢体），可把微生物的生物氧化划分为 3 种类型：发酵是微生物在厌氧条件下以其自身内部的某些有机物作最终电子（氢）受体进行的氧化还原过程；好氧呼吸是微生物以分子氧作最终电子（氢）受体进行的氧化还原过程；无氧呼吸是微生物以氧以外的其他氧化型化合物作最终电子（氢）受体进行的氧化还原过程。

5.3.2.1 发酵

在无外在电子受体时，微生物氧化一些有机物。有机物仅发生部分氧化，以它的中间代谢产物（即分子内的低分子有机物）为最终电子受体，释放少量能量，其余的能量保留在最终产物中。这个能量代谢或生物氧化的方式称为发酵。

以葡萄糖的酵解为例，葡萄糖的逐步分解称为糖酵解（即 EMP 途径或 E-M 途径）。糖酵解几乎是所有具有细胞结构的生物所共有的主要代谢途径。

糖酵解分为两大步骤（见图 5-12）。第一步骤包括一系列不涉及氧化还原反应的预备性反应，生成一种主要的中间产物——3-磷酸甘油醛。反应一开始，消耗 1mol 的 ATP，将葡萄糖转化成 6-磷酸葡萄糖；6-磷酸葡萄糖经同分异构化和再一次磷酸化，生成 1,6-二磷酸果糖（为主要中间产物）。经醛缩酶催化，1,6-二磷酸果糖裂解成 3-磷酸甘油醛和磷酸二羟丙酮，磷酸二羟丙酮可通过磷酸三糖变位酶的作用转化为 3-磷酸甘油醛。以上反应均未发生真正的氧化。

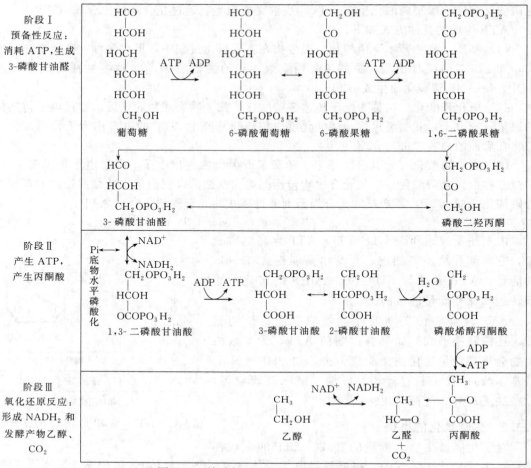

图 5-12　糖酵解(EMP)过程和乙醇发酵

第二步骤是有氧化还原的反应，由 3-磷酸甘油醛转变成 1,3-二磷酸甘油酸时发生第一次氧化，失去两个电子，由 NAD 接受转变成 $NADH_2$，1,3-二磷酸甘油酸中具有一个高能磷酸键，通过底物水平磷酸化将能量转移给 ADP 而产生 ATP，在磷酸烯醇丙酮酸转变成丙酮酸时也产生 ATP。氧化 1mol 葡萄糖可得 4mol ATP，减去前面葡萄糖磷酸化时消耗的 2mol ATP，净得 2mol ATP。

在葡萄糖的乙醇发酵中，丙酮酸在丙酮酸脱羧酶的作用下脱羧生成乙醛，然后以乙醛为氢受体接受来自 $NADH_2$ 的氢，生成乙醇（见图 5-12）。

葡萄糖乙醇发酵的总反应式为：

$$C_6H_{12}O_6 + 2H_3PO_4 + 2ADP \longrightarrow 2CH_3CH_2OH + 2ATP + 2H_2O + 2CO_2$$

释放的能量为：

$$\Delta G = -238.3 \text{kJ/mol}$$

能量利用效率为：

$$2 \times 31.4/238.3 = 26\%$$

葡萄糖在厌氧条件下的分解途径除了上述的 EMP 途径之外，还有磷酸戊糖途径（HMP）、2-酮-3-脱氧-6-磷酸葡糖酸裂解途径（ED）和磷酸酮解酶途径（PK）等，但它们属于旁路或替代途径，并不普遍存在。

丙酮酸是各种微生物进行葡萄糖酵解的中间产物。从丙酮酸开始，通过各种微生物不同的发酵作用，以葡萄糖分解过程中形成的各种中间产物为氢（电子）受体，于是产生各种不同的发酵产物，如混合酸发酵、乳酸发酵、丁二醇发酵、丙酸发酵等（见表 5-4）。

表 5-4　不同的发酵类型及其有关微生物

发酵类型	产物	微生物
乙醇发酵	乙醇、CO_2	酵母菌属（*Saccharomyces*）
乳酸同型发酵	乳酸	乳酸细菌属（*Lactobacillus*）
乳酸异型发酵	乳酸、乙醇、乙酸、CO_2	明串球菌属（*Leuconostoc*）
混合酸发酵	乳酸、乙酸、乙醇、甲酸、CO_2、H_2	大肠埃希菌（*Escherichia coli*）
丁二醇发酵	丁二醇、乳酸、乙酸、乙醇、CO_2、H_2	气杆菌属（*Aerobacter*）
丁酸发酵	丁酸、乙酸、CO_2、H_2	丁酸梭菌（*Clostridium butylicum*）
丙酮-丁醇发酵	丁醇、丙酮、乙醇	丙酮丁醇梭菌属（*Clostridium*）
丙酸发酵	丙酸	丙酸杆菌属（*Propionibacterium*）

5.3.2.2　好氧呼吸

在分子氧存在的条件下，以 O_2 为最终电子受体，底物被全部氧化成 CO_2 和 H_2O，并产生 ATP。底物氧化释放的电子首先转移给 NAD，使之成为 $NADH_2$，然后再转移给电子传递体系，最终到达分子氧，生成 H_2O。

好氧呼吸能否进行，取决于 O_2 的体积分数能否达到 0.2%（为大气中 O_2 的体积分数 21% 的 1%）。O_2 的体积分数低于 0.2%，好氧呼吸不能发生。

仍然以葡萄糖为例，葡萄糖的氧化分解分为两个阶段：一个是经 EMP 途径酵解，形成中间产物——丙酮酸，这一过程不需要消耗氧；另一个是丙酮酸的有氧分解，经过三羧酸循环得到分解。第一阶段的葡萄糖酵解已在前面的发酵过程述及，在此不再重复。下面介绍三羧酸循环及电子传递体系等。

（1）三羧酸循环（TCA 循环）　也称为柠檬酸循环或 Krebs 循环。由丙酮酸开始，先经氧化脱羧作用，并乙酰化形成乙酰辅酶 A 和 1mol 的 $NADH_2$。乙酰辅酶 A（$CH_3CO\sim SCoA$）含有高能键，它进入三羧酸循环，它的乙酰基与草酰乙酸结合生成六碳的柠檬酸，再经过一系列的脱水、脱羧和氧化（脱氢）反应，脱出 2mol 的 CO_2，最后形成草酰乙酸。草酰乙酸重新起乙酰基受体的作用，从而完成三羧酸循环。1mol 的丙酮酸被彻底氧化分解，产生 $NADH_2$ 和 CO_2 等（见图 5-13）。

三羧酸循环的重要功能不仅在于产能，而且还是物质代谢的枢纽。它既起着联系糖、蛋白质与脂质代谢的桥梁作用，又为许多重要物质的合成代谢提供各种碳架的原料。

（2）电子传递体系（呼吸链）　电子传递体系是由一系列能够进行氧化还原反应、氧化还原势呈梯度差的氢（或电子）传递体组成的序列，包括 NAD（烟酰胺腺嘌呤二核苷酸）或 NADP（烟酰胺腺嘌呤二核苷酸磷酸）、FAD（黄素腺嘌呤二核苷酸）或 FMN（黄素单核苷酸）、铁硫蛋白、辅酶 Q、细胞色素 b、细胞色素 c_1 和细胞色素 c、细胞色素 a、细胞色素 a_3 等（见图 5-14）。当电子通过电子传递体系传递时，能量被逐步释放出来，通过化学渗透作用产生 ATP，最后电子被传递给最终电子受体——O_2。

在真核细胞中，电子传递体系存在于线粒体的内膜，而在原核细胞中，是存在于细胞质膜上。

（3）乙醛酸循环　在好氧呼吸中，三羧酸循环中的许多中间产物一旦参与其他代谢，循环就会中断。微生物会通过其他一些途径来补充循环中的中间产物。乙醛酸循环就是补充途径之一（如图 5-13 中虚线所示）。某些利用乙酸的细菌进行乙醛酸循环，异柠檬酸被分解为乙醛酸

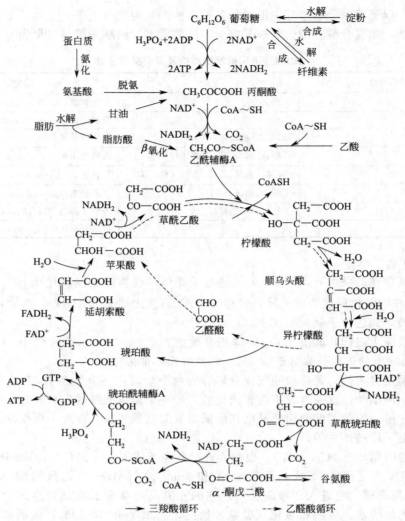

图 5-13 多糖、蛋白质和脂肪水解及三羧酸循环和乙醛酸循环的关系

和琥珀酸，琥珀酸可进入三羧酸循环，乙醛酸乙酰化后生成苹果酸也进入三羧酸循环。

（4）好氧呼吸产生的能量　1mol 的丙酮酸经三羧酸循环，被完全氧化成 CO_2 和 H_2O，生成 4mol $NADH_2$、1mol $FADH_2$（黄素腺嘌呤二核苷酸）、1mol GTP（鸟嘌呤三核苷酸，随后转化成 1mol ATP）。通过电子传递链的氧化磷酸化，1mol $NADH_2$ 产生 3mol ATP，1mol $FADH_2$ 产生 2mol ATP。因此 1mol 的丙酮酸经过三羧酸循环后共可生成 15mol ATP。

在丙酮酸之前的糖酵解过程中，1mol 葡萄糖转化成 2mol 丙酮酸时，产生 2mol $NADH_2$ 和 4mol ATP（底物磷酸化），并消耗 2mol ATP；2mol $NADH_2$ 经过氧化磷酸化后可生成 6mol ATP，因此，可得 8mol ATP。

因此，1mol 葡萄糖经好氧分解后总共产生 38mol ATP，释放的总能量约为 2876kJ。好氧呼吸的能量利用效率大约是 42%，其余能量以热能形式散发掉（见表 5-5）。这个效率是比较高的，所以好氧呼吸氧化彻底，能量利用效率比较高。真核生物有氧呼吸产生的 ATP 为 36mol，这是因为真核生物中电子需要穿越线粒体膜到达电子传递体系，而损耗了部分能量。

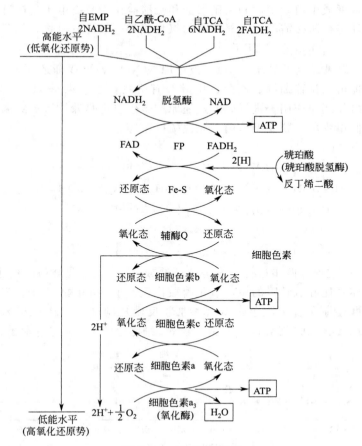

图 5-14　电子传递体系

表 5-5　原核微生物葡萄糖有氧呼吸产生 ATP 总结

来源	ATP 产量(产生方式)
糖酵解	
(1)葡萄糖氧化成丙酮酸	2 分子 ATP(底物水平磷酸化)
(2)2 分子 NADH$_2$ 的产生	6 分子 ATP(电子传递链中的氧化磷酸化)
准备阶段:从丙酮酸到乙酰 CoA 产生 2 分子 NADH$_2$	6 分子 ATP(电子传递链中的氧化磷酸化)
三羧酸循环	
(1)琥珀酰 CoA 氧化成琥珀酸	2 分子 GTP(等同 ATP,底物水平磷酸化)
(2)6 分子 NADH$_2$ 的产生	18 分子 ATP(电子传递链中的氧化磷酸化)
(3)2 分子 FADH$_2$ 的产生	4 分子 ATP(电子传递链中的氧化磷酸化)
总计	38 分子 ATP

原核生物葡萄糖好氧分解的总反应式为:

$$C_6H_{12}O_6 + 6O_2 + 38ADP + 38Pi \longrightarrow 6CO_2 + 6H_2O + 38ATP$$

5.3.2.3　无氧呼吸 (分子外的无氧呼吸)

在无氧呼吸中,电子的最终受体是除了分子氧以外的无机物质。某些细菌,如 *Pseudomonas* 和 *Bacillus* 能够以硝酸根离子作为最终电子受体,硝酸根被还原成亚硝酸根离子、一氧化二氮或氮气。其他细菌,如 *Desulfovibrio* 利用硫酸根离子作为最终电子受体,还有其他细菌利用碳酸根形成甲烷。细菌利用硝酸盐和硫酸盐作为最终电子受体进行无氧呼吸是自然界中氮和硫循环进行所必需的。无氧呼吸的氧化底物一般为有机物，如葡萄糖、乙酸和乳酸等，它们被氧化为 CO_2，有 ATP 产生。

(1) 以 NO_3^- 为最终电子受体　NO_3^- 被还原成 NO_2^-，再逐渐还原成 NO、N_2O 和 N_2 的过程，其供氢体可以是葡萄糖、乙醇、甲醇等有机物，也可以是 H_2 和 NH_3，又称为反硝化作用，或硝酸盐还原作用。进行硝酸盐还原的微生物都是兼性厌氧细菌，典型的如地衣芽孢杆菌、铜绿假单胞菌、脱氮副球菌、脱氮硫杆菌等。

反应过程如下：

$$C_6H_{12}O_6 + 4NO_3^- \longrightarrow 2N_2 \uparrow + 6CO_2 + 6H_2O + 4e^- + 1756kJ$$

$$5CH_3COOH + 8NO_3^- \longrightarrow 10CO_2 + 6H_2O + 4N_2 \uparrow + 8OH^-$$

$$CH_3OH + NO_3^- \longrightarrow 0.5N_2 \uparrow + 2H_2O + CO_2 + e^-$$

$$6H_2 + 2NO_3^- \longrightarrow N_2 \uparrow + 6H_2O + 2e^-$$

$$2NH_3 + NO_3^- \longrightarrow 1.5N_2 \uparrow + 3H_2O + e^-$$

NO_3^- 被还原的过程分两步进行，先是被还原成 NO_2^-，再是 NO_2^- 被还原成 N_2。无氧呼吸的电子传递体系比好氧呼吸的短，氧化磷酸化仅产生 2mol 的 ATP。整个过程中有脱氢酶、脱羧酶、硝酸还原酶及细胞色素 b 等参加。反硝化副球菌（*Paracoccus denitrificans*）的电子传递体系还含有细胞色素 c_1、细胞色素 c、细胞色素 a、细胞色素 a_3（见图 5-15）。

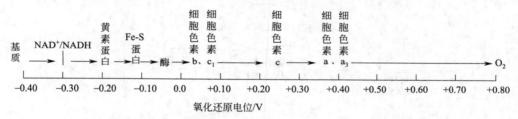

图 5-15　反硝化副球菌（*Paracoccus denitrificans*）的电子传递体系

(2) 以 SO_4^{2-} 为最终电子受体　又称为硫酸盐还原。SO_4^{2-} 被还原成 H_2S。其呼吸链只有细胞色素 c，在 SO_4^{2-} 与 S^{2-} 之间传递电子，生成 ATP。氧化有机物不彻底，如氧化乳酸时产物为乙酸：

$$2CH_3CHOHCOOH + H_2SO_4 \longrightarrow 2CH_3COOH + 2CO_2 + H_2S + 2H_2O + 1125kJ$$

进行硫酸盐还原的细菌称为硫酸盐还原菌或反硫化细菌，都是严格厌氧的古细菌。

(3) 以 CO_2 和 CO 为最终电子受体　产甲烷菌利用甲醇、乙醇、甲酸、乙酸、H_2 等作为电子供体，将 CO_2 还原成 CH_4。例如：

$$2CH_3CH_2OH + CO_2 \longrightarrow CH_4 + 2CH_3COOH$$

$$4H_2 + CO_2 \longrightarrow CH_4 + 2H_2O$$

$$3H_2 + CO \longrightarrow CH_4 + H_2O$$

产甲烷菌的电子传递体系目前尚无公认的模式。

由于产甲烷菌只能利用 C_1 和 C_2 化合物，如 CO_2、CO、甲酸、甲醇、甲基胺、乙酸、异丙醇等简单物质。所以，氧化这些物质转化为 CH_4 时所释放的能量均在 $131kJ/mol\ CH_4$ 以下，远低于好氧呼吸。

除此之外，可作为无氧呼吸中电子受体的无机物还有 Fe^{3+} 和 Mn^{2+} 等。现已发现，许多有机氧化物也能被一些细菌作为无氧呼吸的最终电子受体，如延胡索酸、甘氨酸、二甲亚砜等。

不同生物氧化类型的比较见表 5-6。

表 5-6 发酵、好氧呼吸和无氧呼吸的比较

类型	最终电子受体	最终产物	产生 ATP 的磷酸化类型	获得的 ATP 数（1mol 葡萄糖）	释放总能量/kJ
发酵	中间代谢产物	低分子有机物、CO_2 等	底物水平磷酸化	2	乙醇发酵 238.3
好氧呼吸	O_2	CO_2、H_2O 等	底物水平磷酸化和氧化磷酸化	38（原核生物），36（真核生物）	2876
无氧呼吸	NO_2^-、NO_3^-、SO_4^{2-}、CO_3^{2-} 及 CO_2 等	CO_2、N_2、NH_3、H_2S、CH_4 等	底物水平磷酸化和氧化磷酸化	变化（小于 38 且大于 2）	反硝化 1756，反硫化 1125

5.3.3 发光现象

细菌、真菌、藻类等的某些种能发光。发光细菌含有特殊成分：虫荧光素酶（luciferase）和长链脂肪族醛［如月桂醛（dodecanal）］。发光过程包括电子传递和能量转移，电子供体为 $NADH_2$。电子传递给 FMN 和虫荧光素酶，使之激活。被激活的虫荧光素酶在长链脂肪族醛存在下，遇氧放光并返回基态（见图 5-16）。

发光细菌是兼性厌氧菌，但它对氧却是很敏感的，只有在有氧存在时才会发光。因此，可将它用于测定溶液中的微量氧。另外，发光细菌对有毒物质也异常敏感，当环境中存在很微量的有毒物质时，就会对其发光性能产生影响（一般是发光受到抑制，且抑制的程度与毒物浓度和毒性大小相关）。现在，发光细菌已经被制成生物探测器，应用于环境监测及其他领域。

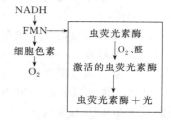

图 5-16 发光细菌的电子流途径

5.4 微生物的合成代谢

5.4.1 合成代谢概述

生物体内进行的新陈代谢包括分解与合成两个方面。

微生物利用能量代谢所产生的能量、中间产物以及从外界吸收的小分子，合成复杂的细胞物质的过程称为合成代谢。

自养微生物以 CO_2 为碳源，以无机物为电子供体；而异养微生物则以有机物为碳源和电子供体。

5.4.1.1 合成过程的条件

完成生物合成过程，都需要三个条件，即能量、还原力和小分子前体物这三种成分（生物合成三要素）。

（1）能量 总体上合成代谢是个耗能过程，能量来自各种供能物质，如 ATP、GTP 和乙酰磷酸等，其中 ATP 是最主要的能量来源。生物通过三种磷酸化方式产生 ATP。

（2）还原力 主要指 NADH 和 NADPH，尤其是后者，在微生物合成代谢中起到了重要作用。

EMP 和 TCA 途径中能产生大量的 NADH。一方面作为供氢体参与发酵和通过呼吸链产生 ATP；另一方面，通过转氢酶的催化转变为 NADPH 用于微生物细胞物质的合成。

另外，某些微生物还可以通过磷酸解酮酶途径（PK 途径）或非环式光合磷酸化等方式产生 NADPH。

（3）小分子前体物　通常指的是各种糖代谢过程中产生的中间代谢物，如乙酰辅酶A和各种有机酸等小分子物质，这些物质可以直接用于微生物物质的合成过程。

5.4.1.2　合成代谢的特点

微生物的合成代谢和分解代谢相互联系，共同组成微生物代谢体系，与分解代谢相比，合成代谢具有以下特点。

（1）微生物细胞内含有大量的核酸、蛋白质和多糖等生物大分子物质，这些大分子物质都是由很少种类的分子单体通过一定的化学键聚合而成的。通过这种方式，可以节约大量的能量和前体物质。

无论哪种微生物，其细胞结构的合成所需要的前体物质（分子单体）也不超过30种。

（2）有许多同样的酶，在微生物的代谢中，同时催化合成代谢和分解代谢的一些反应，这样也可以节约额外的前体物质和能量。

例如，一些参与糖酵解的酶类同时参与葡萄糖的合成和分解过程。

（3）尽管有些酶同时参与合成代谢和分解代谢，但是在代谢途径的某些关键部位仍然由特定的酶控制。

一些关键酶催化合成代谢的关键步骤，另外一些酶催化分解代谢，这样有利于不同代谢途径的高效调节。

（4）为了能够高效地合成生物分子，合成代谢的途径总体上是不可逆的。

细胞往往通过直接分解ATP或者其他的核苷三磷酸以及通过偶联产生ATP的代谢途径促进生物物质的合成。

（5）真核微生物的某些物质的合成代谢途径和分解代谢途径往往局限于细胞中的不同区域。

例如，脂肪酸的生物合成存在于细胞质中，而脂肪酸的生物氧化发生在线粒体中。

通过这种空间区分可以使得不同的代谢途径相对独立地同时进行。

（6）合成代谢和分解代谢往往采用不同的辅基（辅酶），分解代谢往往利用NADH，而合成代谢往往利用NADPH。

首先，微生物通过二氧化碳的同化从无机世界得到有机物（碳），通过固氮作用获得有机氮；然后，通过各种合成途径来获得糖类、脂类、氨基酸（蛋白质）、核苷酸（核酸）等。

分解代谢和合成代谢互相之间既有联系，又有区别（见图5-17），基本上采用了不同的途径，但有许多代谢环节还是双方都可以利用的。这种可以公用的代谢环节称为两用代谢途径（amphibolic pathway）。

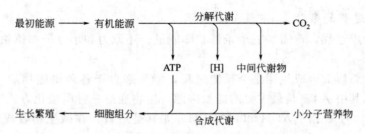

图5-17　分解代谢与合成代谢之间的联系简图

如氨基酸、蛋白质分解的产物（如草酰乙酸、α-酮戊二酸等），又可以作为合成氨基酸以及蛋白质的前体物质，同时也可以进一步氧化分解最后形成CO_2和水。

两用代谢途径的存在，使机体细胞的代谢更增加了灵活性。

5.4.2　产甲烷菌的合成代谢

产甲烷菌利用 C_1 和 C_2 有机物产生 CO_2 和 CH_4，利用其中间代谢产物和能量物质 ATP 合成蛋白质、多糖、脂肪和核酸等物质，用以构成自身的细胞。

ATP 在产甲烷菌中的作用如下：为合成细胞物质提供能量；启动和催化甲烷产生反应；阻止质子泄漏；通过水解创造一个高能量的膜状态；起嘌呤化和磷酸化酶及辅因子的作用。

5.4.3　化能自养微生物的合成代谢

各种化能自养微生物的合成代谢的合成途径不同。

（1）亚硝化细菌（氨氧化细菌）的合成代谢　其反应式为：

$$NH_4 + \frac{3}{2}O_2 \longrightarrow NO_2^- + 2H^+ + H_2O + 271kJ$$
$$\downarrow$$
$$CO_2 + 4H \longrightarrow [CH_2O] + H_2O$$

（2）硝化细菌（亚硝酸氧化细菌）的合成代谢　其反应式为：

$$HNO_2 + \frac{1}{2}O_2 \longrightarrow NO_3^- + H^+ + 77kJ$$
$$\downarrow$$
$$CO_2 + 4H \longrightarrow [CH_2O] + H_2O$$

（3）硫氧化细菌的合成代谢　其反应式为：

$$H_2S + 2O_2 \longrightarrow SO_4^{2-} + 2H^+ + 795kJ$$
$$\downarrow$$
$$CO_2 + 4H \longrightarrow [CH_2O] + H_2O$$

（4）铁氧化细菌的合成代谢　氧化亚铁硫杆菌及锈铁嘉翁菌通过卡尔文循环固定 CO_2。其反应式为：

$$Fe^{2+} + \frac{1}{4}O_2 + H^+ \longrightarrow Fe^{3+} + \frac{1}{2}H_2O + 44.4kJ$$
$$\downarrow$$
$$CO_2 + 4H \longrightarrow [CH_2O] + H_2O$$

（5）氢氧化细菌的合成代谢　这类细菌有革兰阴性菌的一氧化碳假单胞菌（*Pseudomonas carboxydovorans*）、敏捷假单胞菌（*Pseudomonas facilis*）、真养产碱菌（*Alcaligenes eutrophus*）、脱氮副球菌（*Paracoccus denitrificans*）等。它们是兼性化能自养菌，在有 H_2 和 O_2 混合气体存在时，以自养方式代谢。它们通过氢酶催化 H_2 氧化，还原 CO_2 合成有机物，也可通过卡尔文循环（见 10.8 节）固定 CO_2。其反应式为：

$$H_2 + \frac{1}{2}O_2 \longrightarrow H_2O + 237kJ$$
$$\downarrow$$
$$CO_2 + 4H \longrightarrow [CH_2O] + H_2O$$

5.4.4　光合作用

在微生物中，藻类以及一部分细菌具有光合色素，能利用光能进行 CO_2 的固定，但两者的光合作用是有差别的。

5.4.4.1　藻类的光合作用

蓝细菌、真核藻类多在有光和黑暗交替的条件下生活。白天，在有光的条件下，它们利用体内的色素（叶绿素 a、叶绿素 b、叶绿素 c、叶绿素 d、类胡萝卜素、藻蓝素、藻红素等），从 H_2O 的光解中获得 H_2，还原 CO_2 成 $[CH_2O]$，合成有机物构成自身细胞物质。因与高等植物的光合作用相同，故称为植物性光合作用。其反应式为：

$$CO_2 + H_2O \xrightarrow[\text{叶绿素}]{\text{阳光}} [CH_2O] + O_2$$

在光合作用中，叶绿素是进行光能转化的基本物质，其他色素则起辅助性作用，如类胡萝卜素与叶绿素紧密结合，能捕捉光子并转移到叶绿素，还能吸收有害光，保护叶绿素免遭破坏。

藻类光合作用产生的氧气溶于水或释放进入大气。藻类光反应的最初产物是 ATP 和 $NADH_2$，不能长期储存，它们通过光周期把 CO_2 转变为高能储存物蔗糖或淀粉，用于暗周期。

在夜晚，当光的条件不存在时，藻类利用白天合成的有机物作为底物，同时利用氧气进行呼吸作用，放出 CO_2。

5.4.4.2　细菌的光合作用

细菌光合作用的供氢体为 H_2S 和 H_2。因光合细菌种类不同，其光合反应也有所不同。

（1）绿硫细菌属（*Chlorobium*）　其反应式为：

$$CO_2 + 2H_2S \xrightarrow[\text{细菌叶绿素（菌绿素）}]{\text{阳光}} [CH_2O] + 2S + H_2O$$

绿硫细菌呈绿色，通常存在于含 H_2S 的湖水或矿泉中。在污泥、小型污水厌氧消化试验时，因构筑物透光，常有绿硫细菌出现。

（2）红硫细菌科（Thiorhodaceae）　其反应式为：

$$2CO_2 + H_2S + 2H_2O \xrightarrow[\text{细菌叶绿素（菌紫素）}]{\text{阳光}} 2[CH_2O] + H_2SO_4$$

红硫细菌科的细菌呈紫色、褐色或红色。绿硫细菌和红硫细菌都是专性光合作用的专性厌氧菌，它们以 H_2S 作为还原 CO_2 的电子供体（或供氢体）；H_2S 被氧化成 S 或 SO_4^{2-}，产生的 S 有的积累在细胞内，有的积累在细胞外。

（3）氢单胞菌属（*Hydrogenmonas*）　其反应式为：

$$CO_2 + 2H_2 \xrightarrow[\text{细菌叶绿素（菌紫素）}]{\text{阳光}} [CH_2O] + H_2O$$

这类菌仅以 H_2 作供氢体。常见的有氢细菌（紫色非硫细菌）。

光合细菌通过光周期把 CO_2 固定，并转变为高能储存物——聚 β-羟基丁酸（PHB）。

上述藻类、蓝细菌、产氧型光合细菌和不产氧的紫细菌均按卡尔文循环途径固定 CO_2。

5.4.4.3　有机光合细菌的光合作用

光能异养的厌氧光合细菌称为有机光合细菌。它们以光为能源，以有机物为供氢体，还原 CO_2，合成有机物。有机酸和醇是它们的供氢体和碳源。例如，红螺菌科（Rhodospirillaceae）的细菌能利用异丙醇作供氢体进行光合作用，并积累丙酮。其反应式为：

$$2(CH_3)_2CHOH + CO_2 \xrightarrow[\text{细菌叶绿素（菌紫素）}]{\text{阳光}} 2CH_3COCH_3 + [CH_2O] + H_2O$$

光能异养微生物的正常生长需要从外界提供生长因子。它在黑暗时进行好氧氧化作用。

5.4.4.4　藻类光合作用与细菌光合作用的比较

藻类光合作用与细菌光合作用均是利用光能固定 CO_2 合成有机物。但两者的供氢体不同，藻类、蓝细菌等进行的光合作用与高等植物相同，是利用光解 H_2O 获得 H_2，并还原 CO_2，产生 O_2；而细菌（绿硫细菌及紫硫细菌等）是以 H_2S 为供氢体，还原 CO_2，不产生 O_2。藻类光合作用与细菌光合作用的比较见表 5-7。

表 5-7 藻类光合作用与细菌光合作用的比较

项 目	藻类光合作用	细菌光合作用
微生物	蓝细菌、真核藻类	紫硫细菌、绿硫细菌、紫色非硫细菌等
叶绿素类型	叶绿素 a(吸收红光)、叶绿素 b、叶绿素 c、叶绿素 d、叶绿素 e	细菌叶绿素(有些吸收远红光)
光合磷酸化方式	非循环	循环
产生氧	有	无
供氢体	H_2O	H_2S、H_2、有机化合物(有机光合细菌)

5.4.5 异养微生物的合成代谢

异养微生物利用现成的有机物作碳源和能源,经各种酶的催化作用分解大分子有机物为小分子中间产物,利用部分中间代谢产物 (如有机酸、氨基酸、氨)、硝酸盐、硫酸盐及其他无机元素以及分解代谢中得到的 ATP 合成自身细胞的组成成分,如蛋白质、碳水化合物、脂肪、核酸等。

5.4.6 初级代谢与次级代谢

一般将微生物从外界吸收各种营养物质,通过分解代谢和合成代谢,生成维持生命活动的物质和能量的过程,称为初级代谢。

初级代谢产物的组成与活跃生长期微生物细胞的合成有关,包括氨基酸、核苷酸和发酵终产物。

次级代谢是相对于初级代谢而言的,次级代谢物常积累于活跃生长期后营养物质消耗殆尽或废物积累时期,它们与细胞物质的合成、微生物的正常生长没有直接关系,大多数抗生素和真菌毒素属于此类。

一般认为,次级代谢是指在一定的生长时期,微生物以初级代谢产物为前体,合成一些对其生命活动无明确功能的物质的过程。其产物称为次级代谢产物。也有人将超出微生物生理需求的过量初级代谢产物看成是次级代谢产物,如抗生素、激素、生物碱、毒素、色素及维生素等。

次级代谢以初级代谢产物为前体,并受初级代谢的调节,一般在菌体生长的后期合成,其专一性比较低;另外,次级代谢产物的合成具有菌株特异性。

次级代谢不像初级代谢那样有明确的生理功能,因为即使其代谢途径被阻断,也不会影响菌体的生长繁殖。次级代谢的生理功能,可能是微生物储存物质的一种形式,也可能使产生菌在生存竞争中占优势,或者可能与生物体细胞分化有关。

建议阅读 微生物生理活动就是微生物的生命活动,因此,了解微生物在各种条件下所进行的生理活动,有助于我们更好地利用微生物为人类服务。在环境污染治理实际工作中,了解微生物所需要的营养物质,能使我们在更好的条件下发挥微生物的功能。

[1] 于自然,黄熙泰.现代生物化学.北京:化学工业出版社,2001.
[2] 陈世和,陈建华,王士芬.微生物生理学原理.上海:同济大学出版社,1992.

本 章 小 结

1.酶是生物体内合成的一种具有催化性能的蛋白质。酶能在温和条件下高效率地进行催化作用,保证了生物体的新陈代谢。

2.酶的本质是蛋白质,酶蛋白具有复杂的空间结构来保证其催化功能的实现。酶的非蛋白部分也起着重要的辅助作用。

3. 根据不同标准，可以对酶进行分类和命名。在实际工作中，用酶活力或比活力来对酶进行定量。

4. 米-门公式反映了酶反应中酶与底物的关系。米氏常数 K_m 是酶的特征常数之一。

5. 在酶促反应中，酶的活性会受到底物浓度、酶浓度、温度、pH、激活剂、抑制剂等多种因素的影响。

6. 微生物所需要的营养物质有水、碳源、氮源、无机盐和生长因子等。根据微生物的碳源和能源来源的不同，可把微生物分为光能自养、光能异养、化能自养、化能异养四种营养类型。

7. 培养基是为人工培养微生物而制备的、提供微生物以合适营养条件的基质。培养基有许多种类，要根据微生物的种类、营养类型以及我们的工作目的等来选择和设计培养基。

8. 在微生物对底物进行代谢的过程中，营养物质进入细胞主要有四种方式：简单扩散、促进扩散、主动运输和基团转位。

9. 在微生物的生物氧化过程中，底物的氧化分解产生能量。ATP 的产生有三种方式：底物水平磷酸化、氧化磷酸化和光合磷酸化。

10. 根据最终电子受体（或最终受氢体），可把微生物的生物氧化划分为三种类型：发酵、好氧呼吸和无氧呼吸。在发酵过程中，微生物氧化有机物时，有机物仅发生部分氧化，以它的中间代谢产物（即分子内的低分子有机物）为最终电子受体，释放少量能量，其余的能量保留在最终产物中。在好氧呼吸中，以 O_2 为最终电子受体，底物被全部氧化成 CO_2 和 H_2O，并通过氧化磷酸化产生 ATP。在无氧呼吸中，电子的最终受体是除了分子氧以外的无机物质等。

11. 合成代谢需要能量、还原力和小分子前体物这三种成分（生物合成三要素）。合成代谢与分解代谢既有联系，又有区别。

12. 在微生物的合成代谢中，化能自养微生物通过氧化各种无机物来获得固定 CO_2 所需要的能量，而在光能自养微生物中，则是通过光合作用来固定 CO_2。藻类和细菌的光合作用在色素、供氢体、产氧等方面不同。

13. 次级代谢是指在一定的生长时期，微生物以初级代谢产物为前体，合成一些对其生命活动无明确功能的物质的过程。其产物称为次级代谢产物。次级代谢不像初级代谢那样有明确的生理功能，因为即使其代谢途径被阻断，也不会影响菌体的生长繁殖。

思考与实践

1. 酶的本质是什么？酶有哪些组成？各有什么生理功能？

2. 常见的辅酶和辅基有哪些？它们分别在生物体内有什么功能？

3. 请从结构和功能的角度来分析酶蛋白的分子结构与酶活性之间的关系。

4. 按照酶发生作用所在的细胞的不同部位，可以把酶分为哪几类？其中的胞外酶具有什么特殊的意义？

5. 酶的催化作用具有哪些特性？

6. 影响酶活力的主要因素有哪几个？

7. 在求解 K_m 和 v_{max} 时，除了 Lineweaver-Burk 图解法外，还可以用其他公式变换的方法，请列出一种。

8. 微生物的化学组分有哪些？这些组成受到什么因素的影响而变化？

9. 微生物需要哪些营养物质？

10. 根据微生物对碳源和能源要求的不同，可把微生物的营养类型分为哪几类？

11. 什么是培养基？按物质组成的不同，可把培养基分成哪几类？按实验目的和用途的不同，可把培养基分成哪几类？

12. 在选择和制备微生物的培养基时，需要注意哪些原则？

13. 在配制细菌培养基和藻类培养基时，有什么不同？为什么？

14. 微生物是如何获得营养物质的？当外界环境中营养物质的浓度低于细胞内时，微生物用什么方式将营养物质摄入细胞内？

15. 简述营养物质的四种跨膜运输方式。

16. 生物氧化有什么特点？ATP 在生物氧化过程中起着什么样的作用？

17. 生物氧化有哪几种类型？各有什么特点？

18. 底物水平磷酸化、氧化磷酸化和光合磷酸化有什么异同？

19. 以乙醇发酵为例，发酵 1mol 葡萄糖将产生什么产物？并得到多少能量？

20. 葡萄糖在好氧条件下彻底氧化，该过程是如何进行的？产生的能量有多少？

21. 进行硝酸盐还原作用的微生物，其能量来源是什么？

22. 比较三种不同类型的生物氧化。

23. 合成代谢与分解代谢有什么不同？两者的区别和联系是什么？

24. 何谓光合作用？细菌的光合作用与藻类的光合作用有什么异同？

25. 什么是次级代谢？其对于微生物本身有什么意义？

6 微生物的生长与环境因子的影响

学习重点：

掌握微生物生长繁殖的基本概念；了解微生物的培养方法；掌握微生物的生长曲线各个时期的特点以及在废水生物处理中的应用；了解微生物生长繁殖的测定方法以及微生物死亡的测定；掌握微生物生存所需要的各种环境因子，了解极端条件对微生物产生的影响及机理，以及各种控制和杀灭微生物的方法。

6.1 微生物的生长

6.1.1 微生物生长繁殖的概念

微生物在适宜的环境条件下，不断吸收营养物质，按照自己的代谢方式进行新陈代谢活动，正常情况下，同化作用大于异化作用，微生物的细胞不断迅速增长。对于单细胞微生物来讲，单个微生物个体的生长表现为细胞基本成分的协调合成和细胞体积的增加；而多细胞微生物的个体生长，则反映在个体的细胞数目和每个细胞内物质含量的增加。

当个体生长到一定阶段，就会以某种方式增加个体的数量，这就是繁殖。对于单细胞微生物，当细胞生长到一定程度时，由一个亲代细胞分裂为两个大小、形状与亲代细胞相似的子代细胞，使得个体数目增加，所以其细胞的分裂就是个体数的增加，也就是繁殖；而多细胞生物的繁殖则是其个体数目的增加。

微生物的生长与繁殖是交替进行的。从生长到繁殖这个由量变到质变的过程称为发育。

微生物两次繁殖之间的间隔时间，称为该微生物的世代时间。对于细菌这样的单细胞生物，其世代时间就是两次细胞分裂之间的时间。

每一种微生物的世代时间是由它的遗传性所决定，同时又受到培养条件（如营养组成、pH、温度和通气等）的影响。世代时间反映了微生物生长繁殖的速度，世代时间越短，表明该微生物生长繁殖的速度越快。不同种的微生物，其生长繁殖速度不同，一般情况下，原核微生物的繁殖速度比真核微生物快，好氧微生物的繁殖速度比厌氧微生物要快。不同微生物的世代时间不一样，即使同一种微生物，在不同的生长环境条件下，其世代时间也是会变化的。如大肠杆菌在 37℃ 的肉汤培养基中培养时，其世代时间为 15min，而在相同温度的牛乳培养基中，世代时间为 12.5min。

在实际工作中，由于绝大多数微生物的个体非常小，个体质量和体积的变化不易观察，所以常常是以微生物的群体作为研究对象，以微生物细胞的数量或微生物群体细胞质量的增加作为生长的指标。

6.1.2 微生物的培养方法和生长曲线

6.1.2.1 微生物的培养方法

（1）微生物的纯培养及获得方法　在自然环境中生存的微生物都是混杂的。如果我们希望研究和利用某一种微生物，就需要把微生物分离出来，得到只含一种微生物的培养，这种在实验室条件下从一个单细胞繁殖得到后代称为纯培养。为了得到纯培养，可采用显微镜器直接在显微镜下挑取单个细胞（或单孢子）进行培养，但在固体培养基上通常采用的是稀释涂布法、稀释倒平板法或划线平板法等来分离、纯化微生物；而在液体培养基中，可以采用稀释法获得；对于一些具有特定性质的微生物，也可以采用选择培养基的方法。

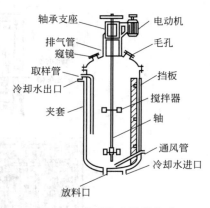

图 6-1 典型发酵罐的构造及其运转原理

在纯培养中，防止其他微生物的进入是十分重要的，若其他微生物进入纯培养中，便称为污染。在微生物实验操作过程中，要防止污染的发生。

（2）微生物的培养方法 微生物的培养方法根据培养过程中对氧气的需要与否可分为好氧培养和厌氧培养；还可根据所用培养基分为固体培养和液体培养。

① 好氧培养方法 在实验室中，好氧的固体培养方法是将菌种接种在固体培养基的表面，使之暴露在空气中生长，可分为试管斜面、培养皿平板等。

液体培养方法在实验室中主要采用摇瓶培养法，将菌种接种到装有液体培养基的三角瓶中，在摇床上振荡培养，使空气中的氧气不断溶解进入液体培养基中，也可用小型发酵罐来模拟发酵条件来进行培养；在工业生产上常用各种发酵罐（见图 6-1）。

② 厌氧培养方法 微生物的厌氧培养方法不需要提供氧气，对于厌氧微生物来说，氧气是有害的，因此要采用各种方法去氧或放在氧化还原电位低的条件下进行培养。在实验室中除了要用特殊的培养装置，还需要在培养基中加入还原剂和氧化还原指示剂。早期的厌氧培养主要采用厌氧培养皿，现在已逐渐采用厌氧手套箱、Hungate 厌氧试管和厌氧罐等（见图 6-2）。

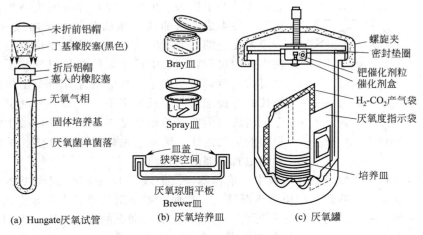

图 6-2 厌氧菌的培养装置

厌氧培养比较好的方法是采用厌氧手套箱（见图 6-3），它由四部分组成：附有手套的密闭透明薄膜箱；附有两个可开启的可抽真空的金属空气隔离箱；真空泵；氢和高纯氮的供应系统。利用厌氧手套箱可做很多工作，例如，厌氧培养基的分装和平板的制作，对厌氧微生物的操作，氧敏感的酶和辅酶的分离、纯化，厌氧性生物化学反应和遗传学研究等。

6.1.2.2 分批培养和连续培养

由于微生物个体太小，难以研究单个微生物，多数是通过培养研究其群体生长。常用的培养方法有分批培养和连续培养。

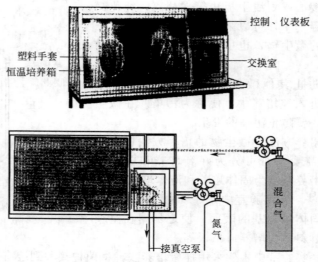

图 6-3 厌氧手套箱

（1）分批培养 分批培养是将一定量的微生物接种在一个封闭的、盛有一定量液体培养基的容器内，保持一定的温度、pH 和溶解氧量，微生物在其中生长繁殖。结果会出现微生物数量由少变多，达到高峰后又由多变少，甚至死亡的变化规律。

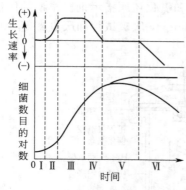

图 6-4 细菌的生长曲线

以细菌纯种培养为例，将少量细菌接种到一种新鲜的、定量的液体培养基中进行分批培养，定时取样（例如，每 2h 取样 1 次）计数。以细菌个数或细菌数目的对数或细菌的干重为纵坐标，以培养时间为横坐标，连接坐标系上各点成一条曲线，即细菌的生长曲线（见图 6-4），一般来说，细菌质量的变化比个数的变化更能在本质上反映生长的过程，因为细菌个数的变化只反映了细菌分裂的数目，质量则包括细菌个数的增加和每个菌体细胞物质的增长。各种细菌的生长速率不一，每一种细菌都有各自的生长曲线，但曲线的形状基本相同。其他微生物也有形状类似的生长曲线。废水生物处理中混合生长的活性污泥微生物也有类似的生长曲线。

（2）连续培养 在分批培养过程中，培养基一次加入，不予补充，不再更换，随着微生物活跃生长，培养基中的营养物质被逐渐消耗，代谢产物逐渐积累产生毒害作用，必然会使生长速率下降并最终停止生长，导致死亡。为了防止上述情况的发生，人们发明了连续培养的方法。所谓连续培养，基本上就是在一个恒定容积的流动系统中培养微生物，一方面以一定速率不断地加入新的培养基，另一方面又以相同的速率流出培养物（菌体和代谢产物），以使培养系统中的细胞数量和营养状态保持稳态。

连续培养有恒浊器和恒化器两种（见图 6-5）。两者的区别是控制培养基流入培养容器中的方式不同。

① 恒浊器 恒浊器是一种使培养液中细菌的浓度恒定，以浊度为控制指标的培养方式。按实验目的，首先确定培养液的浊度保持在某一恒定值上。调节进水（含一定浓度的培养基）流速，使浊度达到恒定（用自动控制的浊度计测定）。当浊度较大时，加大进水流速，以降低浊度；浊度较小时，降低流速，提高浊度。发酵工业采用此法可获得大量的菌体和有

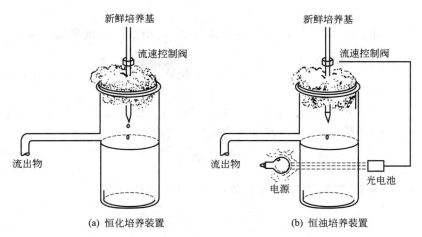

图 6-5 连续培养装置

经济价值的代谢产物。

② 恒化器 恒化器是维持进水中的营养成分恒定（其中对细菌生长有限制作用的成分要保持低浓度水平），以恒定流速进水，以相同流速流出代谢产物，使细菌处于最高生长速率状态的培养方式。

在连续培养中，微生物的生长状态和规律与分批培养中的不同。它们往往处在相当于分批培养中生长曲线的某一个生长阶段。

恒化连续培养法尤其适用于废水生物处理。除了序批式间歇曝气器（SBR）法外，其余的污水生物处理法均采用恒化连续培养。

6.1.2.3 生长曲线的各个时期及其特点

细菌的生长曲线可细分为 6 个时期：停滞期（适应期）、加速期、对数期、减速期、静止期及衰亡期（见图 6-4，Ⅰ～Ⅵ）。由于加速期和减速期历时都很短，可把加速期并入停滞期，把减速期并入静止期。因此，细菌的生长繁殖可粗分为 4 个时期。下面分别进行介绍。

(1) 停滞期 少量细菌刚接入一定量的新鲜液体培养基中，有一段不生长的时期，这个时期的细菌要适应新的环境，合成所需要的新的酶类，以及增长细胞体积和准备细胞分裂（见图 6-4，Ⅰ）。在停滞期的后期（见图 6-4，Ⅱ），开始细胞分裂。

不同细菌的停滞期长短不同，即使是同一种菌，停滞期的长短也会改变，取决于某些因素，如接种量、菌龄、营养等。如果接种量大、菌龄小、营养和环境条件好，则停滞期就短。

在停滞期初期，一部分细菌适应环境，而另一部分死亡，细菌总数下降。到停滞期末期，存活细菌的细胞物质增加，体积增大，细胞代谢活跃，细胞中大量合成细胞分裂所需要的酶类、核酸、ATP 及其他成分，为细胞分裂做准备。此时的细菌细胞对外界环境条件较敏感，易受外界不良环境条件的影响而发生变异。

(2) 对数期（指数期） 停滞期结束，细菌细胞的生理修复或调整完成后，细胞开始进入快速分裂阶段。细菌的生长速率达到最大，细菌数以几何级数增加，在生长曲线上成直线关系，故称为对数期（见图 6-4，Ⅲ）。

对数期内的细菌细胞数目以下列方式增加：$1 \rightarrow 2 \rightarrow 4 \rightarrow 8 \rightarrow \cdots$，即 $2^0 \rightarrow 2^1 \rightarrow 2^2 \rightarrow 2^3 \rightarrow 2^4 \rightarrow \cdots 2^n$，其中，$n$ 为代数（细菌分裂的次数或增殖的代数）。由此，可以计算细菌的世代

时间 G。

如果已知 t_1 时细菌数为 X_1，t_2 时细菌数为 X_2，由于一个细菌繁殖 n 代后产生 2^n 个后代，则：

$$X_2 = X_1 2^n, n = 3.31(\lg X_2 - \lg X_1)$$

由 $G = (t_2 - t_1)/n$ 可得：

$$G = (t_2 - t_1)/[3.31(\lg X_2 - \lg X_1)]$$

另外，我们也可以通过另一种方法来求得 G，设：

$$\frac{dX}{dt} = K_1 X$$

式中，K_1 为微生物的比生长速率常数，单位为时间的倒数。

$$\ln\left(\frac{X_2}{X_1}\right) = K_1(t_2 - t_1)$$

则

$$K_1 = (\ln X_2 - \ln X_1)/(t_2 - t_1)$$

令 $X_2 = 2X_1$，则：

$$t_2 - t_1 = G$$

代入，得：

$$G = \frac{\ln 2}{K_1}$$

即

$$G = \frac{0.693}{K_1}$$

在实践中，有时还会使用到另外一个参数 K（生长速率常数），其定义为在单位时间内的代数，故：

$$K = \frac{1}{G}$$

处于对数期的细菌，得到丰富的营养，代谢活力最强，细菌生长速率最快，世代时间最短，对不良环境条件的抗性也比较强。此时的细菌群体中细胞的化学成分及形态、生理特性比较一致。所以在教学实验和发酵工业中都用对数期的细胞作实验材料。

（3）静止期（稳定期）　由于对数期的细菌迅速生长繁殖，消耗了大量的营养物质，同时代谢产物的大量积累对细菌本身产生毒害作用；另外，pH、溶解氧、氧化还原电位等条件也变得不利。结果造成细菌的生长速率逐渐下降，甚至到零，进入静止期（见图6-4，Ⅳ、Ⅴ）。

在静止期，细菌总数达到最大，新生数与死亡数大致相等，保持动态平衡。此时的细菌细胞从生理上的年轻转为衰老，细胞开始积累储存物质，如异染粒、聚 β-羟基丁酸（PHB）、肝糖、淀粉粒、脂肪粒等；芽孢菌形成芽孢；有些代谢产物特别是次生代谢产物，主要就是在静止期特别是在对数期与静止期转换阶段所产生的，这些产物包括抗生素和一些酶。

（4）衰亡期　处于静止期的细菌如果继续培养，由于营养物质被耗尽，细菌无法得到外源营养而进行内源呼吸（即消耗自身的储存物质进行呼吸，又称为自身溶解）。代谢过程中产生的有害物质大量积累，抑制细菌的生长繁殖，此时，细菌的死亡率增加，活菌数减少，最终细菌数将以对数速率急剧下降（见图6-4，Ⅵ）。

衰亡期的细菌细胞常呈多形态，出现畸形或衰退型。

从根本上说，细菌的不同生长时期，是由外界提供的营养物的量决定的，即所谓的负荷

$（F/M）$。

需要指出的是，细菌生长曲线的不同时期反映的是群体而不是个体细胞的生长规律，认识和掌握微生物的生长曲线有重要的实践意义。

活性污泥中的微生物的生长规律和纯菌种的一致，它们的生长曲线相似。一般将其划分为三个阶段：生长上升阶段、生长下降阶段和内源呼吸阶段。

活性污泥法中的序批式间歇曝气器（SBR）是将分批培养的原理应用于废水的生物处理。SBR 中活性污泥的生长规律与纯菌种的情况类似。

6.1.3　微生物生长曲线在废水微生物处理中的应用

在废水微生物处理过程中，如果条件适宜，活性污泥的增长过程与纯种单细胞微生物的增殖过程大体相仿，也可以存在停滞期、对数期、静止期和衰老期。但由于活性污泥是多种微生物的混合群体，其生长受废水性质、浓度、水温、pH、溶解氧等多种环境因素影响，因此，在处理构筑物中通常仅出现生长曲线中的某一两个阶段。且处于不同阶段时的污泥，其特性有很大的区别。污泥的这些特性对生产运行有一定的指导意义，分述如下。

6.1.3.1　停滞期

如果活性污泥被接种到与原来生活习性不同的废水中（营养类型发生变化，污泥培养驯化），或污水处理厂因故中断运行后再运行，则可能出现停滞期。这种情况下，污泥需经过若干时间的停滞后，才能适应新的废水，或从衰老状态恢复到正常状态。停滞期是否存在和停滞期的长短，与接种活性污泥的数量、废水性质、生长条件等因素有关。

6.1.3.2　对数期

当废水中有机物浓度高，且培养条件适宜，则可能存在对数期（如污泥培养驯化过程）。处于对数期的污泥絮凝性较差，呈分散状态，镜检能看到较多的游离细菌，混合液沉淀后其上层液浑浊，以滤纸过滤时，滤速很慢。

6.1.3.3　静止期

当废水中有机物浓度较低，污泥浓度较高时，污泥则有可能处于静止期。处于静止期的活性污泥絮凝性好，混合液沉淀后上层液清澈，以滤纸过滤时，滤速快。处理效果好的活性污泥法构筑物中，污泥处于静止期。

6.1.3.4　衰老期

当有机物浓度低（F/M 低），营养物明显不足时，则可出现衰老期。处于衰老期的污泥较松散，沉降性好，混合液沉淀后上清液清澈，但有细小泥花，以滤纸过滤时，滤速快。

由于废水微生物处理（活性污泥）实际是连续运行，其微生物生长规律不同于分批培养时的规律，它只能是处于生长曲线的某一阶段。一般是划分成三个阶段：生长上升阶段、生长下降阶段和内源呼吸阶段。它是由负荷（F/M）所决定的（见图 6-6）。按照不同的水质情况，可以利用不同生长阶段的微生物来处理废水（见图 6-7）。

（1）对于常规活性污泥法，是利用静止期（生长下降阶段）的微生物，这是因为对数期的微生物生长繁殖快，代谢活力强，能大量去除废水中的有机物，但是相应地要求进水有机物浓度要高，而出水有机物浓度也相应提高，不易达到排放标准；又因为对数期的微生物生长旺盛，没形成荚膜和黏液层，不易形成菌胶团，沉淀性能差，降低出水水质。而处于静止期的微生物虽然代谢活力略低，但仍能较好地去除水中的有机物，且微生物体内积累了大量的储存物，形成荚膜等，强化了微生物的生物吸附能力，自我絮凝、聚合能力强，在二沉池中泥水分离效果好，出水水质好。

（2）当然也有利用其他阶段微生物的废水微生物处理方法，如高负荷活性污泥法是利用

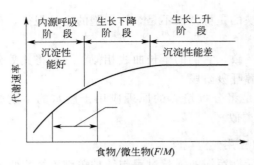

图 6-6　微生物代谢速率与 F/M 的关系

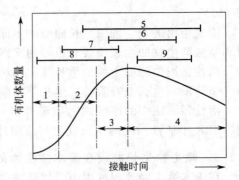

图 6-7　活性污泥的生长曲线及其应用

1～4—活性污泥生长曲线四个时期；5—常规活性
污泥法；6—生物吸附法；7—高负荷活性污泥法；
8—分散曝气法；9—延时曝气法

对数期（生长上升阶段）和减速期（生长下降阶段）；而对于有机物含量低的废水，可以采用延时曝气法，即利用衰亡期（内源呼吸阶段）的微生物进行处理，通常把曝气时间延长到 8h 以上，甚至 24h，延长水力停留时间，以增大进水量，提高有机负荷，满足微生物的营养要求。

6.1.4　微生物生长繁殖的测定

由于微生物的个体很小，对于其生长繁殖量的测定，需要一些特定的方法手段。

6.1.4.1　微生物生长的测定

测定微生物生长的方法很多，可分为直接法和间接法两大类。

（1）直接法　直接法是对菌体细胞的体积、质量等直接进行测定。

① 测体积　把微生物的培养液经自然沉降或离心后，对体积进行测定。这种方法简便易行，但精度比较差，常用于初步比较。

② 称干质量　将培养液通过离心或过滤并洗涤后，在 $100 \sim 105℃$ 中烘干至恒重，也可用红外或真空干燥，然后称重。一般所得的干质量为湿质量的 $10\% \sim 20\%$。

（2）间接法

① 比浊法　微生物在生长过程中，由于原生质含量的增加，会引起培养液浑浊度的增加。对于某一特定微生物，不同含量的原生质对应着不同的浑浊度。经过标定，用浊度计或分光光度仪测定就可以求出微生物的生长量。

② 生理指标法　与生长量对应的指标很多，如微生物体内的碳、氮、磷、DNA、RNA、ATP、DAP 和 N-乙酰胞壁酸等的含量，以及产酸、产气、产二氧化碳、耗氧、黏度和产热等指标，它们都可用于生长量的测定。

6.1.4.2　微生物繁殖的测定

微生物繁殖的测定，也就是微生物个体数量的测定，也可分为对微生物总数的测定和对活菌数的测定。

（1）微生物总数的测定　测定所得微生物总数，包括活菌和死菌。

① 比例计数法　将已知颗粒浓度的液体与一待测细胞浓度的菌液按一定比例混合，在显微镜下数出各自的数目，然后求出未知菌液中的细胞浓度。这是比较粗的计数方法。

②血球计数板法　使用特制的血球计数板，在显微镜下测定一定容积中的微生物个体数，此方法适用于个体比较大的微生物，如酵母菌的计数。

（2）活菌数的测定

① 液体稀释法　此方法是基于概率理论，对未知菌样做连续的 10 倍系列稀释，根据预估数，从最适宜的三个连续的 10 倍稀释液中各取 5mL 试样，接种到 3 组共 15 支装有培养液的试管中（每管加 1mL），培养后，记录每个稀释度出现生长的试管数。通过查 MPN（most probable number）表，再根据稀释倍数就可求出原样中的活菌数。

② 平板菌落（CFU）计数法　这是最常用的活菌计数法。将稀释到一定倍数的菌液与合适的固体培养基在凝固前均匀混合，或在已凝固的平板上涂布，计数培养后在平板上出现的菌落数，就可以求得原液中的微生物活菌数。

微生物生长繁殖的测定，要根据要求和微生物的特点，选择最简单但能符合需要的方法。

6.1.5　微生物的死亡及其测定

微生物的死亡，意味着不可恢复地失去生长与分裂繁殖的能力。对于一个不是受机械性破坏的微生物细胞来说，死亡一词仅仅是就测定细菌活力所用的条件而言的。

在实际工作中，如何确定细菌细胞已经死亡，通常采用的方法是将细菌细胞培养在固体培养基上，假如在任何培养基上都不产生菌落，就可以认为细菌已经死亡。显然，这个方法的可靠性受到培养基的选择、所采用的培养条件等因素的影响。有可能出现这样的情况，在一种培养基上认为 99% 的细胞已经死亡，而在另一种培养基上却证明 100% 的存活。还有，在一个大容量的水样中，如果只有少数活菌时，若将水样直接接种在培养基上，可能测不出这些少量细菌，但经过水样浓缩或增殖培养后，则可测出这些细菌的存在。

细菌在受到不良因子作用后所处的生活条件，会影响到细菌的死亡率。例如，将细菌细胞用紫外线照射后立即接种在固体培养基上，可发现 99.9% 的细菌已经被杀死，但若将被紫外线照射的细胞先在适当的缓冲液中培养 20min，然后接种在平板上，则仅有 10% 被杀死。换而言之，照射后，若立即接种，细菌是死亡的；若在接种前培养，使其修复创伤，细胞就能存活。

6.2　影响微生物生长的环境因子

微生物除需要营养外，还受到其所处环境理化因素的极大影响。如果环境因子不正常，会造成微生物生命活动不正常，甚至变异或死亡。事实上，一种环境条件对某种微生物可能是有害的，而对另一种微生物则可能是有利的。通过控制环境因子，人们能对微生物的生长和生理代谢过程进行控制，既可以进行微生物的培养，也可以抑制微生物的生长（如保藏菌种等）。

6.2.1　温度

温度是微生物重要的生存因子。每一种微生物的生长都要求有一定的温度范围。在适宜的温度范围内，微生物能正常地进行生长繁殖，随着温度的升高，微生物的代谢速率和生长速率可相应提高。而过高或过低的温度都会对微生物生长产生影响（见图 6-8）。当温度太低，低于某一值时，可使原生质处于凝固状态，微生物的生长不能正常进行，这一温度为微生物生长的最低温度；而温度太高，超过某一温度值时，微生物的核酸、蛋白质和细胞其他成分会发生不可逆的变性作用，该温度为微生物生长的最高温度。所以每种微生物都有 3 种基本温度：最低温度、最适温度和最高温度。不同微生物对温度的要求不同，同一微生物在生长的不同时期对温度的要求也会不同。如青霉菌生长的最适温度是 30℃，而它产生青霉素的最适温度是 25℃。

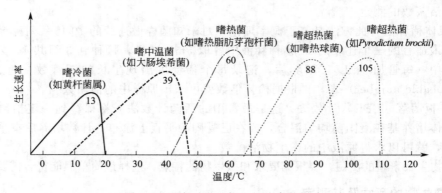

图 6-8　温度对微生物生长速率的影响

6.2.1.1　微生物按最适温度的分类

根据最适温度的不同，可把细菌分为嗜冷菌、嗜中温菌、嗜热菌和嗜超热菌（见表 6-1）。大多数细菌为嗜中温菌，少数为嗜冷菌和嗜热菌。

表 6-1　低温、中温和高温细菌的生长温度范围

细菌	最低温度/℃	最适温度/℃	最高温度/℃
嗜冷菌	−5～0	5～10	20～30
嗜中温菌	5～10	25～40	45～50
嗜热菌	30	50～60	70～80
嗜超热菌	55℃以上	70～105	110～113

嗜热菌或嗜超热菌是特殊的微生物，它们在高温下仍能稳定并发挥正常生理功能，包括芽孢杆菌和嗜热古菌，并可进一步细分（见表 6-2）。

表 6-2　嗜热菌的分类及其生长温度

分　类	嗜超热菌	中度嗜热菌(55～75℃)	
		专性嗜热菌	兼性嗜热菌
生长温度	75℃以上生长良好	37℃以下不能生长	37℃以下能生长

嗜热微生物在高温下能生长繁殖的原因在于：嗜热微生物的酶比一般蛋白质具有更强的抗热性，其核酸也有保持热稳定的结构，tRNA 在特定碱基对区域内含有较多的 G-C 对，可以提供较多的氢键，以增加热稳定性；嗜热微生物细胞膜中含有较多的饱和脂肪酸和直链脂肪酸，使膜具有热稳定性；此外，嗜热微生物生长速率快，能迅速合成生物大分子以弥补由于高温所造成的对大分子的破坏。

在常见的微生物种类中，原生动物的最适温度一般为 16～25℃；大多数放线菌的最适温度在 23～37℃；霉菌的温度范围和放线菌差不多；多数藻类的最适温度在 28～30℃。了解不同微生物对温度的要求，有助于我们在培养微生物时选择合理的培养温度条件。在废水微生物处理中，大多数是中温性的微生物，控制温度在 30℃左右（见表 6-3）。

表 6-3　废水微生物处理中几种细菌的温度要求

项目	假单胞菌	硫氰氧化杆菌	维氏硝化杆菌	硝化球菌	亚硝化球菌	动胶菌
温度范围/℃	25～35	27～33	10～37	15～30	2～30	10～45
最适温度/℃	30	30	28～30	25～30	20～25	28～30

嗜冷微生物能在低温甚至 0℃ 以下的环境生存，其最适温度在 5～15℃。有的微生物最适温度为 20～40℃，但能在 0℃ 生长，生长速率很慢，并不是嗜冷微生物，而是耐冷微生物。

嗜冷微生物能在低温下生长的原因有以下几个。

（1）嗜冷微生物所含的酶能在低温下有效地催化反应。

（2）其主动输送物质的功能在低温下仍能运转良好，能有效地吸收必需的物质。

（3）嗜冷微生物的细胞质膜含有大量的不饱和脂肪酸，在低温下能保持膜的半流动性。

6.2.1.2　温度对微生物生长的影响

当环境的温度过高或过低，就会对微生物的生长产生影响。

（1）**高温的影响**　高温会使微生物的蛋白质发生凝固变性，呈不可逆的变性，导致微生物的死亡。另外，高温还可能会使细胞膜内的脂肪受热溶解，膜上产生小孔而使细胞内物质流失，导致死亡。

利用高温导致微生物死亡的原理，在实际工作中，可以达到杀灭微生物的目的。在微生物实验中，需要对所用的培养基和器皿进行灭菌。

在实际工作中经常会遇到两个概念：灭菌和消毒。这是两个不同的概念，需要注意区分。所谓灭菌是通过超高温或其他物理、化学手段将所有微生物的营养细胞以及所有的芽孢或孢子全部杀死，即杀死一切微生物；而消毒是利用物理、化学因素杀死致病微生物。显然灭菌的要求要高于消毒，更加严格。在微生物学研究和生产实际中，高温是最常用的进行灭菌和消毒的方法。

① **高温灭菌**　方法有灼烧、干热灭菌和湿热灭菌。

a.灼烧　实验室中常用酒精灯或煤气灯火焰对接种环、接种针或试管口等不会被高温破坏的物品进行灭菌。

b.干热灭菌　通常是将灭菌物品置于鼓风干燥箱内，在 160℃ 下加热 2h 或 171℃ 下加热 1h 或 121℃ 下加热 12h 以上，利用热空气进行灭菌，该方法适用于金属和玻璃器皿等耐高温物件的灭菌等。

c.湿热灭菌　是最常用的灭菌方法，适用于大多数物品，它是利用高压蒸汽和高温的联合作用，达到灭菌的效果（一般用 0.103MPa、121℃、20min）。在相同温度下，湿热的灭菌效力比干热好（见表 6-4）。这是因为：热蒸汽对细胞成分的破坏作用更强，水分子的存在有助于破坏维持蛋白质结构的氢键和其他作用力，更易使蛋白质变性（见表 6-5），高温还可以使细胞膜脂溶解和破坏核酸结构；热蒸汽比热空气穿透力强，能有效地杀灭微生物；蒸汽存在潜热，当气体转变为液体时可放出大量热量，故可迅速提高灭菌物体的温度。

表 6-4　干热与湿热空气对不同细胞的致死时间

细菌种类	致死时间		
	干热 90℃	湿热 90℃（相对湿度 20%）	湿热 90℃（相对湿度 80%）
白喉棒杆菌	24h	2h	2min
痢疾杆菌	3h	2h	2min
伤寒杆菌	3h	2h	2min
葡萄球菌	8h	3h	2min

表 6-5　蛋白质含水量与其凝固温度的关系

蛋白质含水量/%	蛋白质凝固温度/℃	蛋白质含水量/%	蛋白质凝固温度/℃
50	56	18	80～90
25	74～80	6	145

超高温的杀菌效果与微生物的种类、数量、生理状态、有无芽孢及 pH 等都有关系。其中，芽孢是微生物中最耐热的结构，具有芽孢的细菌是最耐热的，因此常常用芽孢菌的存活与否作为灭菌效果的指示。例如，肉类中的肉毒梭菌（产生肉毒素）、外科器材中的破伤风梭菌和产气荚膜梭菌及实验室或发酵工业中的嗜热脂肪芽孢杆菌等。

② 高温消毒　方法有水煮沸法、巴斯德消毒法等。

a. 水煮沸法　将物品置于沸水中，在 100℃ 下维持 15min 以上，可杀死细菌和真菌的营养细胞和一些病毒，但不能全部杀死芽孢和真菌孢子。如延长煮沸时间或向水中加入 2% 的碳酸钠则可提高消毒的效果。该法适用于注射器、解剖用具及家庭餐具的消毒。

b. 巴斯德消毒法　这是用于减少牛奶、酒等饮料等对热敏感的食品中微生物数量的方法，将食品在 70℃ 下保持 15min，然后迅速冷却（快速巴斯德消毒法），或在 63～66℃ 下加热 30min，然后快速冷却即可饮用。饮料经巴斯德消毒法消毒后其营养价值不受损害。

（2）低温的影响　低温对嗜中温和嗜高温的微生物生长不利。低温对微生物生长的影响主要是通过降低酶反应速率使微生物的生长受到抑制，在低温下，微生物的代谢活力极低，生长缓慢或停止，但不致死，而是处于休眠状态。处于低温下的微生物一旦重新获得适宜的温度，即可恢复活性。

利用这一特性，用各种低温冰箱冷藏成为家庭或工业生产中保存食品等的有效手段，在微生物实验中也被用来保存生物样品或试剂等。

一般中温性的微生物，在 10℃ 以下即不生长，这也是我们用冰箱冷藏（4℃）来保存食物（或菌种）的原因。但需要注意的是，低温条件下有些耐冷微生物仍然能缓慢生长，最终导致食品腐败，所以冷藏保存的时间一般只能维持几天。

当温度达到 −10℃ 以下时，食物冷冻成固态，微生物基本上不生长，因而可以更长时间地保存食品，对于保存菌种，则要求更低的温度，如 −80℃ 的低温冰箱或 −78℃ 的干冰或 −196℃ 的液氮等。

6.2.2　pH

微生物的生命活动、物质代谢与 pH 有密切关系。微生物对 pH 的要求也存在最高、最低和最适三个点。不同微生物对 pH 的要求有所不同（见表 6-6）。在常见的各类微生物中，大多数细菌、藻类和原生动物的最适 pH 为 6.5～7.5，pH 适应范围在 4～10。某些细菌，如氧化硫硫杆菌和极端嗜酸菌，需要在酸性环境中生活，其最适 pH 为 3，在 pH 为 1.5 时仍可生活；放线菌需要在中性和偏碱性环境中生长，pH 以 7.5～8.0 最适宜；酵母菌和霉

表 6-6　几种微生物的生长最适 pH 和 pH 范围

微生物种类	pH		
	最低	最适	最高
圆褐固氮菌（Azotobacter chroococcus）	4.5	7.4～7.6	9.0
大肠埃希菌（Escherichia coli）	4.5	7.2	9.0
放线菌（Actinomyces sp.）	5.0	7.0～8.0	10.0
霉菌（Mold）	2.5	3.8～6.0	8.0
酵母菌（Yeast）	1.5	3.0～6.0	10.0
小眼虫（Euglena gracilis）	3.0	6.6～6.7	9.9
草履虫（Paramaccum sp.）	5.3	6.7～6.8	8.0

菌要求在酸性或偏酸性环境中生活，最适 pH 范围在 3～6，有的在 5～6，其生长极限在 1.5～10.0。有些微生物对 pH 要求严格，环境 pH 变化不能太大，也有的微生物适应性较强，对 pH 要求不甚严格。

在废水微生物处理中，处理的主体是细菌，而且微生物对 pH 变化的适应能力比较强，所以一般把曝气池中的 pH 维持在 6.5～8.5。大多数细菌、藻类、放线菌和原生动物等都能正常生长繁殖，尤其是形成菌胶团的细菌能互相凝聚形成良好的絮状物，有利于水的净化。在有机固体废物处理中，初始 pH 在 5～8，堆肥过程中 pH 会下降到 5 以下，以后又上升到 8.5，成熟堆肥的 pH 在 7～8。

在培养微生物的过程中，由于微生物生长繁殖和代谢活动的进行，培养基的 pH 会发生变化，或是上升，或是下降。因此，在配制培养基时，经常可以加入缓冲物质，如磷酸盐（KH_2PO_4 和 K_2HPO_4）等。在废水和污泥厌氧消化过程中，为了将 pH 控制在适于产酸和产甲烷的 6.6～7.6，也可以考虑加入缓冲物质，所加的缓冲物质有碳酸氢钠、碳酸钠、氢氧化钠、氢氧化铵和氨等。

过高或过低的 pH 对微生物的影响，表现在以下几个方面。

（1）影响蛋白质的解离 从而影响细胞表面的电荷，影响营养物质的吸收，如 pH 低于 1.5，微生物表面的电荷就会由带负电变为带正电。

（2）影响营养物质的离子化 从而影响其进入细胞，因为细菌表面带负电，非离子状态的化合物比离子状态的化合物更容易渗入细胞。

（3）影响酶的活性 极端的 pH 会使酶的活性降低，进而影响微生物的生理活动，甚至直接破坏微生物细胞。

（4）降低抗热性 不适宜的 pH 会降低微生物对高温的抵抗能力。

废水微生物处理中的 pH 一般在 6.5～8.5，这是因为：一方面，低于 6.5 的酸性环境不利于细菌和原生动物的生长，尤其是对菌胶团细菌不利，而对霉菌和酵母菌有利，霉菌的大量繁殖，会造成污泥膨胀的问题；另一方面，过高的 pH 会使原生动物呆滞，菌胶团解体，也会影响去除效果。

6.2.3 氧化还原电位

氧化还原电位（E_h）是衡量环境氧化性的指标，单位为 V 或 mV，氧化环境具有正电位，还原环境具有负电位。氧化还原电位可以使用氧化还原仪非常容易地测得。

各种微生物对氧化还原电位的要求不同：一般好氧微生物要求 E_h 在 300～400mV，E_h 在 100mV 以上，好氧微生物生长；兼性厌氧微生物当 E_h 在 100mV 以上时进行好氧呼吸，在 100mV 以下时进行无氧呼吸；专性厌氧的微生物要求 E_h 在 −250～−200mV，产甲烷菌要求的 E_h 更低，为 −400～−300mV。

环境中的氧化还原电位受到氧分压和 pH 等因子的影响。氧分压越高，氧化还原电位越高，而 pH 低时，氧化还原电位会下降。

氧化还原电位可以通过加入一些还原剂来进行控制，如加入抗坏血酸（维生素 C）、硫二乙醇钠、二硫苏糖醇、谷胱甘肽、硫化氢及金属铁等，可以把微生物体系中的氧化还原电位控制在低水平上。

6.2.4 溶解氧

微生物对氧的需求和耐受能力在不同的类群中变化很大。根据微生物与氧的关系，可把微生物分为好氧微生物、兼性微生物和厌氧微生物。

6.2.4.1 好氧微生物

（1）好氧微生物的分类 好氧微生物包括所有需要氧才能生长的微生物。好氧微生物可分为两类：一类是专性好氧微生物，它们的生长必需氧；另一类是微好氧微生物，它们在有少量自由氧存在的条件下生长最好。许多细菌和放线菌、霉菌、原生动物、微型后生动物等均属于好氧微生物。蓝细菌和藻类等能在白天进行光合作用，放出氧气，夜间和阴天则利用氧气进行好氧呼吸，分解有机物获得能量。

（2）O_2 对好氧微生物的作用　对于好氧微生物来说，O_2 的作用有两个：一是作为好氧呼吸的最终电子受体；二是参与甾醇类和不饱和脂肪酸的生物合成。在利用 O_2 的过程中，会产生一些有毒物质，如过氧化氢（H_2O_2）、过氧化物和羟自由基（OH·），专性好氧和微好氧微生物的体内具有相应的过氧化氢酶、过氧化物酶和超氧化物歧化酶（SOD），能对上述物质进行分解而保护微生物不受伤害。

微生物只能利用溶解于水中的 O_2，即溶解氧（DO）。DO 与水温、大气压等因素有关，温度越高，氧的溶解度越低，大气压越高，氧在水中的溶解度越高。

在好氧微生物处理中，DO 是个十分重要的因子。为了提供充足的氧，通常采用的方法是设置充氧设备充氧。例如，通过表面叶轮机械搅拌、鼓风曝气、压缩空气曝气、溶气释放器曝气、射流曝气等方式。在实验室中，最常用的是振荡器（摇床）来充氧。在废水微生物处理中，要根据进水的物质浓度、好氧微生物的数量、生理特性等指标来综合考虑氧的供给量。例如，进水的 BOD_5 为 200～300mg/L，曝气池混合液悬浮固体（MLSS）的质量浓度在 2～3g/L 时，溶解氧的质量浓度要维持在 2mg/L 以上。

6.2.4.2　兼性微生物

兼性微生物既能在有氧条件下生存，又能在无氧条件下生存，但两者所表现的生理状态是很不同的。在有氧存在下通常进行的是好氧代谢，氧化酶活性比较高，细胞色素及电子传递体系的其他组分正常存在；在氧缺乏时，微生物转而进行厌氧代谢，氧化酶失去活性，细胞色素及电子传递体系的其他组分减少或全部消失。一旦重新通入氧气，这些组分将很快恢复。

兼性微生物有酵母菌、肠道细菌、硝酸盐还原菌、某些原生动物、微型后生动物及个别真菌等。

在废水微生物处理中，在正常供氧的情况下，兼性微生物与好氧微生物共同起作用；在供氧不足时，兼性微生物仍然起积极作用。在污水、污泥的厌氧消化过程中，兼性微生物的作用为水解、发酵大分子的蛋白质、脂肪、碳水化合物等。

硝酸盐还原菌（反硝化细菌），在缺氧而又有 NO_3^- 存在的条件下，进行无氧呼吸，利用 NO_3^- 作最终电子受体进行反硝化作用，使 NO_3^- 还原成 NO_2^-，进而产生 N_2，利用这一特性，在水处理中，采取适当的缺氧处理工艺，可以达到废水脱氮的目的。

6.2.4.3　厌氧微生物

厌氧微生物只有在无氧条件下才能生存。厌氧微生物又可分为两类：一类是严格厌氧微生物，它们要求在绝对无氧的条件下才能生存，一遇氧就会死亡，如梭菌属（Clostridium）、拟杆菌属（Bacteroides）、梭杆菌属（Fusobacterium）、脱硫弧菌属（Desulfovibrio）、所有的产甲烷菌等，产甲烷菌必须在氧浓度低于 1.45×10^{-56} mol/L 时才能生存；另一类是耐氧厌氧微生物，它们尽管不需要氧，但可耐受氧，在氧存在的条件下仍能生长，如大多数的乳酸菌，在有氧或无氧条件下均进行典型的乳酸发酵。

专性厌氧微生物在有氧环境中不能生存，它并不是被氧直接杀死的，而是由于缺乏过氧化氢酶和超氧化物歧化酶等，无法分解代谢过程中产生的过氧化氢（H_2O_2）和超氧阴离子（O_2^-·）而中毒死亡的。

厌氧微生物在自然界中多分布在水体的底泥、泥炭、沼泽、积水的土壤等环境中以及废水微生物处理的厌氧处理装置中。

6.2.5　辐射

自然界中的辐射主要来自太阳，包括可见光辐射（波长380～760nm）、紫外辐射（波长200～380nm）、近红外辐射（波长760～3000nm）、热红外辐射（波长6000～15000nm）及微波辐射（波长1cm至几厘米），另外还有电离辐射等。

6.2.5.1　辐射的正面效应

可见光辐射（380～760nm）和红外辐射（<1000nm）具有正面的生物学效应，它们是光合型微生物的能量来源，其中，不产氧的光合细菌能利用红外辐射进行光合作用，蓝细菌和藻类则利用可见光作为光合作用的能源。

6.2.5.2　紫外辐射对微生物的影响

紫外辐射的波长在200～380nm，其中波长为280nm的紫外辐射杀菌力最强，在太阳辐射中，由于大气层的吸收，这部分紫外辐射不能到达地球表面，通过大气到达地球表面的紫外辐射波长为287～380nm。

紫外辐射对微生物具有致死作用和致突变作用，其原因是由于微生物细胞中的核酸、嘌呤、嘧啶及蛋白质对紫外辐射具有特别强的吸收能力。DNA和RNA对紫外辐射的吸收峰在260nm处，蛋白质的紫外吸收峰在280nm处。紫外辐射能引起DNA链上两个邻近的胸腺嘧啶分子形成胸腺嘧啶二聚体，导致DNA无法正常复制而使微生物发生突变或死亡。

紫外辐射的穿透力很差，不能通过不透明物，一层普通玻璃会使其大大减弱。所以，紫外辐射多被用于空气和物体表面的消毒。紫外辐射的杀菌力随其剂量的增加而增加。紫外辐射剂量是辐射强度与辐射时间的乘积。空气在紫外辐射照射下会产生臭氧（O_3），臭氧也有一定的杀菌作用，但高浓度的臭氧对人体是有害的。

经过紫外辐射照射后的菌体或孢子悬液，若立即置于蓝色可见光下，有一部分受损伤的细胞可以恢复活力，这种现象称为光复活现象。复活程度与暴露于可见光下的时间、强度及温度有关。光复活作用最有效的可见光波长为510nm。

不同种类的微生物、微生物不同生长阶段对紫外辐射的抵抗力是不同的。革兰阴性菌对紫外辐射最敏感，革兰阳性菌次之，芽孢对紫外辐射的抵抗力最强，较之营养细胞要高出好几倍。酵母菌在对数生长期的抵抗力最强，在缺氮的情况下抵抗力最弱，若此时供给酵母浸出液，可以增强它对紫外辐射的抵抗力。

紫外辐射被广泛应用在科研、医疗、卫生等多个领域。

（1）空气消毒　医院的手术室、研究单位的无菌操作室、无菌箱等，可以用配备的紫外辐射杀菌灯进行消毒。无菌室内紫外辐射杀菌灯的功率为30W，在距离1m左右处，照射20～30min，即可杀死空气中的微生物。

（2）表面消毒　对某些不能用热或化学药品消毒的器具，如胶质离心管、药瓶、安瓿瓶、牛奶瓶等，可用紫外辐射消毒。

（3）诱变育种　微生物在低剂量的紫外辐射照射下，某些特性或性状发生改变，经过筛选后，可以获得人们希望得到的优良品种。

6.2.5.3　电离辐射对微生物的影响

X射线和γ射线均能使被照射的物质产生电离作用，故称为电离辐射。它们都是高能电磁波，X射线的波长范围在0.01～0.1nm，γ射线的波长范围在0.001～0.01nm。不同于紫外辐射，电离辐射具有非常强的穿透力。

在低剂量电离辐射（0.93～4.65Gy）时，对微生物有促进生长的作用，或引起微生物的变异；而在高剂量（9.3×10^2 Gy以上）时，则有致死作用。辐射致死的主要原因是由于辐射会使水分子被电离分解出游离的H^+，进而生成$O_2^- \cdot$、$\cdot OH$和H_2O_2等强氧化性的基团和物质，使蛋白质的—SH基氧化，从而引起微生物的各种病理变化，直至死亡。微生物的种类、数量以及所处的基质都会对电离辐射的效应产生影响。

可以利用 X 射线和 γ 射线等电离辐射来诱导微生物突变，筛选优良菌种。

6.2.6　水的活度与渗透压

6.2.6.1　水的活度

水是微生物生命活动不可缺少的物质。在自然环境中，水的供应并不一定能满足微生物的需要，水的可利用性既取决于水的含量，也取决于水被吸附的紧密程度和有机体把水移进体内的效力大小，溶质变成水合物的程度也影响水的可利用性。水的活度 a_w 是用来表示水被吸附和溶液因子对水可利用性的影响的一种指标。

水的活度 a_w 表示在一定温度（如 25℃）下，某溶液或物质在与一定空间空气相平衡时的含水量与饱和空气水量的比值。它与相对湿度相对应，用测定蒸汽相中相对湿度的方法可得到溶液或物质的 a_w，如空气的相对湿度为 75%，此刻溶液或物质的 a_w 为 0.75。不同物质在相同浓度下的 a_w 不同。

大多数微生物在 a_w 为 0.95～0.99 时生长最好（见表 6-7）。嗜盐细菌属（*Helobacterium*）的细菌很特殊，在 a_w 低于 0.80 的含 NaCl 的培养基中生长最好，少数霉菌和酵母菌在 a_w 为 0.60～0.70 时仍能生长，在 a_w 为 0.60～0.65 时大多数微生物停止活动。

表 6-7　在下列水的活度环境中生长的微生物

物质	水的活度 a_w	生长的微生物
纯水	1.000	柄杆菌、螺菌
人血液	0.995	链球菌、埃希菌
海水	0.985	假单胞菌、弧菌
面包	0.950	多数革兰阳性细菌
槭树汁、火腿	0.900	革兰阴性球菌
果冻、果酱	0.800	拜耳酵母、青霉菌
盐湖水、海鱼	0.750	盐杆菌、盐球菌
谷类、糖果、干果	0.700	嗜旱真菌

低水的活度（干燥）能使微生物体内的蛋白质变性，引起代谢活动的停止，所以干燥会影响微生物的活性乃至生命力。不同微生物对干燥的抗性差别很大，细菌的芽孢、藻类和真菌的孢子及原生动物的胞囊抗性较强。干燥条件下细胞会以休眠状态长期存活，一旦水分供应恢复则很快复活。

鉴于在极低水的活度、极干燥环境中微生物不生长，干燥就成为保藏物品和食物的好方法。在微生物实验工作中，利用灭菌的砂土管保存菌种、孢子，也可用真空冷冻干燥保存菌种。

6.2.6.2　渗透压

任何两种浓度的溶液被半渗透膜隔开，均会产生渗透压。水分子会通过半透性膜从低渗透压的一面向高渗透压的一面流动。

溶液的渗透压取决于其浓度，溶质的离子或分子数目越多，渗透压越大。在同一质量浓度的溶液中，含小分子溶质的溶液的渗透压比含大分子溶质的溶液大，如同为 50g/L 的质量浓度，葡萄糖溶液的渗透压要大于蔗糖溶液。离子溶液的渗透压比分子溶液大。

对于微生物来说，其细胞膜就是一层半透性膜。在细菌体内，磷酸盐、磷酸酯、嘌呤、嘧啶等以高度浓缩的状态存在，革兰阳性菌在细菌体内还浓缩某些氨基酸，因此细菌体内的渗透压较高，为 2020～2525kPa，革兰阴性菌的渗透压较低，为 505～606kPa。

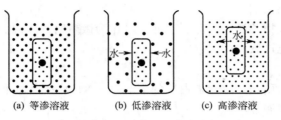

图 6-9   细菌在不同渗透压溶液中的反应

微生物在不同渗透压的溶液中呈不同的反应（见图 6-9）。

（1）等渗溶液   周围溶液的渗透压等于细胞体内的渗透压，如当微生物处于质量浓度为 $5\sim8.5g/L$ 的 NaCl 溶液时。此时微生物生长良好。上述溶液称为生理盐水。

（2）低渗溶液   周围溶液的渗透压小于细胞体内的渗透压，如当微生物处于质量浓度为 $0.1g/L$ 的 NaCl 溶液时。在低渗溶液中，水分从细胞外大量进入细胞，细胞膨胀，严重者破裂。

（3）高渗溶液   周围溶液的渗透压大于细胞体内的渗透压，如当微生物处于质量浓度为 $200g/L$ 的 NaCl 溶液时。此时微生物体内的水分子大量渗出，使细胞发生质壁分离。

等渗的生理盐水在微生物实验中被用来稀释菌液。高渗溶液可以被用来保藏食物，如传统食品中的腌制工艺，可较长时间地保存鱼肉等。但有些微生物能在高渗透压的环境中生长，如花蜜酵母菌（*Nectzcomyces*）和某些霉菌在质量浓度为 $600\sim800g/L$ 的糖溶液（渗透压为 $4545\sim9090kPa$）中生长，海洋和盐湖中的微生物以及在水果汁中生长的微生物都是嗜高渗透压的，古菌中的极端嗜盐菌能在质量浓度为 $150\sim300g/L$ 的盐溶液中生长。

6.2.7   重金属

重金属汞、银、铜、铅及其化合物，能使蛋白质发生沉淀变性，它们与酶分子中的 —SH 基结合，使酶失去活性；或者与菌体蛋白结合，使之变性或沉淀，因此，可以用来作为杀菌剂和防腐剂。

质量浓度为 $5\sim20mg/L$ 的二氯化汞（$HgCl_2$）能有效地杀死大多数细菌。自然界中有些细菌能耐较高浓度的汞，甚至能转化汞，如带 MER 质粒的腐臭假单胞菌，能在质量浓度为 $50\sim70mg/L$ 的 $HgCl_2$ 环境中生长。

硫酸铜对真菌和藻类的杀伤力较强，常被用来作为杀藻剂。用硫酸铜和石灰配制而成的波尔多液，在农业上可用于防治某些植物病毒。

铅对微生物也是有毒害的，将微生物接触质量浓度为 $1\sim5g/L$ 的铅盐溶液，几分钟内微生物就会死亡。

6.2.8   若干有机物

醇、醛、酚等有机化合物能使蛋白质变性，是常用的杀菌剂。

6.2.8.1   醇

醇是脱水剂和脂溶剂，可使蛋白质脱水、变性，溶解细胞质膜的脂类物质，进而杀死微生物机体。其中以乙醇（酒精）最为常用。

一般化学杀菌剂的杀菌力与其浓度成正比，但乙醇例外，体积分数为 $70\%\sim75\%$ 的乙醇杀菌力最强。这是因为乙醇浓度过低无杀菌力；而过高的乙醇浓度如无水乙醇因不含水很难渗入细胞，又因它可使细胞表面迅速失水，表面蛋白质沉淀变性形成一层薄膜，阻止乙醇分子进入菌体内，故不起杀菌作用。

甲醇杀菌力较差，对人体又有毒性，丙醇、丁醇及其他高级醇虽然杀菌力强，但不溶于水，故都不适宜作为杀菌剂。

一定浓度的醇（包括乙醇、丙醇、丁醇）可作为微生物的碳源。在废水处理工艺中，甲醇可作为外加碳源补充进废水中。

6.2.8.2 甲醛

甲醛是很有效的杀菌剂，它与蛋白质的氨基（—NH）结合而干扰细菌的代谢机能，对细菌、真菌及其孢子和病毒均有效。

甲醛是气体，质量浓度为 $370\sim400g/L$ 的甲醛水溶液称为福尔马林，其蒸气有强烈的刺激性，有杀菌和抑菌作用。可用福尔马林蒸熏、消毒厂房及无菌室。

甲醛溶液还被用于动物组织和原生动物标本的固定剂。

6.2.8.3 表面活性剂

（1）酚 酚是表面活性剂，酚及其衍生物能引起蛋白质变性，并破坏细胞质膜。

苯酚又名石炭酸，质量浓度为 $1g/L$ 时能抑制微生物生长（指未经驯化的微生物）；$10g/L$ 的石炭酸溶液在 $20min$ 内可杀死细菌；$30\sim50g/L$ 的石炭酸溶液可作喷雾消毒空气；细菌芽孢和病毒在 $50g/L$ 的石炭酸溶液中能存活几小时。

甲酚的杀菌力比其他酚要强好几倍，但它难溶于水，易与皂液或碱液形成乳浊液，称为来苏尔。$10\sim20g/L$ 的来苏尔常用于消毒皮肤，$30\sim50g/L$ 的来苏尔用于消毒桌面和用具。

微生物经驯化后，能忍受和利用较高浓度的酚，在煤气厂、焦化厂和化肥厂等排出的废水中，酚质量浓度高达 $1000mg/L$ 的废水能被微生物处理。

（2）新洁尔灭 新洁尔灭是季铵盐的一种，是一种表面活性强的杀菌剂。它对许多非芽孢型的致病菌、革兰阳性菌及革兰阴性菌等都有极强的致死作用。将质量浓度为 $50mg/L$ 的原液稀释为 $1mg/L$ 的水溶液可用于消毒皮肤，浸泡 $5min$ 即可达到消毒效果，也可用于冷却循环水的杀菌除垢。

（3）合成洗涤剂 合成洗涤剂具有很强的去污能力，被广泛应用于生活及生产过程。合成洗涤剂也是一种表面活性剂，除了洗涤污物外，还有杀菌作用。具有杀菌作用的为离子型的洗涤剂（包括阳离子型和阴离子型）。目前使用的主要是阴离子型的 LAS（直链烷基苯磺酸钠）合成洗涤剂，它能被微生物降解。

（4）染料 孔雀绿、亮绿、结晶紫等三苯甲烷染料及吖啶黄都有抑菌作用。革兰阳性菌对上述染料的反应比革兰阴性菌敏感，如结晶紫在质量浓度为 $(3.3\sim5.1)\times10^{-4}g/L$ 时抑制革兰阳性菌，需浓缩 10 倍才能抑制革兰阴性菌。利用不同的微生物对染料反应的差异，在培养基中加入某一浓度的染料，以适合某一种微生物生长而又抑制另一种微生物生长，制成所谓的选择性培养基。

质量浓度在 $1g/L$ 以下的染料可作为微生物的营养源。废水微生物处理装置中的微生物经长期驯化，具有很强的脱色能力，能分解染料，净化废水。

6.2.9 抗生素

许多微生物在代谢过程中产生能杀死其他微生物或抑制其他微生物生长的化学物质，即抗生素（antibiotic）。抗生素有广谱和狭谱之分。氯霉素、金霉素、土霉素和四环素可抑制许多不同种类的微生物，称为广谱抗生素。青霉素只能杀死或抑制革兰阳性菌，多黏菌素只能杀死革兰阴性菌，称为狭谱抗生素。

产生抗生素的微生物主要有放线菌和一些霉菌等。大多数抗生素由于具有太强的毒性而不具有利用价值，目前仍不断有新的抗生素被发现。

抗生素的发现是一个重大的科学发现，其用途十分广泛。在临床医学上，它是人类在对抗疾病（传染病）方面的一个重大进展。在分离微生物时，可在培养基中加入某种合适的抗生素，用以抑制杂菌生长，使所需的微生物正常生长。杀死细菌或抑制细菌生长的抗生素对人体无毒性或毒性很小。一种抗生素只对某些微生物有作用，而对另一些微生物无效，这是因为不同的抗生素对微生物作用的机理和部位不同的缘故。

抗生素对微生物的影响有以下四个方面：抑制微生物细胞壁的合成；破坏微生物的细胞质膜；抑制蛋白质的合成；干扰核酸的合成。

但是，由于微生物具有很强的适应能力，有关微生物对抗生素的耐药性问题日益突出。微生物获得耐药性的途径主要有两个：基因突变和获得质粒。结果会产生一些对抗生素具有抵抗能力的菌株，这些耐药性菌株的出现，带来一系列严重的问题，也是目前在抗生素使用上面临的很严峻的形势。1941 年青霉素被用于临床，第二年（1942 年）就发现了耐药的菌株，之后这个问题一直存在，甚至出现了所谓的"超级细菌"，就是能对各种临床应用的抗生素都具有耐药性。如耐甲氧西林金黄色葡萄球菌（MRSA），自 1961 年被发现后，到 20世纪 80 年代后期已经成为全球发病率最高的医院内感染病原菌之一。仅在 2005 年，英国就有 3800 人死于 MRSA。

万古霉素，号称超级抗生素，于 20 世纪 50 年代被发明，但 1997 年世界上首次发现了连万古霉素也对之不起作用的金黄色葡萄球菌，这是一种毒性很强的菌株，能够通过伤口、褥疮甚至皮肤接触传染，导致死亡。2010 年，超级细菌的幽灵再次降临，据报道，一种超级病菌 NDM-1（全称为 New Delhi metallo-β-lactamase-1，即新德里金属 β-内酰胺酶 1）在多个国家流行，造成恐慌。对这种细菌，人们几乎无药可用。

部分已得到控制的致病细菌如今重新获得了耐药性，如导致肺结核的结核杆菌。英国最新一项研究结果显示，超级细菌（或者说是目前无法用抗生素和其他药物进行治疗的细菌）到 2050 年将导致每年约 1000 万人丧命。而根据联合国的估计，到目前为止，全球每年约有 230000 名新生儿因无法通过抗生素治疗而不幸夭折。

当致病菌产生对抗生素的耐药性后，目前人们能采用的方法无非是加大剂量或寻找新的抗生素，而这些方法是有限的。因此，在医院以及农业、畜牧业生产领域中滥用抗生素的现象必须得到有效的遏止。

6.2.10　其他因素

除了前面提到的那些环境因子，环境中的其他一些因子也会对微生物的生长产生影响。

（1）超声波　超声波是频率超过 20000Hz 的声波，人耳听不见。超声波具有强烈的生物学效应，能破坏细胞。

超声波的杀菌效果与其频率，处理时间，细菌的大小、形态及数量有关。超声波频率高，杀菌效果好；杆菌比球菌容易被超声波杀死；大杆菌比小杆菌容易被杀死。

超声波的杀菌机制尚不清楚。一般认为，在超声波作用下，细胞内含物受到强烈振荡，胶体发生絮状沉淀，凝胶液化或乳化，从而失去生物活性。另外，溶液在超声波的作用下产生空腔，引起巨大的压力变化，使细菌死亡；同时，溶于溶液中的气体变成无数极微小的气泡迅速猛烈地冲击细菌，使之破裂。

在实际工作中，经常利用超声波来破坏细胞壁，制成细菌裂解液。频率在 800～1000kHz 的超声波可用来治疗疾病，能引起致病生物体发生破坏性改变。

（2）表面张力　表面张力是作用在物体表面单位长度上的收缩力。不同物质表面的表面张力不同，水的表面张力为 7.3×10^{-4} N/m，一般培养基的表面张力为（4.5～6.5）$\times 10^{-4}$ N/m，适合微生物生长。

　　若表面张力降低，会对微生物的生长、繁殖及形态产生影响。如肺炎球菌、胸膜炎球菌在悬液的表面张力低于 5×10^{-4} N/m 时不能生长，甚至崩解、死亡。有些物质的加入会改变溶液的表面张力，如胆汁和 Tween-80 能降低表面张力，肺炎球菌等革兰阳性菌对胆汁和胆酸盐很敏感，故可用胆汁溶解实验鉴别肺炎球菌和链球菌。胆酸盐抑制肠道中的革兰阳性菌，不抑制革兰阴性的大肠菌群细菌，故可用胆酸盐来进行大肠菌群的分离。有的细菌在表面张力降低时生长状态改变。例如，原来生成菌膜或菌块的菌群变为均匀生长，其代谢速率和通气程度都增强。又如，在含有表面活性剂的液体培养基中，结核杆菌不生菌膜而呈均匀生长，并且生长速率加快。在肉汁中添加肥皂液，使其表面张力降低到 4×10^{-4} N/m 以下，枯草杆菌在这种培养基表面呈扩散生长，不产生皱膜，若添加无机盐增加培养基的表面张力，则枯草杆菌就会产生菌膜。

　　影响微生物生长的环境因素是很多的，可以说微生物生存周围的一切环境因素都会对它产生或多或少的影响，包括其他生物，有关微生物与微生物之间的关系，以及微生物与其他生物之间的关系，将在第 8 章中叙述。

建议阅读　　研究影响微生物生长的因子具有很大的理论和实践意义。从理论上，通过研究不同环境因子对微生物生长繁殖过程的影响，可以更深入地了解在微生物体内发生的生物学过程。从实践角度，要控制和利用微生物的生长繁殖过程为人类服务，就需要对影响微生物生长繁殖的各种环境条件有深入的认识。例如在环境污染治理中，利用微生物是很常用的方法，对治理装置运行参数的设置和运行过程的控制，就涉及对其中微生物生长繁殖过程的认识和控制。又如，在微生物工作中，菌种是十分重要的资源，不仅可以为人们的研究提供材料，而且是生产实际中必不可少的，如何防止菌种的退化，以及如何进行菌种的复壮和保藏，是微生物工作中十分重要的一个问题。建议学生在学习之余，可以结合专业知识，了解这方面的知识和最新进展。

[1] 贾士儒.生物反应工程原理. 第 2 版.北京：科学出版社，2003.
[2] 李钟庆.微生物学技术丛书：微生物菌种保藏技术.北京：科学出版社，1989.

本 章 小 结

　　1.生长和繁殖是两个不同而又有联系的概念。对于单细胞微生物来讲，单个微生物个体的生长表现为细胞基本成分的协调合成和细胞体积的增加，当单细胞个体生长到一定程度时，细胞以某种方式增加数量，使得个体数目增加，这是单细胞微生物的繁殖。而对多细胞微生物来说，个体生长则反映在个体的细胞数目和每个细胞内物质含量的增加；当个体生长到一定阶段，就会以某种方式增加个体的数量，就是繁殖。

　　2.为了研究微生物的生长，需要对微生物进行培养。微生物的培养方法可分为好氧培养和厌氧培养；还可分为固体培养和液体培养；也可分为分批培养和连续培养。

　　3.在微生物的分批培养过程中，随着体系内各种条件的变化，微生物的数量呈现出变化，就是所谓的生长曲线。典型的生长曲线可分为四个不同的时期：停滞期、对数期、静止期及衰亡期。每个时期都有其环境条件、微生物生长状态、数量等方面的特征。

　　4.在废水微生物处理过程中，活性污泥的增长过程也会出现与纯种单细胞微生物相似的生长过程。不同的水处理方式，往往是利用污泥生长曲线中的某一两个阶段。且处于不同阶段时的污泥，其特性有很大的区别。

　　5.微生物生长繁殖的测定，需要采取一些方法或直接或间接地对微生物的数量进行测定；微生物死亡的测定，则主要是对活菌的测定过程。

6. 温度是微生物重要的生存因子。每一种微生物的生长都要求有一定的温度范围。在最适温度下，微生物生长繁殖；超过最高温度，会导致微生物的死亡；而低于最低温度，会使微生物的生长受到抑制，但并不死亡。利用高温进行灭菌和消毒，是在实验室和实际工作中很常用的手段。

7. 微生物对 pH 的要求同样存在最适、最高和最低值；过高或过低的 pH 对微生物的生长是不利的。

8. 氧化还原电位（E_h）是衡量环境氧化性的指标，各种微生物对氧化还原电位的要求不同。

9. 好氧微生物、兼性微生物和微生物对氧气的要求不同，水中的溶解氧（DO）是影响微生物生存和废水处理效果的重要因子之一。

10. 可见光辐射和红外辐射具有正面的生物学效应，是光合型微生物的能量来源；但紫外辐射和电离辐射对微生物具有致死和致突变的作用。

11. 水的活度（a_w）可以表达环境中水的可利用性；低水的活度（干燥）环境对微生物生长不利。微生物在不同渗透压的溶液中表现出不同的状态。

12. 各种重金属及其化合物会造成微生物蛋白质的沉淀变性。

13. 醇、醛、酚等有机化合物也会对微生物产生不利影响，但微生物也可以以它们作为营养物质的来源。

14. 抗生素可以杀死微生物，但微生物（细菌）会产生耐药性，使其效力下降。

15. 超声波、表面张力等也是影响微生物生长的环境因子。

思考与实践

1. 生长和繁殖在单细胞微生物与多细胞微生物中有什么区别？为什么在生产实践中很难严格区分微生物的生长和繁殖？

2. 在实验中如何获得微生物的纯培养？要确定一个培养物是否是纯培养，应该做哪些工作？

3. 在微生物的操作过程中，什么情况下需要严格的厌氧条件？如何来达到这个要求？

4. 分批培养和连续培养在提供营养条件方面有什么区别？这种区别造成微生物的生长状态有什么不同？

5. 细菌的生长曲线可分为哪几个时期？各时期的细菌生长各有什么特点？

6. 在废水处理中，是如何应用生长曲线的各个不同时期的？

7. 比较测定微生物生长的各个方法。如何确定微生物的死亡？

8. 高温和低温对微生物的影响有什么不同？

9. 利用高温进行灭菌和消毒有哪些主要方法？

10. 请总结一下在微生物实验工作中使用的灭菌和消毒的方法及其原理。

11. 你在日常生活中是如何对物品进行消毒的？你觉得是否有效？为什么？

12. 为什么在生活中可以用冰箱来保存食品？为什么冰箱内的食物不能放置太久的时间？发生了什么变化？

13. 常见各大类微生物对环境 pH 的要求有什么不同？过高或过低的 pH 对微生物有什么影响？

14. 氧在微生物中起到什么作用？如何控制氧的供给量？

15. 可见光辐射、紫外辐射和电离辐射对微生物的效应有什么不同？

16. 紫外辐射对微生物的效应发生在什么部位？其后果是什么？

17. 何谓渗透压？它对微生物有什么影响？

18. 为什么 70% 左右的乙醇溶液的消毒效果最佳？

19. 抗生素是如何对微生物产生效应的？为什么不能滥用抗生素？

20. 你在生活中有哪些途径可能会接触到抗生素？如何预防它对你产生危害？

21. 重金属对微生物的效应是什么？

7 微生物的遗传和变异

学习重点：

了解自然界中微生物的遗传和变异现象及其意义；掌握微生物的主要遗传物质DNA的结构和复制过程，了解DNA的变性和复性过程及其应用；掌握微生物体内RNA的存在形态和它们在生物遗传过程中的作用；了解生物遗传信息的传递过程，了解生物遗传密码的基本特征和蛋白质的合成过程；掌握微生物发生变异的原因和变异的种类，了解利用变异进行微生物育种和驯化，了解微生物的基因重组现象；了解现代基因工程的基本原理及其在环境科学领域的应用；了解有关基因工程安全性的问题。

7.1 微生物的遗传和变异现象和意义

7.1.1 微生物的遗传和变异现象概述

在微生物的繁殖过程中，微生物将其生长发育所需要的营养类型和环境条件以及对这些营养和外界环境条件产生的一定反应或出现的一定性状（如生态、生理生化特性等）传给后代，并相对稳定地一代一代传下去，这就是微生物的遗传。例如，大肠杆菌要求pH为7.2、温度为37℃，发酵糖（如葡萄糖、乳糖），产酸、产气，其形态为杆菌，在异常情况下呈短杆状、近似球形或呈丝状。亲代大肠杆菌将上述这些属性传给后代，这就是大肠杆菌的遗传。遗传是相对稳定的，例如，某种微生物生长繁殖要求与它上代相同或相似的营养类型和外界环境条件，它们对营养和对环境所产生的反应（表现型）也与亲代相同或相似。一旦突然改变营养和环境条件，该种微生物将会由于无法适应而停止生长或死亡。

遗传具有两方面的特性：一是其保守性；二是其变异性。

遗传的保守性（或称为遗传性），是指微生物在遗传过程中，具有保持其基本特性不变的趋势。它是微生物在其系统发育（历史发育）过程中形成的，系统发育越久的微生物遗传的保守程度越大。不但不同种的微生物的遗传保守程度不同，而且同一种微生物因个体发育不同而不同。个体发育年龄越老，遗传保守程度越大；个体发育越年幼，其遗传保守程度越小。高等生物的遗传保守程度比低等生物的大。遗传保守性对微生物有利，可使生产中选育出来的优良菌种的属性稳定地一代一代传下去。保守性对微生物也有不利，当环境条件改变，微生物会由于不适应改变了的外界环境条件而死亡。

遗传可改变的一面称为变异性。当微生物从它适应的环境迁移到不适应的环境后，微生物改变自己对营养和环境条件的要求，在新的生活条件下产生适应新环境的酶（适应酶），从而适应新环境并生长良好，这就是遗传的变异。发生变异的微生物，其某些特性不同于原来的微生物，称为变种。微生物的变异很普遍，其变异现象很多，例如，个体形态的变异，菌落形态（光滑型/粗糙型）的变异，营养要求的变异，对温度、pH要求的变异，毒力的变异，抗毒能力的变异，生理生化特性的变异，及代谢途径、产物的变异等。

在遗传学中，将生物体内支配性状的遗传因子称为基因（有关基因将在下面的章节中叙述）。基因型是指生物体的遗传组成，而表型（表现型）则是生物所表现出来的性状。两者之间既存在联系又有区别，对于一个生物来说，它从亲代那里继承来的遗传物质组成了它的基因型，决定了其基本特性，而它所表现出来的表型特性，除了受到基因型的控制，还与它所处的环境条件有关，这也是为什么我们会看到同一种生物在不同环境条件下时，会表现出不同性状特征的原因。如黏质沙雷菌，在 25℃下培养时，可产生深红色的灵杆菌素，但当在 37℃下培养时，则不产生色素，再在 25℃下培养时，又可恢复产生色素的能力。

所谓遗传学，就是研究生物的遗传和变异的学科。遗传学是当今生物学中最活跃、发展最快的领域之一，现代生物遗传学的发展深刻地影响和改变了人类社会的方方面面。

7.1.2　遗传和变异的意义

遗传和变异是一切生物最本质的属性。一方面，对于一个生物种来说，它要在自然界长期存在下去，光有个体的生存是不够的，还必须有种的繁衍，也就是要通过繁殖过程，保证其种的延续性。而另一方面，生物种是进化的，不是一成不变的。这种变化的基本原因就是由于生物在遗传过程中所产生的变异。

因此，遗传和变异是生物生存与进化的基本因素。遗传维持了生命的延续，没有遗传就没有生命的存在，没有遗传就没有相对稳定的物种。而同时，变异使得生物物种推陈出新，层出不穷，没有变异，就没有物种的形成，没有变异，就没有物种的进化。遗传与变异相辅相成，共同作用，使得生物生生不息，造就了形形色色的生物界。

遗传是相对的，变异是绝对的；遗传中有变异，变异中有遗传。遗传和变异的辩证关系既保证了生物种性状的稳定，又使生物不断得到进化。

通过对生物遗传规律的深入研究，有助于我们更好地掌握生命活动规律，利用生物为人类服务。其中应用最广泛的是在生物育种方面，就是利用生物的遗传和变异现象，有意识地控制生物，使之出现我们需要的某些性状。

在环境保护领域，在对污染物质进行处理的过程中，为了提高处理的效率，可以利用自然条件或物理、化学因素来促进微生物变异，使它符合污染物的性质和环境条件的要求。由于自然的微生物变异频率比较低，我们可以利用物理因素、化学药物处理等来提高微生物的变异频率，再通过一定的筛选方法，可较有效地获得需要的微生物变异菌株。这种高效菌株能够很好地处理某些污染物。现在不少高效菌株已经商品化。

在工业废水生物处理中，用含有特定污染物的工业废水筛选、培养来自处理其他废水的菌种，使它们适应该种工业废水并有效地降解其中的污染物质，这种方法称为驯化。实践证明，驯化是选育优良微生物品种的普通而有效的方法和途径。

7.2　微生物的遗传

7.2.1　遗传和变异的物质基础——DNA

7.2.1.1　从孟德尔到 DNA 双螺旋结构

遗传和变异现象早已为人类所认识，但作为一门学科出现却是近代的事。1865 年，孟德尔（G. J. Mendel）发表了他以豌豆为材料所做的杂交实验，提出了经典遗传学的孟德尔定律，可是当时他的研究成果未引起学术界的重视，孟德尔所揭示的遗传规律沉睡了 35 年，直到 1900 年才被重新发现，遗传学也就随之而诞生。

1903 年，萨顿（W. S. Sutton）指出，染色体的遗传行为与性状的遗传行为有着平行关系。其后，威尔逊（Wilson）等又研究证实，染色体与性别有确定的关系。与此同时，细胞核、染色体和核酸的细胞学研究也有了长足进步，使作为遗传物质载体的染色体得到了细胞学研究的支持。到 20 世纪 40—50 年代，遗传物质的探索发展到了核酸水平。越来越多的事实证明，核酸特别是脱氧核糖核酸（DNA）是遗传的物质基础。其中比较典型的实验有以下三个。

1928 年，格里菲斯（Griffith）的转化实验，加上 1941 年埃弗里（Avery）的补充实验，确切地证明了 DNA 是遗传的物质基础（见图 7-1）。

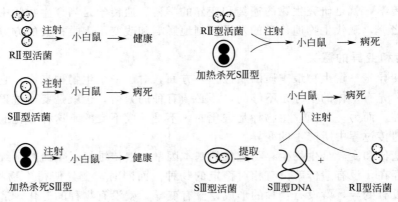

图 7-1　肺炎链球菌的转化实验

转化实验的过程是这样的：格里菲斯将无毒、活的 RⅡ 型（无荚膜，菌落粗糙型）肺炎链球菌（*Streptococcus pneumoniae*）注入小白鼠体内，结果小白鼠健康地活着。将有毒的、活的 SⅢ 型（有荚膜，菌落光滑型）肺炎链球菌注入小白鼠体内，结果小白鼠病死。将少量无毒、活的 RⅡ 型肺炎链球菌和大量经过加热被杀死的有毒的 SⅢ 型肺炎链球菌一起注射进入小白鼠体内，结果小白鼠病死，并且在病死的鼠体内发现有活的 SⅢ 型肺炎链球菌。若单独将加热杀死的 SⅢ 型肺炎链球菌注入小白鼠体内，小白鼠不死。可见，SⅢ 型死菌体内有一种物质引起活菌转化产生 SⅢ 型菌。那么，这个物质究竟是什么呢？1941 年，埃弗里、麦克劳德（Macleod）和麦卡蒂（Mac Carty）等对转化物质的本质进行了深入研究，他们从 SⅢ 型活菌体内提取荚膜多糖、蛋白质、RNA 和 DNA，将它们分别和 RⅡ 型活菌混合注射进小白鼠体内，结果只有 DNA 会引起转化，也就是只有注射 SⅢ 型菌的 DNA 和 RⅡ 型活菌混合液的小白鼠才死亡。一部分 RⅡ 型菌吸收来自 SⅢ 型菌的 DNA，被转化成有荚膜、有毒的 SⅢ 型菌，而且其后代都是有荚膜、有毒的。如果用 DNA 酶处理 DNA，则转化作用丧失。经元素分析、血清学分析，以及用超离心、电泳、紫外线吸收等方法测定，证明此转化因子就是 DNA。DNA 的转化效率很高，它的最低作用浓度为 $1 \times 10^{-5} \mu g/mL$，它的转化率随着 DNA 纯度的增加和其中蛋白质含量的降低而有所提高。

第二个证实 DNA 是遗传物质的实验是大肠杆菌 T2 噬菌体感染大肠杆菌的实验（见图 7-2）。1952 年，赫西（Hersey）和蔡斯（Chase）用放射性同位素 $^{32}PO_4^{3-}$ 和 $^{35}SO_4^{2-}$ 标记大肠杆菌 T2 噬菌体，由于蛋白质分子中只有 S 而不含 P，而 DNA 只含 P 而不含 S，所以，T2 噬菌体的头部 DNA 被标上 ^{32}P，其蛋白质外壳被标上 ^{35}S。用标记过的 T2 噬菌体感染大肠杆菌，10min 后 T2 噬菌体完成吸附和侵入的过程，这时将被感染的大肠杆菌洗净放入组织捣碎器内强烈搅拌，以使吸附在菌体外的 T2 蛋白质外壳均匀散布在培养液中，然后离心沉淀。分别测定沉淀物和上清液中的同位素标记，结果全部 ^{32}P 和细菌在沉淀物中，全部 ^{35}S 留在上清液中。证明只有 DNA 进入大肠杆菌体内，蛋白质外壳留在菌体外。进入大肠杆菌体内的 T2 噬菌体 DNA，利用大肠杆菌体内的复制机构复制大量 T2 噬菌体，再次证明 DNA 是遗传物质。

另一个证实核酸是遗传物质的实验是烟草花叶（tobacco mosaic virus，TMV）病毒的重组实验（Conrat，1956）。将 TMV 的核酸（RNA）提取出来后，重新涂抹到未生病的烟

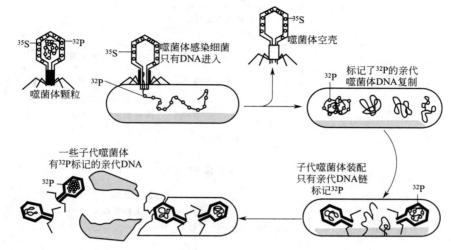

图 7-2 大肠杆菌 T2 噬菌体感染实验

草叶子上，会使其出现病斑，并产生新的 TMV 病毒体（见图 7-3）。由于 TMV 是 RNA 病毒，该实验证明，RNA 也是遗传物质。

在 DNA 被证实是生物的重要遗传物质以后，有关 DNA 结构的研究以及它是如何携带和传递遗传信息的，成为研究的热点。1953 年，沃森（Watson）和克里克（Crick）提出了 DNA 双螺旋结构理论和模型，他们的成就从此揭开了分子遗传学和分子生物学的序幕。

7.2.1.2　遗传物质在细胞中的存在形式

除部分病毒的遗传物质是 RNA 外，其余病毒和全部具有典型细胞结构的生物体的遗传物质都是 DNA。按其在细胞中的存在形式可分成染色体 DNA 和染色体外 DNA。原核细胞和真核细胞中 DNA 的存在形式不完全相同（见图 7-4）。

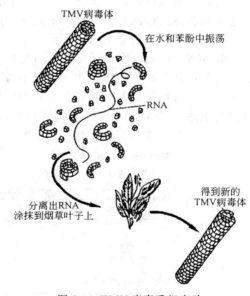

图 7-3　TMV 病毒重组实验

原核生物中不具有定形的细胞核，DNA 与很少量的蛋白质结合，由一条 DNA 细丝形成环状的染色体，拉直后比细胞长许多倍，位于细胞中央，高度折叠形成具有空间结构的核区。原核细胞的染色体外 DNA 主要是指质粒。

真核生物的 DNA 和组蛋白结合组成具有复杂结构的染色体，少的几个，多的几十个或更多，染色体呈丝状结构，细胞内所有的染色体由核膜包裹在细胞核内。核外 DNA 是指线粒体和叶绿素等细胞器内所含的 DNA，其结构与原核细胞的 DNA 相似。

7.2.1.3　基因和遗传信息的传递

（1）基因　1909 年，丹麦遗传学家约翰逊（W. Johanson）提出"基因"的概念，替代了以前孟德尔的"遗传因子"。现在一般认为，基因是一个具有遗传因子效应的 DNA 片段，它是遗传物质的最小功能单位。

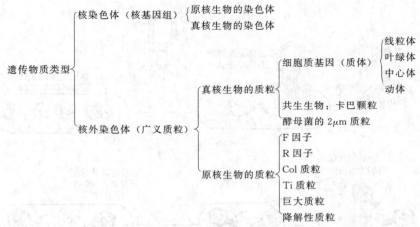

图 7-4　遗传物质的类型

　　基因是生物染色体上的一段 DNA，它储存了遗传信息，又具有自我复制的能力。基因具有特定的碱基顺序，即核苷酸顺序，它不仅可以决定生物的某一个性状，而且还具有调控其他基因表达活性的功能。基因既是一个结构单位，也是一个功能单位。

　　按功能可把基因分为以下三种。第一种是结构基因，它编码蛋白质或酶的结构，但 tRNA 和 rRNA 基因不编码蛋白质，而是参与和控制蛋白质或酶的合成。例如，在大肠杆菌中三种与利用乳糖有关的酶是由三个结构基因（Z、Y、A）决定的（见图 7-5）。第二种是调节基因，它控制基因的启动和关闭。第三种是操纵基因，它的功能就像"开关"，操纵结构基因的表达。操纵基因位于结构基因的一端，与一系列结构基因组合形成一个操纵子，对结构基因所决定的性状表达过程进行控制。

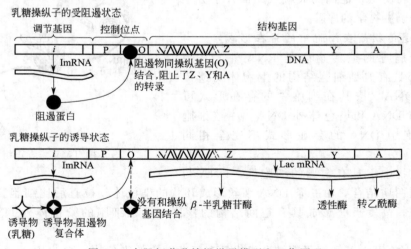

图 7-5　大肠杆菌乳糖操纵子模型和工作原理

　　最典型的原核微生物的操纵子是在大肠杆菌中的乳糖操纵子，在图 7-5 所示的大肠杆菌操纵子中，调节基因决定一种阻抑蛋白封闭操纵区的作用，使三个结构基因都不能表达，阻抑了酶的合成。当培养基中有乳糖存在时，阻抑蛋白失活，不能封闭操纵区，因而结构基因得以表达，合成利用乳糖的酶。该模型很好地解释了大肠杆菌在有乳糖存在时诱导产生利用乳糖的酶的机制。

　　一个基因的分子量约为 6×10^5，约有 1000 个碱基对，每个细菌有 5000～10000 个基因。基因控制遗传性状，但不等于遗传性状。任何一个遗传性状的表达都是在基因控制下的个体发育的结果。从基因型到表现型需要通过酶催化的代谢活动来实现。基因直接控制酶的合成，控制新陈代谢，从而决定遗传性状的表现。

（2）**遗传信息的传递**　现代生物遗传学已经证明：亲代的性状是通过脱氧核糖核酸（DNA）将决定各种遗传性状的遗传信息传给子代的。子代根据 DNA 所携带的遗传信息，产生一定形态结构的蛋白质，由一定结构的蛋白质就可决定子代具有一定形态结构和生理生化特性。

那么不同细胞中 DNA 储存的特定遗传信息又是如何转化为不同细胞的具有特定酶促作用的蛋白质的呢？这是遗传信息传递的问题。

DNA 的复制和遗传信息传递的基本规则，称为分子遗传学的中心法则（见图 7-6）。按照储存在 DNA 上的遗传信息来合成相应的 RNA，这一过程称为转录。再由 RNA 去指导蛋白质的合成，这一过程称为翻译。对于只有 RNA 的病毒，其遗传信息储存在 RNA 上，通过反转录酶的作用由 RNA 反向转录为 DNA。反向转录产生的与 RNA 序列互补的 DNA 分子称为互补 DNA（complementary DNA），简写为 cDNA。

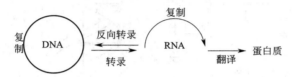

图 7-6　分子遗传学的中心法则

7.2.2　DNA 的结构与复制

7.2.2.1　DNA 的结构

DNA 是高分子化合物，分子量为 $2.3 \times 10^4 \sim 1 \times 10^{10}$。比蛋白质的分子量（$5 \times 10^3 \sim 5 \times 10^6$）大。1953 年，沃森（Watson）和克里克（Crick）提出的双螺旋结构模型很好地解释了 DNA 的结构和作用机理。

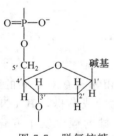

图 7-7　脱氧核糖
核苷酸结构

DNA 的基本单位是核苷酸。核苷酸由碱基、脱氧核糖和磷酸基团三部分组成。碱基分为四种，其中两种是嘌呤，即腺嘌呤（adenine，A）和鸟嘌呤（guanine，G），另外两种是嘧啶，即胞嘧啶（cytosine，C）和胸腺嘧啶（thymidine，T）。

碱基与脱氧核糖的第一位碳相连，而脱氧核糖的 C5′又与一个磷酸基团相连，构成一个脱氧核糖核苷酸（见图 7-7）。核苷酸依据碱基种类的不同，分别称为腺嘌呤核苷酸、鸟嘌呤核苷酸、胞嘧啶核苷酸和胸腺嘧啶核苷酸。

一个核苷酸的 C3′原子上的羟基与另一个核苷酸的 C5′原子上的磷酸基团之间通过形成磷酸二酯键而串联起来，形成糖-磷酸-糖-磷酸的长链，构成 DNA 分子的骨架（见图 7-8）。

DNA 分子中，嘌呤和嘧啶碱基携带遗传信息，而糖和磷酸基团则起结构作用。

按照双螺旋结构理论和模型，DNA 由两条多核苷酸链配对而成，两条链彼此互补，排列方向相反，以右手螺旋的方式围绕同一根主轴而互相盘绕，形成一定空间距离的双螺旋结构（见图 7-9）。

在 DNA 的两条多核苷酸链之间，四种碱基 A、T、G、C 相互配对。A 与 T、G 与 C 互相之间通过氢键连接，其中，A 与 T 之间有两个氢键，G 与 C 之间有三个氢键。由氢键连接的碱基组合，称为碱基配对（见图 7-10）。

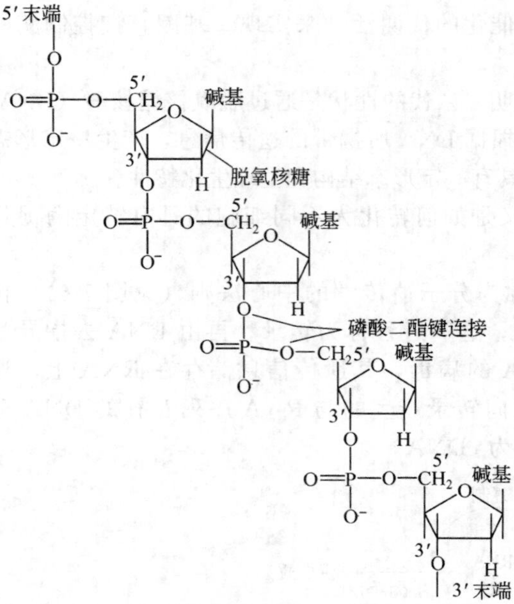

图 7-8　DNA 分子结构

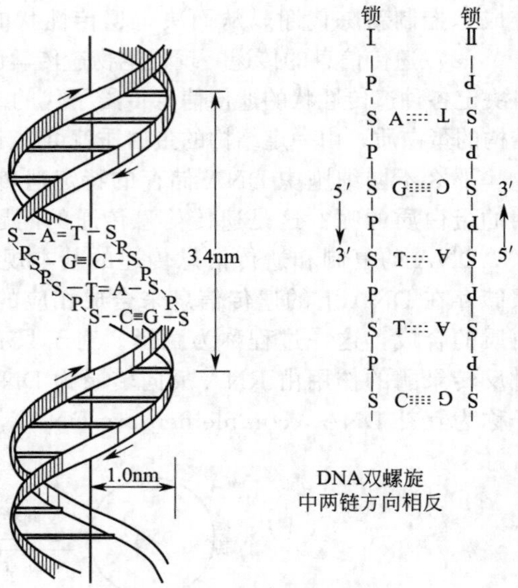

图 7-9　DNA 双螺旋结构
P—磷酸；S—脱氧核糖

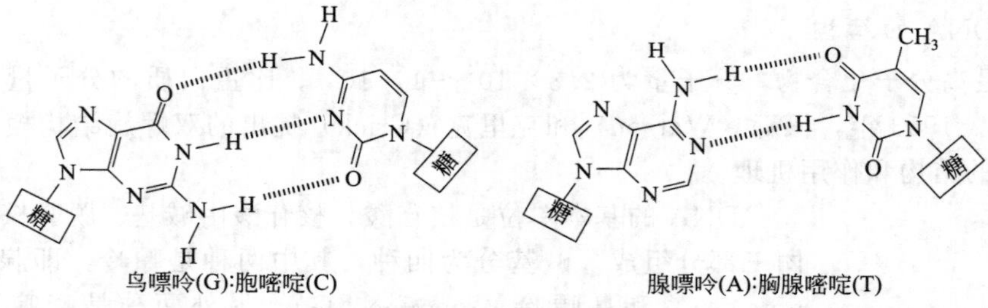

鸟嘌呤(G):胞嘧啶(C)　　　腺嘌呤(A):胸腺嘧啶(T)

图 7-10　碱基之间的配对

一个 DNA 分子可含几十万个或几百万个碱基对，每一碱基对与其相邻碱基对之间的距离为 0.34nm，每个螺旋的距离为 3.4nm，包括 10 对碱基。特定的生物种或菌株，其 DNA 分子的碱基顺序基本不变，保证了遗传的稳定性。一旦 DNA 上的碱基排列顺序发生变化，哪怕只是很小的变化，都可能会导致生物的死亡或遗传性状发生改变。

图 7-11　三股螺旋结构的 DNA
1,2—原有的双股螺旋；3—外加的单股螺旋

20 世纪 50 年代发现 DNA 的右旋双股螺旋结构。后来科学家在实验室里设计并合成由 15～25 个核苷酸组成的短链反义核酸，这些反义核酸可被绑到 DNA 中形成三股螺旋的 DNA（见图 7-11）。1992 年我国科学家首先发现具有三股螺旋的天然 DNA。现三股 DNA 的存在已被国际公认。

7.2.2.2　DNA 的复制

为确保微生物体内 DNA 碱基顺序精确不变，保证微生物的所有属性都得到遗传，在细胞分裂之前，DNA 必须十分精确地进行复制。DNA 具有独特的半保留式的自我复制能力，确保了 DNA 复制精确，并保证一切生物遗传性的相对稳定。

　　DNA 的自我复制过程大致如下：首先是 DNA 分子中的两条互补的多核苷酸链之间的氢键断裂，彼此分开成两条单链；然后各自以原有的多核苷酸链为模板，根据碱基配对的原则吸收细胞中游离的核苷酸，按照原有链上的碱基排列顺序，在 DNA 聚合酶的催化下，从 $5' \rightarrow 3'$ 方向合成另外一条链，再重新合成与它互补的 DNA 链。这样，原来的 DNA 双链分子，也就是亲链，通过复制产生了两个 DNA 双链分子，也就是两个子链。子链中的碱基对同亲链完全一样。DNA 分子就是这样复制出与自己完全相同的两个子代。新合成的一条多核苷酸链和原有的多核苷酸链又以氢键连接成新的双螺旋结构（见图 7-12）。因此，在新合成的子代 DNA 分子中，一条链是来自亲代的DNA，另一条则是新合成的。

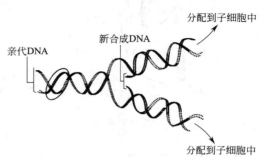

图 7-12　DNA 的半保留复制方式

　　DNA 是双链分子，其中一条链与 mRNA 序列相同，为蛋白质编码，称为编码链（或有意义链），另一条根据碱基互补原则指导 mRNA 合成的链称为模板链（或反义链）。

　　DNA 的复制（合成）过程需要多种相关酶的参与，其中包括 DNA 聚合酶、DNA 连接酶以及一些与解除 DNA 结构有关的酶和蛋白因子等。DNA 的复制（合成）是在环上的一个点开始的，从复制点以恒定的速率沿着 DNA 环移动。在正常速率和慢速率生长的细胞中，DNA 合成所需时间占该细胞复制时间的 2/3，例如在 60min 为一个世代时间生长的大肠杆菌中，DNA 的复制需要 40min，大肠杆菌 DNA 总长度约为 1100μm，则 DNA 的复制速率约为 27μm/min。对于快速率生长的微生物，其 DNA 复制较为复杂，因为生长速率快，DNA 第一轮复制尚未完成，就开始第二轮复制，这样在同一时间里就会有多个复制点出现在细胞中。

　　真核微生物的 DNA 复制同时在各染色体中进行，在每个染色体中有许多分立的位点，各位点上 DNA 复制同时进行。

7.2.3　DNA 的变性和复性

7.2.3.1　DNA 的变性

　　DNA 的双螺旋结构由碱基对中碱基之间的氢键维持。当天然双链 DNA 受热或在其他因素的作用下，两条链之间的结合力被破坏而分开成单链 DNA，即称为 DNA 变性。这时分子呈现无规线团的构象。

　　将 DNA 溶液缓慢加热，随着温度的上升，DNA 发生变性，不同程度的解链表现为对波长 260nm 紫外辐射的吸收值的差异。由此可以得到解链曲线或熔解曲线（见图 7-13）。T_m 为解链温度，它是 A_{260} 升高到最大值一半时的温度。从图 7-13 中可以看到，在 80℃ 以前双链 DNA 保持稳定，在 80℃ 时，双链的第一个碱基开始断裂，温度升到 92.6℃ 左右，双链 DNA 彻底分开形成单链 DNA。

　　解链温度的值与 DNA 组成有关，由于 G 与 C 之间的氢键有三个，而 A 与 T 之间为两个，因此，DNA 分子中 G＋C 的百分比越高，T_m 的值就越高。通过测定 T_m，可以知道 DNA 分子中的 G＋C 摩尔百分比，这是在微生物分类学中很有用的指标。

　　除温度可以使 DNA 发生变性外，提高 pH 也能使 DNA 发生变性，当 pH 达到 11.3 时，所有氢键消失，DNA 完全变性。另外，尿素和甲硫胺也可导致 DNA 变性。

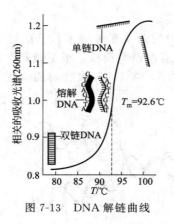

图 7-13　DNA 解链曲线

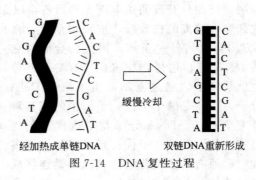

经加热成单链DNA　　缓慢冷却　　双链DNA重新形成

图 7-14　DNA 复性过程

7.2.3.2　DNA 的复性

变性 DNA 溶液经适当处理后重新形成天然 DNA 的过程称为复性，或称为退火。用高温使 DNA 变性后，再缓慢降低至自然温度，变性的单链 DNA 会复性成天然双链 DNA。图 7-14 显示变性 DNA 重新形成双链 DNA 的过程。

复性过程中，单链 DNA 的结合是随机的，因此，复性后形成的双链 DNA 不可能全部是原来的 DNA。将用放射性同位素[15]N 标记的 DNA 与用非放射性同位素[14]N 标记的 DNA 同时变性和复性，结果得到 3 种类型的双链 DNA：25％含[14]N 的双链 DNA，25％含[15]N 的双链 DNA，50％的 DNA 中各有一条链含[14]N 和[15]N。

利用固相杂交的方法，用硝酸纤维素制成极薄的滤膜，将分子量较大的单链 DNA（无放射性）预先固定在膜上，再用分子量较小的带有放射性标记的单链 DNA 进行杂交，形成 DNA 与 DNA 双链杂交分子后，洗脱除去未配对的标记 DNA 片段，测定放射性，就可以求得两种 DNA 链杂交的百分比。DNA 杂交也可以在液相中进行。用 DNA 杂交技术可以测得 DNA 分子之间的核苷酸排列顺序同源性。同样的方法，还可以进行 DNA 与 RNA 的分子杂交。

7.2.4　RNA 及其作用

7.2.4.1　RNA 的特点

RNA（核糖核酸）和 DNA 很相似，它们之间的差别有两点：RNA 的四种碱基中，没有胸腺嘧啶（T）而代之以尿嘧啶（U）；RNA 含有的五碳糖是核糖而不是脱氧核糖（见图 7-15）。除此之外，同 DNA 一样，也是由碱基和糖构成核糖核苷，再和磷酸构成核糖核苷酸，并通过磷酸二酯键把核糖核苷酸连接成长链。

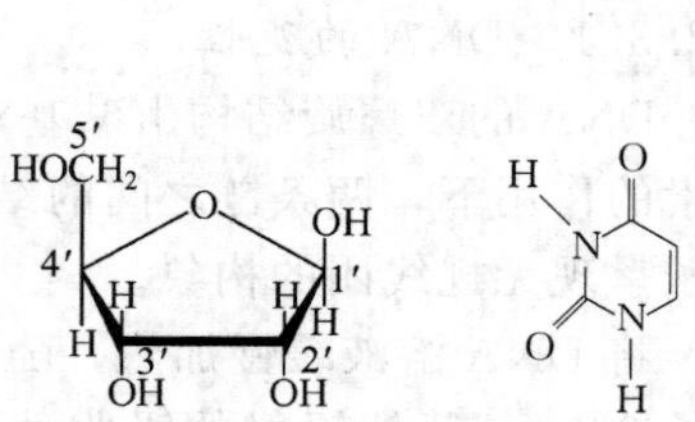

图 7-15　核糖和尿嘧啶的结构

RNA 有四种，即 tRNA、rRNA、mRNA 和反义RNA，它们均由 DNA 转录而成。分别在蛋白质合成过程中担任不同的角色。DNA 转录 mRNA 的同时转录反义 RNA，见图 7-16。

7.2.4.2　各种 RNA 的作用和遗传密码

mRNA 为信使 RNA，作为多聚核苷酸的一级结构，其上的核苷酸排列顺序，携带着指导蛋白质合成的信息密码（三联密码子），翻译成蛋白质，具有传递遗传信息的功能。

遗传密码是由三个核苷酸组成的三联密码子，mRNA 上从 5′端到 3′端的核苷酸排列序

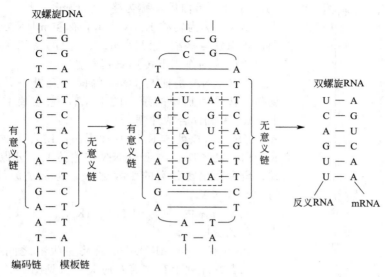

图 7-16 由 DNA 转录 mRNA 和反义 RNA 的过程

列决定了蛋白质多肽链中从 N 端到 C 端的氨基酸排列序列。遗传密码具有普适性或通用性，除极少数生物外，所有生物的遗传密码都是相同的，表明所有的生物都是由共同的祖先进化而来的，遗传密码的组成见表 7-1。

表 7-1 通用的（普适的）遗传密码

第一个核苷酸(5′)	第二个核苷酸				第三个核苷酸(3′)
	U	C	A	G	
U	苯丙氨酸	丝氨酸	酪氨酸	半胱氨酸	U
	苯丙氨酸	丝氨酸	酪氨酸	半胱氨酸	C
	亮氨酸	丝氨酸	终止密码子	终止密码子	A
	亮氨酸	丝氨酸	终止密码子	色氨酸	G
C	亮氨酸	脯氨酸	组氨酸	精氨酸	U
	亮氨酸	脯氨酸	组氨酸	精氨酸	C
	亮氨酸	脯氨酸	谷氨酰胺	精氨酸	A
	亮氨酸	脯氨酸	谷氨酰胺	精氨酸	G
A	异亮氨酸	苏氨酸	天冬酰胺	丝氨酸	U
	异亮氨酸	苏氨酸	天冬酰胺	丝氨酸	C
	异亮氨酸	苏氨酸	赖氨酸	精氨酸	A
	甲硫氨酸	苏氨酸	赖氨酸	精氨酸	G
G	缬氨酸	丙氨酸	天冬氨酸	甘氨酸	U
	缬氨酸	丙氨酸	天冬氨酸	甘氨酸	C
	缬氨酸	丙氨酸	谷氨酸	甘氨酸	A
	缬氨酸	丙氨酸	谷氨酸	甘氨酸	G

在表 7-1 中可以看到，许多氨基酸的密码子不止一个，几种密码子编码同一种氨基酸，称为密码的简并性。有 3 种密码子（UAA、UAG 和 UGA）不编码氨基酸，其作用为终止

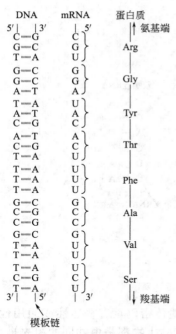

图 7-17　DNA 模板与 mRNA
及多肽链之间的对应关系

mRNA 翻译蛋白质，称为终止密码子。

tRNA 称为转移 RNA，其上有和 mRNA 互补的反密码子，能识别氨基酸及识别 mRNA 上的密码子，在 tRNA-氨基酸合成酶的作用下传递氨基酸。

反义 RNA 是能与 DNA 的碱基互补，并能阻止、干扰复制、转录和翻译的短小的 RNA，它主要起调节作用，决定 mRNA 翻译合成速率。

rRNA（核糖体 RNA）和蛋白质结合形成核糖体，是合成蛋白质的场所。由于 rRNA 在遗传上十分保守稳定，已经成为研究微生物分类的手段之一，特别是原核生物（细菌）的 16S rRNA。

在生物体内，由 mRNA、tRNA、反义 RNA 和 rRNA 协作合成蛋白质。

DNA 模板与 mRNA 分子及多肽链之间存在共线性关系，三者在序列上存在着对应关系（见图 7-17）。

7.2.5　微生物生长与蛋白质合成

7.2.5.1　微生物生长

微生物生长表现为细胞基本成分的协调合成和细胞体积的增加。微生物生长的主要活动是蛋白质的合成，同化的碳和消耗的能量有 4/5～9/10 直接或间接与蛋白质合成有关。蛋白质合成在核糖体上进行，与 RNA 的复制（合成）及 DNA 的复制（合成）有关。以细菌为例，当细菌被接种到新鲜培养基的初期（停滞期），细胞内所有成分出现一个不平衡的生长状态。当生长进入对数期，细胞内的各生化成分都以相同速率进行合成，称为平衡生长［见图 7-18（a）］。当将平衡生长的培养物转移到丰富培养基中，生长速率加快，出现上升状况［见图 7-18（b）］，此时 RNA 的合成速率首先增加，稍后 DNA 和蛋白质的合成速率随之增加。经一段较长时间后，细胞分裂的速率也上升。最后，全部生化成分的合成速率再度达到平衡。反之，若做下降实验，RNA 的合成速率首先减小，DNA 和蛋白质的合成速率随之减小。上述实验证明，RNA 的合成速率是控制生长速率的关键因素。

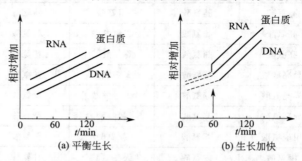

(a) 平衡生长　　　　　　(b) 生长加快

图 7-18　生长期细菌群体的 RNA、DNA 和蛋白质含量的变化

7.2.5.2　蛋白质的合成过程

蛋白质的合成过程可以分为以下几个步骤（见图 7-19）。

（1）DNA 复制　相应的 DNA 链进行自我复制，按照前述的半保留复制方式进行。

（2）转录 mRNA　由 DNA 转录成 mRNA，同时也转录成其他几种 RNA；双链 DNA 分开，以它其中的一条单链为模板遵循碱基配对的原则转录出相应的 RNA。

（3）翻译　以 mRNA 上的碱基顺序（三联密码子）为模板，翻译成对应的蛋白质分子。此过程需要 tRNA 的参与，tRNA 具有特定识别作用的两端：一端为识别特定的、已活化的氨基酸（由 ATP 和氨基酸合成酶作用下活化），并与之暂时结合形成氨基酸-tRNA 的结合分子；另一端为三个核苷酸碱基顺序组成的与 mRNA 上的三联密码子互补的反密码子，它可以识别 mRNA 上的三联密码子，并与之暂时结合。

（4）蛋白质合成　通过 tRNA 的两端识别作用，把特定的氨基酸送到核糖体上，使不同的氨基酸按照 mRNA 上的碱基顺序连接起来，在多肽合成酶的作用下合成多肽链，最终生成具有特定生理功能的蛋白质。

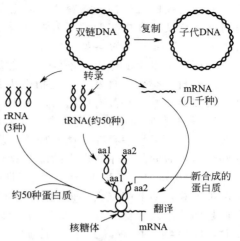

图 7-19　核酸和蛋白质的合成模式

7.2.6　微生物的细胞分裂

由于 DNA 复制和蛋白质合成，两者增加，最后导致微生物细胞的分裂。在微生物的细胞分裂过程中，母细胞将成倍增加的核物质和蛋白质均等地分配给两个子细胞，在细胞中部形成横隔膜，最终分裂成两个细胞。

7.3　微生物的变异

7.3.1　变异的实质

在对微生物进行培养的过程中，我们经常会发现，偶尔会出现个别微生物菌株，其形态或生理生化或其他方面的性状与所谓的"标准菌株"不一样，发生了某些改变，而且这些改变的性状是可以遗传的。这时的微生物就是发生了变异，出现新的变种或变株。

为什么微生物会发生变异呢？其实这种现象在生物中是十分常见的。在生物中，造成变异的途径主要有两个：一是基因突变；二是基因重组。

在微生物遗传过程中，由于某种因素的影响，DNA 上的碱基对发生差错，出现碱基的缺失、置换或插入，改变了基因内原有的碱基顺序，导致后代性状的改变。当这种改变可以遗传时，就是发生了基因突变。所以说基因突变是微生物发生变异的实质。例如，原来有荚膜、菌落为光滑型（S）的细菌，突变后成为无荚膜、菌落为粗糙型（R）的，且后代一直表现为无荚膜、菌落为粗糙型的，这就是突变株。

在真核微生物中，变异也会发生在染色体水平上，如染色体的缺失、重复、倒位和易位等，都会引起遗传信息的改变，称为染色体畸变。

7.3.2　基因突变的特点和类型

7.3.2.1　基因突变的特点

基因突变的特点概括起来有三点，即稀有性、随机性和可逆性。

基因突变的稀有性是指在微生物体内发生基因突变的概率是很低的，自发突变率一般为 $10^{-9} \sim 10^{-6}$，经诱导因素作用可以提高突变率 $10 \sim 10^5$ 倍。

基因突变的随机性是指突变的发生是随机的，突变性状与引起突变的原因之间不存在直接的对应关系，例如，耐药性突变的发生与药物的存在无关，但药物的存在对突变菌株的生存起到筛选的作用；另外，不同突变的发生彼此独立无关。

基因突变的可逆性是指突变可以正向进行（即由正常的野生型突变成突变型），也可以进行回复突变（即由突变型变为野生型）。

7.3.2.2 基因突变的类型

按照突变发生的原因和条件，可把突变分为自发突变和诱发突变。

（1）自发突变 自发突变是指微生物在自然条件下，没有人工参与情况下所发生的突变。自发突变并不是没有原因的，造成自发突变的原因有以下两方面。

① 多因素低剂量的诱变效应 在自然界中存在一些低剂量的诱变因素，如自然界存在的背景辐射、环境中存在的诱变物质以及微生物在代谢活动中产生的诱变物质（如 H_2O_2），这些因素长时间的作用所产生的综合效应是发生自发突变的原因之一。

② 互变异构效应和环出效应 在胸腺嘧啶（T）和鸟嘌呤（G）中，存在着酮式和烯醇式两种形式，胞嘧啶（C）和腺嘌呤（A）也存在氨基式和亚氨基式两种形式。通常情况下，平衡趋向于酮式和氨基式，偶尔，T 会以烯醇式出现，C 以亚氨基式出现，这时，DNA 复制时，G 会与 T 配对，C 与 A 配对，从而出现错配，产生突变。这种现象称为互变异构效应。

由于个别核苷酸向外突出（DNA 的瞬间变化），会造成核苷酸配对的错误，而导致突变，这种现象称为环出效应（环状突出效应）。

自发突变发生的概率是很低的（称为突变型频率），如细菌为 $1 \times 10^{-10} \sim 1 \times 10^{-4}$，即 1 万到 100 万亿次裂殖中才出现一个个别基因的突变体。

（2）诱发突变 诱发突变是利用物理的或化学因素处理微生物群体，促使少数个体细胞的基因发生突变，导致出现突变型菌株。凡能提高突变率的因素，称为诱发因素或诱变剂。

① 物理诱变 利用物理因素引起基因突变的，称为物理诱变。物理诱变的因素有紫外辐射、X 射线、α 射线、β 射线、γ 射线、快中子及激光等。

a. 紫外辐射 紫外辐射对 DNA 的效应主要是引起 DNA 的变化，DNA 吸收紫外辐射后，会导致 DNA 链的断裂、DNA 分子内部和分子间的交联、核酸和蛋白质的交联、胞嘧啶和鸟嘧啶的水合作用及胸腺嘧啶二聚体的形成等。其中，胸腺嘧啶（T）二聚体的形成是紫外线引起突变的主要途径（见图 7-20）。

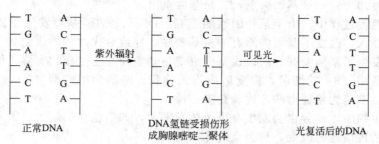

图 7-20 紫外辐射对 DNA 的损伤和 DNA 的修复

b. 电离辐射 α 射线、β 射线、γ 射线等与 DNA 分子碰撞时，将其全部或部分能量传递给原子而产生高能量的次级电子，通过电离作用，直接或间接改变 DNA 的化学结构。直接作用是使 DNA 分子中的化学键断裂，而间接作用是从水或有机物分子中产生自由基，导致 DNA 分子的损伤或缺失。

② 化学诱变 利用化学物质对微生物进行诱变，导致基因突变或真核生物的染色体畸变，称为化学诱变，该类物质称为化学诱变剂（见图 7-21）。化学诱变因素对 DNA 形式的作用有以下三类。

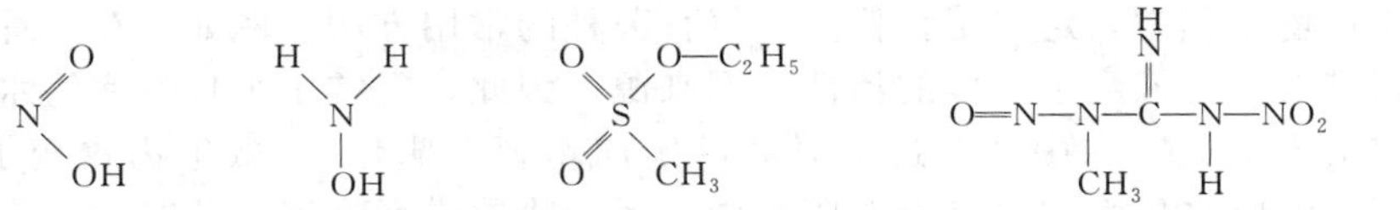

亚硝酸　　　　羟胺　　　甲基磺酸乙酯　　　　N-甲基-N'-硝基-N-亚硝基胍

图 7-21　几种常见的化学诱变剂

a. 亚硝酸、硫酸二乙酯、甲基磺酸乙酯、硝基胍、亚硝基甲基脲等物质，可以通过与 DNA 分子上的碱基发生化学作用，如亚硝酸能导致 DNA 的碱基发生氧化脱氨基作用，从而产生诱变作用。

b. 5-溴尿嘧啶（BU）、2-氨基嘌呤（AP）等物质，其结构与天然碱基类似，如 BU 与 T 类似，它们可以掺入 DNA 分子中，从而导致基因突变。

c. 在 DNA 分子上增加或缺失一对或少数几对核苷酸，造成突变点以下全部遗传密码的错误，这种突变称为移码突变。如吖啶类染料就是有效的移码突变诱变剂。

物理和化学诱变因素，除了导致基因突变之外，也会产生染色体畸变作用，如辐射有可能导致染色体断裂，从而导致微生物发生变异。

诱变剂的作用常有一定的协同效应，当我们将两种或多种诱变剂先后或同时作用于微生物，或者是同一种诱变剂重复使用时，其突变率将比单独使用时提高，这种复合处理的协同效应对于育种是很有意义的。

③ DNA 损伤的修复　当 DNA 分子被损伤后，细胞会利用某种方式进行修复，以保证遗传信息的正确传递。如当由于紫外线造成 DNA 损伤时，细胞能用某种方式对其进行修复。

a. 光复活　受损的 DNA 分子在蓝色可见光，尤其是 510nm 波长的光照下，能激活光复活酶，切除受损的 DNA 片段，将新的核苷酸插入，由连接酶连接形成正常的 DNA。这种修复主要是低等生物的一种修复形式，随着生物进化地位的上升，它所起的作用随之削弱。

b. 切除修复　把含有胸腺嘧啶二聚体的 DNA 片段切除，然后通过新的多核苷酸链的再合成进行修补，也就是利用双链 DNA 中一段完整的互补链去恢复损伤链所丧失的信息。这一过程需要核酸内切酶、DNA 多聚酶Ⅰ和连接酶等的参与。

c. 重组修复　必须在 DNA 复制的情况下进行（又称为复制后修复）。受损的 DNA 经过复制和染色体交换，使子链上的空隙部分面对正常的单链，DNA 多聚酶修复空隙部分成正常链。

d. SOS 修复　这是在 DNA 受到大范围重大损伤时诱导产生的一种应急反应，使细胞内所有的修复酶增加合成量，提高酶活性，或诱导产生新的修复酶（即 DNA 多聚酶）来修复受损的 DNA。

e. 适应性修复　细菌由于长期接触低剂量的诱变剂如硝基胍（MNNG 或 NG）会产生修复蛋白（酶），修复 DNA 因甲基化而遭受的损伤，这种在适应过程中产生的修复蛋白的修复作用称为适应性修复。

当然，细胞的修复能力是有限的，严重的 DNA 损伤将导致细胞的死亡。

如果发生了 DNA 的单链断裂或双链断裂，其修复一般是通过同源重组的方式来进行的。

④ 定向培育和驯化　定向培育是人为用某一特定环境条件长期处理某一微生物群体，同时不断将它们进行移种传代，以达到累积和选择合适的自发突变体的一种古老的育种方法。由于该方法依赖的是微生物的自发突变，因为自发突变率比较低，造成该方法往往需要比较长的时间。

目前在环境工程中，定向培育依然是培育菌种的常用方法。例如，在处理一些工业废水时，由于很难找到与该废水一样的活性污泥来源，因此，常常用来自生活污水处理厂的活性污泥，将它接入工业废水中，经过长时间的定向培育（驯化），微生物改变了原有的性状，变得适应于新的废水环境，并且能对废水中的污染物质进行降解。这时的微生物已经发生了变异，成为新的变种或变株。

7.3.3 基因重组

基因重组是改变微生物遗传性状的另一途径。把来自不同性状的个体细胞的遗传物质转移到一起，使基因重新组合，产生新品种，称为基因重组或遗传重组。

重组是分子水平上的一个概念，可以理解为遗传物质分子水平的杂交。真核微生物的有性杂交、准性杂交等和原核微生物的转化、转导、原生质体融合等都是基因重组在细胞水平上的反应。表 7-2 列出了微生物中各种基因重组的比较。

表 7-2 微生物中各种基因重组的比较

供体与受体的关系	重组范围	整套染色体		局部杂合	
		高频率	低频率	部分染色体	少数基因
细胞融合或连接	性细胞	真菌的有性生殖			
	体细胞		真菌的准性生殖		
细胞间暂时沟通				细菌的结合	性导（结合）
细胞间不接触	吸收游离 DNA 片段				转化
	噬菌体携带 DNA				转导
由噬菌体提供遗传物质	完整噬菌体				溶源转变
	噬菌体 DNA				转染

基因重组是杂交育种的理论基础。利用已知性状的供体菌和受体菌作为标本，基因重组技术使杂交育种的效率大大提高。

7.3.3.1 原核微生物的基因重组

对于原核微生物，基因重组的方式主要是转化、转导、结合和原生质体融合等。

（1）转化 转化是最早被发现的细菌遗传物质转移现象，1928 年格里菲斯（Griffith）的转化实验以及以后的工作是对 DNA 是遗传物质的证实。

受体细胞直接吸收来自供体细胞的 DNA 片段，并把它整合到自己的基因组里，从而获得供体细胞部分遗传性状的现象，称为转化。

在原核微生物中，转化是一种普遍现象。在肺炎链球菌、芽孢杆菌属、假单胞菌属、萘氏球菌属等及一些放线菌、蓝细菌、酵母菌和黑曲霉中都发现有转化现象的存在。发生转化需要两个条件：一个是受体菌要处于感受态，即能够从外界吸收 DNA 分子进行转化的生理状态，感受态的出现是由遗传决定的，也受到细胞的生理状态、菌龄、培养条件等的影响；另一个是转化因子，即具有转化活性的外源 DNA，要求有一定的高分子量和同源性，才能保证转化的进行。

（2）转导 以完全或部分缺陷噬菌体作为媒介，把供体细胞的 DNA 片段转移到受体细胞中去，并使后者发生遗传变异，这种现象称为转导。在噬菌体内只含有供体 DNA 的称为完全缺陷噬菌体；在噬菌体内同时含有供体 DNA 和噬菌体 DNA 的称为部分缺陷噬菌体（部分噬菌体的 DNA 被供体 DNA 所替换）。根据噬菌体和转导 DNA 产生途径的不同，可将转导分为普遍性转导和局限性转导。

① 普遍性转导 通过完全缺陷噬菌体对供体菌任何 DNA 片段的"误包"，由噬菌体将该 DNA 携带的遗传信息传递到受体菌，在感染受体时，所有转导基因都能以相同的频率转

移，这种转导称为普遍性转导。

②局限性转导 通过部分缺陷的温和噬菌体把供体菌少数特定基因携带到受体菌中，并获得表达，这种转导方法称为局限性转导。如果转导子是由于"误切"造成的，其形成频率很低，为 10^{-6}（低频转导）；如果转导子是从双重溶源菌而来的，则其转导频率理论上可高达 50%（高频转导）。

（3）结合 在细菌、放线菌等原核微生物中，供体菌和受体菌之间直接接触，前者的部分 DNA 进入后者细胞内，并与其核染色体发生交换、整合，从而使后者获得供体菌的遗传性状，这种现象称为结合，也称为杂交。通过杂交可以获得有目的、定向的新品种。在大肠杆菌中 F 因子的传递就是一个典型的例子，F 因子是大肠杆菌体内的质粒，是一段小分子的DNA，控制大肠杆菌性丝的形成，将 F^+ 或 Hfr 菌株与 F^- 菌株杂交，结果导致 F 因子或 F因子连同部分染色体 DNA 向后者的转移。

在原核微生物体内的质粒，往往具有一些特殊的功能，除了前面提到的 F 因子，还有对药物产生抗性的 R 因子，即在假单胞菌属中存在的降解性质粒，如恶臭假单胞菌（*Pseudomonas putida*）分解樟脑的质粒（CAM. comphor）、食油假单胞菌（*P. oleovorans*）分解正辛烷的质粒（OCT. N-octanc）、恶臭假单胞菌 R-1 分解水杨酸酯的质粒（SAL. Salicyate）、铜绿色假单胞菌（*P. aeruginosa*）分解萘的质粒（NPL. Nephthalene）等。这些质粒常会由于外界因素的影响而发生丢失或转移，质粒也可以从一个供体细胞转移到不含该质粒的受体细胞中，使后者具有该质粒所决定的遗传性状，有的质粒在转移过程中还会携带部分供体的染色体基因一起转移，从而使受体细胞获得由供体细胞染色体决定的遗传性状。

质粒的这些特点，使之成为遗传育种的有力工具，利用细胞结合或融合技术，将供体的质粒转移到受体细胞内，培育出具有多种质粒功能的新品种的微生物。

质粒育种的方法已经在环境工程中获得初步研究成果。例如，尼龙寡聚物的化学成分是氨基己酸环状二聚体，尼龙寡聚物在化工厂污水中难以被一般微生物分解，人们发现黄杆菌属（*Flavobacterium*）、棒状杆菌属（*Corynebacterium*）和产碱杆菌属（*Alcaligenes*）的细菌具有分解尼龙寡聚物的质粒 pOAD，其上的两个基因分别指令合成分解尼龙寡聚物的酶 E I和酶 E II，但上述三个属的细菌不易在污水中繁殖，使其难以在废水处理中实际应用，而污水中普遍存在的大肠杆菌又无分解尼龙寡聚物的质粒。冈田等已成功地把分解尼龙寡聚物的质粒 pOAD 基因移植到受体细胞大肠杆菌内，使后者获得了该基因指令的遗传性状，成为具有分解尼龙寡聚物能力的大肠杆菌。

另外，在基因工程中质粒常被用于基因转移的运载工具——载体。

（4）原生质体融合 原生质体融合是细胞工程的重要内容和方法，它是通过人为的方法，使遗传性状不同的两个细胞原生质体发生融合，进而发生遗传重组，并产生同时带有双亲性状的、遗传性很稳定的融合体的过程。这种方法克服了传统杂交方法所面临的远缘杂交障碍。

为提高融合的效率，目前常用的诱导原生质体融合的方法有化学促融法和电诱导法等。如用聚乙二醇（PEG）作为化学促融剂，或者借助电场的作用，引发细胞融合。另外，借助非遗传标记的方法，也可以提高融合效率。

原生质体融合技术不仅可以应用在原核微生物上，也可以应用在真核微生物上，是一个更有效的研究遗传物质的技术，已经广泛被应用在遗传育种上。

7.3.3.2 真核微生物的基因重组

在真核微生物中，基因重组主要有有性生殖、准性生殖、原生质体融合和转化等。

（1）有性生殖 这是在细胞水平上发生的一种遗传重组方式。通常是在单倍体的细胞间结合和细胞核的融合，细胞核融合后将发生减数分裂，基因重组主要是通过染色体的独立分离和染色体之间的交换，造成染色体重组，并产生新型遗传后代。凡能产生有性孢子，以有性方式进行繁殖的真核微生物，原则上都能采用有性杂交方法进行育种。

（2）准性生殖　准性生殖是类似于有性生殖，但更原始的一种生殖方式，它可以使同种生物两个不同菌株的体细胞发生融合，且不以减数分裂的方式而导致低频率的基因重组并产生重组子。准性生殖主要存在于一些真菌中，如半知菌。

随着现代分子生物学的发展，科学家已经能够人为地实现不同生物个体间遗传物质的基因重组，不仅能在同种或相似物种间实现，而且已经能够在亲缘关系很远的生物间实现。

7.3.4　基因工程及在环境保护中的应用

7.3.4.1　基因工程的基本过程

基因工程是利用重组 DNA 技术，在体外通过人工剪切和拼接等方法，对生物的基因进行改造和重新组合，然后导入受体细胞内进行无性繁殖，使重组的基因在受体细胞中表达，产生出人类所需要的基因产物。因此，基因工程的基本过程包括以下关键步骤。

（1）基因工程的工具酶　要进行基因片段的剪切和拼接，首先需要能在特定位置上切割 DNA 分子的限制性内切酶和能将 DNA 片段连接在一起的 DNA 连接酶。目前已发现 400 多种限制酶，每种限制酶只能识别特定的核苷酸序列，并在其中特定的切点上切割 DNA 分子，大部分限制酶切开的双链 DNA 两条单链的切口部带有伸出的几个核苷酸，它们之间又可以互补配对，这样的切口末端称为黏性末端。如果把两种来源不同的 DNA 用同一种限制酶来切割，然后让两者的末端黏合起来，再用 DNA 连接酶将其连接起来，就可以组成重组 DNA 分子。

（2）基因工程的载体　要将一个外源的基因送入受体细胞，需要有运输工具，这就是载体。目前经常使用的载体有质粒、噬菌体以及动植物病毒。质粒是基因工程中最常用的载体。由于质粒上有某一限制酶的单一切点，用该酶对质粒进行切割，质粒上就出现切口，将用同一种酶切断的外源 DNA 片段插入该质粒的切口，就组成了重组 DNA 分子。质粒的另一特点是其上有选择性标记，这样，可以根据受体细胞是否具有该种标记来判断受体细胞是否获得了该重组质粒，对目的基因进行筛选和检测。

（3）目的基因的分离　可以通过两条途径从浩瀚的基因海洋中获得特定的目的基因：一是从生物的基因组直接分离；二是人工合成。

① 从基因组直接分离目的基因　最常用的方法是鸟枪法，即用限制酶将某种生物的 DNA 切成片段并分别载入载体，对受体细胞进行转化，让外源 DNA 所有的片段都在宿主细胞中大量扩增，这其中必然含有所需目的基因的转化细胞，再用某些检测方法挑选有目的基因的转化细胞，把目的基因挑选出来。这种方法具有一定盲目性，工作量大。

② 酶促合成法　该法是将真核细胞基因转录的全部 RNA 提取出来，在体外经反转录酶的作用，生成与 mRNA 互补的 DNA，即 cDNA，再将 cDNA 酶切后载入载体，建立 cDNA 文库，由于该生物中目的基因的转录活性强，所以 cDNA 文库中含目的基因的转化细胞比例较大，比较容易用某些检测方法把目的基因挑选出来。另外，对已知核苷酸顺序的目的基因，也可以用化学合成方法直接合成。目前利用聚合酶链反应（PCR）技术，可使少量的目的基因片段在合适的条件下进行扩增，甚至可以达到原有数量的上百万倍，因此，PCR 技术现已成为获取目的基因片段的常用方法。

（4）目的基因与载体的重组工艺　由 DNA 连接酶将目的基因与载体相连，用同一种限制酶切割的含有目的基因的外源 DNA 和载体的 DNA，产生了相同的 DNA 黏性末端，载体中切口的黏性末端与目的基因的 DNA 片段两端的黏性末端就会因碱基配对而互补结合，在 DNA 连接酶的作用下，形成完整的重组 DNA 分子。

（5）将目的基因导入受体 在体外完成 DNA 重组之后，一般将重组的 DNA 分子导入受体细胞，让目的基因在受体细胞中表达。基因工程中常用的受体细胞是大肠杆菌、枯草杆菌、酵母菌和动植物细胞。一般它们的繁殖力极强，生长速率极快，短时间内得到大量基因拷贝，从而产生大量目的基因产物。

（6）对目的基因的筛选和检测 将目的基因载入载体，导入受体细胞后，必须对目的基因进行检测，确认细胞中已摄入重组的 DNA 分子。检测方法一般有遗传学方法、原位杂交法和免疫学方法。

（7）目的基因在受体细胞中的表达 基因工程的最终目的是要使目的基因得以表达，即产生人们所需要的目的基因产物。目的基因在受体细胞中表达，受到许多因素的影响，其中最重要的是目的基因的阅读框架必须与载体 DNA 的起始密码相吻合，才算处于正确的阅读框架中。另外，还需要有适当的启动子保证目的基因的正确转录等，要使转录出的 mRNA 正确地指导蛋白质的合成，还有许多工作。基因工程示意图见图 7-22。

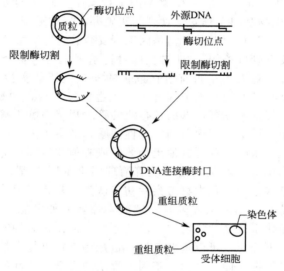

图 7-22 基因工程示意图

7.3.4.2 基因工程在环境污染生物处理中的应用

基因工程技术在环境保护中的应用起始于 20 世纪 80 年代。应用基因工程菌处理污染物的主要优势有以下几点：集中与创造目的基因，提供综合性代谢新污染物的通路和杂种细胞；提高代谢通路结构基因的表达，针对新的污染物，改变表达的调节方式；控制降解途径的限制性步骤，提高分解代谢酶的合成或其他生化反应过程的效率；防止有毒终污染物的产生，防止非需要产品的出现，用确定的基因实现最初的目的。

目前，科学家已经成功地应用基因工程技术制造出许多对污染物具有降解功能的微生物，并在一些领域中得到成功的运用。例如，生存于污染环境中的某些细菌细胞内存在着抗重金属的基因，这些基因上的遗传密码能够使细胞分泌出相关的生化物质，增强细胞生物膜的通透性能，将摄取的重金属元素沉积在细胞内或细胞外。已发现抗汞、抗铜、抗铅等多种菌株。但是，这类菌株多数生长繁殖并不迅速。把这种抗金属的基因转移到生长繁殖迅速的受体菌中，构成繁殖率高、富集金属速率快的新菌株，可用于净化重金属污染的废水。我国中山大学生物系将假单胞杆菌 R4 染色体中的抗镉基因转移到大肠杆菌 HB101 中，使得大肠杆菌 HB101 能在 100mg/L 的含镉液体中生长，富有抗镉的遗传特征。

7.3.4.3 基因工程的安全性

关于基因工程应用的生态安全性是人们十分关注的问题，基因工程技术从它诞生的第一天起，有关其安全性的问题就已经引起人们的注意，这方面的争论也从没有停止过，目前仍在研究之中。

关于基因工程安全性的讨论，主要集中在两个方面：一是基因工程产品（即转基因食品）的安全性问题；二是基因工程本身（研究、操作等）的安全性问题。目前，人们关注比较多的是前者，而对后者的重要性同样不可忽视。

目前，比较受到关注的是转基因食品的安全性问题。世界主要发达国家和部分发展中国家都制定了各自对转基因生物（包括植物）的管理法规，负责对其安全性进行评价和监控。在美国分别由农业部动植物检疫局（APHIS）、环保署（EPA）以及联邦食品和药物管理局（FDA）负责环境和食品各方面的安全性评价和审批。在我国，原国家科委于1993年颁布了《基因工程安全管理办法》，为我国转基因生物安全管理提供了基本框架。根据这一基本框架，农业部于1996年颁布了《农业生物基因工程安全管理实施办法》，1997年又发布了《关于贯彻执行〈农业生物基因工程安全管理的实施办法〉的通知》，并于同年成立了"农业生物基因工程安全委员会"和"农业生物基因工程安全管理办公室"。2001年国务院又颁布了《农业转基因生物安全管理条例》，使得我国对转基因生物的安全管理更加完善具体。由于转基因食品的特殊性，对人类是否有潜在危害的安全性评估实验有可能需要相当长的时间。另外，一些针对某些行业的基因工程管理法规也已经出台，如烟草行业、林业生产等。但总的来说，我国的法规尚不完善，部门和行业的管理规定力度不够，难以适应工作要求。

对于在环境工程中应用基因工程菌的安全性问题，考察基因工程菌存活情况、基因工程菌新基因的稳定性能、新基因转移到其他生物体中或其他非目标环境之中的规律以及基因工程菌对生态系统的副作用等，均是紧紧围绕着治理污染基因工程菌的安全性和有效性进行的。科学家们通过对某些基因工程生物考察后初步认为：基因工程菌对自然界的微生物或高等生物不构成有害的威胁，基因工程菌有一定的寿命，菌种可能分化为有效至无效多种类型；基因工程菌进入净化系统之后，需要一段适应期，但比土著种的驯化期要短得多；基因工程菌降解污染物功能下降时，可以重新接种；目标污染物可能大量杀死土著菌，而基因工程菌却容易适应生存，发挥功能。当然，基因工程菌的安全有效性的研究还有待深入，但是它不会影响应用基因工程菌治理环境污染目标的实现，相反会促使该项技术的发展。

基因污染也是近年来受到广泛关注的一个问题，就是在天然的生物物种基因中掺进了人工重组的基因。这些外来的基因可随被污染的生物的繁殖而得到增殖，再随被污染生物的传播而发生扩散。因此，基因污染是唯一一种可以增殖和不断扩散的污染，而且无法清除。所以说这是一种非常特殊又非常危险的污染。另外，在基因工程实验或生产过程中会使用和产生一些具有生物活性的物质，如各种重组基因片段、核酸、蛋白、细菌、病毒、酶、生物毒素等，这些物质如管理处置不当可能会对人体健康和生态安全造成巨大威胁。

建议阅读 基因重组，遗传工程

现代分子生物学是当今科学中发展最快的领域。特别是进入21世纪后，人类面临许多问题，如粮食短缺、能源危机，包括环境污染，如何解决这些问题是当代人无法回避的。在环境科学与工程领域，如何更安全、有效、经济地利用现代生物学技术来解决诸如污染物治理、生态保护等问题，是许多科学工作者正在努力的方向。

[1] 陈三凤，刘德龙.现代微生物遗传学.北京：化学工业出版社，2003.

[2] 赵寿元，乔守怡.现代遗传学.北京：高等教育出版社，2001.

[3] 刘祖洞，乔守怡，吴燕华，赵寿元.现代遗传学. 第3版.北京：高等教育出版社，2013.

本 章 小 结

1. 遗传和变异是生物的基本现象。生物体内支配性状的遗传因子称为基因，基因型是指生物体的遗传组成，而表型（表现型）则是生物所表现出来的性状，两者之间既存在联系又有区别。

2. 遗传是相对的，变异是绝对的，遗传中有变异，变异中有遗传。遗传和变异的辩证关系既保证了生物种性状的稳定，又使生物不断得到进化。

3. 通过一系列的实验，证明生物的遗传物质是 DNA，部分病毒的遗传物质是 RNA。

4. DNA 在细胞中的存在形式可分成染色体 DNA 和染色体外 DNA。在原核细胞和真核细胞中，DNA 的存在形式不完全相同。

5. 基因是生物染色体上的一段 DNA，它储存了遗传信息，又具有自我复制的能力。基因不仅可以决定生物的某一个性状，而且还具有调控其他基因表达活性的功能。基因既是一个结构单位，也是一个功能单位。

6. DNA 的复制和遗传信息传递的基本规则称为分子生物学的中心法则，它表明亲代的性状是通过 DNA 传给子代的。子代根据 DNA 所携带的遗传信息，通过转录生成 RNA，再翻译成相应的蛋白质，来形成一定的形态结构和生理生化特性。

7. DNA 的基本单位是核苷酸。核苷酸由碱基、脱氧核糖和磷酸基团三部分组成。碱基分为 A、T、G、C 四种，脱氧核糖和磷酸连接构成 DNA 分子的骨架。按照双螺旋结构理论和模型，DNA 由两条多核苷酸链配对而成，其中 A 与 T 配对，G 与 C 配对，通过氢键作用。

8. DNA 独特的半保留式的自我复制能力，确保了 DNA 能够复制精确，从而保证了生物遗传性的相对稳定。

9. 当 DNA 的双螺旋结构中碱基之间的氢键被破坏时，DNA 发生变性，反之，DNA 复性。DNA 的变性与复性，在生物学研究中具有重要的意义。

10. tRNA、rRNA、mRNA 和反义 RNA 都是由 DNA 转录而成的，它们分别在蛋白质合成过程中担任不同的角色。

11. mRNA 上的核苷酸排列顺序是由 DNA 链上的序列决定的，mRNA 携带着指导蛋白质合成的信息密码（三联密码子），对应着相应的氨基酸顺序，可通过翻译形成蛋白质。

12. 蛋白质的合成过程包括 DNA 复制、转录 mRNA、翻译和蛋白质合成等步骤。

13. 生物发生变异的途径有基因突变和基因重组。在微生物中，发生变异主要是由于基因发生突变或者染色体畸变所造成的。基因突变具有稀有性、随机性和可逆性的特点。按照突变发生的原因和条件，可把突变分为自发突变和诱发突变。

14. 各种物理、化学因素（诱变剂）能诱导突变的发生，提高突变率，同时微生物具有对 DNA 损伤进行自我修复的机制。

15. 原核微生物的基因重组方式主要有转化、转导、结合和原生质体融合等。真核微生物的基因重组方式主要有有性生殖、准性生殖、原生质体融合和转化等。

16. 基因工程是利用重组 DNA 技术，通过体外人工剪切和拼接等方法，对生物的基因进行改造和重新组合，然后导入受体细胞内，并使之进行表达，以得到人类所需的基因产物。

17. 应用基因工程菌处理污染物有许多优点，但同时应对其可能带来的一些负面影响给予足够的重视，如基因工程菌的安全性和基因污染的问题等。

思考与实践

1. 如何辩证地看待遗传与变异的关系？

2. 应用你所知道的实际例子来说明生物的基因型和表型的关系。

3. 现在有人希望通过对基因的测定来预测将来的命运, 你认为可信吗? 说说你的理由。

4. 在生物体的遗传过程中, 遗传信息是如何传递到下一代的?

5. 遗传和变异的物质基础是什么? 用什么方法证明了这一点?

6. DNA 的复制是如何进行的? 这种复制方式是如何保证遗传信息的正确传递的?

7. 在 DNA 的变性和复性过程中, DNA 分子发生了什么样的变化? 为什么解链温度与 DNA 的分子组成有关?

8. 生物体内的四种 RNA 各自起着什么样的作用?

9. 生物体是如何编码遗传信息的? 我们能够从 RNA 上的碱基顺序来确定蛋白质的氨基酸顺序, 那么能不能从氨基酸顺序来反推 RNA 上的碱基顺序呢? 为什么?

10. 微生物发生变异的原因是什么? 基因突变有什么特点?

11. DNA 的损伤修复有几种方式? 各有什么特点?

12. 举例说明在废水处理中微生物突变 (驯化) 的应用。

13. 微生物的基因重组有哪些方式? 试比较之。

14. 基因工程的基本过程和原理是什么? 在环境工程领域有什么应用前景?

15. 基因工程菌的应用对人类是福还是祸? 谈谈你对此的看法。

8 微生物生态学

学习重点：

　　了解生态学的基本定义和研究内容，了解生物种群和群落的基本特点，掌握生态系统的定义、组成、结构和功能以及生态平衡的概念；掌握土壤生态系统的特点和微生物在土壤中的数量、分布等，了解土地生物处理和污水灌溉的原理和注意事项；了解空气生态系统及其中的微生物的特点，了解空气微生物的测定方法；了解水体生态系统中微生物的特点，掌握水体自净过程，掌握应用指示生物划分污染水体污化系统的主要特点，理解评价水体有机污染的主要指标；了解水体富营养化发生的机理、评价方法和控制手段；掌握微生物与其他生物之间的相互关系。

8.1　生态学原理

8.1.1　生态学的定义和研究内容

8.1.1.1　生态学的定义

　　生态学（ecology）是一门古老而新兴的科学。由于社会经济的发展、学科本身的发展以及与其他学科的交叉与渗透，生态学在近二三十年来发展迅速，已从生物学的一个分支发展成为一门综合性科学，成为现代生物学的前沿研究领域之一。特别是从 20 世纪 60 年代开始的环境科学的发展，更为生态学增添了新的应用和发展前景。

　　（1）定义　不同学者对生态学的定义不同，其中比较经典的定义是"生态学是研究生物与环境相互关系的科学"（Haeckel，1866）。我国著名生态学家马世骏先生将生态学定义为"生态学是研究生物的生存条件、生物群落与环境系统之间相互作用的过程及其规律的科学"（马世骏，1990）。

　　（2）分类　根据研究对象的不同，可把生态学分为动物生态学、植物生态学、昆虫生态学、微生物生态学、人类生态学等；也可根据研究方法和手段分为形态生态学、化学生态学、分子生态学等。

8.1.1.2　生态学的研究目的和内容

　　生态学是研究生物与环境相互关系的科学，它从生物个体、种群、群落、生态系统以及生物圈等多个层次上来研究生物与环境相互作用的过程和规律。生态学研究的最终目的是要为人类的生存与发展服务，要根据现代生态学的原理和技术方法，保护、发展和利用有益生物，控制有害生物，保护生物多样性和生物资源，促进经济的可持续发展，使资源、人口和人类生存环境在整体上保持协调、和谐并得到良性循环。

　　从基因、个体、种群乃至到整个地球，所有的生物组织层次均是具有一定生态学结构和功能的单元。对于生态学来说，其基本研究对象是个体、种群、群落和生态系统。随着现代科学技术的发展，其他生物组织层次，如器官组织、细胞、基因、生物活性大分子（向微观方向发展）及区域、国家、社会-经济-自然复合生态系统、生物圈乃至整个地球（向宏观方向发展），也已成为现代生态学的重点研究领域。

　　为合理开发和利用自然资源，不断提高生产水平，保护和建设生态环境，现代生态学的根本任务是要探索和研究一条解决发展与保护之间的矛盾、促进社会经济持续发展的科学途径和对策。因此，生态学的研究内容是围绕着如何协调人与自然的复杂关系、寻找可持续发展之路的这样一个问题进行的。

在环境污染防治与治理方面，生态学主要是研究污染评价、污染物在环境中的变化及其生态效应，研究生物特别是微生物对污染物的转化、降解乃至再生利用，应用生态学原理对污染物进行生物处理，对污染现场进行生物整治，使污染环境得到改善和恢复。

8.1.2 种群和群落

8.1.2.1 种群

（1）种群的概念 种群（population）可以定义为占据特定空间的同一生物种的所有个体的集合体。种群是生物群落的组成单位。

（2）种群的特征 种群的基本成分是具有潜在互配能力的个体，但不等于是个体的简单相加，这是因为有机体之间存在着非独立性的交互作用，从而在整体上呈现出一种有组织、有结构的特性，这就如同人是由细胞组成，但细胞的简单相加不会形成人是一样的道理。因此，从个体到种群，除了出现统计学上的特征如出生率、死亡率、年龄结构、性比等外，还出现了如空间布局、种群行为、遗传变异和生态对策等新的特征。

一般来说，自然种群具有以下三个特征。

① 空间特征，即种群具有一定的分布区域和分布形式。

② 数量特征，每单位面积（或空间）上的个体数量（即密度）将随时间而发生变动。

③ 遗传特征，种群具有一定的基因组成，即系一个基因库，以区别于其他物种，但基因组成同样是处于变动之中的。

一个种群的全体数目多少称为种群大小。如果采用单位面积或容积的个体数目来表示种群大小就称为密度。

种群的数量变动主要由出生率、死亡率、迁入和迁出四个方面的特征所决定。

一个种群的所有个体一般具有不同的年龄，各个龄级的个体数目与种群个体总体的比例称为年龄比例。按从小到大龄级比例绘图，即是年龄金字塔，它表示种群的年龄结构分布。

性比是反映种群中雄性个体和雌性个体比例的参数。

8.1.2.2 群落

（1）群落的概念 生物群落（biocoenosis）简称群落（community），指一定时间内居住在一定空间范围内的生物种群的集合。群落中包括植物、动物和微生物等各个物种的种群，它们共同组成生态系统中有生命的部分。

群落的分类主要是根据群落内的优势种来进行的，如在植物群落中，分为红松林群落、云杉林群落等；也可以根据群落所占的自然生境分类，如山泉急流群落、砂质海滩群落、岩岸潮间带群落等。

（2）群落的特征 群落是生态学中比种群更高一级的单元，具有种群水平所不具备的很多特征。

在群落的数量特征方面，常用的指标有物种丰富度（多度、盛度）和密度、频率、盖度、优势度等。

为了描述群落内的生物组成结构，物种多样性是很常用的指标。有两个参数与物种多样性密切相关，即物种丰富度和物种均匀度。一方面，群落内组成物种越丰富，则多样性越大；另一方面，群落内有机体在物种间的分配越均匀，即物种均匀度越大，则群落多样性越大。目前经常使用的描述多样性的指数有辛普森指数（Simpson's index）、香农-威纳指数（Shannon-Wiener index）等。

生存于一定环境中的群落，同样具有一定的外貌结构。陆地群落类型主要取决于植被特性，而水生群落的差异主要取决于水的深度和水流快慢。群落外貌通常针对陆地群落而言，它是群落之间、群落与环境之间相互关系的可见标志。人们很容易依据外貌来区分陆地群落，如森林、灌丛、草地等。至于水生群落，由于浮游生物个体小而分散，一般不形成大的结构。只有海底生物群落，外貌才有较明显的区分，如珊瑚礁，星状、羽状、扇状的腔肠动物，棘皮动物等。

生物群落如同生物个体一样，有其发生、发展、成熟直至衰老消亡的生命过程，在每一个群落消亡的过程中，即孕育着一个更适合当时当地环境条件的新群落的诞生，这就是群落演替。群落演替的研究无论在理论上还是实践上，在生态学研究中都具有极其重要的意义。

8.1.3　生态系统

8.1.3.1　生态系统的定义

生态系统是在一定时间和空间范围内由生物（包括动物、植物和微生物）与它们的生境（包括光、水、土壤、空气及其他生物因子）通过能量流动和物质循环所组成的一个自然体。可以用一个简单的公式表达为：

$$生态系统＝生物＋环境条件$$

8.1.3.2　生态系统的组成

作为生态学的功能单位之一，生态系统具有四个基本组成：环境（无机环境）、生产者、消费者和分解者或转化者。

生态系统的环境主要是指非生物的环境因子，包括生命活动必需的能源（主要来自太阳辐射）、各种化学物质、温度、pH 等。这些都是与生物有着密切关系的环境因子，一方面，它们影响着生物的生命活动；另一方面，生物活动又会对这些环境因子产生一定的影响。

生产者主要是指以高等植物为主的具有光合作用能力的自养生物，在水环境中，藻类是主要的生产者。

所谓消费者是针对生产者而言的，即它们不能从无机物来制造有机物，直接或间接需要依赖从其他生物（生产者）处得到物质和能量，主要是动物。其中又可进一步细分为一级消费者（食草动物）、二级消费者（食肉动物）、三级消费者（大型食肉动物或顶极食肉动物）等。

分解者或转化者是指那些利用现成的有机物进行生命活动的异养微生物，它们把动植物残体的复杂有机物分解（或转化）成无机物，其作用正与生产者相反，主要是细菌、真菌等微生物。

在生态系统中，生物之间由食物关系建立相互间的营养关系，形成一系列的被食生物与捕食者的锁链，称为食物链。"大鱼吃小鱼，小鱼吃虾米"就是食物链形象的说明。由于自然界中生物食性的多样，常常是一种生物可以被多种生物所食，同一种生物可以以多种生物为食，由此构成错综复杂的食物网（见图 8-1）。网状结构较之链状结构更为稳定。

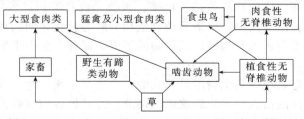

图 8-1　草原生态系统的食物链（食物网）

8.1.3.3　生态系统的结构

生态系统具有明显的三维空间结构，由于环境条件在空间上的差异性，造成生物的分布也出现明显的水平分布和垂直分布。

另外，在不同的时间（包括季节变化和昼夜变化）内，环境因子（如温度、光照等）的变化也会造成生态系统的变化，如我们熟悉的一年四季的物候变化，导致自然界景观发生很大的变化。

8.1.3.4　生态系统的功能

生态系统是自然界的基本功能单元，其功能主要表现为生物生产、能量流动、物质循环和信息传递。其中能量流动和物质循环是最根本的过程，紧密联系，相辅相成，共同进行（见图 8-2）。

（1）生物生产　生物生产是生态系统的基本功能之一，当有太阳辐射存在时，植物、藻类以及光合细菌等自养生物能通过光合作用将水和二氧化碳合成有机物，包括糖类、蛋白质和脂肪等，构成生物体的物质来源，这是生态系统的初级生产（由生产者进行）。另外，生态系统中的其他生物也在进行生产，表现为动物和微生物等的生长、繁殖和营养物的储藏，这种生产直接或间接依赖于初级生产，称为次级生产。

（2）能量流动　生态系统中能量都是直接或间接来自太阳辐射。植物、藻类和光合细菌等通过光合作用将光能转化为化合物中的化学能，储存在生物体内；再经过食物链关系，能量从一种生物转移到另一种生物体内。如图 8-2 所示，植物→草食动物→肉食动物，动物和植物死亡后留下的尸体（有机物）被微生物所分解。

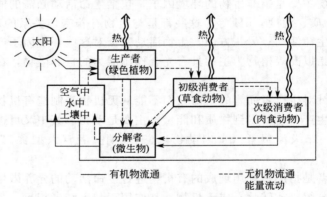

图 8-2　生态系统中的物质循环和能量流动

在能量流动过程中，是遵循热力学定律的，即总能量是不变的，同时随着能量传递过程，熵在增加；一部分能量被生物所利用或储存，一部分能量以热能形式散发到自然界中。由于能量在流动过程中不断被消耗，系统就需要从外界（太阳）不断补充能量来源。

（3）物质循环　在生态系统中，生物所需要的各种营养物质在各个组成成分间传递，形成不断循环的物质流。环境中的物质如二氧化碳、水及无机盐等通过植物吸收进入食物链，并转移给食草动物，再转给食肉动物，最后被微生物分解与转化，回到环境中，并且可以再一次被植物吸收利用，重新进入食物链。按照物质不灭的原理，生态系统内的物质不断地参加系统内的物质循环。

（4）信息传递　生态系统中的生物不是孤立的，生物与生物之间、生物与环境之间存在各种联系。通过各种各样的信息传递，系统进行调节，并且把各组成联为一个整体。信息有营养信息、物理信息、化学信息及行为信息等，构成一个整体的信息网。如物理信息的声、光、颜色等，化学信息的酶、抗生素、生长素（激素）等，在有的生物中，行为也是一种重要的信息，如蜜蜂的飞行姿态可以告诉同伴采蜜点的位置。

8.1.3.5　生态系统的分类

在自然界中，小到一滴水，大到整个地球，都可以被视为是一个生态系统。根据不同的标准，对生态系统的分类有多种。

根据生存环境分为水体生态系统和陆地生态系统。各自还可进一步细分，例如分为淡水生态系统和海水生态系统。根据动态和静态可将淡水生态系统分为河流生态系统和湖泊生态系统。根据生物群落分为动物生态系统、植物生态系统及微生物生态系统，在这些生态系统内又可根据生存环境或生物群落进一步细分。

除了天然生态系统之外，还有人工生态系统，如水库、运河、城市、各种废水处理系统及固体废物生物系统等。

8.1.3.6　生物圈

地球上的一切生物，其中包括人类，都生活在地球的表面层，若将地球比作苹果，则地球上所有的生命只是生活在苹果皮这样薄的表面一层。因为只有这个表面层内有空气、水、土壤等维持生物的生命所必需的物质，人们将这个生物有机体生存的地球表面层，称为生物圈。

生物圈就是地球上所有的生物及其环境所共同组成的一个最大的生态系统（地球上所有生态系统的总和）。

由于生物与环境的相互作用，经过千百万年漫长岁月的进化过程，才形成今天的生物圈。它的范围是从海平面以下约11km（太平洋最深处）到海平面以上十几千米（空气对流层以下及一部分平流层），其中最活跃的是在陆地以上和海面以下约100m。一般可把生物圈分为三层，上层是"气圈"的一部分，中层是"水圈"，下层是"岩石圈"的一部分，它们构成地球上生命活动的主要舞台。

8.1.4　生态平衡

生态系统是一个开放系统，与外界不断地进行着物质、能量的交换。当外界的输入大于输出时，系统内的生物量增加，系统处于发展的过程中；反之，生物量将减少，系统逐渐走向衰亡。如果输入和输出在较长时间内趋于大致相等，则生态系统的组成、结构和功能将长期处于稳定状态。虽然系统内的各种生物群落有各自的生长、发育、繁殖及死亡过程，但其种类组成、数量等均保持相对恒定，生态系统内各成分相互联系、相互制约，在一定的条件下，保持着自然的、暂时的、相对的平衡关系。此时的生态系统具有一定的自我调节能力，能抵抗一定的外来干扰。

生态平衡就是生态系统在一定的时间和空间内保持相对稳定的状态，并能对外来干扰进行自我调节。

生态系统的自我调节能力是有限度的，这个限度称为生态阈值。干扰超过生态阈值，系统则不再具有恢复能力，导致一系列的连锁反应，原有的平衡被打破，各生物群落的种类、数量等关系将发生很大变化，能量流动和物质循环发生障碍，整个生态系统平衡失调。

生态系统在自然界中并非静止不变，而是不断运动变化着的。生态系统的平衡只是暂时的、相对的动态平衡。任何自然因素和人为因素都有可能破坏这个平衡，甚至发生一系列的连锁反应，整个生态系统平衡失调，直到建立新的平衡。例如，池塘内流入大量有机营养物质，使各种生物的新陈代谢加快，由于注入营养物质过多，池内藻类等大量繁殖，有机物质与藻类以及其他水生生物大量消耗水中的氧气，鱼类因没有足够的溶解氧而大量死亡，直到注入的营养物质分解殆尽，溶解氧恢复，塘内生态系统又重新建立新的平衡。

生态系统平衡的破坏和建立，是自然界发展的普遍规律。气候、日照、季节变化或由于人为的因素，都可能造成旧平衡的破坏和新平衡的建立。生态系统总是在不平衡-平衡-不平衡的发展过程中进行着物质和能量的交换，推动着自身的变化和发展。

8.1.5 微生物生态系统与微生物生态学

在自然界中，微生物有着重要的地位和作用。在一定环境条件下生存的微生物与环境条件（包括动植物）之间通过能量、物质、信息等联系而组成具有一定结构和功能的开放系统，称为微生物生态系统。自然界中任何环境条件下的微生物，都不是单一的种群，微生物与微生物之间、微生物与其环境之间有着特定的关系，它们彼此影响，相互依存，呈现出系统关系。

由于环境因子的多样性和复杂性，加上微生物本身的多样性，使不同的微生物系统表现出很大的差异，从而导致了微生物生态系统的多样性和复杂性。根据自然界中主要环境因子的差异和研究范围的不同，通常可以将微生物生态系统分为陆生微生物生态系统、水生微生物生态系统、大气微生物生态系统、根系微生物生态系统、肠道（消化道）微生物生态系统、极端环境微生物生态系统、活性污泥微生物生态系统、"生物膜"微生物生态系统等。

微生物生态学是生态学的分支，它研究和揭示微生物系统与环境系统之间的相互作用及其功能表达规律，探索其控制和应用途径。微生物生态学主要研究微生物在自然界中的分布、种群组成、数量和生理生化特性，研究微生物之间及其与环境之间的关系和功能，包括微生物与动植物之间的关系和功能等。

通过微生物生态学的研究，人们能在充分了解和掌握微生物生态系统的结构和功能的基础上，更好地发挥微生物的作用，更充分地利用微生物为人类服务，解决面临的各种问题，特别是为解决环境污染问题提供生态学理论基础和方法、技术手段等，为社会经济的可持续发展提供决策依据。

8.2 土壤中的微生物

在地球大陆表面的土壤是个十分适合于生物特别是微生物生存的环境。土壤具有微生物所需要的各种营养物质和微生物进行生长繁殖及生命活动的各种条件。同时，土壤也接受了大量来自人类生产生活活动所产生的污染物质，土壤污染会造成一系列的严重后果。

8.2.1 土壤的生态条件

土壤的生态条件与土壤类型及其所处的自然地理环境有关。一般来说，土壤具有良好的生态条件，适合于微生物的生存，可以从以下六个方面来看。

（1）土壤中具有丰富的营养物质　土壤内有大量的有机和无机物质（动植物的残体、分泌物、排泄物等），微生物生长所需要的各种营养物质在土壤中都可以找到，包括一些微量元素。在实验室配制培养基时，有时可以加入土壤浸出液，它能提供微生物所需要的多种营养元素。

（2）土壤的pH是比较适宜于微生物生长的　土壤的pH通常在3.5～8.5，多为5.5～8.5，适合于大多数微生物的生长繁殖。

（3）土壤的渗透压多为等渗或低渗　土壤内的渗透压一般为0.3～0.6MPa，而在革兰阳性菌体内的渗透压为2.0～2.5MPa，革兰阴性菌体内的渗透压为0.5～0.6MPa。所以，土壤对于微生物是等渗或低渗溶液，有利于微生物吸收营养。

（4）土壤能保证氧气和水的供应　　土壤具有团粒结构，有无数小孔隙，可以通气和保持水分。土壤中氧气的含量要少于空气中，一般为 $7\% \sim 8\%$。团粒结构中的小孔隙还能起到毛细管作用，具有持水性，为微生物提供水分。例如在孔隙率为 $30\% \sim 50\%$、排水通畅的土壤中，土粒占 50%，空气占 10%，水占 40%。不过当土壤所处环境条件发生变化时，土壤内氧气和水的成分会发生变化，如土壤遭水淹时，其通气性会变差。

（5）土壤具有良好的保温性　　土壤的温度与大气温度有紧密关系，但与空气温度的较为激烈的变化相比，由于土壤具有较强的保温性，其变化幅度要小于空气。结果就使得土壤内部一年四季的温度变化不大，即使在冬季地面被冻结的情况下，一定深度的土壤中仍能保持一定的温度，不对微生物产生伤害。

（6）土壤最上面的表土层起到了保护的作用　　土壤最上面的一般为几毫米厚的表土层为保护层，表土层中的微生物数量极少，但它的存在可以使下面的微生物免受阳光中紫外线的直接照射。

综合以上各方面，土壤具备了微生物所需的营养和各种环境条件，是微生物良好的天然培养基。当然，土壤的生态条件对不同微生物的影响是不同的，土壤所处的自然地理环境、本身的性质及其中物质的情况，包括人类在土壤上所从事的活动，都会使不同微生物在其中的生长状态不一样。

8.2.2　微生物在土壤中的数量、种类和分布

8.2.2.1　土壤中微生物的数量和种类

土壤中微生物的数量和种类与土壤的性质有关，其中特别是土壤中有机物的含量是一个重要的影响因素。土壤中的有机物越多，土壤肥力越高，其中的微生物也就越多。据统计，在肥土中，每克土含几亿个至几十亿个微生物；在贫瘠土中，每克土含几百万个至几千万个微生物。土壤中以细菌量最多，达 $70\% \sim 90\%$，其次为放线菌、真菌，藻类、原生动物和微型后生动物等较少。土壤微生物通过其代谢活动可改变土壤的理化性质，进行物质转化，因此，土壤微生物是构成土壤肥力的重要因素。

土壤中的微生物多以中温好氧菌和兼性厌氧菌为主。按生化功能来分，细菌有氨化细菌、硝化细菌、反硝化细菌、固氮细菌、纤维素分解细菌、硫细菌、磷细菌及铁细菌等，其中以芽孢杆菌为最多，腐生性球状菌群也较多；放线菌有诺卡菌属、链霉菌属和小单胞菌属等；霉菌有分解纤维素、木质素、果胶及蛋白质的属和种；酵母菌以糖类为碳源，多在果园、养蜂场、葡萄园等的土壤中生存；土壤藻类有硅藻、绿藻和固氮的蓝藻（蓝细菌）。表8-1 为 1g 土壤中不同生化功能的细菌数量。

表 8-1　1g 土壤中不同生化功能的细菌数量

细菌种类	Hiltner 的测定结果 /(10^4 个/g)	Lohnis 的测定结果 /(10^4 个/g)	细菌种类	Hiltner 的测定结果 /(10^4 个/g)	Lohnis 的测定结果 /(10^4 个/g)
分解蛋白质的异养细菌（氨化细菌）	375	437.5	硝化细菌	0.7	0.5
			脱氮细菌	5	5
尿素分解细菌	5	5	固氮细菌	0.0025	0.00388

8.2.2.2　微生物在土壤中的分布

可以从以下两方面来看土壤中微生物的分布情况。

（1）水平分布——不同类型的土壤中所含微生物不同　　土壤的营养状况、温度和 pH 等对微生物分布有很大影响。这些因素在不同类型的土壤中是不一样的，特别是微生物生长所

需要的碳源，例如在油田地区，土壤中有着较多的碳氢化合物，以它们为碳源的微生物就较多，含动植物残体较多的土壤中氨化细菌、硝化细菌较多。

表 8-2 为在我国不同类型的土壤中微生物数量的情况。

表 8-2　我国不同类型的土壤中微生物的数量

土壤类型	地点	细菌/(10^4 个/g)	放线菌/(10^4 个/g)	真菌/(10^4 个/g)
暗棕壤	黑龙江呼玛	2327	612	13
棕壤	辽宁沈阳	1284	39	36
黄棕壤	江苏南京	1406	217	6
红壤	浙江杭州	1103	123	4
砖红壤	广东徐闻	507	39	11
磷质石灰土	西沙群岛	2229	1105	15
黑土	黑龙江哈尔滨	2111	1024	19
黑钙土	黑龙江安达	1074	319	2
棕钙土	宁夏宁武	140	11	4
草甸土	黑龙江亚沟	7863	29	23
娄土	陕西武功	951	1032	4
白浆土	吉林皎河	1598	55	3
滨海盐土	江苏连云港	466	41	0.4

注：以每克干土为单位计量。

（2）垂直分布——同一土壤的不同深度，微生物的分布不同　在土壤的不同深度，由于水分、养料、通气、温度等环境因子的差异以及微生物本身的特性，造成微生物的垂直分布差异。

表层土因受紫外线照射和缺水，微生物容易死亡而数量少；在 5～20cm 深处，微生物的数量最多，每克土可含 6.5×10^5 个微生物，如果有植物根系，其周围的微生物数量更多；自 20cm 以下，微生物数量随深度增加而减少，到 1m 深处，微生物的数量减少到每克土含 3.5×10^4 个微生物；到 2m 深处，由于缺少营养和氧气，微生物的数量极少，每克土中仅有几个。

8.2.3　土壤自净和污染土壤微生物生态

8.2.3.1　土壤自净

土壤对进入其中的一定负荷的有机物或有机污染物具有吸附和生物降解能力，通过各种物理、生化过程自动分解污染物使土壤恢复到原有水平的净化过程，称为土壤自净。

土壤自净是有一定限度的，即自净容量。如果超过这个容量，就会造成土壤污染。土壤自净能力的大小取决于土壤中微生物的种类、数量和活性，也取决于土壤结构、通气状况等理化性质。土壤有团粒结构，并栖息着极为丰富、种类繁多的微生物群落，这使土壤具有强烈的吸附、过滤和生物降解作用。污水、有机固体废物施入土壤后，各种物质（有毒和无毒）先被土壤吸附，随后被微生物和小动物部分或全部降解，例如，红醇母菌和蛇皮癣菌可有效降解剧毒的聚氯联苯（PCB），使土壤恢复到原来状态。

8.2.3.2　土壤污染和污染土壤的微生物生态

（1）土壤污染及其后果　当进入土壤的污染物量超过了土壤的自净容量，就会造成土壤污染。土壤污染物主要来自各种废水（包括农田灌溉和土地处理）、在土壤中进行堆放和填埋的固体废物（渗滤液）、工业设施和农药喷洒等。

土壤污染物质有农药、石油烃类、氨、重金属等。

污染物进入土壤后，将被土壤吸附、截留。易降解的污染物被土壤中的微生物逐渐分解，而难降解物质和重金属等则会在土壤中停留和积累，甚至进入地下水中。

土壤污染会造成一系列的后果，最终对生态系统和人类自身造成以下危害。

① 污染物过多滞留、积累在土壤中，会改变土壤的理化性质，使土壤盐碱化、板结，危害土壤中正常生存的植物和微生物，破坏土壤生态系统。

② 进入土壤的污染物通过食物链迁移，最终危害人类健康，或通过径流进入水体，造成水体污染。

③ 污水和废弃物中的一些病原微生物进入土壤后，有可能长时间存活，并通过各种途径传播，引起人类疾病。

（2）污染土壤的微生物生态 污染物进入土壤，造成土壤的各种理化性质发生变化，这种变化也会对生活在土壤中的微生物产生影响。由于污染物的长时间驯化，会使得土壤中的微生物种类和数量发生改变，并诱导产生能分解污染物的微生物新的品种。例如，土壤中的节细菌和诺卡菌经过长时间接触后，具有了分解聚氯联苯的能力。

由于土地具有自净能力，它可以成为一个天然的生物处理厂，可用土地法处理废水和固体废物。生活污水和易被微生物降解的工业废水经土地处理后得到净化，固体废物通过填埋，经长时间的生物作用，也可以被逐渐稳定化。由此发展出的污水灌溉是个很有实践意义的技术。

利用土地进行污染物处理或进行土壤灌溉时，要十分小心，需要在实施前做充分的研究，以免造成新的污染。

① 不能用含有有毒或难以降解物质的污水。这是因为这些物质会在生物体内积累、富集或者转化，最终影响到人类自己。例如，汞元素虽然能被微生物吸收，但微生物会将无机汞转化为毒性更强的有机汞，各种重金属虽能被微生物氧化或还原，但不能彻底消除毒性。有些农药等难降解物质，在自然界条件下的分解速率很慢，需要几十年甚至上百年才能被降解，这些物质在土壤中积累，会通过食物链富集、浓缩，最后进入人体，危害人类健康。

② 不能超过自净容量。如果进入土壤的污染物数量适中，不超过自净容量，就不会造成土壤污染。

③ 要根据土地上生长的植物的特点，合理灌溉。根据不同物质积累在植物不同部位如根、茎、叶、种子等的特点，选择合理的灌溉方式和灌溉时间。一般不宜用污水灌溉直接食用的经济作物，特别是在这些作物收获前。

8.3 空气中的微生物

8.3.1 空气的生态条件

由于空气中较强的紫外辐射，缺乏微生物生长繁殖所需的营养物质和水分，加上空气中温度变化幅度大等特点，决定了空气不是微生物生长繁殖的良好场所。但是空气中仍然飘浮着许多微生物，它们主要是在空气中短暂停留，受到各种条件的影响，并且可以随着气流到处传播。

8.3.2 空气微生物的来源、特点和种类

8.3.2.1 空气微生物的来源

空气微生物的来源是多种多样的，主要有以下几个来源。

(1) 土壤　飞扬的尘土把土壤中的微生物带至空中。

(2) 水体　水面吹起的小水滴携带微生物进入空气。

(3) 人和动物　主要是皮肤脱落物以及呼吸道等中所含的微生物，通过咳嗽、打喷嚏等方式进入空气。

在敞开的废水生物处理系统中，由于机械搅拌、鼓风曝气等，也会使微生物以气溶胶的形式飞溅到空气中。

8.3.2.2　空气微生物的特点

空气中的微生物只是短暂停留，是可变的，没有固定类群。微生物在空气中停留时间的长短取决于多种因素的影响，如空气的相对湿度、紫外线、尘土颗粒的数量和大小以及微生物本身的性质。

在室外，空气中的微生物数量与环境卫生状况、绿化状况等有关。若环境卫生状况好，绿化程度高，尘埃颗粒少，则微生物的数量就少；反之，微生物就多。在室内（包括住宅、公共场所、医院、办公室、集体宿舍、教室等），微生物的数量与人员活动情况、空气流通程度以及室内卫生状况等有关。表 8-3 是不同场所的空气中微生物的数量情况。

表 8-3　不同场所的空气中微生物的数量

场所	畜舍	宿舍	城市街道	市区公园	海洋上空	北纬 80°
微生物数量/(个/m³)	$(1\sim2)\times10^6$	2×10^4	5×10^3	200	$1\sim2$	0

8.3.2.3　空气微生物的种类

空气微生物没有固定的类群，在空气中存活时间较长的微生物，主要是有芽孢的细菌、有孢子的酵母菌、霉菌、放线菌及原生动物和微型后生动物的各种胞囊。

从高空分离到的细菌有产碱杆菌属、芽孢杆菌属、八叠球菌属、冠氏杆菌属、小球菌属等。霉菌有曲霉属、格孢菌属、枝孢属、单孢枝霉属及青霉属等。在室内空气中，会有各种病原菌存在，尤其在医院或患者的居室，人类很多疾病从空气直接传染，经空气传播的病原菌主要有结核杆菌、白喉杆菌、炭疽杆菌、溶血性链球菌、金黄色葡萄球菌、脑膜炎球菌、感冒病毒和麻疹病毒等。空气中污染物多以气溶胶形式存在，微生物气溶胶也可以污染食品或水源。

8.3.3　空气微生物的卫生标准及生物洁净技术

8.3.3.1　空气微生物的卫生标准和生物洁净室

空气是人类与动植物赖以生存的极重要因素，但它同时也是传播疾病的媒介。为了防止疾病传播，提高人类的健康水平，要控制空气中微生物的数量。另外，在工业生产、科学研究、医疗单位等，也需要对空气中的微生物数量进行控制。

目前，空气还没有统一的卫生标准，一般以室内 $1m^3$ 空气中细菌总数为 $500\sim1000$ 个以上作为空气污染的指标。空气污染的指示菌以咽喉正常菌丛中的绿色链球菌为最合适，绿色链球菌在上呼吸道和空气中比溶血性链球菌易发现，且有规律性。

表 8-4 为日本建议的以细菌总数评价空气的卫生标准。

表 8-4　以细菌总数评价空气的卫生标准

清洁程度	细菌总数/(个/m³)	清洁程度	细菌总数/(个/m³)
最清洁的空气(有空调)	$1\sim2$	临界空气	约 150
清洁空气	<30	轻度污染	<300
普通空气	$31\sim125$	严重污染	>301

　　根据我国的国家标准《室内空气质量标准》（GB/T 18883—2002），菌落总数为 2500CFU/m³，使用的测定方法为撞击法（即采用撞击式空气微生物采样器，在营养琼脂平板上，37℃，培养48h）。

　　要获得清洁空气，净化空气极为重要。最好的措施是绿化环境和搞好室内外环境卫生。但这往往还不够，因此就需要专门的洁净技术来对空气中的微生物进行净化，以满足需要。有些工业部门及医疗部门需要采用生物洁净技术净化空气。需采用生物洁净技术的部门有制药工业、食品工业、医院、生物制品、医学科学研究及生物科学研究、遗传工程、生物工程、电子工业、钟表工业及宇航工业等。

　　生物洁净技术多用配有高效过滤器的空气调节除菌设备，它既达到恒温控制又可提供无菌空气。高效过滤器仅仅是除菌而不是灭菌，人的进出活动会将微生物带到室内，所以，还要对室内器物消毒及无菌操作，才能保证室内无菌环境，工作人员进入这种房间应该穿戴专门的工作服、帽子及口罩等。这种以防止微生物污染为主要目的的洁净室，称为生物洁净室（也称为无菌操作室）。

　　生物洁净室也没有统一标准，大多数国家采用美国国家航空航天总局（NASA）1967年颁布的标准。该标准要求严格，对民用生物洁净环境要求可能过高。

8.3.3.2　空气微生物的检测

　　空气微生物卫生标准可以浮游细菌数为指标或以降落细菌数为指标。

　　飘浮在空气中的细菌称为浮游细菌。浮游细菌附着在尘粒上，故浮游细菌的数量与尘粒的数量和粒径有关。浮游细菌在一定条件下缓慢地降落下来成为降落菌。它的数量取决于浮游细菌的数量，浮游细菌和降落菌有一定关系。

　　一般检测空气微生物时所用的培养皿直径为90mm，也有用100mm的。评价空气的清洁程度，需要测定空气中的微生物数量和种类，通常测定的是细菌总数和绿色链球菌，在必要时则应测病原微生物。

　　（1）空气微生物的测定方法　　根据不同的标准，采用的方法也是有不同的。对于落菌数的测定，通常是用平皿落菌法；而对于浮游菌的测定，则需要一些专门的仪器设备。

　　① 平皿落菌法　　将盛有培养基的平皿放在空气中暴露一定时间，经培养后计算出其上所生长的菌落数。此法简单，使用普遍，但所测的微生物数量欠准确，检验结果比实有数量少，因为只有一定大小的颗粒在一定时间内才能降到培养基上，并且也无法测定空气量，所以仅能粗略计算空气污染程度及了解被测区域内微生物的种类。

　　奥梅梁斯基认为，在面积为100cm²的平板琼脂培养基表面上，5min降落的细菌数经37℃培养24h后所生长的菌落数和10L空气中所含的细菌数相当。根据奥氏公式计算如下：

$$C = 1000 \div (A/100 \times t \times 10/5) \times N$$

　　式中，C 为空气细菌数，个/m³；A 为捕集面积，cm²；t 为暴露时间，min；N 为菌落数，个。

　　简化后的奥氏公式为：

$$C = \frac{1000 \times 50 \times N}{A \times t}$$

　　用该公式计算的浮游细菌数低于实测值，原因是此公式没有考虑尘埃粒子大小、数量、气流情况、人员密度和活动情况。

　　② 撞击法　　该方法需要使用专门的空气采样器，以缝隙采样器（见图8-3）为例，用真空

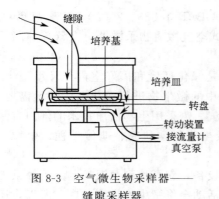

图 8-3　空气微生物采样器——
缝隙采样器

泵将待测空气以一定流速穿过狭缝（0.15mm、0.33mm 或 1mm 宽）而被抽吸到营养琼脂培养基平板上。狭缝长度为平皿的半径，含菌空气被撞击到转动的平板上。通常当平板转动一周后取出，在 37℃ 培养 48h，确定生长的菌落数。根据取样时间和空气流量计算出单位空气体积中的微生物数。采样器的规格各国不一，可按说明书操作。

　　③ 液体法　该法是抽取一定量空气通过一种液体吸收剂（无菌蒸馏水或无菌液体培养基），然后取此液体 1mL，在营养琼脂培养基上培养，测定在 37℃ 培养 48h 后的菌落数，再根据下列公式计算出空气中的微生物数：

$$C = \frac{1000 \times V_s \times N}{V_a}$$

　　式中，C 为空气细菌数，个/m³；V_s 为吸收液体量，mL；V_a 为空气过滤量，L；N 为菌落数，个/mL。

　　(2) 空气微生物的测点数　空气微生物的测点数越多，结果越准确，但相应的工作量将增加。考虑到工作适量、结果相对准确，以 20～30 个测点数为宜，最少测点数为 5～6 个。

　　(3) 空气微生物的培养温度和时间　一般情况下，培养空气细菌的温度为 37℃，时间为 24h 或 48h。当测定的是空气中的真菌时，可采用 25℃、96h 的条件培养。

　　(4) 最小采样量和最小沉降面积　在测定浮游菌时，为避免出现"0"粒的概率，确保结果的可靠，需要考虑最小采样量。同样，在测定落菌数时，要考虑最小沉降面积。可参考表 8-5 和表 8-6 的数据。

表 8-5　浮游菌最小采样量

浮游菌上限浓度/[个/(m²·min)]	计算最小采样量/m³	浮游菌上限浓度/[个/(m²·min)]	计算最小采样量/m³
10	0.3	0.5	6
5	0.6	0.1	30
1	3	0.05	60

表 8-6　落菌法测细菌所需要的最少培养皿数（沉降 0.5h）

含尘浓度最大值/(粒/L)	需要直径为 90mm 培养皿数	含尘浓度最大值/(粒/L)	需要直径为 90mm 培养皿数
0.35	40	350	2
3.5	13	3500～35000	1
35	4		

8.4　水体中的微生物

8.4.1　水体中的微生物群落

8.4.1.1　水体中微生物的来源

　　水体是地面水、地下水和海洋等"储水体"的总称。在环境科学领域中，水体不仅包括水，而且也包括水中悬浮物、底泥及水中生物等。

江河、湖泊、水库、池塘、下水道、各种污水处理系统等水体，是微生物生存的重要场所。无论是天然水体，还是人工水体，由于水中溶解或悬浮着多种无机或有机物质，能供给微生物营养而使其生长繁殖。因此，水体中存在着多种多样的微生物。

水体中的微生物来源有以下四个方面。

（1）水体中固有的微生物 这部分微生物是水体中原来就有的，包括荧光杆菌、产红色和产紫色的灵杆菌、不产色的好氧芽孢杆菌、产色和不产色的球菌、丝状硫细菌、球衣菌及铁细菌等。

（2）来自土壤的微生物 通过雨水径流，可把土壤中的微生物带入水体中，包括枯草芽孢杆菌、巨大芽孢杆菌、氨化细菌、硝化细菌、硫酸还原菌、覃状芽孢杆菌、霉菌等。

（3）来自生产和生活的微生物 人类在生产和生活过程中所产生的各种废水、固体废物以及牲畜的排泄物会被有意或无意地排入水体中，在此过程中，各种微生物会被带入水体中，包括大肠菌群、肠球菌、产气荚膜杆菌、各种腐生性细菌、厌氧梭状芽孢杆菌，致病的微生物如霍乱弧菌、伤寒杆菌、痢疾杆菌、立克次体、病毒、赤痢阿米巴等。

（4）来自空气的微生物 空气中的微生物通过雨雪等降水过程被带入水体中。

8.4.1.2 水体中微生物的群落

水体中的微生物种类很多，微生物在水体中的分布和数量受水体类型、有机物的含量、微生物的拮抗作用、雨水冲刷、河水泛滥、工业和生活废水的排放量等因素的影响。

（1）海水微生物群落 海洋或一些高盐度的湖泊，水中含有高浓度的盐分（海水中为 $32 \sim 40 \mathrm{g/L}$），含盐量越大，渗透压越大，在海洋表面阳光照射强烈，深海处光线极暗，温度低，静水压力大，由此对在海水中生存的微生物产生影响。海洋中的微生物有的是固有的栖息者，也有许多是随河水、雨水及污水等排入的。

海洋微生物的数量和种类组成与海洋的位置、潮汐、深度等因素有关。在近海部位，由于受人类活动的影响比较大，水体中有着较多的有机物，故沿海海水中的微生物数量每毫升可达 1×10^{5} 个，而在远海，微生物数量只有每毫升 $10 \sim 250$ 个。由于潮汐的稀释，涨潮时含菌量明显减少。

在距海水表面 $0 \sim 10 \mathrm{m}$ 深处，因为阳光的直接照射，水中的细菌较少，浮游藻类较多。$5 \sim 10 \mathrm{m}$ 以下至 $25 \sim 50 \mathrm{m}$ 处的微生物数量较多，而且随深度增加而增加。$50 \mathrm{m}$ 以下的微生物数量随海水深度增加而减少。在海底积聚着很丰富的有机物，但溶解氧缺乏，微生物数量多，多为兼性厌氧菌或厌氧菌。

由于海水中特殊的生态环境，其中所生存的微生物大多数为耐盐或嗜盐的，并能耐受高渗透压，如盐生盐杆菌（*Halobacterium halobium*）。另外，在深海的微生物还能耐受低温和很高的静水压力，甚至嗜高静水压力，如有的 *Pseudomonas* 在 $40{}^{\circ}\mathrm{C}$ 时，要在 $(4.0 \sim 5.0) \times 10^{4} \mathrm{kPa}$ 静水压力下才能生长繁殖。有的细菌要在 $6.0 \times 10^{4} \mathrm{kPa}$ 或更高的静水压力下才能生长，如水活微球菌（*Micrococcus aquivivus*）和浮游植物弧菌（*Vibrio phyto-planktis*）。

（2）淡水微生物群落 淡水主要存在于陆地上的江河、湖泊、池塘、水库和小溪中，淡水中的微生物种类与土壤中的差不多，但种类和数量要少于土壤，分布规律与海洋的相似。湖泊和池塘水的流速慢，属于静水系统，江河、小溪为流水系统，两者的微生物群落分布不同。影响微生物群落的主要因素有水体类型、受污染程度、有机物含量、溶解氧含量、水温、pH 及水深等。

与海洋一样，在近岸水域由于有机物较多，微生物种类和数量也较多。中温水体内的微生物比低温水体内多。深层水中的厌氧微生物较多，而表层水内好氧微生物较多。

当水体处于贫营养状态时，有机物少，沉积物少，细菌数量少（$10 \sim 10^3$ 个/mL），并且主要为自养的种类，如硫细菌、铁细菌和球衣菌等，以及含有光合色素的蓝细菌和光合细菌。随着水体中有机物质增加，水体逐渐富营养化，微生物的数量增加，可达 $10^7 \sim 10^8$ 个/mL，且多为腐生性细菌和原生动物，其中数量较多的是无芽孢革兰阴性细菌，如变形杆菌属、大肠杆菌、产气肠杆菌和产碱杆菌属等。另外，还有芽孢杆菌属、弧菌属、螺菌属等的一些种。有时，水中还会含有致病微生物。

水的不同性质对水中的微生物影响很大，一般在淡水中的微生物要求的 pH 在 6.5～7.5，属于中温性的种类。当水质发生变化时，相应地其中的微生物也会发生变化，如在温泉中就会有耐热和嗜热的种类存在，含硫温泉水中有硫黄细菌存在。

8.4.2 水体自净和污染水体的微生物生态

天然淡水水体是人类生活用水和工业生产用水的水源，同时也是水生生物生长繁殖的场所。在正常情况下，水体中存在着正常的生物循环，不同生物种之间构成以食物关系为主的各种复杂的关系，生物与生物之间、生物与环境之间通过能量流动和物质循环保持着相互依存的稳定关系，即生态平衡。同时，水体往往又充当了污染物的接受者，人类生产或生活活动所产生的污染物质，特别是受污染的废水，进入水体，造成一系列的后果。

8.4.2.1 水体自净

（1）水体自净的概念 作为一个稳定平衡的生态系统，水体同样能容纳一定量的外来的物质（污染物质），并对其进行降解。

河流（水体）接纳了一定量的有机污染物后，在物理的、化学的和水生生物（微生物、动物和植物）等因素的综合作用后得到净化，水质恢复到污染前的水平和状态，称为水体自净。任何水体都有其自净容量。自净容量是指在水体正常生物循环中能够净化有机污染物的最大数量。

在水体的自净过程中，微生物起着主要的作用。

（2）自净过程 水体自净是一个物理、化学和生物的复杂的综合过程。为叙述方便，一般可以把水体的自净过程分为如下几步（见图 8-4 和见图 8-5）。

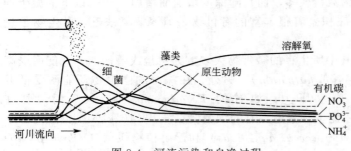

图 8-4 河流污染和自净过程

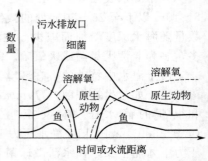

图 8-5 河流污染对水生生物的影响

① 污染物被稀释或沉淀 污染物排入水体后被水体稀释，有机和无机固体物沉降至河底。虽然单纯的稀释实际上并未减少污染物的总量，但它可以降低污染物浓度，有利于后面的生物降解。稀释作用与废水量（与河水量的比较）、水体的水文参数、两者的混合程度（排放方式）等因素有关。

② 微生物作用 水体中好氧细菌利用溶解氧把有机物分解为简单有机物和无机物，并用以组成自身有机体，水中溶解氧急速下降，甚至到零，此时鱼类绝迹，原生动物、轮虫、

浮游甲壳动物死亡，厌氧细菌大量繁殖，对有机物进行厌氧分解。有机物经细菌完全无机化后，产物为 CO_2、H_2O、PO_4^{3-}、NH_3 和 H_2S。NH_3 和 H_2S 继续在硝化细菌和硫化细菌作用下生成 NO_3^- 和 SO_4^{2-}。

③ 溶解氧恢复　溶解氧是微生物好氧分解有机物必不可少的条件，水体中的溶解氧主要通过大气扩散和光合作用进行补充。当污染物浓度很高时，水体中溶解氧在异养菌分解有机物时被消耗，大气中的氧气刚溶于水就迅速被消耗掉，尽管水中藻类在白天进行光合作用放出氧气，但复氧速率仍小于耗氧速率，氧垂曲线下降。在最缺氧点，有机物的耗氧速率等于河流的复氧速率。再往下流的有机物渐少，复氧速率大于耗氧速率，氧垂曲线上升。如果河流不再被有机物污染，河水中溶解氧会恢复到原有浓度，甚至达到饱和。

④ 水体自净的完成　随着水体的自净，有机物缺乏和其他原因（如阳光照射、温度、pH 变化、毒物及生物的拮抗作用等）使细菌死亡。一般情况下，4 天后，细菌数为最大菌数的 $10\%\sim20\%$ 以下。水体中水生植物、原生动物、微型后生动物甚至鱼类等出现，表明水质已完全恢复。

（3）衡量水体自净的指标　水体自净是一个很复杂的过程，在实际工作中，可以用一些生物或相关的指标来衡量水体的自净速率或自净进行的程度，常用的有以下几种。

① P/H 指数　这是一个很方便的指标，P 代表光合自养微生物，H 代表异养微生物，两者的比即 P/H 指数。P/H 指数反映水体污染和自净程度。水体刚被污染，水中有机物浓度高，异养微生物大量繁殖，P/H 指数低，自净速率高，随着自净过程的进行，有机物减少，异养微生物数量减少，光合自养微生物数量增多，故 P/H 指数升高，自净速率逐渐降低，在河流自净完成后，P/H 指数恢复到原有水平。

② 氧浓度昼夜变化幅度和氧垂曲线　水体中的溶解氧是由空气中的氧气溶于水而得到补充，同时也靠光合自养微生物的光合作用放出氧气得到补充。对于后一个氧气的来源，阳光的照射是关键因素，夜晚由于光合作用停止，会使水中的溶解氧浓度下降，造成白天和夜晚水中溶解氧浓度的差异。在白天有阳光和阴天时的溶解氧浓度差异也较大。

氧浓度昼夜的差异取决于微生物的种群、数量或水体断面及水的深度。如果光合自养微生物数量多，P/H 指数高，溶解氧昼夜差异大。河流刚被污染时，P/H 指数下降，光合作用强度小，溶解氧浓度昼夜差异小，随着自净过程的进行，自养微生物数量增加，光合作用强度增加，溶解氧浓度昼夜差异增大，当增大到最大值后又回到被污染前的原有状态，即完成自净过程（见图 8-6）。

氧垂曲线同样被用来对水体的自净过程进行直接描述。

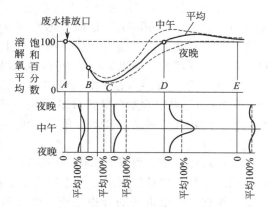

图 8-6　污染河流中氧浓度昼夜变化

8.4.2.2　水体污染和污染水体的微生物生态

（1）水体污染对生物的影响　水体污染后，其中的微生物将发生变化，这与污染物的数量和种类有密切关系。

当耗氧有机污染物质进入水体后，水体中的微生物对其进行降解，在这一过程中，一方面消耗大量的溶解氧，造成水体缺氧的环境；另一方面分解产生大量的氮、磷等营养物质，从而引起水体生态系统一系列变化，导致水质恶化。此时，以藻类为主的水生植物大量繁殖，而水生动物因缺氧而死亡，有经济价值的鱼类资源受到破坏，许多适应污水环境的生物却发展起来；在污染严重的水体，其生物群落单一，主要为异养细菌，个体数量大。污染环境中群落的多样性比正常环境下降。

对于重金属，或者是难降解有机物，由于它们难以分解，往往会被水环境中的生物吸收、富集，并被放大，通过食物链关系，逐级向高层次生物转移，最终到达人类本身。有的物质在转化过程中毒性会降低，但也有的反而增加毒性。生物遭到污染后，会在各层次上出现变化，可能是在群落层次上，如生物种类、数量等方面的变化，也可能在个体层次上，微生物的生理特征发生变化，甚至可能在分子水平上受到影响，如在基因层次上发生的基因突变等。

（2）污化系统　污染物排入水体后水质发生一系列变化，接近污染源往往污染较严重，因河水有自净能力，随距离增加河水逐渐净化。根据这个原理，可以将水体划分为一系列的带，即多污带、α 中污带、β 中污带和寡污带，并存在相应的生物群落，耐污的种类及其数量按以上顺序逐渐减少，而不耐污的种类和数量逐渐增多。污化指示生物包括细菌、真菌、藻类、原生动物、轮虫、浮游甲壳动物、底栖动物（寡毛类的颤蚓）、软体动物和水生昆虫。

① 多污带　多污带位于排污口之后的区段，水呈暗灰色，很浑浊，含大量有机物，BOD 高，溶解氧极低（或无），为厌氧状态。有机物厌氧分解，产生 H_2S、CO_2 和 CH_4 等气体。由于环境恶劣，水生生物的种类很少，以厌氧菌和兼性厌氧菌为主，种类多，数量大，每毫升水含有几亿个细菌。它们中间有分解复杂有机物的菌种，有硫酸还原菌、产甲烷菌等。这一区域的水底沉积许多由有机物和无机物形成的淤泥，有大量寡毛类动物（颤蚓）。水面上有气泡、异味。无显花植物，鱼类绝迹。

② α 中污带　α 中污带在多污带的下游，水为灰色，溶解氧少，为半厌氧状态，有机物减少，BOD 下降，水面上有泡沫和浮泥，有 NH_3、氨基酸及 H_2S，生物种类比多污带稍多。细菌数量较多，每毫升水约有几千万个。藻类有蓝藻、裸藻、绿藻。原生动物有天蓝喇叭虫、美观独缩虫、椎尾水轮虫、臂尾水轮虫及节虾等。底泥已部分无机化，滋生了很多颤蚓。

③ β 中污带　β 中污带在 α 中污带之后，有机物较少，BOD 和悬浮物含量低，溶解氧浓度升高，由于 NH_3 和 H_2S 分别氧化为 NO_3^- 和 SO_4^{2-}，两者含量均减少。细菌数量减少，每毫升水只有几万个。藻类大量繁殖，水生植物出现。原生动物有固着型纤毛虫，如独缩虫、聚缩虫等活跃，轮虫、浮游甲壳动物及昆虫出现。

④ 寡污带　寡污带在 β 中污带之后，它标志着河流自净过程已完成，有机物全部无机化，BOD 和悬浮物含量极低，H_2S 消失，细菌极少，水的浑浊度低，溶解氧恢复到正常含量。指示生物有鱼腥藻、硅藻、黄藻、钟虫、变形虫、旋轮虫、浮游甲壳动物、水生植物及鱼。

应用污化系统，可以对水体污染及水质恢复过程有个全面的认识，但需要指出的是，污化系统的划分主要是依据水体内生物（微生物）的种类、数量等指标，这些描述一般只能进行定性描述，四个带的划分也是连续性和过渡性的，而且只适用于有机污染物（无毒）的情况。

（3）水体有机污染指标　在实际工作中，可以通过测定水体内生物情况来考察水体的污染状况。将这些指标与其他物理、化学的水质指标结合起来，可以使我们更好地了解和掌握水体污染（有机污染）的情况。

① BIP 指数　计算公式如下：

$$BIP = \frac{B}{A+B} \times 100$$

式中，A 为有叶绿素的微生物数；B 为无叶绿素的微生物数。所以 BIP 的含义是无叶绿素的微生物数占总微生物数的百分比。无叶绿素的异养微生物在水体中的比例越高，表明水体中有机物的含量越高。一般可以按照下列标准对水体进行评价：

BIP 值	水质评价
0～8	清洁水
8～20	轻度污染水
20～60	中度污染水
60～100	严重污染水

② 细菌菌落总数（CFU）　细菌菌落总数是指 1mL 水样在营养琼脂培养基中，于 37℃ 培养 24h 后所生长出来的细菌菌落总数。它用于指示被检的水源水受有机物污染的程度，为生活饮用水做卫生学评价提供依据。

在我国规定 1mL 生活饮用水中的细菌菌落总数在 100 个以下（见表 8-7）。

在饮用水中所测得的细菌菌落总数除说明水被生活废物污染程度外，还指示该饮用水能否饮用。但水源水中的细菌菌落总数不能说明污染的来源。因此，结合大肠菌群数以判断水的污染源和安全程度就更全面。

③ 总大肠菌群（大肠菌群、大肠杆菌群）　粪便污染是水体中致病微生物的主要来源，引起人类肠道疾病的传染性微生物（见图 8-7）包括痢疾杆菌［痢疾志贺菌（*Shigella dysenteriae*）、副痢疾志贺菌（*Shigella para dysenteriae*）］、伤寒杆菌［伤寒沙门菌（*Salmonella typhi*）、副伤寒沙门菌（*Salmonella paratyphi*）］、霍乱弧菌（*Vibrio cholerae*）以及一些病毒等。这些致病微生物数量少，检测手段复杂，一般情况下很难对其一一检测，因此，选用和它相近的其他非致病微生物作为间接指标。结果选用总大肠菌群作为致病微生物的指示菌。

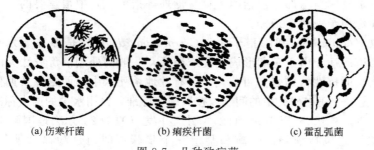

| (a) 伤寒杆菌 | (b) 痢疾杆菌 | (c) 霍乱弧菌 |

图 8-7　几种致病菌

大肠菌群被选作致病菌的间接指示菌的原因是：大肠菌群是人肠道中正常寄生菌，数量最大，对人较安全，生理特性和在环境中的存活时间与致病菌相近，而且检验技术较简便，因而被选中，一直沿用至今。

大肠菌群（coliform group，或简称 coliform）是指一大群与大肠杆菌相似的好氧及兼性厌氧的革兰阴性无芽孢杆菌，包括埃希菌属（*Escherichia*）、柠檬酸杆菌属（*Citrobacter*）、肠杆菌属（*Enterobacter*）和克雷伯属（*Klebsiella*）等十几种肠道杆菌，它们能在 37℃、48h 条件下不同程度地发酵乳糖产酸产气。为了说明水体刚被粪便污染，有时可用耐热大肠菌（粪大肠菌）作为指示菌，用 EC 培养基在（44.5±0.2）℃、（24±2）h 条件下培养。

测定大肠菌群的常用方法有发酵法和滤膜法。大肠菌群数量的表达有两种方法：一种是"大肠菌群数"，亦称"大肠菌群指数"，即 1L 水中所含大肠菌群数量；另一种是"大肠菌群值"，为水样中可检出 1 个大肠菌群的最小水样体积（毫升数）。两者的关系为：

$$大肠菌群值＝1000/大肠菌群指数$$

大肠菌群可用以间接指示水体被粪便污染，进而指示水体是否可能含有致病微生物。我国规定生活饮用水中的总大肠菌群数为 100mL 中不得检出（或 1L 中在 3 个以下），即大肠菌群值不得小于 333mL（见表 8-7）。

表 8-7　各种水质细菌卫生标准

水样	细菌菌落数/(CFU/mL)	总大肠菌群数（MPN 法)/(个/L)	标准来源
生活饮用水	≤100	0/(100mL)	GB 5749—2006
优质饮用水	≤20	≤3	GB 17324—1998
矿泉水	≤5	0/100mL	GB 8537—1995
游泳池水	≤1000	≤18	GB 9667—1996
地表水Ⅲ类	≤10000		GB 8978—1988
农田灌溉用水	≤10000		GB 5084—1985

总大肠菌群中包括来自自然环境和温血动物肠道（粪便）的大肠菌。其中，来自自然环境的大肠菌群在 37℃ 能生长，但到 44.5℃ 就不再生长；而来自粪便的在 37℃ 和 44.5℃ 都能生长。因此，在 37℃ 培养出来的大肠菌群，称为"总大肠菌群"；在 44.5℃ 培养出来的，称为"耐热大肠菌群"（旧称"粪大肠菌群"）。显然，将总大肠菌数与耐热大肠菌数结合来判断水的污染源和安全性将更为全面。

④ 贾第鞭毛虫和隐孢子虫　从 2007 年 7 月 1 日起执行新的《生活饮用水卫生标准》（GB 5749—2006），新标准规定的水质检测指标数由原来的 35 项增加至 106 项，对饮用水的水质安全要求更高。新增部分包括微生物、毒理等指标。其中很重要的一个变化就是增加了贾第鞭毛虫和隐孢子虫两个指标。

贾第鞭毛虫（*Giardia*）和隐孢子虫（*Cryptosporidium*）是存在于水中的原生动物，会引起腹痛等肠道疾病。由于它们形成孢囊或卵囊，一般的处理消毒方法无法杀死它们，对消毒剂（如氯气）的抗性特别强。目前，如何有效地杀死水中的两虫以及如何经济快速地检测水中的两虫，是一个正在研究中的问题。按照国家标准，饮用水中的两虫标准是＜1/10L。

美国环保署（USEPA）于 1999 年 2 月制定并发布的 1623 方法是国际上最为常用的两虫标准检测方法，它包括浓缩、分离和鉴定三个步骤。即通过滤筒过滤、免疫磁性分离（IMS）和免疫荧光（IFA）显微镜检来检测和计数，并借助 DAPI 染色和微分干涉（DIC）显微镜检观察其内部的特征结构来证实卵囊和孢囊的存在。

虽然 1623 方法首次实现了两虫的同步检测，但也存在工作量大、耗时费力、成本较高、回收率偏低且不稳定等缺点。目前，也有一些新的检测方法被提出，如应用 PCR 技术来检测水中的隐孢子虫等。

⑤ 微型生物监测　水体中的微型生物，包括原生动物、藻类及微型后生动物，与水体污染情况有着密切关系。有一种被称为 PFU 的方法，被用来对水体内的微型生物富集后进行测定。该方法采用人工基质以大小为 5.0cm×6.5cm×7.5cm 聚氨酯泡沫塑料块（polyurethane foam unit，PFU）来富集水体中的微型生物群落，在水中暴露一定时间后，把 PFU 内的水（含微型生物群落）挤出来，置于烧杯中，测定微型生物群落中各种结构功能参数，根据参数的变化，评价水质。测定参数包括结构参数和功能参数。

结构参数有种类组成、种类数、指示种类、多样性指数、异养性指数、叶绿素 a 等。功能参数有群集过程、功能类群（光合作用自养者 P，食菌者 B，食藻者 A，食肉者 R，腐生者 S，杂食者 K）、光合作用速率、呼吸作用速率等。

此测定方法已经于 1992 年公布为中华人民共和国国家标准，称为《水质-微型生物群落监测-PFU 法》（GB/T 12990—1991）。

8.4.3　水体富营养化

8.4.3.1　水体富营养化的概念、发生及危害

（1）富营养化的概念　水体从贫营养向富营养化的发展，是一个自然、缓慢的发展过程。在天然情况下，一个湖泊从贫营养走向富营养化，直至最终消亡，需要千百万年的时间。而在水体污染的情况下，这一进程被大大加快。在水体中，一般氮和磷是藻类生长的限制因子，在贫营养的水体中，由于营养物质（主要是氮、磷）有限，水体内自养型的藻类生长受到限制，水质保持比较清洁的状态。但由于某些因素，特别是人类的活动，使营养物质随着排入的污染物质大量进入水体，结果是造成水体中的藻类过量繁殖，水体出现富营养化。在淡水水体中称为水华，也称为藻花，在海洋中则称为赤潮。近年来水体富营养化的问题有逐渐加重的趋势，成为人们关注的重点之一。

（2）富营养化的发生　水质达到什么样的状态会出现富营养化？这是一个许多人一直在研究的问题。一般认为，水体中的总磷为 $20mg/m^3$、无机氮为 $300g/m^3$ 以上就会出现富营养化。表 8-8 列出有关数据，在从贫营养到中营养的水域中，氮和磷是藻类生长的限制因子，当氮达到 0.3mg/L 以上和磷达到 0.02mg/L 以上时，最适合藻类的生长。

表 8-8　水域营养状态的分类（Vollenweider，1971）

营养状态	总磷/(mg/L)	无机氮/(mg/L)
极贫营养	<0.005	<0.2
贫-中营养	0.005～0.01	0.20～0.40
中营养	0.01～0.03	0.3～0.65
中-富营养	0.03～0.1	0.5～1.5
富营养	>0.1	>1.5

湖泊的富营养化除了与水体内的营养盐浓度有关外，还与水温和营养盐负荷有关。表 8-9 列出湖泊营养盐的容许负荷和危险负荷。

表 8-9　湖泊的氮、磷负荷（Vollenweider，1971）

平均水深/m	容许负荷/[g/(m²·a)]		危险负荷/[g/(m²·a)]	
	N	P	N	P
5	1.0	0.07	2.0	0.10
10	1.5	0.10	3.0	0.20
50	4.0	0.25	8.0	0.50
100	6.0	0.40	12.0	0.80
150	7.5	0.50	15.0	1.00
200	9.0	0.60	18.0	1.20

（3）富营养化的危害　当水体发生富营养化时，藻类大量繁殖，但是藻类的种类很少，往往以蓝藻（蓝细菌）占优势，主要是微囊藻属、腔球藻属和鱼腥藻属等。

湖泊、水库、内海、河口以及水网地区，水流缓慢，既适宜于营养物质的积聚，又适宜于水生植物的繁殖，因此比较容易发生水体富营养化。在富营养化的水体中，当阳光和水温处于适宜状态下，藻类的数量可达 10^6 个/L 以上，水体表层藻类过量繁殖，溶解氧处于饱和状态；其下层由于处在贫光状态下，不仅没有光合作用以增加溶解氧，相反，藻类尸体及其他有机物的分解会耗尽氧气，出现厌氧状态，使浮游动物、鱼类无法生存。加上藻类分泌致臭、致毒物及它本身的死亡、腐败，严重影响水质。富营养化的水体底部沉积着很丰富的有机物，在水体缺氧的情况下，加剧了水体底泥的厌氧发酵，相应地引起微生物种群、群落的演替。

由于藻类处于自生自灭状态，大量藻类尸体沉积底部，年复一年，大大加速了湖泊、水库的衰亡过程。

富营养化水体中的这种情况对鱼类和其他水生生物的生长十分不利，在藻类大量繁殖季节往往会出现大批死鱼的现象。水域一旦出现富营养化，即使外界营养物质来源切断，水生生态系统也难以恢复。

8.4.3.2　水体富营养化的评价

评价水体富营养化的方法有：观察蓝藻等指示生物；测定生物量；测定原初生产力；测定透明度；测定 N、P 等营养物质。将五方面的指标综合起来对水体的富营养化状态做出全面、充分的评价。

AGP（藻类潜在生产力）是一种生物测试方法，它把特定藻类接种在所测的水样中，在一定光照和温度条件下培养，使藻类增长到稳定期，通过藻类细胞干重或细胞数来测定增长量。AGP 可以确定水体主要限制或刺激藻类增长的营养物质，通过 AGP 实验，可以了解水体中与藻类增长有关的营养物质，以便采取适当的措施来防止水体富营养化的发生和危害。

AGP 的实验方法如下。

（1）实验藻种　羊角月牙藻、小毛枝藻、小球藻属、衣藻属、谷皮菱形藻、裸藻属、栅列藻属、纤维藻属、实球藻属、微囊藻属及鱼腥藻属等。

（2）实验方法　将培养液用滤膜（孔径为 1.2μm）或高压蒸汽灭菌（121℃，15min）除去 SS 和杂菌。取 500mL 水样置于 L 形培养管（1000mL）中，接入测试藻种，将培养管放在往复式振荡器上（30～40r/min），在 20℃、光照度为 4000～6000lx 的条件下培养7～20 天（每天明培养 14h，暗培养 10h），然后取适量培养液用滤膜过滤，经 105℃烘干至恒重，称干重，计算 1L 藻类液中藻类的干重，即为 AGP。

8.4.3.3　水体富营养化的防治

由于水体富营养化会带来许多危害，应该积极采取措施，防止富营养化的发生。但是由于营养物质去除的难度高，加之污染源的复杂性，富营养化的防治是水污染处理中最为复杂和困难的问题。

除了工程性措施（底泥疏浚、引水冲洗、机械曝气等）和化学性措施（凝聚沉降和用化学药剂杀藻等）之外，也有人采用生物性措施，如利用水生生物吸收利用营养物质、利用生物控制技术（取食和杀死藻类的鱼类、原生动物和病毒等）来控制水体中藻类的生长等。

防止天然水体富营养化的根本措施是将各种污水和废水中的氮和磷的排放量控制在低水平。在我国，对生活污水处理厂的出水要求氨氮控制在 15mg/L 以下，总磷控制在 1mg/L以下。

发生富营养化的过程和机理十分复杂，我们的认识还很少，需要加强对水体富营养化的研究，探索其发生的机理，及时预报，减少对人类生活和生产的损害。

8.5 微生物之间及其与动物、植物之间的相互关系

微生物存在于生态系统中，除了与其环境中的理化因素发生相互作用外，还与系统中的其他生物（包括微生物）发生着极为复杂的相互作用，以此构成生态系统的完整结构及发挥生态系统的正常功能。其实对于一个（或一种）生物而言，其他生物个体（或种）也就是它的环境因素。

生物之间的相互关系可以归纳为三种情况：一种生物的生长和代谢对另一种生物产生有利的影响，或相互有利；一种生物对另一种生物产生不利的作用，或相互有害；两种生物生活在一起，无重要的或有意义的相互影响。

微生物之间和微生物与其他生物之间的相互关系也不例外，可以归入上述三种情况。

8.5.1 微生物之间的相互关系

生态系统中微生物之间的相互作用，不仅发生在不同种的微生物之间，也可以发生在同种微生物的不同个体之间，由此形成多种类型的相互关系。

8.5.1.1 中性关系（neutralism）或称一般关系

两种微生物之间缺乏相互作用，或者说不表现出明显的有利或有害关系。例如，乳酸杆菌和链球菌在混合培养时的种群密度与它们各自培养时的种群密度几乎相同，这表明两者在混合培养时，是相互之间无影响地生活在一起的。

8.5.1.2 原始合作关系（protocooperation）或称互生关系

两种可以单独生活的微生物共存，一方有利或互为有利。这是微生物之间比较松散的联合，是一种可分可合、合比分好的相互关系。例如在土壤中，当分解纤维素的细菌与好氧的自生固氮菌生活在一起时，后者可将固定的有机氮化合物供给前者需要，而纤维素分解菌也可将产生的有机酸作为后者的碳源和能源物质，从而促进各自的增殖和扩展。氨化细菌、亚硝化细菌和硝化细菌之间也是互生关系，氨化细菌分解含氮有机物产生的氨是亚硝化细菌的营养，亚硝化细菌将氨转化成亚硝酸为硝化细菌提供营养，而硝化细菌将亚硝酸转化成硝酸，既为其他生物解了毒，生成的硝酸盐又能被其他微生物和植物利用。

在氧化塘中的藻类和细菌，也是表现为互生关系，细菌将有机物分解为藻类提供碳源、氮源等。藻类得到上述营养，进行光合作用，放出的氧气供细菌用于分解有机物。

8.5.1.3 共生关系（symbiosis）

两种微生物紧密结合在一起共同生活，一方或双方有利，但这种协作不是专性的，两种微生物彼此分离就不能很好地生活。若两者都能得到利益的称为互惠共生（mutualism），一方得到利益的称为偏利共生（commensalism）。

地衣就是微生物之间共生的典型例子，它是真菌和蓝细菌（或藻类）的共生体。在地衣中，藻类利用光能进行光合作用合成有机物，作为真菌生长繁殖所需的碳源，而真菌则起保护光合微生物的作用，在某些情况下，真菌还能向光合微生物提供生长因子和运输无机营养。这种共生关系使得地衣能够抵抗多种恶劣环境，成为群落演替中的先锋生物。

在厌氧生物处理（甲烷发酵）中，也有不同种的微生物共生。共生的 S 菌株将乙醇转化为乙酸和氢气，布氏甲烷杆菌（*Methanobacterium bryantii*）利用氢气和二氧化碳合成甲烷，而正是布氏甲烷杆菌将乙酸和氢气转化为甲烷，乙醇才得以在种间转移。

8.5.1.4 竞争关系（competition）

两个生活在一起的微生物由于使用相同的资源（空间或有限营养）而使双方的存活和生

长都受到不利的影响。竞争关系可以在限制任何一种生长资源的情况下发生，如碳源、氮源、磷源、氧气、水等。如在活性污泥中，菌胶团细菌和丝状菌会发生对溶解氧或营养的竞争。种内微生物与种间微生物都存在竞争关系。

8.5.1.5　偏害关系（amensalism）

偏害关系亦称拮抗关系（antagonism），一种微生物在其生命活动中，产生某种代谢产物或改变环境条件，从而对其他微生物产生抑制或毒害作用，在这种关系中，甲方对乙方有害，而乙方对甲方无任何影响。能起拮抗作用的物质很多，如低分子量的有机酸或无机酸、氧气、醇类、抗生素、细菌素等。

拮抗关系可分为特异性偏害和非特异性偏害。

（1）非特异性偏害　如在制造泡菜、青储饲料时，乳酸杆菌产生大量乳酸，导致环境变酸，即 pH 的下降，抑制了其他腐败微生物的生长，这属于非特异性的拮抗作用。

（2）特异性偏害　可产生抗生素的微生物，能够抑制甚至杀死其他微生物。例如，青霉菌产生的青霉素能抑制革兰阳性细菌，链霉菌产生的制霉菌素能够抑制酵母菌和霉菌等，这些属于特异性的拮抗关系。抗生素产生菌是拮抗作用的典型代表。

8.5.1.6　捕食关系（predation）

一种微生物吞食并消化另一种微生物，称为捕食关系。一般来说，捕食者大于被捕食者。例如，原生动物吞食细菌、藻类、真菌等，大原生动物捕食小原生动物，微型后生动物捕食原生动物。

8.5.1.7　寄生关系（parasitism）

寄生指的是小型生物生活在较大型的生物体内或体表，从后者获得营养，进行生长繁殖，并使后者蒙受损害甚至被杀死的现象。前者为寄生菌，后者为寄主或宿主。

微生物之间的相互作用，不仅可以在种群之间发生，而且也可在一个种群内部发生。种群内部的相互作用主要是两种：协作关系和竞争关系。特别是病原性微生物种群都存在着一个"最低感染剂量"，只有这种微生物达到一定的数量，才能感染其他生物并使其致病，说明了微生物种群内部协作关系的存在。在自然界中或纯培养条件下，种群生长到一定阶段后，由于营养资源的消耗等，在种群内部也发生了竞争作用。

8.5.2　微生物与高等植物之间的相互关系

由于土壤中的微生物种类最多、含量也最高，因此微生物与植物的相互作用主要表现在植物根系的相互作用。微生物与植物之间的关系归纳起来有以下三类。

8.5.2.1　互生关系

植物根系为微生物提供了良好的栖息场所，在其周围可以发现大量的各种微生物种群。植物根系为微生物营造了良好的生长环境。如吸收水分、释放有机物、调节微生物种群比例与密度等，植物的代谢活动会向土壤中释放无机和有机物质，为微生物所利用，死亡的根系和根的脱落物也是微生物的营养源。根际在土壤中穿插伸展，使根际的通气和水分状况良好。而根系微生物也可以为植物提供各种利益，如根系微生物转变有机物为无机物，并产生维生素、氨基酸、生长因子等，促进植物生长，根系微生物产生拮抗物质以防止植物病害的发生等。

植物与其根系微生物相互作用、相互促进，使根际微生物的数量比根际外微生物多几倍到几十倍。

8.5.2.2　共生关系

（1）根瘤菌与高等植物的共生　根瘤菌与豆科植物共生形成根瘤（nodules）共生体，

由于彼此双赢，是一种典型的互惠共生。根瘤菌固定大气中的气态氮，为植物提供氮素养料；豆科植物根的分泌物则刺激根瘤菌的生长，并为它提供稳定的生长条件。根瘤形成过程是根瘤菌与植物根系一系列复杂的相互作用的结果。

根瘤菌（*Rhizobium*）是革兰阴性、运动性的杆菌。从各种豆科植物分离出来的根瘤菌，在形态、培养上十分相似，但根瘤菌与豆科植物之间的关系是非常特异性的。

（2）菌根菌与高等植物的共生　许多真菌能在一些植物根上发育，菌丝体包围在根面或侵入根内，形成了两者的共生体，称为菌根（mycorrhizae）。一些植物，例如兰科植物的种子若无菌根菌的共生就无法发育，杜鹃科植物的幼苗若无菌根菌的共生就不能存活。在这种情况下，共生菌根成为根系结构的一部分。真菌从植物根系获得营养，还可以为植物提供营养，但不对植物造成伤害及疾病。此外，菌根中的真菌还可为植物带来其他的好处，如延长根系寿命，提高从土壤中吸取营养的速率，抵御疾病，提高对毒物的耐受水平，提高抗逆水平等。

8.5.2.3 寄生关系

微生物与高等植物的寄生关系，主要是指由真菌、细菌、病毒等植物病原微生物侵染、危害其宿主植物，使其受到伤害甚至死亡的相互关系。

植物疾病的发生和发展多与微生物有关，微生物以某种形式进入植物体内，并在其中生长繁殖，进而使植物出现疾病症状。

很多病毒可引起植物病害，如烟草花叶病毒等。受害植株可能表现为花叶型、黄化型或各种畸形，甚至使植物细胞和组织死亡，或形成细胞内的包含体。

植物病原细菌主要分布于支原体属、螺原体属、假单胞菌属、黄单胞菌属、土壤杆菌属、棒状杆菌属和欧文属等。它们可导致很多植物的病害，包括徒长、枯萎、腐烂、疫病和菌瘿。

植物的真菌病害是最常见，也是最严重、造成经济损失最大的。很多真菌引起植物病害，如锈菌和黑粉菌，已报道的有20000多种锈菌和1000多种黑粉菌。植物病原真菌可感染植物的各个部位，导致各种各样的植物病害，如锈变、黑粉病、枯萎、腐烂、疫病（稻瘟病）、瘤、卷曲、花斑、菌瘿等。

在植物的茎、叶和果实也存在着大量的附生微生物，植物为微生物提供了良好的栖息场所、水分、营养、保护等，微生物可以为植物提供养料、生长因子、固氮、保护作用等。当然也有不利的作用，即微生物的存在对植物产生负面影响。

8.5.3 微生物与人类和动物之间的相互关系

8.5.3.1 互生关系

人体在正常生理状态下，其皮肤、口腔、呼吸道、肠道和生殖泌尿道等体表、体腔中，存在着一定种类和数量的微生物，称为人体正常微生物。它们与人体之间的关系一般是互生关系。如在人体肠道中，正常微生物菌群可以完成多种代谢反应，可以合成人体不可缺少的营养物，如维生素 B_1、维生素 B_2、维生素 B_{12}、烟酸、生物素、维生素 K 及各种氨基酸等，对人体生长发育有重要意义，而且这些正常微生物的存在可在一定程度上抑制或排斥外来微生物，有利于人体抵御病原微生物的侵扰。反之，人体为微生物提供了良好的生态环境，使它们可以很好地生长繁殖。

8.5.3.2 共生关系

微生物与动物的共生关系包括营养交换、帮助动物消化食物中的难消化化合物（特别是纤维素）、产生维生素和氨基酸、抵御病原体感染、维持合适的栖息条件等。

（1）微生物与反刍动物的互生关系　牛、羊、骆驼等反刍动物其本身是不能分解纤维素的，但其瘤胃内存在大量复杂的共生微生物，它们除了为动物提供维生素、氨基酸外，还可以帮助动物消化降解食物中的纤维素（难消化成分）、起固氮作用等，瘤胃中的纤维分解菌可将纤维水解，生成纤维二糖和葡萄糖，再经发酵生成有机酸和 CH_4。有机酸经氧化，最后成为动物的主要能量来源。而动物为微生物提供了合适的厌氧条件和稳定的营养供应，这是一种互惠共生关系。

（2）微生物与昆虫的互生关系　在昆虫中，也存在类似的共生关系。如在白蚁和木蠊螂中，其肠内微生物与它们形成共生关系，大多数动物不能利用纤维素和木质素，但当这些昆虫与能消化纤维素和木质素的微生物共生时，就能以木材为主要食物了。能吃木材的白蚁和木蠊螂，在它们的消化道内栖息着大量的鞭毛虫类原生动物，它们能把纤维素厌氧发酵，生成 CO_2、H_2 和乙酸，昆虫则能好氧地代谢这些乙酸。

8.5.3.3　寄生关系

很多微生物，包括病毒、细菌、真菌和藻类，都可以引起动物疾病。例如，我们人类的绝大多数疾病就与微生物有关，从流感、某些癌症到艾滋病等都是微生物引起的。微生物引起动物致病的过程可以分为两类：一种是微生物在动物体表或体内生长，引起感染而致病；另一种是微生物在动物体外生长，产生有毒物质，引起动物疾病或改变了动物的栖息条件，使得动物不能在健康的环境中生存。寄生关系是导致动物疾病的主要形式。微生物由动物体上的天然开口（如呼吸道、消化道等）、伤口或其他动物叮咬等进入动物体内，并在动物体内掠夺营养、生长繁殖，可导致宿主动物致病或死亡。

微生物寄生于人和有益动物或者经济作物体表或体内，危害宿主（动物或植物）的生长及繁殖，固然是有害的，必须加以防止，但如果寄生于有害生物体内，对人类有利，则可加以利用，例如利用昆虫病原微生物防治农业害虫等。

建议阅读　生态学已经不仅仅是生物学的一个分支，它已经成为现代科学的最前沿领域之一。对于学习环境科学的人来说，同样需要用生态学的思想来指导研究和思考。建议学生在现代生态学以及应用方面增加必要的知识。目前水体富营养化的问题在世界各国都存在，如何认识和解决这个难题，有待于所有环境科学工作者的努力。

[1]　李博. 生态学. 北京：高等教育出版社，2000.
[2]　蔡晓明. 生态系统生态学. 北京：科学出版社，2000.
[3]　尚玉昌. 普通生态学. 第 3 版. 北京：北京大学出版社，2016.

本 章 小 结

1. 生态学是研究生物与环境相互关系的科学，它从生物个体、种群、群落、生态系统以及生物圈等多个层次上来研究生物与环境相互作用的过程和规律。现代生态学围绕着人类所面临的一系列重大问题，试图寻找一个符合客观规律的可持续发展之路。生态学与环境科学有着紧密联系。

2. 种群是占据特定空间的同一生物种的所有个体的集合体。自然种群可以从空间、数量和遗传三个方面的特征进行描述。

3. 生物群落是指一定时间内居住在一定空间范围内的生物种群的集合。群落中包括植物、动物和微生物等各个物种的种群，它们共同组成生态系统中有生命的部分。群落是生态学中比种群更高一级的单元，具有种群水平所不具备的很多特征。

4. 生态系统是在一定时间和空间范围内由生物与它们的生境通过能量流动和物质循环所

组成的一个自然体。生态系统具有四个基本组成：环境（无机环境）、生产者、消费者和分解者或转化者。生态系统具有明显的三维空间结构。生态系统是自然界的基本功能单元，其功能主要表现为生物生产、能量流动、物质循环和信息传递。生物圈是地球上所有的生物及其环境所共同组成的一个最大的生态系统。

5. 生态系统是一个开放系统，它在一定的时间和空间内，保持相对稳定的状态，并能对外来干扰进行自我调节，即为生态平衡。但生态系统的自我调节能力是有限度的，这个限度称为生态阈值。

6. 土壤是个十分适合于微生物生存的环境，它具有微生物所需要的各种营养物质和微生物进行生长繁殖及生命活动的各种条件。土壤中有着大量的微生物，其种类和数量分布与土壤的各种条件密切相关。

7. 通过土壤自净，进入土壤的一定负荷的有机物或有机污染物被吸附和生物降解。利用这一特性，可以进行污染物的土地处理和废水灌溉。但当污染物量超过自净容量时，就会出现土壤污染。

8. 空气的生态条件决定了它不是微生物生长繁殖的良好场所，但是空气中有许多微生物，它们主要是在空气中短暂停留。

9. 生物洁净技术对空气中的微生物控制提出很高的要求。测定空气微生物可以用浮游细菌数或降落细菌数为指标。

10. 水体中存在着多种多样的微生物，数量和种类都很多。水体生态系统可以容纳一定量的污染物并进行降解，为水体自净。自净是一个物理、化学和生物作用的综合过程，其中生物起到主要作用。自净过程可以用 P/H 指数、氧浓度昼夜变化幅度等来衡量。

11. 受污染的水体生态系统中，水体中的生物发生一系列的变化，构成污化系统。通过测定水体内微生物情况来考察水体的污染状况，有 BIP 指数、细菌总数、总大肠菌群数以及微型生物（PFU）等。

12. 相比于总大肠菌，耐热大肠菌指标更能反映水质受到粪便污染的情况。

13. 水体中由于氮、磷等营养物质过多，造成藻类的大量繁殖，从而引起水质恶化，称为水体富营养化。有许多方法被用来评价水体的富营养化状况，其中测定 AGP（藻类潜在生产力）是个很有用的方法。控制富营养化的关键是要控制氮、磷营养物质排入水体。

14. 生态系统中微生物之间的相互作用，形成多种类型的相互关系。包括中性关系或称一般关系、原始合作关系或称互生关系、共生关系、竞争关系、偏害关系、捕食关系和寄生关系等。

15. 微生物与高等植物、动物及人类之间，同样存在着各种相互关系，其中有有利的相互作用，也有不利的相互作用。

思考与实践

1. 生态学与环境科学有什么联系？
2. 生物在个体、种群、群落和生态系统各个不同层次上有着什么特点？
3. 生态系统具有什么结构和功能？生态系统内能量和物质的流动具有什么特点和区别？
4. 什么是生态平衡？生态平衡具有什么特征？
5. 为什么说土壤是微生物最好的天然培养基？土壤中的微生物有什么特点？
6. 空气中微生物种类和数量分布有什么特点？
7. 空气中致病微生物的来源是什么？一般以什么微生物作为空气污染的指示菌？
8. 如何测定和清洁空气中微生物？

9. 在空气质量中，$PM_{2.5}$ 有着重要的意义，请问空气中微生物与 $PM_{2.5}$ 有什么关系？

10. 什么是水体自净？请描述水体自净的过程。

11. 如何判断水体自净进行的程度？

12. 污化系统是如何被用来对水体污染和自净进行描述的？

13. 描述水体有机污染有哪几个指标？这些指标各有什么优缺点？

14. 为什么要采用总大肠菌群作为水的卫生指标？这个指标的意义是什么？

15. 总大肠菌群和耐热大肠菌有什么区别？测定的方法有什么不同？

16. 造成水体富营养化的原因是什么？如何判断和评价水体富营养化？

17. 什么是水体富营养化？水体富营养化有什么危害？如何防止水体富营养化的发生？

18. 微生物与微生物之间的关系包括哪几种？

19. 举例说明生物之间的共生关系与互生关系的异同。

20. 微生物与植物之间的关系可以归纳成哪几类？

21. 从正反两方面来论述微生物与人和动物之间的关系。

9 微生物在环境物质循环中的作用

学习重点:

掌握自然界物质循环的特点及微生物在物质循环（生物地球化学循环）过程中的作用，了解自然界中水循环的作用和过程；掌握碳元素循环的特点和微生物的作用，掌握微生物对主要含碳有机物的分解过程；掌握碳元素循环的特点和微生物所参与的含氮物质转化过程；了解硫、磷等元素的循环过程和微生物的作用。

9.1 自然界的物质循环

9.1.1 物质循环与生物

在生态系统中，物质是循环的。物质循环包括天然物质循环和污染物质循环，其实从本质上看，两者并没有太大的区别。但是，污染物质的进入会影响原有的物质循环的某些环节。事实上，在当今地球上，已经很难找到不带有人为影响的完全的自然过程。

推动物质进行循环的作用包括物理、化学和生物的作用，其中生物起到了主导的作用，而微生物在这当中又占了极重要的地位。自然界的物质循环主要可归纳为两个方面：一个是无机物的有机质化，即生物合成作用；另一个是有机物的无机质化，即矿化作用或分解作用。这两个过程既对立又统一，构成了自然界的物质循环。在前一过程中，以高等植物为主的生产者起着重要作用，而在后一过程中，以异养微生物为主的分解者起着重要作用。

微生物是自然界中的分解者，它们能将有机物分解成无机化合物，在此过程中微生物获得能量及营养物质以合成自身细胞，然后，微生物又成为其他生物特别是浮游生物的食物，从而形成自然界中的食物链（或食物网）。此外，很多自养微生物还可以利用无机化合能或光能和无机化合物合成自身细胞而进入食物链，所以说微生物在营养元素的循环及食物链中起着非常重要的作用。营养元素的这种循环使用也被称为生物地球化学循环（biogeochemical cycling）。

生物地球化学循环描述了物质通过生化活性在整个地球的大气、水体和陆地中的运动与转化。大多数元素在一定程度上进入了生物地球化学循环，那些对生命体最基本的元素，即所谓的生命必需元素，是最有规律地进行生物地球化学循环的，包括 C、H、O、N、S 和 P 等元素，它们在生物体内的含量多，循环速率也高。物质的循环是生命发展的结果，如果没有生物参与元素循环转化，自然界物质循环就无法进行。同时也是生命发展的需要，生物必须不断地从环境中取得其生命需要的营养元素，可是自然界中这些元素的储量毕竟是有限的，需要通过循环来满足生物不断发展的需要。

根据物质循环的过程中是否有气相存在，可以分为气相循环和沉积循环。

气相循环的储存库是大气和海洋，它把大气和海洋紧密相连，具有明显的全球性，如 O_2、CO_2、N_2 等，水实际上也可以属于这个类型。另外，它与全球性三个环境问题（温室效应，酸雨、酸雾，臭氧层破坏）密切相关。

沉积循环的储存库是岩石圈、土壤圈，这些物质主要是通过岩石的风化和沉积物的分解转变成可被生物利用的营养物质。一般情况下没有气相出现，因此也就没有全球性的影响，如磷、钙等。而硫既是气体又可是固体，它不仅储存在地壳中，而且也储存于大气中，所以它既有气相循环，又有沉积循环。

各种元素的生物地球化学循环不是独立进行的，而是相互作用、相互影响、相互制约、相辅相成的，构成非常复杂的关系。

9.1.2　水循环是物质循环的核心

9.1.2.1　水循环的作用

水是地球上储量最丰富的无机化合物，也是生物组织中含量最多的一种化合物。水面占地球表面 70％以上，在冰川、冰山、海洋、河流、湖泊、土壤、大气中均有分布，约有 $1.4 \times 10^9 \, m^3$。水具有可溶性、可动性和比热容高等理化性质，因而它是地球上一切物质循环和生命活动的介质。没有水循环，生态系统就无法启动，生命就会死亡。

从许多方面看，全球水循环是最基本的生物地球化学循环，它强烈地影响着其他所有各类物质的生物地球化学循环。水循环的主要作用表现在以下三个方面。

（1）水是所有营养物质的介质。营养物质的循环和水循环不可分割地联系在一起。地球上水的运动，还把陆地生态系统和水域生态系统连接起来，从而使局部生态系统与整个生物圈发生联系。同时，大量的水防止了地球上温度的剧变。

（2）水对物质是很好的溶剂。水在生态系统中起着能量传递和利用的作用。绝大多数物质都溶于水，随水迁移。

（3）水是地质变化的动因之一。其他物质的循环常是结合水循环进行的。一个地方矿质元素流失，而另一个地方矿质元素沉积，也往往是通过水循环来完成的。

9.1.2.2　水循环的过程

海洋、湖泊、河流和地表水分，不断蒸发，形成水蒸气，进入大气；植物吸收到体内的大部分水分，通过叶表面的蒸腾作用，也进入大气。在大气中的水汽遇冷，形成雨、雪、雹等降水过程重新返回地面、水面，一部分直接落到海洋、湖泊、河流等水域中；一部分落到陆地表面，其中的一部分渗入地下形成地下水，储存下来，一部分形成地表径流，流入江河、汇入海洋。由于总降雨量与蒸发量相对平衡，所以，水循环是处于稳定状态。

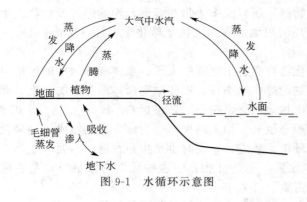

图 9-1　水循环示意图

但是，在不同地区蒸发量是不同的，海洋蒸发量大于陆地，低纬度蒸发量大于高纬度，假定总降水量为 100 单位，来源于海洋蒸发的占 84 单位，来源于陆地蒸发的只有 16 单位；反之，大气中的水汽，通过降水到海洋的是 77 单位，而到达陆地的是 23 单位，也就是说，陆地的降水量大于蒸发量，而海洋的降水量小于蒸发量，海洋的过量蒸发必须由陆地地表径流不断给予补充。水循环示意图见图 9-1。

9.2　微生物与碳循环

9.2.1　碳循环的过程

碳元素存在于生命有机体和无机环境之中。自然界中含碳物质有 CO_2、碳水化合物、脂肪、蛋白质等。碳是生物体中最重要的一种营养元素，占细胞干物质的 40％～50％。地球上的碳主要存在于岩石圈,大都以碳酸盐形式存在,只有很少一部分以碳氢化合物和碳水化合物形式存在。

碳的循环是以 CO_2 为中心的,包括大气中的 CO_2 和水中溶解的 CO_2。绿色植物和微生物(藻类、光合细菌、蓝细菌等)通过光合作用固定 CO_2,合成有机碳化合物(淀粉、纤维素、蛋白质、脂肪、糖、有机酸等),同时把光能转化成化学能,进而组成生物体本身,植物和微生物通过呼吸作用获得能量,同时释放出 CO_2。动物以植物和微生物为食,进行碳物质转化,并在呼吸中放出 CO_2。当生物死亡后,其所含有机碳化合物被微生物分解,产生大量 CO_2,回到大气或水中。碳循环示意图见图 9-2。

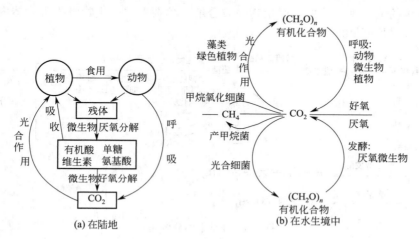

图 9-2 碳循环示意图

CO_2 可以成为植物、藻类的碳源。但是由于人类活动大量产生 CO_2 进入大气中,造成大气中 CO_2 的含量不断增加,有报道说目前大气中的 CO_2 浓度已经超过 $400 cm^3/m^3$,达到了 300 万年来的峰值,由此导致大气变暖,成为全球性的环境问题。

9.2.2 微生物在碳循环中的作用

微生物在碳循环中的作用,主要体现在两个方面:一是通过光合作用固定 CO_2;二是通过分解作用再生 CO_2。

(1)光合作用 藻类、蓝细菌及光合细菌,通过光合作用将大气中的 CO_2 转化成有机碳化合物。其中藻类、蓝细菌进行的是放氧性的光合作用,起主要作用,但在某些情况下,光合细菌进行的不放氧的光合作用也是不可忽视的。另外,有少量化能自养微生物通过非光合作用形式也能固定 CO_2。

(2)分解作用 自然界含碳有机物的分解,主要是依靠微生物的作用。

在有氧条件下,有机物被好氧或兼性厌氧的异养微生物分解,最终产物为 CO_2,剩下不可降解或难降解的含碳有机物组成腐殖质。而在厌氧条件下,有机物被厌氧菌或兼性厌氧菌作用,发生发酵或无氧作用,产物主要是有机酸、醇、CO_2、H_2 等。

由于含碳有机物的种类极其多样,不同有机物能被不同微生物分解,在自然界中参与有机物分解的主要是细菌、真菌和放线菌。

9.2.3 微生物对主要含碳化合物的转化和分解过程

自然界中存在大量含碳化合物,除了前面介绍过的葡萄糖等物质外,微生物还可以对来自生物的各种有机物进行转化和分解,甚至是一些人工合成的有机物和难降解的有机物,微生物也能以一定方式参与其转化过程。下面介绍几种常见的含碳化合物的转化过程。

（1）纤维素的转化　纤维素是葡萄糖的高分子聚合物，通过 β-1,4 糖苷键联结而成，其分子式可表达为 $(C_6H_{10}O_5)_n$，其中 $n = 1400 \sim 10000$。每条链约有 14000 个葡萄糖单位，分子量在 10^6 以上，不溶于水，由于呈超分子结构排列，单链之间相互掩盖各自的亲水基团，故纤维素分子十分稳定。

纤维素主要存在于植物的细胞壁中，因此，以树木、农作物为原料的造纸、印染、人造纤维工业生产所产生的废弃物以及生活过程中所产生的城市垃圾中，都含有纤维素。

纤维素的分解途径是：纤维素首先经过微生物胞外酶（水解酶）的作用，使之水解成可溶性的较简单的葡萄糖，才能被微生物吸收分解，葡萄糖被微生物吸收进入体内，进行好氧或厌氧的分解（见图 9-3）。

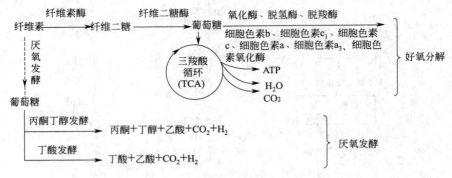

图 9-3　纤维素的分解途径

高等动物无法分解纤维素，但一些微生物具有分解纤维素的能力，包括细菌、放线菌和真菌。其中细菌以好氧的黏细菌为多，如生孢食纤维菌、食纤维菌及堆囊黏菌。黏细菌是革兰阴性的化能异养菌，没有鞭毛，能在固体界面上作滑行运动。另外，好氧的纤维分解菌还有镰状纤维菌和纤维弧菌等。在厌氧条件下也有一些细菌能分解纤维素，如产纤维二糖芽孢梭菌、无芽孢厌氧分解菌及嗜热纤维芽孢梭菌等。

分解纤维素的真菌有青霉、曲霉、镰刀霉、木霉及毛霉等。放线菌中的链霉菌属也能分解纤维素。

（2）半纤维素的转化　半纤维素是植物细胞壁除纤维素和果胶质以外的多糖类物质的总称，在结构上与纤维素无关。半纤维素是由戊糖、己糖或其糖醛酸聚合而成的多糖，如木聚糖，由 β-D-木糖通过 β-1,4 糖苷键联结而成，其含量仅次于纤维素，也有的木聚糖还含有阿拉伯糖、葡萄糖、半乳糖等。

造纸和人造纤维工业的废水中含有较多的半纤维素成分。

半纤维素的分解途径如图 9-4 所示。

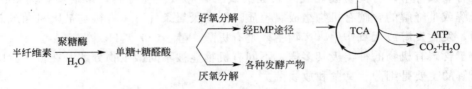

图 9-4　半纤维素的分解途径

能够分解纤维素的微生物大部分能分解半纤维素。许多芽孢杆菌、假单胞菌、节细菌和放线菌及霉菌中的根霉、曲霉、小克银汉霉、青霉、镰刀霉等能分解半纤维素。

（3）**果胶质的转化** 果胶质也是存在于植物细胞壁和细胞间质中，它是由 D-半乳糖醛酸以 α-1,4 糖苷键构成的直链高分子化合物。其中 75% 的羧基为甲醇酯化，甲酯含量低的称为水溶性果胶酸，几乎不含甲酯的称为果胶酸。天然的果胶质不溶于水，称为原果胶。在造纸、制麻等工业生产所产生的废水中，会有果胶质存在。

果胶质的分解过程是首先被微生物产生的酶水解成各种产物，水解产物再被微生物进一步分解。

果胶质的水解过程如下：

$$原果胶 + H_2O \xrightarrow{\text{原果胶酶}} 可溶性果胶 + 聚戊糖$$

$$可溶性果胶 + H_2O \xrightarrow{\text{果胶甲酯酶}} 果胶酸 + 甲醇$$

$$果胶酸 + H_2O \xrightarrow{\text{聚半乳糖醛酶}} 半乳糖醛酸$$

水解产物聚戊糖、半乳糖醛酸、甲醇等在好氧条件下被分解成二氧化碳和水；在厌氧条件下进行丁酸发酵，产生丁酸、乙酸、醇类、二氧化碳和氢气。

分解果胶质的微生物有：细菌，包括好氧的枯草芽孢杆菌、多黏芽孢杆菌、浸软芽孢杆菌和不生芽孢的软腐欧氏杆菌，厌氧的蚀果胶梭菌和费新尼亚浸麻梭菌等；真菌，有青霉、曲霉、木霉、小克银汉霉、芽枝孢霉、根霉、毛霉；还有一些种类的放线菌。

（4）**淀粉的转化** 淀粉分为直链淀粉和支链淀粉两类。它们是由葡萄糖分子脱水缩合，以 α-D-1,4 葡萄糖苷键（不分支）或 α-1,6 键结合（分支）而成，见图 9-5 和图 9-6。淀粉广泛存在于植物种子和果实中，它也是人类获取的主要食物来源之一。在淀粉厂、酒厂、印染厂、抗生素发酵废水以及生活废水中均有淀粉存在。

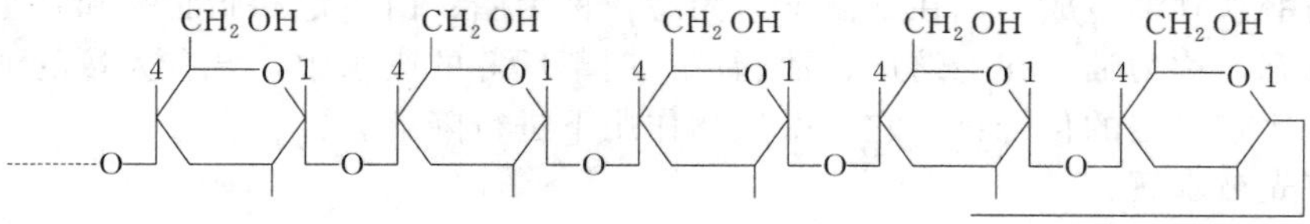

图 9-5 直链淀粉的 α-1,4 结合

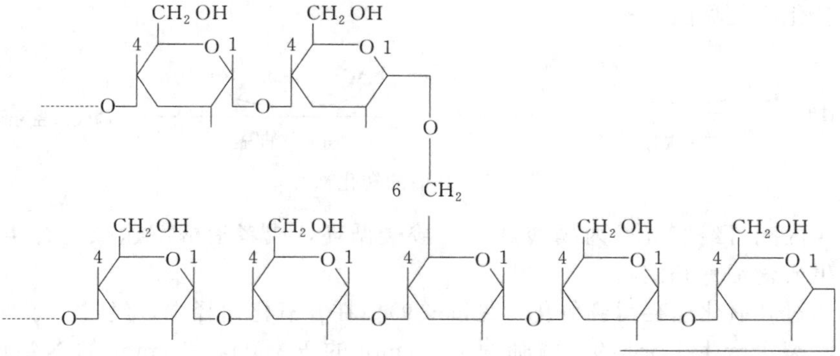

图 9-6 支链淀粉的 α-1,4 结合和 α-1,6 结合

淀粉的转化途径见图 9-7。在好氧条件下，淀粉沿途径①水解成葡萄糖，再被酵解成丙酮酸，经三羧酸循环完全氧化成二氧化碳和水；在厌氧条件下，淀粉水解成葡萄糖后，沿途径②进行发酵；在专性厌氧菌作用下，淀粉沿途径③和途径④进行转化分解。

在途径①中，好氧菌有枯草芽孢杆菌、根霉、曲霉等，枯草芽孢杆菌可将淀粉一直分解

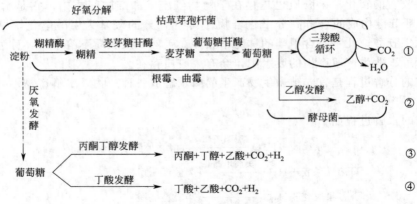

图 9-7　淀粉的转化途径

为二氧化碳和水；途径②中，根霉和曲霉先将淀粉转化成葡萄糖（糖化过程），接着是酵母菌进行发酵；途径③中，参与发酵的微生物是丙酮丁醇梭状芽孢杆菌（*Clostridium aceto-butylicum*）和丁醇梭状芽孢杆菌（*C. butylicum*）；途径④中作用的微生物是丁醇梭状芽孢杆菌（*C. butyricum*）。

淀粉的分解酶有 5 种酶（总称为淀粉酶），即 α-淀粉酶、β-淀粉酶、糖化酶、异淀粉酶、转葡萄糖苷酶，每种酶的作用部位有差异，故在实践中的应用价值也有所不同。

（5）脂肪的转化　脂肪是甘油和高级脂肪酸所形成的酯，存在于动植物体内，是人和动物的能量来源，也是许多微生物的碳源和能源。组成脂肪的脂肪酸几乎都有偶数个碳原子。由饱和脂肪酸和甘油组成的，在常温下为固态，称为脂；由不饱和脂肪酸和甘油组成的，在常温下为液态，称为油。在毛纺厂、油脂厂、制革厂等的废水中，含有大量的油脂。

脂肪是比较稳定的化合物，它在微生物作用下进行降解。

脂肪首先被水解：

$$\text{脂肪} + 3H_2O \xrightarrow{\text{脂肪酶}} \text{甘油} + \text{高级脂肪酸}$$

产物甘油和高级脂肪酸分别进行降解。

甘油的转化途径见图 9-8。

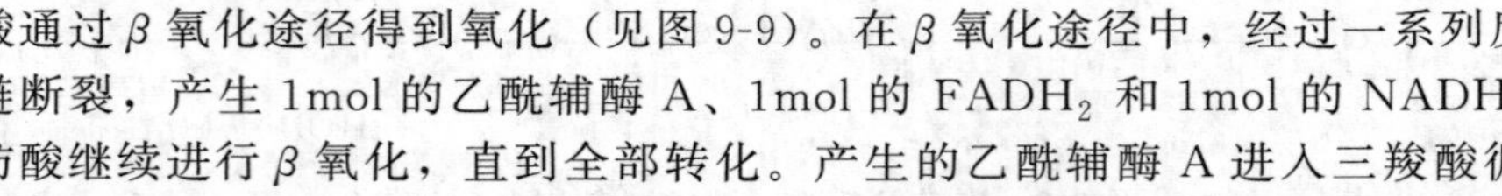

图 9-8　甘油的转化途径

磷酸二羟丙酮可经酵解成丙酮酸进入三羧酸循环，或者沿酵解途径逆行生成 1-磷酸葡萄糖，进而生成葡萄糖和淀粉。

脂肪酸通过 β 氧化途径得到氧化（见图 9-9）。在 β 氧化途径中，经过一系列反应，脂肪酸上的碳链断裂，产生 1mol 的乙酰辅酶 A、1mol 的 $FADH_2$ 和 1mol 的 $NADH_2$，少了两个碳的脂肪酸继续进行 β 氧化，直到全部转化。产生的乙酰辅酶 A 进入三羧酸循环。如果是奇数的脂肪酸，除了乙酰 CoA，还有丙酰 CoA，转化成丙酮酸或琥珀酸后继续代谢。

通过脂肪酸的 β 氧化途径，能产生大量的能量。如以 18 个碳原子的硬脂酸为例，经 8 次 β 氧化，可得到 9mol 的乙酰辅酶 A、8mol 的 $FADH_2$ 和 8mol 的 $NADH_2$，每摩尔乙酰辅酶 A 经三羧酸循环得到 12mol 的 ATP，1mol 的 $FADH_2$ 可得到 2mol 的 ATP，1mol 的 $NADH_2$ 可得到 3mol 的 ATP，除去开始时消耗的 1mol 的 ATP，最终可得到 $9 \times 12 + 8 \times$

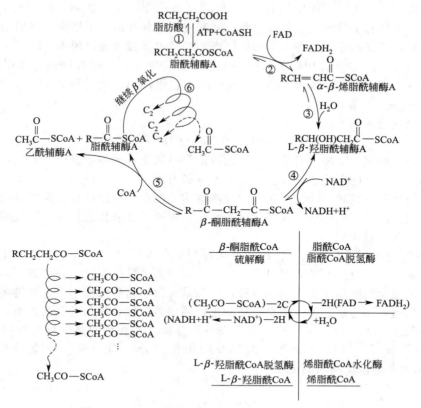

图 9-9 脂肪酸的 β 氧化途径

$2+8\times3-1=147mol$ 的 ATP。

分解脂肪的微生物有细菌中的荧光杆菌、绿脓杆菌、灵杆菌等，真菌中的青霉、白地霉、曲霉、镰刀霉及解脂假丝酵母等，以及某些放线菌和分枝杆菌。

（6）木质素的转化 木质素是植物木质化组织的重要成分，其含量仅次于纤维素和半纤维素，占木材干重的 18%～30%。木质素的化学结构十分复杂，一般认为是以苯环为核心带有丙烷支链的一种或多种芳香族化合物（如苯丙烷、松伯醇等）经氧化缩合而成。木质素是植物体中最难被降解的组分，比纤维素和半纤维素的酶解要慢得多。在秸秆中木质素与半纤维素以共价键形式结合，将纤维素包埋在其中，形成一种天然屏障，使酶不易与纤维素分子接触，而木质素的非水溶性和复杂的化学结构导致了秸秆的难降解性。

木质素的降解有多种酶参与，目前认为最重要的有三种酶，即木质素过氧化物酶（LiP）、锰依赖过氧化物酶（MnP）和漆酶（Laccase），另外，其他的一些酶如芳醇氧化酶、酚氧化酶、葡萄糖氧化酶、过氧化氢酶及一些还原酶、甲基化酶和蛋白酶等也参与或对木质素的降解产生一定的影响。木质素被降解成芳香族化合物后，再由细菌、放线菌、真菌等继续分解。

在自然界中，木质素的降解是真菌、细菌及相应微生物群落共同作用的结果，其中真菌起主要作用，有担子菌亚门中的干朽菌（*Merulius*）、多孔菌（*Polyporus*）、伞菌（*Agaricus*）等的一些种，也有厚孢毛霉（*Mucor chlamydosporus*）和松栓菌（*Trametes pini*），假单胞菌的个别种也能分解木质素。

（7）烃类物质的转化 许多微生物可以代谢烃类物质，在不同的土壤中都发现可以氧化烃类的微生物，另外在水体中也发现大量可以降解烃类的微生物。许多烃类物质的降解是一个共代谢过程，例如可以利用甲烷的 *Pseudomonas mechanica*，在对甲烷进行代谢的同时，可以把乙烷、丙烷和丁烷氧化成相应的醇、醛和羧酸。共代谢对于烃类，特别是难降解的烃类，是一种重要的降解途径，在许多物质的降解过程中都发现过此现象。

① 烷烃的转化　能氧化甲烷的微生物大多为专一的甲基营养性细菌，如甲烷氧化弯曲菌（*Methylosinus*）、甲基孢囊菌（*Methylocystis*）、甲基单胞菌（*Methylomonas*）、甲基球菌（*Methylococcus*）等。

甲烷的氧化途径如下：

$$CH_4 \rightarrow CH_3OH \rightarrow HCHO \rightarrow HCOOH \rightarrow CO_2$$

对于乙烷、丙烷、丁烷的转化，可以通过依靠甲烷生长的细菌进行共氧化，转变成相应的酸类或酮类。也有的微生物可以直接转化乙烷和丙烷。

对于高级烷烃，其转化较为复杂，主要降解途径是在好氧条件和加氧酶参与下，烷烃的末端甲基生成伯醇后，再先后生成醛和脂肪酸，后者通过 β 氧化途径进入三羧酸循环，最后彻底降解成水和二氧化碳。

② 芳香烃的转化　芳香族化合物在自然界广泛存在，它具有苯环结构，具有较强的毒性和抗降解能力，而且一些芳香烃具有致畸、致癌、致突变的作用，并可在生物体内富集。

芳香烃的微生物降解主要有两条途径：一条是在微生物酶的作用下，直接将分子中的苯环打开，然后进一步分解；另一条是先由微生物除去芳香化合物侧链上的基团，转变成儿茶酚、原儿茶酸或 2,4-二羟基苯甲酸，然后进一步分解。芳香烃的微生物降解可以在好氧或者厌氧条件下进行。邻苯二酚是各类芳香烃化合物分解途径中一个重要的中间产物。图 9-10 所示为苯的微生物代谢途径。

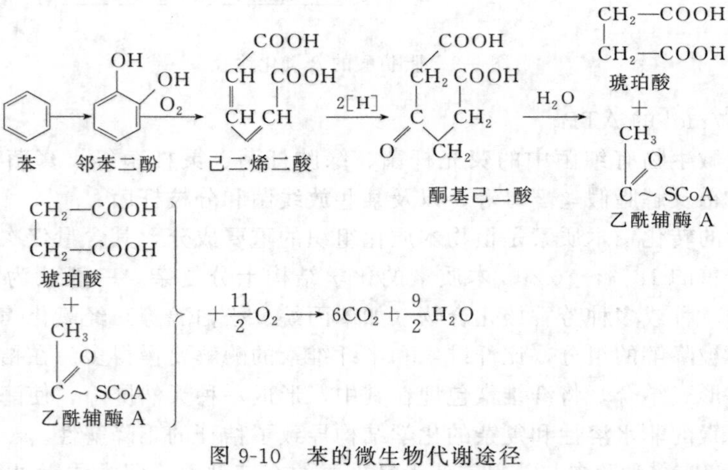

图 9-10　苯的微生物代谢途径

9.3　微生物与氮循环

氮是核酸和蛋白质等生物大分子的主要化学成分，是构成生物体的必需元素。自然界中的氮的存在状态有分子氮（空气中的 N_2，占绝大多数）、有机氮（蛋白质等）、无机氮（NH_4^+、NO_3^- 等）。

由于动植物和大多数微生物不能直接利用分子态氮，而只能利用离子态氮，因此就需要对含氮化合物进行转化和循环。各种形式的氮互相转化和利用，其中，微生物在转化中起着重要作用。

9.3.1　氮循环的过程

氮循环包括许多转化作用，包括空气中的氮气被微生物固定成氨态氮，并转化成有机氮化合物；存在于植物和微生物体内的氮化物被动物食用，转化成动物蛋白；动植物和微生物的尸体及排泄物等中的有机氮被微生物分解，以氨的形式释放出来；在有氧条件下，氨通过硝化作用氧化成硝酸，生成的铵盐和硝酸盐可被植物或微生物吸收利用；在无氧条件下，硝酸盐可被反硝化形成氮气返回大气。这样就完成氮元素的循环。氮元素的循环过程见图9-11。

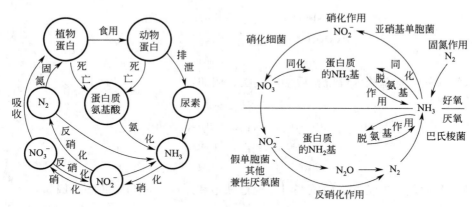

图 9-11　氮元素的循环过程

9.3.2　微生物在氮循环中的作用

微生物在氮循环中的作用体现在好几个方面，包括微生物对含氮有机物的分解转化作用、氨化作用、硝化作用、硝酸盐还原（反硝化）作用、固氮作用以及同化作用等。其中固氮作用和硝酸盐还原作用对整个氮元素循环是极为关键的。

9.3.2.1　蛋白质水解与氨基酸转化

（1）蛋白质水解　蛋白质是生物细胞的主要成分，由许多氨基酸连接而成（几万至几百万的分子量）。由于蛋白质分子量大，不能直接进入微生物细胞，它先在细胞外被蛋白酶水解成小分子肽或氨基酸后，才能透过细胞而被微生物利用。

蛋白质的水解过程如下：

$$蛋白质 \xrightarrow{蛋白酶} 胨 \xrightarrow{蛋白酶} 脲 \xrightarrow{蛋白酶} 肽 \xrightarrow{肽酶} 氨基酸$$

能够分解蛋白质的微生物很多，有好氧细菌中的枯草芽孢杆菌、巨大芽孢杆菌、蕈状芽孢杆菌、蜡状芽孢杆菌及马铃薯芽孢杆菌等，兼性厌氧菌中的变形杆菌、假单胞菌，厌氧菌中的腐败梭状芽孢杆菌、生孢梭状芽孢杆菌；真菌中的曲霉、毛霉和木霉等；放线菌中的链霉菌等。

（2）氨基酸转化　氨基酸的转化和分解是蛋白质代谢过程中最重要的一步。

① 脱氨　有机氮化合物（以氨基酸为主）在脱氮微生物的作用下脱氨基产生氨，这一过程称为氨化作用。氨基酸脱氨基后形成脂肪酸，即可以按脂肪酸的方式进一步分解。脱氨基可在有氧或无氧条件下进行，其方式有多种。

a.氧化脱氨　在好氧微生物作用下进行。例如：

$$
\begin{array}{c}
CH_3 \\
| \\
CHNH_2 \\
| \\
COOH \\
\text{丙氨酸}
\end{array}
+ \frac{1}{2}O_2 \longrightarrow
\begin{array}{c}
CH_3 \\
| \\
CO \\
| \\
COOH
\end{array}
+ NH_3
$$

$$三羧酸循环 \xrightarrow{+O_2} CO_2 + H_2O + ATP$$

　　b. 还原脱氨　由专性厌氧菌和兼性厌氧菌在厌氧条件下进行。例如：

$$\underset{\text{甘氨酸}}{\begin{array}{c} CH_2-NH_2 \\ | \\ COOH \end{array}} +2H \xrightarrow{\text{梭状芽孢杆菌}} \underset{\text{乙酸}}{\begin{array}{c} CH_3 \\ | \\ COOH \end{array}} +NH_3$$

$$\underset{\text{丙氨酸}}{\begin{array}{c} CH_3 \\ | \\ CHNH_2 \\ | \\ COOH \end{array}} +2H \longrightarrow \underset{\text{丙酸}}{\begin{array}{c} CH_3 \\ | \\ CH_2 \\ | \\ COOH \end{array}} +NH_3$$

　　c. 水解脱氨　氨基酸水解脱氨后生成羧酸。例如：

$$\underset{\text{丙氨酸}}{\begin{array}{c} CH_3 \\ | \\ CHNH_2 \\ | \\ COOH \end{array}} +H_2O \longrightarrow \underset{\text{乳酸}}{\begin{array}{c} CH_3 \\ | \\ CHOH \\ | \\ COOH \end{array}} +NH_3$$

　　d. 减饱和脱氨　氨基酸在脱氨基时，通过减饱和形成不饱和脂肪酸。例如：

$$\underset{\text{天冬氨酸}}{\begin{array}{c} COOH \\ | \\ CH_2 \\ | \\ CHNH_2 \\ | \\ COOH \end{array}} \longrightarrow \underset{\text{延胡索酸}}{\begin{array}{c} COOH \\ | \\ CH \\ \| \\ CH \\ | \\ COOH \end{array}} +NH_3$$

　　② 脱羧　氨基酸也可以脱去羧酸基（CO_2），产生胺。该过程多由腐败细菌和霉菌引起，二元胺对人有毒，所以肉类腐败后不可食用。胺是合成细胞成分的重要的起始物，尤其是诸如 NAD 等辅酶的合成。胺在有氧的条件下可被氧化成有机酸，如色胺可经色胺氧化酶催化生成吲哚乙酸；在厌氧条件下，胺被无氧分解生成各种醇和有机酸。例如：

$$\underset{\text{丙氨酸}}{CH_3CHNH_2COOH} \longrightarrow \underset{\text{乙胺}}{CH_3CH_2NH_2} +CO_2$$

$$\underset{\text{赖氨酸}}{H_2N(CH_2)_4CHNH_2COOH} \longrightarrow \underset{\text{尸胺}}{H_2N(CH_2)_4CH_2NH_2} +CO_2$$

9.3.2.2　尿素的氨化

　　动物和人的排泄物中含有大量尿素，在印染工业中的印花浆是用尿素作为膨化剂和溶剂，故印染废水中含有尿素。在废水处理过程中，尿素有时被作为补充氮源加入水中。尿素能被许多微生物（统称为尿素细菌，广泛分布在土壤和水体中）转化成氨，如尿八叠球菌、尿小球菌、尿素芽孢杆菌等。由于尿素分解时不释放能量，故它不能被用作能源，只能作为氮源，尿素细菌还需要其他有机物作为碳源。

　　尿素细菌产生的尿酶能水解尿素成碳酸铵，碳酸铵在碱性环境中很不稳定，进一步分解成氨和二氧化碳。

$$CO(NH_2)_2 +2H_2O \xrightarrow{\text{尿酶}} (NH_4)_2CO_3 \longrightarrow 2NH_3 +CO_2 +H_2O$$

9.3.2.3　硝化作用

　　硝化作用是指在有氧的条件下，经亚硝酸细菌和硝酸细菌的作用，氨转化成硝酸的过程。硝化作用分为两步进行：

$$2NH_3 + 3O_2 \longrightarrow 2HNO_2 + 2H_2O + 619kJ \qquad \text{①}$$

$$2HNO_2 + O_2 \longrightarrow 2HNO_3 + 201kJ \qquad \text{②}$$

反应①由亚硝酸细菌进行，包括亚硝酸单胞菌属（$Nitrosomonas$）、亚硝酸球菌属（$Nitrosococcus$）、亚硝酸螺菌属（$Nitrosospira$）、亚硝酸叶菌属（$Nitrosolobus$）和亚硝酸弧菌属（$Nitrosovibrio$）等。反应②由硝酸细菌进行，包括硝化杆菌属（$Nitrobacter$）和硝化球菌属（$Nitrococcus$）等。一般将这两类菌统称为硝化菌，它们都是好氧的细菌，化能自养型。亚硝酸细菌为革兰阴性菌，在硅胶固体培养基上长成细小、稠密的褐色、黑色或淡褐色的菌落；硝酸细菌在琼脂和硅胶培养基上长成小的、由淡褐色变成黑色的菌落，且能在亚硝酸盐、硫酸镁和其他无机盐培养基中生长。硝化菌的世代时间比较长，从十几小时到几天，因此它的生长速率是很慢的，往往经过 $7 \sim 10$ 天的培养，仅能见到微小的菌落。

9.3.2.4　反硝化作用

在缺氧（没有分子氧存在）条件下，微生物将硝酸盐被还原为氮气的过程称为反硝化作用。

能进行反硝化的微生物有自养的反硝化细菌，如脱氮硫杆菌（$Thiobacillius\ denitrificans$），也有异养的反硝化细菌，包括一些兼性厌氧的假单胞菌、色杆菌属、微球菌属、芽孢杆菌属的一些种类。另外，植物、微生物在同化硝酸盐时也发生反硝化，它们是将硝酸盐还原成氨以合成有机氮化合物。

发生反硝化作用需要三个条件：硝酸盐存在（提供电子受体）、有机物存在（提供能量）、缺氧。

反硝化作用的反应过程，有三种结果：

$$HNO_3 \longrightarrow NH_3$$

$$HNO_3 \longrightarrow N_2 \uparrow$$

$$HNO_3 \longrightarrow HNO_2$$

反硝化生成的氨被微生物利用合成细胞物质。

土壤、水体和污水生物处理构筑物中的硝酸盐在缺氧条件下，会发生反硝化作用。一方面，在土壤中发生的反硝化作用会降低土壤的肥力，而在污水生物处理系统的二沉池中发生反硝化作用产生的氮气会把池底的沉淀污泥带上浮起，影响出水水质；另一方面，利用反硝化作用，可以去除水中的氮元素（生物脱氮），如利用 A/O 系统等，可以防止水体富营养化。

9.3.2.5　固氮作用

空气中有大量的氮气，但植物和大多数微生物并不能直接利用它。在自然界中，氮的固定有两种：一种为非生物固氮，如通过闪电、高温等来固氮；另一种为生物固氮，生物固氮对自然界氮元素循环具有决定意义。在固氮微生物的固氮酶的作用下，把分子氮转化成氨，进而合成有机氮化合物，称为固氮作用。

微生物固氮的基本反应式为：

$$N_2 + 6e^- + 6H^+ + n\,ATP \xrightarrow{\text{固氮酶}} 2NH_3 + n\,ADP + n\,Pi$$

由于分子氮的高度稳定性，上述反应需要较高的能量，平均来说，每还原 1mol 的氮为 2mol 的氨，需要 24mol 的 ATP。

具有固氮能力的微生物都是原核的微生物。能独立生存进行固氮的称为自生固氮微生物。其中，好氧固氮菌包括固氮菌属（*Azotobacter*）、分枝杆菌属（*Mycobacterium*）、拜叶林克菌属（*Beijerinckia*）、假单胞菌属等；兼性自生固氮菌有多黏芽孢杆菌（*Bacillius polymyxa*）和克雷伯菌属（*Klebsiella*）的种类；厌氧自生固氮菌有巴氏固氮梭菌（*Clostridium pasteurianum*）；光合细菌中的红螺菌属（*Rhodospirillum*）、小着色菌（*Coromatium minus*）及绿菌属（*Chlorobium*）等在光照和厌氧条件下也能固氮；此外，还包括蓝细菌中的一些种类。

与其他生物相互依存进行固氮的微生物称为共生固氮微生物。包括与豆科植物共生的根瘤菌（*Rhizobium*）、与非豆科植物共生的放线菌如弗兰克菌（*Frankia*）。蓝细菌与其他细菌或真菌也有共生固氮的现象。

各类固氮菌中都具有固氮酶，它包括由钼铁蛋白和铁蛋白组成的活性部分。固氮酶对 O_2 敏感，氧会抑制它的活性，这对于厌氧固氮菌自然不成问题，可大多数固氮菌却是好氧的，因此，好氧固氮菌就在体内形成独特的防护机制，保护固氮酶的活性。如在固氮菌科的细菌中，首先，细胞外具有较厚的荚膜层，能阻碍过多的氧进入细胞；其次，它的呼吸强度大大超过其他好氧细菌，以消耗过多的氧，保护固氮酶的活性。

9.3.2.6　氨的同化作用

生物生长需要从外界获得氮素营养，即进行同化作用。植物或微生物的氮元素，可以来自氨化作用产生的氨，也可以是固氮作用产生的氨；另一来源是硝酸盐，自然界的土壤、水体中，均含有硝酸盐，植物、微生物可以此为氮源，它们吸收硝酸盐，在缺氧条件下，由硝酸还原酶作用进行反硝化作用（亦称为同化硝酸盐还原作用），把硝酸盐还原成氨。植物、微生物等获得氨后，进一步合成菌体蛋白等细胞物质。

9.4　微生物与硫循环

硫也是一种重要的生物营养元素，它是一些必需氨基酸、维生素和辅酶的成分，硫在生物体内以—SH（巯基）形式存在。在自然界中，硫元素以单质态硫、硫化氢、硫酸盐和有机态硫的形式存在。这些形态的硫，在生物和化学的作用下，相互转化，构成硫的循环。

9.4.1　硫循环的过程

自然界中的硫和硫化氢经过微生物氧化而形成 SO_4^{2-}；SO_4^{2-} 被植物和微生物同化还原成动物有机硫化物；当动植物和微生物死亡时，其所含有机硫化物，主要是含硫蛋白质，被微生物分解，以 H_2S 和 S 的形式返回自然界，并进一步氧化成 SO_4^{2-}。另外，SO_4^{2-} 在厌氧条件下可被微生物还原成 H_2S，H_2S 又能被光合细菌作供氢体氧化成硫或硫酸盐。硫的循环过程见图 9-12。

9.4.2　微生物在硫循环中的作用

微生物参与了硫循环的各个过程，并起着很重要的作用。

9.4.2.1　含硫有机物的转化（脱硫作用）

生物体内的含硫有机物主要是含硫的蛋白质和氨基酸，如蛋氨酸、半胱氨酸、胱氨酸等。它们在微生物的作用下被分解，脱巯基产生硫化氢。能分解含硫有机物的微生物很多，引起含氮有机物分解的微生物都能分解含硫有机物产生硫化氢。

例如，变形杆菌能将半胱氨酸水解，产生氨和硫化氢：

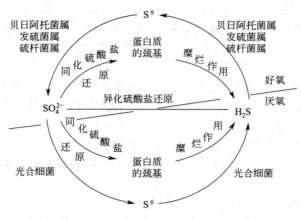

图 9-12 硫的循环过程

$$CH_2SHCHNH_2COOH+2H_2O \xrightarrow{\text{变形杆菌}} CH_3COOH+HCOOH+NH_3+H_2S$$

含硫有机物如果分解不彻底，会有硫醇如甲硫醇（CH_3SH）暂时积累，而后再转化成硫化氢。

9.4.2.2 硫化作用

硫化作用，也称为无机硫的氧化作用，它是在有氧条件下，通过硫细菌的作用将硫化氢转化成单质硫，再进而氧化成硫酸的过程。参与硫化作用的微生物有硫化细菌和硫黄细菌。

（1）硫化细菌 硫化细菌在分类上属于硫杆菌属（*Thiobacillus*），为革兰阴性杆菌，它能氧化硫化氢、单质硫、硫代硫酸盐、亚硫酸盐及多硫黄酸盐等来获得同化二氧化碳所需要的能量，并产生硫酸。它们一般在细胞外积累硫。由于硫酸的产生，会造成环境 pH 下降至 2 以下。硫杆菌广泛分布在土壤、淡水、海水、矿山排水中，包括氧化硫硫杆菌（*Thiobacillus thiooxidans*）、排硫杆菌（*T. thioparus*）、氧化亚铁硫杆菌（*T. ferrooxidans*）、新型硫杆菌（*T. novellus*）等，为好氧菌；兼性厌氧的有脱氮硫杆菌（*T. denitrificans*）。几种硫化细菌氧化硫化物的化学反应式如下所示。

① 氧化硫硫杆菌 氧化硫硫杆菌为专性自养菌。

$$2S+3O_2+2H_2O \longrightarrow 2H_2SO_4+能量$$
$$5Na_2S_2O_3+4O_2+H_2O \longrightarrow 5Na_2SO_4+4S+H_2SO_4+能量$$
$$2H_2S+O_2 \longrightarrow 2H_2O+2S+能量$$

② 氧化亚铁硫杆菌 氧化硫酸亚铁成硫酸铁。

$$4FeSO_4+O_2+2H_2SO_4 \longrightarrow 2Fe_2(SO_4)_3+2H_2O$$

③ 脱氮硫杆菌 以硝酸盐为氧化单质硫的最终电子受体。

$$3S+4NO_3^-+2e^- \longrightarrow 3SO_4^{2-}+2N_2 \uparrow$$

（2）硫黄细菌 将硫化氢氧化成硫，并将硫粒积累在细胞内（也有在细胞外的）的细菌，统称为硫黄细菌。硫黄细菌包括丝状硫细菌和光能自养的硫细菌。

丝状硫细菌主要存在于富含硫化氢的淤泥表面，主要有贝日阿托菌（*Beggiatoa*）、透明颤菌属（*Vitreoscilla*）、辫硫菌属（*Thioploca*）、亮发菌属（*Leucothrix*）、发硫菌属（*Thiothrix*）等。除透明颤菌属和亮发菌属外，其余的均能将硫粒积累在细胞内。在环境中缺少硫化氢时，硫粒也可以缓慢地被氧化成硫酸盐。丝状硫细菌常在生活污水和含硫工业废水的生物处理装置中出现，与活性污泥的丝状膨胀有密切关系。

光合硫细菌有绿硫细菌（*Chlorobium*）和红硫细菌（*Chromatium*）等，它们能把硫化氢氧化成硫粒，以硫化氢为电子受体同化二氧化碳，均是在厌氧条件下进行的。其中绿硫细菌将硫粒积累在细胞外，红硫细菌则将硫粒沉积在细胞内。

$$2H_2S + CO_2 \longrightarrow [CH_2O] + H_2O + 2S$$

9.4.2.3 反硫化作用

当环境条件处于缺氧状态时，硫酸盐、亚硫酸盐、硫代硫酸盐和次亚硫酸盐在微生物的作用下还原成硫化氢，这个过程称为反硫化作用（或称硫酸盐还原作用）。

进行反硫化作用的微生物主要有脱硫弧菌属（*Desulfovibrio*）、脱硫肠状菌属（*Desulfotomaculum*）和脱硫单胞菌属（*Desulfomonas*）等，它们以氧化态硫化物为电子受体，氧化有机物或 H_2，以维持其生长。另外，芽孢杆菌、假单胞菌、酵母菌的一些种也能进行硫酸盐还原。

例如，利用葡萄糖进行硫酸盐还原的过程为：

$$C_6H_{12}O_6 + 3H_2SO_4 \longrightarrow 6CO_2 + 6H_2O + 3H_2S + 能量$$

9.4.2.4 同化作用

同化作用是由植物和微生物引起的，是指生物吸收的硫酸盐被转变成还原态的硫化物（也称为同化硫酸盐还原作用），然后再固定到蛋白质等成分中（主要以巯基形式存在）。

硫循环与工农业生产和人类生活关系密切。氧化硫硫杆菌和氧化亚铁硫杆菌可用于细菌冶金，从低品位矿中溶解和回收贵金属；在混凝土排水管和铸铁排水管中，如果有硫酸盐存在，会因缺氧而发生反硫化，产生的硫化氢升到污水表面或进入空气后，被硫化细菌或硫黄细菌氧化成硫酸，再与管顶部的凝结水结合，结果使混凝土管和铸铁管受到腐蚀；化石燃料燃烧产生的 SO_2 进入大气后，经光氧化成 SO_3，进而成为硫酸，造成酸雨，对建筑物、植物等造成很大危害，酸雨已经成为严重的环境问题之一。

9.5 微生物与磷循环

磷是生物体内的重要元素，在生物体中以磷酸盐的形式结合在有机物上，是核酸、磷脂等的重要组成成分，此外磷在细胞能量代谢中起核心作用（ATP、ADP），细胞还能以多聚磷形式储存多余的能量。在自然界中，磷以有机磷化合物、难溶性磷化合物和可溶性磷化合物形式存在，在缺氧状态下还可以 PH_3 形式存在。

9.5.1 磷循环的过程

植物和微生物从环境中吸收溶解性的磷酸盐，并合成细胞内的含磷有机物，通过食物链进行传递，然后通过排泄物和尸体的微生物分解成溶解性的偏磷酸盐（HPO_4^{2-}），再回到环境中去。在厌氧条件下被还原成 PH_3。磷的循环过程见图 9-13。

磷循环属于典型的沉积循环。它随水的流动从陆地来到海洋，但是，它从海洋回到陆地十分困难。在陆地生态系统中，有机磷被微生物还原为无机磷其中一部分被植物吸收开始新的循环，一部分变成植物不能利用的化合物。陆地生态系统中的一部分随水流入湖泊和海洋。而在水体中的无机磷很快为浮游植物所利用，同样在食物链中传递，而一部分则以不溶性的磷酸盐形式沉淀于水底，离开了循环。这就是磷循环是不完全循环的原因所在。

9.5.2 微生物在磷循环中的作用

（1）有机磷的矿化作用　许多异养微生物在分解有机碳化合物的同时也能分解有机磷化合物。包括细菌、放线菌和真菌的一些种类，都能进行有机磷化合物的矿化作用。

例如，核酸在微生物核酸酶的作用下，被水解成核糖、磷酸和嘌呤或嘧啶。卵磷脂在微

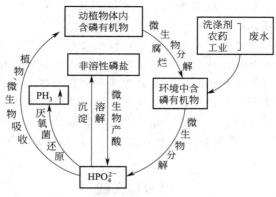

图 9-13　磷的循环过程

生物卵磷脂酶的作用下，被水解成甘油、脂肪酸、磷酸和胆碱。植素在土壤中缓慢分解，被微生物的植酸酶分解成磷酸和环己六醇。能分解有机磷化合物的微生物代表种有蜡状芽孢杆菌（*Bacillus cereus*）、蜡状芽孢杆菌蕈状变种（*B. cereus* var. *mycoides*）、解磷巨大芽孢杆菌（*B. megaterium* var. *phosphaticum*）、多黏芽孢杆菌（*B. polymyxa*）和假单胞菌的一些种。

（2）难溶性无机磷的转化　难溶性的无机磷，如磷酸钙，可以和异养微生物生命活动产生的有机酸和碳酸以及硝酸细菌和硫细菌产生的硝酸和硫酸等作用，转变成可溶性磷酸盐。例如：

$$Ca_3(PO_4)_2 + 2CH_3CHOHCOOH \longrightarrow 2CaHPO_4 + Ca(CH_3CHOHCOO)_2$$
$$Ca_3(PO_4)_2 + 2H_2SO_4 \longrightarrow Ca(H_2PO_4)_2 + 2CaSO_4$$

（3）磷的同化作用　可溶性的无机磷化合物能被微生物同化为有机磷，成为活细胞的组分。在水体中，磷的同化主要是由藻类进行的，并沿食物链传递。

生物对磷的同化需要有足够的碳和氮的存在，当环境中 C：N<100：1 或 N：P<10：1 时，就会影响对磷的同化。水体中有效磷的含量与初级生产者的关系密切，可溶性磷元素含量的增加会导致出现水体富营养化。

建议阅读　自然界的物质循环和转化，是一个复杂的过程，不同物质的循环并不是孤立的，它们之间存在着联系，除了上面我们学习的几种主要物质的循环过程，其他物质的转化过程也有着重要作用。在微生物对各种物质的降解过程中，难降解物质一直是人们关注的重点，它与物质本身的特点、微生物的种类和活性以及降解条件等均有密切关系。

[1]　蔡晓明.生态系统生态学.北京：科学出版社，2000.
[2]　孟伟青，单春艳，鞠美婷，李洪远.环境生态学.第 2 版.北京：化学工业出版社，2012.

本　章　小　结

1. 自然界中，推动物质循环的作用包括物理、化学和生物的作用，其中生物起到了主导的作用，而微生物在这当中又占了极重要的地位。自然界的物质循环主要可归纳为两个方面：一个是无机物的有机质化，即生物合成作用；另一个是有机物的无机质化，即矿化作用或分解作用。在后一过程中，以异养微生物为主的分解者起着重要作用。生物地球化学循环描述了物质通过生化活性在整个地球的大气、水体和陆地中的运动与转化。

2. 水是地球上储量最丰富的无机化合物，也是生物组织中含量最多的一种化合物。地球上的水循环是最基本的生物地球化学循环，它强烈地影响着其他所有各类物质的生物地球化学循环。

　　3.碳是生物体中最重要的一种营养元素，碳的循环以 CO_2 为中心。微生物通过光合作用和分解作用参与碳循环。

　　4.在各种含碳有机物的转化和分解过程中，微生物起着重要作用。大分子有机物往往先被微生物分泌的酶进行水解后，转化成小分子的物质进入细胞，被微生物代谢和分解。

　　5.微生物在氮循环中的作用体现在微生物对含氮有机物的分解转化作用、氨化作用、硝化作用、硝酸盐还原（反硝化）作用、固氮作用以及同化作用等方面。

　　6.微生物参与了硫循环的各个过程，包括含硫有机物的矿化和无机硫的转化。

　　7.磷元素的循环是一个不完全的过程，主要是由于磷会以不溶解的磷酸盐形式离开循环。

思考与实践

　　1.微生物在自然界物质循环中起着什么样的作用？

　　2.为什么说水循环是最基本的生物地球化学循环？

　　3.微生物在碳循环中的作用是什么？

　　4.导致大气中二氧化碳浓度升高的主要因素有哪些？微生物在这个过程中有什么作用？

　　5.详述纤维素的好氧和厌氧分解过程。

　　6.详述淀粉的好氧和厌氧分解过程。

　　7.脂肪是如何被氧化分解的？为什么说脂肪的分解能产生大量的能量？

　　8.微生物在氮循环中的作用是什么？

　　9.何谓氨化作用、硝化作用、反硝化作用、固氮作用？参与这些作用的微生物主要有哪些？

　　10.氧气对固氮酶的活性是有害的，在好氧固氮微生物中如何解决这个矛盾？

　　11.微生物在硫循环中的作用是什么？

　　12.硫黄细菌和硫化细菌有什么异同？

　　13.微生物在磷循环中的作用是什么？

　　14.为什么说自然界中磷的循环是不完整的？

10   微生物和环境污染控制与治理

学习重点：

掌握废水的生物处理主要方法及其原理；掌握活性污泥法和生物膜法处理废水的原理、主要微生物种类及其作用；了解氧化塘法的主要原理和微生物作用；了解厌氧生物处理的基本原理和过程；了解和掌握生物脱氮和除磷的基本过程、参与的微生物种类及主要工艺流程；了解有机固体废物和废气生物处理的主要方法和微生物的作用；掌握微生物在环境监测中的作用和主要方法；了解环境生物修复技术的主要原理及应用。

10.1   废水好氧生物处理中的微生物

废水的生物处理法主要是利用微生物的生命活动过程，对废水中的污染物质进行转移和转化作用，从而使废水得到净化的处理方法。由于整个过程基本上是在微生物所产生的酶的参与下发生的生物化学反应，因此通常将废水生物处理称为废水生化处理。它是目前最重要的也是最常用的废水处理方法。

在实际应用中，人们常对生物处理法提出以下一系列目标：要求去除废水中的有机物和悬浮物，得到透明的处理水；尽量去除 N、P 等营养盐类；尽可能减少产生的污泥量；尽可能将有用的物质作为资源加以回收。

为达到上述目标，废水处理装置必须尽可能符合以下条件：省钱、容易，能获得稳定的处理水质，卫生上安全可靠，占地少等。

然而，要同时满足这些条件往往是不可能的。例如，要缩短微生物与水中污染物质的生化反应时间，就要充分满足微生物生长的条件，包括营养物质、氧气等，而曝气所需要的动力费用就较高，对管理上的要求也比较高。再如，生物处理中合适的反应速率和反应时间对于取得良好的出水水质是十分重要的，而这往往与占地小的要求有矛盾。

早期的生物处理法主要是利用微生物代谢反应，去除废水中的有机物。近来，随着研究的深入，已有多种新工艺、新技术问世，可在去除有机污染物的同时，或达到脱氮和除磷等目的，或取得资源回收利用的效果等。但在实践中，生物处理法并不是单独地被使用，人们往往根据废水性状和处理目标，把沉淀、过滤、凝聚等物理、化学处理与生物处理组合成一个系统，生物处理则作为其中的主体发挥着作用。

10.1.1   好氧活性污泥法

废水生物处理的方法很多，根据微生物与氧的关系可分为好氧处理和厌氧处理。根据微生物在构筑物中处于悬浮状态或固着状态，可分为活性污泥法和生物膜法。活性污泥和生物膜是净化污（废）水的工作主体。

10.1.1.1   好氧活性污泥中的微生物

（1）好氧活性污泥的组成和性质　好氧活性污泥是由多种多样的好氧微生物和兼性厌氧微生物（兼有少量厌氧微生物）与废水中的有机和无机固体物混凝交织在一起所形成的絮状体。

在好氧活性污泥中存在的微生物主要是一些好氧、兼性及少量厌氧的种类，加上其所吸附的有机和无机的固体杂质。

好氧活性污泥为絮状,大小为 0.02~0.2mm,比表面积在 20~100cm^2/mL;含水率在 99%左右,密度在 1.002~1.006g/cm^3,具有沉降性能;pH 在 6~7,弱酸性,具有一定的缓冲能力。处理生活污水的好氧活性污泥一般为黄褐色,工业污水则与水质有关,各不相同。活性污泥具有生物活性,能吸附、氧化有机物质。

(2) 好氧活性污泥的存在状态 在完全混合式曝气池中,活性污泥以悬浮状态存在,由于曝气搅动而处于激烈运动中,在池内均匀分布;而在推流式曝气池内,随推流方向,在不同位置的微生物数量和种类会有差异,随推流方向微生物种类依次增多。

(3) 好氧活性污泥的微生物群落 好氧活性污泥的结构和功能的中心是能起絮凝作用的细菌所形成的菌胶团。在其上面生长有其他微生物,如酵母菌、霉菌、放线菌、藻类、原生动物及微型后生动物等。因此,可以把活性污泥视为一个微型生态系统。

构成活性污泥的细菌来自土壤、水和空气等。这些细菌的主要特点是能迅速稳定废水中的有机物,有良好的自我凝集和沉降能力。表 10-1 是活性污泥中常见的微生物种类。

表 10-1 构成正常活性污泥的主要细菌和其他微生物

微生物名称	微生物名称
动胶菌属 (Zoogloea)(优势菌)	短杆菌属(Brevibacterium)
丛毛单胞菌属(Comamonas)(优势菌)	固氮菌属(Azotobacter)
产碱杆菌属(Alcaligenes)(较多)	浮游球衣菌(Sphaerotilus natans)(少量)
微球菌属(Micrococcus)(较多)	微丝菌属(Microthrix)(少量)
棒状杆菌属(Corynebacterium)	大肠埃希菌(Escherichia coli)
黄杆菌属(Flavobacterium)	产气杆菌属(Aerobacter)
无色杆菌属(Achromobacter)	诺卡菌属(Nocardia)
芽孢杆菌属(Bacillius)	节杆菌属(Arthrobacter)
假单胞菌属(Pseudomonas)(较多)	螺菌属(Spirillum)
亚硝化单胞菌属(Nitrosomonas)	酵母菌(Yeast)

构成活性污泥的微生物种群相对稳定,但当营养条件(废水种类、化学组成、浓度)、温度、供氧、pH 等环境条件变化时,其微生物组成(优势种)也会发生变化。

(4) 好氧活性污泥中微生物的浓度和数量的表示 好氧活性污泥含有较多的微生物数量,一般在 1mL 活性污泥中细菌的数量可达 10^7~10^8 个。在实际工作中,常用 MLSS(混合液悬浮固体)或 MLVSS(混合液挥发性悬浮固体)来表示活性污泥中微生物的浓度,即在 1L 活性污泥混合液中所含的固体或挥发性固体物质量。一般城市污水处理中,MLSS 在 2000~3000mg/L,工业废水在 3000mg/L 左右,高浓度工业废水在 3000~5000mg/L。

10.1.1.2 好氧活性污泥净化废水的作用机理

好氧活性污泥对废水的净化主要有两方面的作用:一个是对污染物质的吸附作用,类似于混凝剂的作用,对水中溶解性的污染物进行吸附;另一个是微生物对污染物的生物降解作用,大分子有机物被水解为小分子有机物后被吸收进入微生物体内,一部分被氧化分解,另一部分成为微生物自身细胞组成,体系中存在的其他生物可以通过食物关系吸收或吞食细菌或未被彻底分解的有机物(见图 10-1 和图 10-2)。

10.1.1.3 常见的好氧活性污泥处理工艺流程

多年来,人们在工作中设计和开发了多种好氧活性污泥法的处理工艺,常见的有推流式

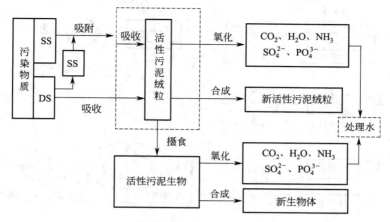

图 10-1 好氧活性污泥的净化作用机理

SS—悬浮固体；DS—溶解性固体

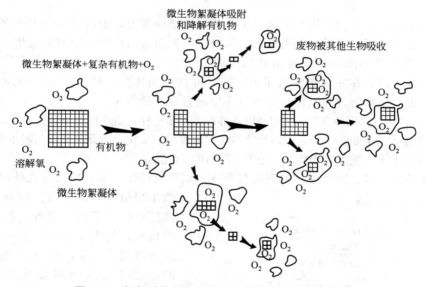

图 10-2 好氧活性污泥吸附和生物降解有机物的过程

活性污泥法、完全混合式活性污泥法、接触氧化稳定法、分段布水推流式活性污泥法、氧化沟式活性污泥法等，见图 10-3。

10.1.1.4 菌胶团的作用

在水处理工程中，把所有具有荚膜或黏液或明胶质的絮凝性细菌互相絮凝聚集成的菌胶团块称为菌胶团。菌胶团是活性污泥（绒粒）的结构和功能中心，表现在数量上占绝对优势，它是活性污泥的基本组分。

菌胶团的作用表现如下。

（1）良好的菌胶团结构具有对有机物强烈的生物吸附和氧化分解的能力。

（2）由于菌胶团对有机物的吸附和分解，能为原生动物和微型后生动物提供良好的生存环境，例如去除毒物、提供食料、提高溶解氧等。

（3）为原生动物提供附着场所。

（4）菌胶团的颜色、透明度、数量、颗粒大小及结构的松紧程度可反映好氧活性污泥的

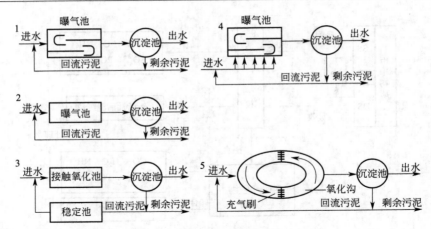

图 10-3　好氧活性污泥法的常见处理工艺流程

1—推流式活性污泥法；2—完全混合式活性污泥法；3—接触氧化稳定法；

4—分段布水推流式活性污泥法；5—氧化沟式活性污泥法

性能。一般来说，新生菌胶团颜色浅、无色透明、结构紧密，说明其生命力旺盛，吸附和氧化能力强，而菌胶团老化时，颜色深、结构松散，说明其活性低，吸附和氧化能力差。

10.1.1.5　原生动物及微型后生动物的作用

　　除了细菌以外，在好氧活性污泥中，经常可以看到各种各样的原生动物及微型后生动物。它们在废水生物处理和水体污染及自净中起着重要的作用。

　　(1) 指示作用　不同种类的生物对环境条件的要求不一样，适应性也不同。因此当环境条件发生变化时，就会在生物的种类、数量以及活性等方面表现出变化。由此，可以判断水处理或水体净化效果的好坏、活性污泥的培养情况、进水水质和运行情况等。

　　在水体的排污口、废水生物处理的初期或推流系统的进水处，生长着大量的细菌，其他微生物则很少或没有。随着水处理过程的进行，水质逐步变好，各类微生物先后出现，其次序是：细菌→植物性鞭毛虫→肉足类（变形虫）→动物性鞭毛虫→游泳型纤毛虫→固着型纤毛虫→轮虫（见图 10-4）。根据动物的情况可以判断水处理的程度（见表 10-2），也可以判断水处理效果的好坏。当进水水质变化或运行中出现问题时，原生动物等就会改变个体形态，如钟虫在溶解氧不足时，会出现一系列的变态，尾柄脱落，虫体变形，出现孢囊甚至死亡，如果水质改善，虫体可恢复原状，恢复活性。

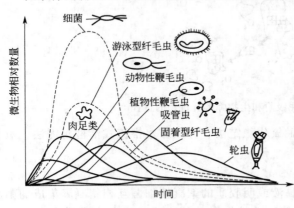

图 10-4　水体自净和有机废水净化过程中微生物演变的过程

表 10-2　原生动物及微型后生动物在活性污泥培养过程中的指示作用

活性污泥培养初期	活性污泥培养中期	活性污泥培养成熟期
鞭毛虫、变形虫	游泳型纤毛虫、鞭毛虫	钟虫等固着型纤毛虫、楯纤虫、轮虫

　　(2) 净化作用　原生动物具有各种不同的营养类型，如腐生性营养的鞭毛虫等，通过渗

透作用吸收废水中的溶解性有机物。而大多数原生动物是动物性营养，它们是通过吞食有机颗粒和游离细菌及其他微小的生物来获得营养的。这些活动对水质的净化起到了积极作用。虽然原生动物也会吞食一些菌胶团，但并不影响整体的净化效果。相反，原生动物的存在特别是纤毛虫对出水水质有明显的改善作用（见表 10-3）。

表 10-3 纤毛虫对废水生物处理效果的影响

水质项目	未加纤毛虫	加入纤毛虫
出水平均 BOD_5/(mg/L)	54～70	7～24
过滤后 BOD_5/(mg/L)	30～35	3～9
平均有机氯/(mg/L)	31～50	14～25
悬浮物/(mg/L)	50～73	17～58
沉降 30min 后的悬浮物/(mg/L)	37～56	10～36
100μm 时的光密度	0.340～0.517	0.051～0.219
活细菌数/(10^6 个/L)	292～422	91～121

（3）促进絮凝和沉淀作用 原生动物分泌的黏性物质，协同和促进细菌发生絮凝作用。如水体中存在的弯豆形虫数量增加时，细菌的絮凝作用就会随之增加。另外，钟虫等固着型原生动物的尾柄周围也分泌黏性物质，许多尾柄交织黏集在一起和细菌形成大的絮体。这种絮体的形成，有利于对废水的生物净化。

固着型纤毛虫本身具有沉降性能，加上和细菌形成絮体，更完善了二沉池的泥水分离效果，同样对提高水处理效果十分重要。

10.1.1.6 活性污泥的培养和驯化

活性污泥法处理废水关键要有足够数量且性能良好的活性污泥。它们是通过一定的方法培养出来的。通过培养，增加微生物的数量。通过驯化，对混合微生物进行淘汰和诱导，使具有降解活性的微生物在体系内占优势，并诱导出能利用废水中有机物的酶体系。

菌种来源于生活污水、粪便污水、污水处理厂的活性污泥、本厂集水池或沉淀池的下脚污泥，本厂污水长期流经的河流淤泥经扩大培养后也可备用。

活性污泥的驯化和培养过程可以是间歇曝气培养，也可以是连续曝气培养。一般可先在较低废水浓度下曝气，以后逐渐提高废水浓度，一直到原废水浓度。同时，对活性污泥中的生物相进行观察，并进行化学测定分析，以确定活性污泥的成熟情况。

10.1.1.7 活性污泥丝状膨胀及其控制

用活性污泥法处理废水，曝气池中的活性污泥在正常情况下是由许多具有絮凝作用的絮凝细菌（菌胶团细菌占优势），辅以少量的丝状细菌，大量钟虫类的固着型纤毛虫、旋转虫等组成。

在活性污泥的运行过程中，人们发现，当某些环境条件变化时，污泥会发生膨胀现象，其中主要是由丝状细菌引起的丝状污泥膨胀。此时，二沉池中会发生泥水分离困难，池面飘泥严重，造成出水水质极差。因此，活性污泥的丝状膨胀问题成为多年来研究的一个重要内容，早在 20 世纪 20 年代，在国外就已经开始研究，我国从 20 世纪 70 年代末以来，也已经做了许多工作。到 80 年代末 90 年代初，活性污泥丝状膨胀的问题基本得到解决，取得了良好的成效。

污泥的沉降性能可以用污泥体积指数 SVI（sludge volume index）来表示，SVI 在

200mL/g 以下为正常活性污泥，一般在 50～150mL/g，最好在 100mL/g 左右，当 SVI 值超过 200mL/g 以上时就说明出现了污泥的膨胀。

在某些情况下，会发生非丝状的活性污泥膨胀，在这种膨胀污泥中，没有大量的丝状菌存在，但含有过量的结合水，导致体积膨胀，相对密度下降。这种膨胀是由于在活性污泥菌体外积蓄高黏性多糖类物质而形成的，它们具有许多氢氧基，与水的结合力很强，呈亲水性，是一种非常稳定的亲水胶体。在实际运行中，这种情况发生较少。

（1）活性污泥丝状膨胀的成因　由于丝状细菌极度生长引起的活性污泥膨胀称为活性污泥丝状膨胀。活性污泥丝状膨胀的致因微生物种类很多，常见的有诺卡菌属、浮游球衣菌、微丝菌属、发硫菌属、贝日阿托菌属等。

活性污泥丝状膨胀的成因有环境因素和微生物因素。主导因素是丝状微生物过度生长，环境因素促进丝状微生物过度生长。

① 温度　构成活性污泥的各种细菌最适生长温度在 30℃ 左右。菌胶团细菌如动胶菌属（*Zoogloea*）的最适生长温度在 28～30℃，低于 10℃ 或高于 45℃ 时生长受抑制。而浮游球衣菌（*Sphaerotilus natans*）的最适温度在 28～30℃，生长温度在 15～37℃。在上海，活性污泥的丝状膨胀通常发生在春、夏之交和秋季，温度在 25～28℃。菌胶团和丝状菌两者的最适温度虽然差别不大，但浮游球衣菌是好氧和微量好氧，在竞争中具有优势。

② 溶解氧　曝气池中溶解氧过低容易发生污泥膨胀，因为菌胶团细菌和丝状菌对溶解氧的需求很不同。前者为严格好氧，而浮游球衣菌等丝状微生物是好氧和微量好氧，能在低溶解氧的条件下优势生长，从而导致发生污泥的丝状膨胀。

③ 可溶性有机物及其种类　丝状菌对高分子物质的水解能力较弱，也难以吸收不溶性物质，当废水中的可溶性有机物尤其是低分子的糖和有机酸较多时，丝状菌易于利用和自身繁殖，导致发生污泥的膨胀。

④ 有机物浓度（或有机负荷）　当废水中碳源含量多且以糖类为主时，容易发生污泥膨胀。因为丝状菌如球衣菌能直接利用糖类作为碳源，在生长中获得优势。

当水中氮、磷等营养物质不足时，容易发生污泥膨胀，丝状菌较大的比表面积使其在竞争中更容易获取底物。

有机负荷太高，氧气被大量消耗，导致水中缺氧或低氧，有利于丝状菌的生长；而负荷太低时，丝状菌可通过其较大的比表面积在对营养的竞争中占优势。当发生冲击负荷时，丝状微生物的适应性较强，能尽快恢复活性，大量繁殖，导致发生污泥的丝状膨胀。

⑤ pH　为使活性污泥正常发育，曝气池的 pH 应保持在 6.5～8.0。研究表明，如混合液 pH 低于 6.0，有利于丝状菌生长，而菌胶团的生长受到抑制；如 pH 低至 4.5，真菌将完全占优势，原生动物大部分消失，严重影响污泥的沉降分离和出水水质；若 pH 超过 11，活性污泥就会被破坏，处理效果显著下降。

总之，引起活性污泥丝状膨胀的原因是比较复杂的，要具体问题具体分析，然后采取相应的措施予以控制。

（2）控制活性污泥丝状膨胀的对策　解决活性污泥丝状膨胀的问题，从根本上说是要控制引起丝状微生物过度生长的具体环境因子。从生产实际的角度，可以考虑在以下几个方面采取措施控制活性污泥丝状膨胀的发生。

① 投加某种物质来增加污泥的相对密度或杀死过量的丝状菌　投加铁盐、铝盐等混凝剂来提高污泥的相对密度，或者投加高岭土、碳酸钙、硫酸亚铁、氯化钠、黄土也可改变污

泥的压实性和脱水性来改变其沉降性能。另一种方法是投加次氯酸钠、漂白粉、过氧化氢等杀死或抑制比表面积较大的丝状菌。这些方法不是从根本上解决污泥膨胀问题，并可能带来出水水质恶化的不良后果。

② 控制溶解氧　保证曝气池内有足够的溶解氧，一般应使 DO 在 2mg/L 以上。

③ 控制有机负荷　活性污泥要保持正常状态，污泥的 BOD 负荷（以每千克 MLSS 计）在 0.2～0.3kg/(kg·d) 为宜。

④ 改革工艺　为避免活性污泥的丝状膨胀，可以对工艺过程进行适当的改变。如改变进水方式和流态，对容易膨胀的废水应避免采用完全混合式活性污泥法，可考虑用推流式或序批式活性污泥法，也可采用分段进水式活性污泥法。此外，也可以在曝气池中加填料，使丝状菌生长在上而不进入活性污泥絮体中；或者将二沉池改为气浮法。

近年来出现的一些新工艺，如 A/O、A²/O、SBR（序批式）等，通过使污泥交替通过厌氧区、好氧区，可以很好地防止污泥膨胀。

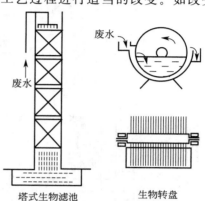

图 10-5　塔式生物滤池和生物转盘

10.1.2　好氧生物膜法

好氧生物膜法的构筑物有普通滤池、高负荷生物滤池、塔式生物滤池以及生物转盘等（见图 10-5）。

10.1.2.1　好氧生物膜中的微生物

好氧生物膜是由多种多样的好氧微生物和兼性厌氧微生物黏附在生物滤池滤料上或生物转盘盘片上的一层带黏性、薄膜状的微生物混合群体。是生物膜法净化污水的工作主体。普通滤池的生物膜厚度在 2～3mm，当 BOD 负荷大、水力负荷小时厚度会增加。随着生物生长老化或水流速度增加，会发生脱落。

普通生物滤池的生物膜上生长着一个复杂的生物群体，自内向外，分别生长着不同的微生物，即生物膜生物、生物膜面生物及滤池扫除生物。生物膜生物是以菌胶团为主，辅以浮游球衣菌、藻类等，它们主要起净化和降解作用；膜面生物是固着型纤毛虫和游泳型纤毛虫，起促进滤池净化速率、提高滤池整体效率的作用；而滤池扫除生物，包括轮虫、线虫、寡毛类的沙蚕、颗体虫等，起去除滤池内的污泥、防止污泥积聚和堵塞的功能。

好氧生物膜在滤池内分布不同于活性污泥，生物膜附着在滤料上不动，废水自上而下淋洒在生物膜上。因此，在滤池的不同高度位置，微生物得到的营养不同，造成微生物种类和数量也就不同。若把滤池分为上、中、下三层，在上层，营养物质浓度高，生长的都为细菌，还有少量鞭毛虫；在中层，营养物质减少，微生物种类增加，有菌胶团、浮游球衣菌、鞭毛虫、变形虫、豆形虫、肾形虫等；在下层，由于有机物浓度低，低分子有机物较多，微生物种类更多，除菌胶团、浮游球衣菌外，有钟虫为主的固着型纤毛虫和少数游泳型纤毛虫，还有轮虫等。

10.1.2.2　好氧生物膜净化废水的作用机理

(1) 生物滤池　在成熟的生物滤池中，沿水流方向，微生物组成及对有机物的分解达到稳定和平衡。在生物滤池中，上层生物膜中的生物膜生物（絮凝性细菌及其他微生物）和生物膜面生物（固着型纤毛虫、游泳型纤毛虫及微型后生动物）吸附废水中的大分子有机物，将其水解为小分子有机物。同时吸收溶解性有机物和经水解的小分子有机物进入体内，并氧化分解之，微生物利用吸收的营养构建自身细胞。上一层生物膜的代谢产物流向下一层，被下一层的生物膜生物吸收氧化，分解为二氧化碳和水。老化的生物膜和游离细菌被滤池扫除生物吞噬。生物滤池净化作用模式见图 10-6。

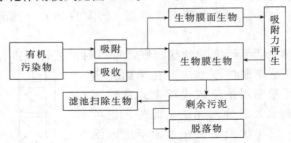

图 10-6　生物滤池净化作用模式

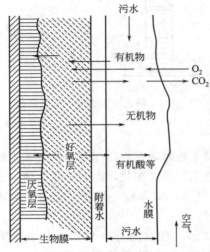

图 10-7　生物膜结构及净化原理

在生物膜的最外层形成以好氧微生物为主的生物膜层，而在深部会由于扩散作用的限制而形成缺氧或厌氧区，在这里，由于厌氧菌作用，硫化氢、氨和有机酸等物质容易积累。如果供氧充分，形成的有机酸在异养菌作用下被转化成 CO_2 和水，而氨及硫化氢在自养菌作用下被氧化成各种稳定的盐类（见图 10-7）。

（2）生物转盘　生物转盘由于是推流式的，废水从始端流向末端，生物膜随盘片转动，盘片的生物膜有 40%～50% 浸没在废水中，其余部分接触空气获得氧，盘片上的生物膜与废水、空气交替接触，微生物的分布从始端向末端逐渐变化，种类逐渐增加。

10.1.2.3　好氧生物膜的培养

好氧生物膜的培养有自然挂膜法、活性污泥挂膜法和优势菌挂膜法。它们的区别主要在于菌种来源的不同，自然挂膜法用的是带有自然菌种的废水，活性污泥挂膜法用的是活性污泥，与本厂废水混合后进入滤池，而优势菌挂膜法中的优势菌来自从自然环境筛选或通过遗传育种，甚至基因工程构建成的超级菌，对某种废水具有强降解能力。在挂膜过程中，污水或混合液被慢速泵入滤池内，循环运行 3～7 天，使滤料上逐渐形成一层带黏性的微生物薄膜，即生物膜。待系统稳定，达到设计标准，完成生物膜的培养，就能正式运行了。

10.1.3　氧化塘

10.1.3.1　氧化塘概述

氧化塘（oxidation pond），又称为稳定塘（stabilization pond），是一种利用天然或人工修整的池塘处理废水的构筑物。从 19 世纪末开始使用，但在 20 世纪 50 年代后才得到较快发展，目前在全世界有几十个国家采用该技术处理废水。氧化塘对废水的净化过程与天然水体的自净过程很接近，在塘内同时进行有机物好氧分解、厌氧消化和光合作用，前两种分别以好氧细菌和厌氧细菌为主进行，后者由藻类和水生植物进行。这三种作用应相互协调，所以，氧化塘处理废水实际上是一种菌藻共生的联合系统。

根据塘内微生物优势群体类型和水内溶解氧来源等，可把氧化塘分为四类：好氧塘、厌氧塘、兼性塘和曝气塘。实际上，大多数氧化塘严格来讲都是兼性塘。

10.1.3.2 氧化塘的作用机理

在氧化塘内存活并对废水起净化作用的生物有细菌、藻类、微型动物（原生动物和后生动物）、水生植物以及其他水生动物。它们互相依存、互相制约，构成稳定的生态系统。

当废水进入氧化塘内，水中的溶解性有机物为好氧细菌氧化分解，所需的氧通过大气扩散进入水体或通过人工曝气（曝气塘）加以补充，还有相当一部分来自藻类和水生植物进行的光合作用，而藻类光合作用所需要的 CO_2 则由细菌在分解有机物过程中产生。废水中的可沉固体和塘中生物的尸体沉积于塘底，构成污泥，它们在产酸细菌作用下分解成低分子有机酸、醇、氨等，其中一部分进入好氧层被氧化分解，另一部分则被污泥中的产甲烷菌分解成甲烷。氧化塘的生态系统及其净化废水的原理见图 10-8。

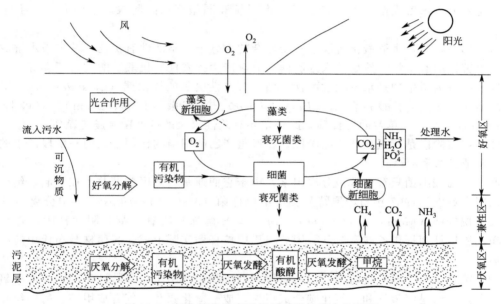

图 10-8   氧化塘的生态系统及其净化废水的原理

10.1.3.3 氧化塘的应用

（1）优点   氧化塘作为废水处理技术，具有工程简单、投资省、能耗少、维护方便、成本低以及能实现废水资源化等优点。它既能够作为废水二级处理技术应用，还可以作为活性污泥法或生物膜法后的深度处理技术，还可以作为一级处理技术。如将其串联起来，能够完成一级、二级以及深度处理全部系统的净化功能。

（2）缺点   但是，氧化塘也有一些难以解决的问题，其中主要有：占地面积大；处理效果不稳定，易受季节、气温、光照等自然因素影响；防渗处理若不当，可能导致地下水污染；易于散发臭气和滋生蚊蝇等。

10.2   厌氧生物处理中的微生物

高浓度有机废水或剩余活性污泥一般采用厌氧生物处理技术，即在无氧条件下，由兼性或专性厌氧细菌降解有机物，最终产生 CO_2 和甲烷等。

10.2.1　厌氧消化——甲烷发酵

厌氧技术是一项低成本的废水处理技术，它把废水处理和能源回收利用相结合，具有积极的环境和经济价值。沼气发酵已有多年的研究历史，常用于将城市的垃圾、粪便、污水、工业废水及生物处理的剩余污泥等的处理，并从中获得可燃性气体——沼气（甲烷，CH_4）。

10.2.1.1　甲烷发酵的基本原理

甲烷发酵，也有活性污泥法和生物膜法。但微生物群落与有氧环境中的不同，它们是由分解蛋白质、脂肪、淀粉、纤维素等的专性厌氧菌和兼性厌氧菌及专性厌氧的产甲烷菌等组成。

甲烷发酵是一个复杂的微生物化学过程，主要依靠三大类细菌——水解产酸细菌、产氢产乙酸细菌和产甲烷细菌的联合作用来完成。关于甲烷发酵的过程，存在着多种划分，有两阶段、三阶段和四阶段理论。其中，两阶段理论是将其划分为酸性阶段和碱性阶段；四阶段理论则是划分成水解发酵、产氢产乙酸、产甲烷和同型产乙酸阶段。下面介绍一下三阶段理论。

（1）第一阶段是水解酸化阶段　对于复杂的大分子、不溶性有机物，首先被水解成为小分子、溶解性的有机物，然后渗入细胞内，分解产生挥发性有机酸、醇类、醛类等。

这一阶段的微生物是水解和发酵性细菌，有专性厌氧的梭菌属（*Clostridium*）、拟杆菌属（*Bacteroides*）、丁酸弧菌属（*Butyrivibrio*）、真细菌（Eubacterium）、双歧杆菌属（*Bifidobacterium*）、革兰阴性杆菌，此外，还有兼性厌氧的链球菌和肠道菌等。

（2）第二阶段是产氢和产乙酸阶段　在产氢产乙酸细菌的作用下，前一阶段产生的有机酸被分解成乙酸和氢气。

产氢产乙酸细菌只有少数被分离出来，由于它们通常与产甲烷菌共生在一起，给分离工作带来很大难度。1967年布赖恩特从奥氏甲烷杆菌（*Methanomelianskii*）中分离出S菌株和布氏甲烷杆菌（*Methanobacterium bryantii*），S菌株是厌氧的革兰阴性杆菌，它为产甲烷的布氏甲烷杆菌提供乙酸和氢气，因此奥氏甲烷杆菌实际上就是S菌株与布氏甲烷杆菌的共生体。

（3）第三阶段是产甲烷阶段　这一阶段的微生物包括两组生理特性不同的专性厌氧的产甲烷菌群。一组是将氢气和二氧化碳合成甲烷，或一氧化碳和氢气合成甲烷；另一组是将乙酸脱羧生成甲烷和二氧化碳，或利用甲酸、甲醇及甲基胺裂解为甲烷。从图10-9中可以看出，有28%的甲烷来自氢气的氧化和二氧化碳的还原，72%的甲烷来自乙酸盐的裂解。由于大部分甲烷和二氧化碳逸出，氨以亚硝酸铵、碳酸氢铵形式留在污泥中，它们可以中和第一阶段产生的酸，为产甲烷菌创造合适的弱碱性环境。氨可被产甲烷菌作为氮源利用。

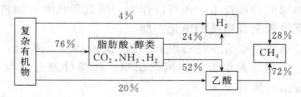

第一阶段:水解与发酵　第二阶段:生成乙酸和氢气　第三阶段:生成甲烷

图 10-9　甲烷发酵的三个阶段和 COD 转化率

上述三个阶段的反应速率依废水性质而定，而且在厌氧反应器内，三个阶段是同时进行的，并保持某种程度的动态平衡，一旦这种平衡被 pH、温度、有机负荷等外加因素破坏，则首先产甲烷阶段会受到抑制，结果导致低级脂肪酸的积存和厌氧进程的异常变化，甚至会导致整个厌氧消化过程的停滞。

10.2.1.2　厌氧活性污泥的培养

厌氧活性污泥是由兼性厌氧菌和专性厌氧菌与废水中的有机杂质交织在一起形成的颗粒污泥。厌氧活性污泥的微生物种类、组成、结构及污泥颗粒等性质，与厌氧消化处理的效果好坏有很大关系。由于专性厌氧的产甲烷菌生长速率慢，世代时间长，因此，厌氧活性污泥的驯化和培养时间比较长。

厌氧活性污泥的菌种来源有同类水质处理厂的厌氧活性污泥、污水处理厂的浓缩污泥以及禽畜粪便等。先经驯化后培养，进水量逐渐增加，直至形成颗粒化的成熟厌氧活性污泥。

10.2.1.3　厌氧生物处理工艺

高浓度有机废水厌氧甲烷发酵的消化池有单级低效消化池、单级高效消化池、两级（相）消化池等多种。按反应器工艺又可分为厌氧接触消化池、厌氧生物滤池、UASB反应器（上流式厌氧污泥床)(见图10-10)、厌氧流化床（见图10-11)、厌氧膨胀床等。

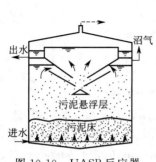
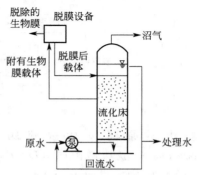

图10-10　UASB反应器　　　　　　图10-11　厌氧流化床

10.2.2　光合细菌处理高浓度有机废水

光合细菌（Photosynthetic Bacteria，PSB）是一大类能进行光合作用的原核微生物的总称，除蓝细菌外，能在厌氧光照条件下进行不产氧的光合作用。近年来光合细菌在高浓度废水处理及菌体的综合利用（纯化的菌体可加工成保健品及制成饲料添加剂）等方面显示出很大的应用价值。常见的有机光合细菌有红螺菌科（Rhodospirillaceae）、着色菌科（Chromatiaceae）、绿菌科（Chlorobiaceae）、绿色丝状菌科（Chloroflexaceae）等。

对于BOD_5在10000mg/L以上的高浓度有机废水（浓粪便水、豆制品废水、食品加工废水、屠宰废水等），可用有机光合细菌（PSB）处理。因有机光合细菌只能利用脂肪酸等低分子化合物，所以，先要用水解性细菌将碳水化合物、蛋白质和脂肪水解为脂肪酸、氨基酸、氨等物质。利用光合细菌处理的BOD_5去除效果可达95%，甚至达98%。PSB处理废水的一般流程见图10-12。

图10-12　PSB处理废水的一般流程

10.2.3　含硫酸盐废水的厌氧处理

在发酵工业的废水如味精废水（即谷氨酸废水）和赖氨酸废水中含的硫酸根（SO_4^{2-}）

浓度为 $200 \sim 30000 \mathrm{mg/L}$。低浓度的 SO_4^{2-} 可作为好氧微生物的无机营养，但高浓度的 SO_4^{2-} 对微生物有毒害作用。在甲烷发酵中，当有 SO_4^{2-} 存在时，硫酸盐还原菌会与产甲烷菌争夺 H_2，使产甲烷菌得不到 H_2，无法还原 CO_2 为 CH_4。因此，在甲烷发酵之前，需要将 SO_4^{2-} 的浓度降低。

微生物对含硫酸盐废水的厌氧处理过程称为 SRB 法，见图 10-13。在厌氧条件下（氧化还原电位在 $-250 \mathrm{mV}$ 以下），硫酸盐被硫酸还原菌（SRB）在其氧化污染物的过程中作为电子受体而加以利用。硫酸盐和亚硫酸盐被还原成 H_2S 而从水中逸出。如用 NaOH 吸收 H_2S 成 Na_2S，可作为工业原料回收。

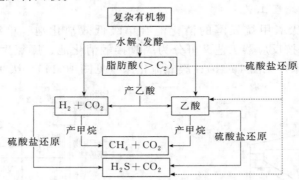

图 10-13　含硫酸盐废水厌氧降解过程示意图

硫酸盐还原菌包括脱硫肠状菌属（*Desulfotomaculum*）、脱硫叶菌属（*Desulfobulbus*）、脱硫微菌属（*Desulfomicrobium*）、脱硫假单胞菌属（*Desulfopseudomonas*）、脱硫弧菌属（Desulfovibrio）、热脱硫杆菌属（*Thermodesulfobacterium*）、脱硫菌属（*Desulfobacter*）、脱硫杆菌属（*Desulfobacterium*）、脱硫球菌属（*Desulfococcus*）等。它们均为严格厌氧，能还原硫酸成 S 或 H_2S，能固氮，多生活在厌氧的淡水或海洋底部沉淀物和水中。嗜热的种在温泉中生活。

10.3　废水的脱氮和除磷

10.3.1　废水脱氮和除磷的目的与意义

常规的废水一级处理只能除去废水中的沙砾及大的悬浮固体，而二级生物处理可以除去水中的可溶性有机物，生活污水的好氧处理能除去 COD 的 $70\% \sim 90\%$，BOD_5 的 90% 以上。但是氮被氧化成 NO_3^-，磷被氧化成 PO_4^{3-}，仍留在水中。当这些氮磷物质进入水体，就会造成很大的危害，其中最大的问题就是引起水体富营养化。因此，废水的脱氮和除磷十分重要，尤其是当废水处理后被排入一些湖泊、海湾等敏感水体时。

10.3.2　废水生物脱氮原理及工艺

10.3.2.1　生物脱氮原理

生物脱氮首先是利用好氧过程，由亚硝化细菌和硝化细菌将废水中的 NH_3 转化成 NO_3^--N，再利用缺氧段经反硝化作用，将 NO_3^--N 还原成氮气（N_2），逸出水面释放到大气中，从而减少水中的含氮物质，降低对水体的潜在威胁。

10.3.2.2　参与生物脱氮的微生物

（1）硝化作用段微生物　亚硝化细菌和硝化细菌在自然界广泛分布，在土壤、淡水、海水和污水处理系统中均有发现。它们是革兰阴性的好氧菌，营化能无机营养。亚硝化菌和硝化菌的一些特征见表 10-4。

表 10-4　亚硝化菌和硝化菌的一些特征

	种类	菌体大小/μm	G+C含量/%	世代时间/h	Ch. A[①] H.[②]	储存物	细胞色素，色素	pH 范围	温度范围/℃
氧化氨的细菌	亚硝化单胞菌属（Nitrosomonas）	(0.7~1.5)×(1.0~2.4)	47.5~51.0		Ch. A	多聚磷酸	+，淡黄至淡红	5.8~8.5	5~30（25~30）
	亚硝化球菌属（Nitrosococcus）	(1.5~1.8)×(1.7~2.5)	50.5~51.0	8~12	Ch. A	肝糖，多聚磷酸	+，淡黄至淡红	6.0~8.0	2~30
	亚硝化螺菌属（Nitrosospira）	(0.3~0.8)×(1.0~8.0)	54.1	24	Ch. A	—	+，淡黄至淡红	6.5~8.5	15~30（20~30）
	亚硝化叶菌属（Nitrosolobus）	(1.0~1.5)×(1.0~2.5)	53.6~55.1		Ch. A	肝糖，多聚磷酸	+，淡黄至淡红	6.0~8.2	15~30
	亚硝化弧菌属（Nitrosovibrio）	(0.3~0.4)×(1.1~3.0)	54		Ch. A			7.5~7.8	25~30
氧化亚硝酸的细菌	硝化杆菌属（Nitrobacter）	(0.6~0.8)×(1.0~2.0)	60.1~61.7	8h至几天	Ch. A H.	肝糖，多聚磷酸和 PHB	+，淡黄	6.5~8.5	5~10
	硝化刺菌属（Nitrospina）	(0.3~0.4)×(2.7~6.5)	57.5		Ch. A	肝糖	+，—	7.5~8.0	25~30
	硝化球菌属（Nitrococcus）	1.5~1.8	61.2		Ch. A	肝糖和 PHB	+，浅黄至浅红	6.8~8.0	15~30
	硝化螺菌属（Nitrospira）	0.3~0.4	50		Ch. A			7.5~8.0	25~30

① Ch. A 代表化能无机营养。
② H. 代表化能有机营养。

（2）反硝化作用段微生物　反硝化细菌是所有能以 NO_3^- 为最终电子受体，将 HNO_3 还原成 N_2 的细菌的总称。它包括许多种类的细菌，见表 10-5。

表 10-5　反硝化细菌的种类和若干特征

反硝化细菌	温度/℃	pH	革兰染色	与 O₂ 关系	备注
假单胞菌属（Pseudomonas）	30	7.0~8.5	—	好氧	
脱氮副球菌属（Paracoccus denitrificans）	30		—	兼性	
胶德克斯菌（Derxia gummosa）	25~30	5.5~9.0		兼性	固氮
产碱菌属（Alcaligenes）	30	7.0		兼性	兼性营养
色杆菌属（Chromobacter）	25	7.0~8.0		兼性	兼性营养
脱氮硫杆菌属（Thiobacillus denitrificans）	28~30	7.0		兼性	

10.3.2.3　生物脱氮的工艺

A/O、A^2/O、A^2/O^2 及 SBR 等均能取得较好的脱氮效果。经过厌氧-好氧或缺氧-好氧的合理组合，既能除去 COD 和 BOD，又能进行脱氮，还能除磷。反硝化有单级反硝化和多级反硝化。根据不同水质，通常有以下三种碳氧化、硝化和反硝化三者的组合工艺（见图 10-14），具体工艺流程见图 10-15。此外，还有滤池反硝化系统、氧化沟反硝化系统等。SBR 工艺见图 10-16。

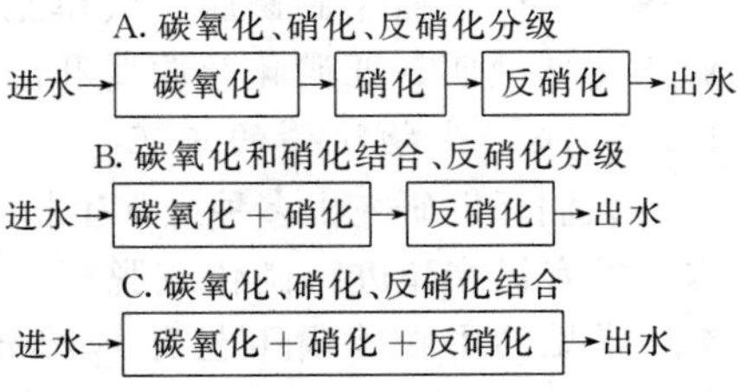

A. 碳氧化、硝化、反硝化分级
进水 → 碳氧化 → 硝化 → 反硝化 → 出水

B. 碳氧化和硝化结合、反硝化分级
进水 → 碳氧化＋硝化 → 反硝化 → 出水

C. 碳氧化、硝化、反硝化结合
进水 → 碳氧化＋硝化＋反硝化 → 出水

图 10-14　三种基本脱氮组合工艺

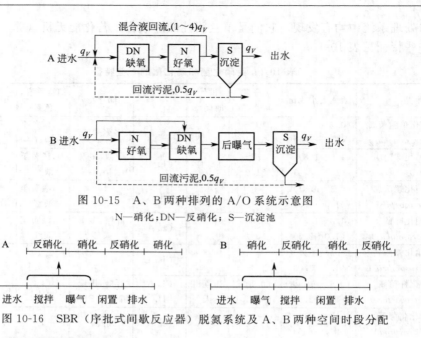

图 10-15　A、B 两种排列的 A/O 系统示意图

N—硝化；DN—反硝化；S—沉淀池

图 10-16　SBR（序批式间歇反应器）脱氮系统及 A、B 两种空间时段分配

10.3.3　废水生物除磷原理及工艺

10.3.3.1　生物除磷原理

某些微生物在好氧时能大量吸收磷酸盐合成自身核酸和 ATP，并且能逆浓度过量吸磷合成储能的多磷酸盐颗粒（异染粒和 PHB 等）在体内，供其内源呼吸用。这些细菌称为聚磷菌（PAO）。

（1）在厌氧条件下，聚磷菌在分解体内的聚合磷酸盐的同时产生 ATP，并且利用 ATP 将废水中的脂肪酸（主要是短链脂肪酸）等有机物摄入细胞，以 PHA（聚 β-羟基烷酸）、PHB（聚 β-羟基丁酸）及糖原等有机颗粒的形式储存于细胞内，同时将分解聚磷酸盐所产生的磷酸排出细胞。一旦进入好氧环境，聚磷菌又能利用分解聚 β-羟基烷酸盐所释放的能量来摄取废水中的磷，并合成聚磷酸盐储存在细胞内。该过程所需要的还原力（$NADH_2$）则来自糖原的分解。

（2）一般来说，微生物在增殖过程中，好氧摄取的磷比在厌氧条件下所释放的磷多，因此，如果能创造厌氧、缺氧和好氧条件的交替，让聚磷菌首先在厌氧条件下释放磷，然后在好氧条件下充分过量地吸磷，然后通过排泥，就可以达到从废水中去除磷物质的目的。

10.3.3.2　参与生物除磷的微生物

具有聚磷能力的微生物目前所知绝大多数是细菌。聚磷的活性污泥由许多好氧异氧菌、厌氧异氧菌和兼性厌氧菌组成，实质上是产酸菌（统称）和聚磷菌的混合群体。文献报道，从活性污泥中分离出来的聚磷细菌种类很多，其中聚磷能力强、数量占优势的有不动杆菌属（莫拉菌群）、假单胞菌属、气单胞菌属和黄杆菌属等 60 多种。硝化杆菌中的亚硝化杆菌属、亚硝化球菌属、亚硝化叶菌属和硝化杆菌属、硝化球菌属等也具有聚磷能力。

10.3.3.3　生物除磷的工艺

人们开发研究出多种废水生物除磷工艺，这些工艺在去除废水中磷的同时，还能有效去除水中的有机物和进行硝化或脱氮作用。按照运行方式，可分为连续式和间歇式（序批式）两类。常见的生物除磷工艺有 Bardenpho 生物除磷工艺、Phoredox 工艺、A/O 工艺、A^2/O 工艺、UCT 工艺、VIP 工艺、旁流除磷的 Phostrip 工艺、SBR 工艺等（见图 10-17～图 10-21）。

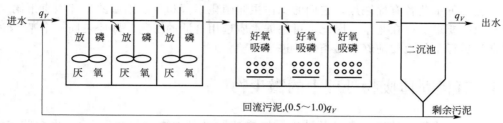

图 10-17 A/O 工艺流程示意图（除磷）

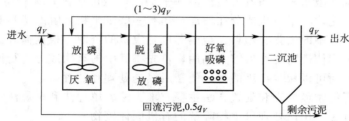

图 10-18 A^2/O 工艺流程示意图

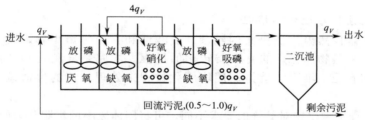

图 10-19 Phoredox 工艺流程示意图

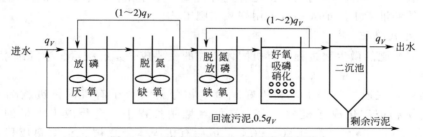

图 10-20 改良型 UCT 工艺流程示意图

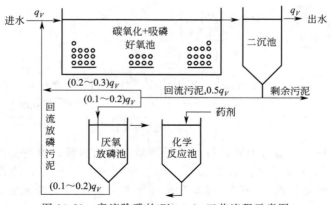

图 10-21 旁流除磷的 Phostrip 工艺流程示意图

以上各种工艺各有优缺点，它们的工作主体硝化细菌和除磷细菌的生理稍有不同，两者在对碳源的要求上存在竞争。因此，可根据水质选用合适的工艺，即使是同一个工艺，其排列组合和运行条件也要随着实际条件而进行调整。

10.4　有机固体废物处理中的微生物

有机固体废物（垃圾）来自各种生活废物如厨余（食物废料和残余）、丢弃的包装纸、塑料袋、废旧纸张和破布等。随着人民生活水平提高，城市居民每天产生的垃圾量在增加，垃圾的成分也在变化，其中有机成分在增加，还有一些难生物降解的塑料等，使废物处理难度增加。同时，垃圾中的纸张、塑料、金属等也是宝贵的资源。根据循环经济的思想和变废为宝的原则，对于固体废物要开展综合利用，首先将其中的有用成分进行回收，一方面增加经济收益，另一方面可以减少垃圾的量，便于后续的处理和处置。

目前普遍采用的垃圾处理和处置方法主要有堆肥法、填埋法和焚烧法。其中堆肥法和填埋法为生物处理方法，用以处理可生物降解的有机固体废物。

10.4.1　堆肥法

10.4.1.1　堆肥法、堆肥化和堆肥

堆肥化是依靠自然界广泛分布的细菌、放线菌和真菌等微生物，人为、有控制地促进可生物降解的有机物向稳定的腐殖质转化的过程。堆肥是堆肥化的产品。堆肥是优质的土壤改良剂和农肥。堆肥法就是利用堆肥化过程来处理城市的生活垃圾及其他有机固体废物的方法。

根据堆肥过程中微生物对氧气的要求不同，可将固体废物的堆肥分为好氧堆肥和厌氧堆肥。由于好氧堆肥具有发酵周期短、无害化程度高、卫生条件好、易于机械化操作等优点，故目前国内外的堆肥工厂绝大多数采用好氧堆肥工艺。

10.4.1.2　好氧堆肥

（1）好氧堆肥的微生物过程　有机固体废物的主要成分是纤维素、半纤维素、糖类、脂肪和蛋白质等。

好氧堆肥是在通气条件下，利用好氧微生物分解大分子有机固体废物为小分子有机物，部分有机物被矿化成无机物。由于在好氧堆肥过程中，会释放出大量的热能，使温度升高，可达 $50\sim65℃$，甚至 $80\sim90℃$，最后有机固体废物被完全腐熟成稳定的腐殖质（见图 10-22）。

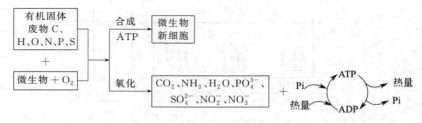

图 10-22　有机堆肥好氧分解过程

在整个堆肥过程中，随着堆肥进程，可看到微生物的演替。堆肥初期的微生物是中温性的细菌和真菌，它们分解碳水化合物、蛋白质、脂肪并释放热量，使温度上升，达 $50℃$；好热性的细菌、放线菌和真菌分解纤维素和半纤维素，使温度上升到 $60℃$，真菌停止活动；好热性的细菌和放线菌继续分解纤维素和半纤维素，温度升至 $70℃$，致病菌和虫卵被杀死，

此时，一般的嗜热高温细菌和放线菌也停止活动，堆肥腐熟稳定。

（2）工艺流程 堆肥工艺有静态堆肥工艺、高温动态堆肥工艺、立仓式堆肥工艺、滚筒式堆肥工艺等。

10.4.1.3 小型化的有机生活垃圾微生物处理装置

近年来，为解决城市生活小区或家庭生活垃圾处理问题，出现了小型化的微生物有机垃圾处理装置，采用特效的微生物菌种，可及时将居民的生活垃圾在短时间内彻底分解并制造有机肥料。

小型化有机垃圾微生物处理装置是好氧装置，一般可分为好氧处理和除臭两部分，整个工艺一般在 24h 内就可以完成垃圾的发酵和稳定化过程，减量达 95％ 以上。

小型化有机垃圾微生物处理装置所用的微生物菌种是经人工筛选培育的多种具有高效生理功能的混合菌种。一般由生产商提供，过一段时间（如 3～6 个月）或清料后需要再次投加。

由于小型化的有机生活垃圾微生物处理装置的投资成本比较高，在短时间内广泛推广还存在一些难度，但它仍不失为一种很有发展前途的新型技术。

10.4.1.4 厌氧堆肥

厌氧堆肥是利用厌氧微生物造肥，其原理和废水厌氧消化原理相同。有机固体废物经分选和粉碎后，进入厌氧处理装置，在兼性厌氧微生物和厌氧微生物的作用下，大分子被水解成小分子的有机酸、腐殖质、CH_4、CO_2、NH_3、H_2S 等。它可以保留较多的氮素，工艺也比较简单，但堆制时间较长（10 个月以上），且分解不够充分，故只适用于小规模的农家堆肥。

10.4.2 填埋法及渗滤液

填埋法，又称为卫生填埋法，是在堆肥法的基础上发展起来的，其处理原理与厌氧堆肥原理相同，均利用好氧微生物、兼性厌氧微生物和厌氧微生物处理。在天然条件下，在填埋场内发生的分解过程速率比较慢，一般要经过数年后才能达到稳定。

卫生填埋要求采取各种预防措施，以尽量减少填埋场地对周围环境、大气和地下水源的污染。在填埋场底部，要设置防渗透层，有机废物倒入后，要及时压实覆土，并且设置排气管收集内部产生的甲烷。由于填埋场内产生的渗滤液成分复杂，污染严重，需要进行适当的处理后才能排放。

10.5 废气生物处理中的微生物

10.5.1 废气的处理方法

废气的处理方法有物理和化学的方法，如吸附、吸收、氧化及等离子体转化等，还有生物法。生物法是最经济有效的方法。

生物净化有植物净化法和微生物净化法。植物净化法就是利用植物吸收和转化大气中的污染物，包括二氧化碳，放出氧气清洁空气。而微生物净化法是利用处理装置对气态污染物进行处理，可分为好氧生物处理和厌氧生物处理，其基本原理同废水的生物处理是一样的。常用的废气生物处理装置有生物吸收池、生物洗涤池、生物滴滤池和生物过滤池。生物处理法因其适用范围广、处理设备简单、处理费用低而得到广泛应用，尤其适用于对有机废气的净化处理。

生物吸收和生物过滤是两种最常见的废气处理方法，见图 10-23 和图 10-24。

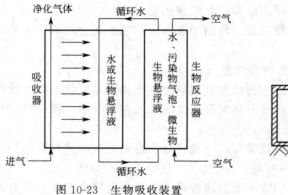

图 10-23　生物吸收装置

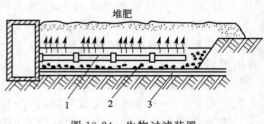

图 10-24　生物过滤装置
1—布气管；2—气流分布填充物；3—隔衬

10.5.2　含硫恶臭污染物及 NH_3、CO_2 的微生物处理

10.5.2.1　含硫恶臭污染物的净化

含硫恶臭污染物有 H_2S、甲硫醇（MM）、二甲基硫醚（DMS）、二甲基二硫醚（DMDS）和二甲基亚砜（DMSO）等。若排放的废气中含有上述物质，就会有令人不愉快的气味，严重影响人体健康和心情愉快。

许多种类的细菌能对含硫恶臭污染物进行净化，大多数是将其氧化成 S、H_2SO_4、CO_2 及一些中间产物为细胞代谢所利用。具有氧化恶臭硫化物能力的细菌列于表 10-6 中。

表 10-6　生物处理恶臭硫化物的细菌及其生理特性

微生物名称	营养类型	代谢硫化物活性					最适 pH	最适温度/℃
		H_2S	MM	DMS	DMDS	CS_2		
生丝微菌属								
Hyphomicrobium sp. S	甲基营养	+	+	+	−	−	7	25～30
H. sp. EG	甲基营养	+	+	+	−	−	7	25～30
H. sp. 155	甲基营养	+	+	+	−	−	7	25～30
排硫硫杆菌属								
Thiobacillus thioparus DW44	化能自养	+	+	+	−	−	6.6～7.2	28
T. sp. HA43	化能自养	+	+	+	+	−	4～5	30
T. thioparus TK-m	化能自养	+	+	−	−	+	6.6～7.2	30
T. thioparus E6	化能自养	+	+	+	−	−	6.6～7.2	30
T. thioparus T5	化能自养	+	+	+	−	−	6.6～7.2	30
T. thioparus ASN-1	化能自养	+	+	+	−	−	6.6～7.2	30
黄单胞菌属								
Xanthomonas sp. DY44	化能自养	+	+	+	−	−		25～27
食酸假单胞菌								
Pseudomonas acidovorans DMR-11	化能自养	−	−	+	−	−		30

10.5.2.2　NH_3、CO_2 的净化

NH_3 和 CO_2 大量进入大气，会造成温室效应，因此需要对废气中的 NH_3 和 CO_2 进行处理。

（1）NH_3 的净化　在处理中，可将 NH_3 溶于水中成 NH_4^+-N，通入生物滴滤池，再利用硝化作用将其氧化成 NO_2^- 和 NO_3^-。

（2）CO_2 的净化　对于 CO_2，主要是利用植物和藻类的光合作用同化固定。若能与经济藻类生产相结合，还能带来可观的经济效益。

10.5.2.3　挥发性有机物的生物处理

废气中的挥发性有机污染物包括苯及其衍生物、酚及其衍生物、醇类、醛类、酮类、脂肪酸等。挥发性有机物中有许多是"三致"物质。

挥发性有机物的生物处理采用较多的是生物滴滤池法。

降解挥发性有机污染物的微生物包括细菌、放线菌和真菌。如黄杆菌属（*Flavobacteri-um*）、假单胞菌属（*Pseudomonas*）和芽孢杆菌属（*Bacillus*）的细菌能降解苯系有机污染物。

10.6　环境监测与微生物

人类赖以生存的自然环境是由大气、水、土壤、生物等因素组成的。随着经济的发展和人民生活水平的不断提高，污染物的排放量迅速增加，环境的组成或状态发生了变化，扰乱和破坏了生态系统及人民正常的生活条件。环境已成为一个非常复杂的体系，污染物种类繁多，各种污染因素之间存在着拮抗和加成作用，影响着环境的质量，使环境的毒性和单一毒物的毒性相比有较大的不同。单凭理化数据很难对环境质量做出准确的评价，而利用生物在该环境中的反应来确定环境的综合质量，无疑是最理想和最重要的手段。由于微生物的特点，它在生物监测中起着十分重要的作用。

相比较物理、化学的监测方法，生物监测具有如下优越性：长期性——汇集了生物在整个生活时期中环境因素改变的情况，可以反映当地的环境变化；综合性——能反映环境诸因子、多成分对生物有机体综合作用的结果；直观性——直接把污染物与其毒性联系起来；灵敏性——有时甚至具有比精密仪器更高的灵敏性，有助于提早发现环境污染。

当然，生物监测也存在以下缺点：定量化程度不够；需要一定的专业知识和经验等。

10.6.1　水体污染的生物检验

水体污染的生物检验主要有以下几个方面。

（1）利用指示生物检验　如根据颤蚓、蛭等大型底栖无脊椎动物和摇蚊幼虫以及某些浮游生物在水体中的出现和消失、数量的多少等来检验水体的污染状况。利用污水生物系统检验水体污染也是一种常用的手段。

（2）利用水生生物群落结构的变化检验　在前面的 8.4.2.2 节曾介绍过 PFU 法，就是对水体中的微型生物进行检测的方法。水质状况发生变化，水生生物群落结构也会发生相应的改变。在有机污染严重、溶解氧很低的水体中，水生生物群落的优势种只能由抗低溶解氧的种类组成；未污染的水体，水生生物群落的优势种则必然是一些清水种类。在利用指示生物和群落结构检验水体污染时，还引用了生物指数和生物种的多样性等数学手段来简化检验的方法。

（3）水污染的生物测试　即利用水生生物受到污染物的毒害所产生的生理机能的变化，检验水质污染的状况。这种方法可以检验水体的单因素污染，对检验复合污染也能收到良好的效果。测试方法分为静水式生物测试和流水式生物测试。

10.6.2　利用微生物检测环境毒性的方法

环境中存在许多具有毒性的化学物质，由于它们数量多，含量低，作用机理复杂，使得对它们的测定特别是毒性的确定成为一个难题。利用微生物可以有效地检测环境毒性。

（1）Ames 氏法　　美国加利福尼亚大学生物化学家 Ames 教授等利用鼠伤寒沙门菌（*Salmonella typhinarium*）的组氨酸营养缺陷型菌株发生回复突变的性能来检测被检物质是否具有致突变性。常用的组氨酸营养缺陷型的沙门菌有五个突变菌株，它们在不含组氨酸的培养基中不能生长。然而，当某些被检物质使其回复突变到野生型时，就又能在无组氨酸的培养基中生长。其中，TA1535 及 TA100 可以检出能引起碱基置换型突变的诱变物，TA1537、TA1538 及 TA98 可以检出引起移码型突变的诱变物。每次试验可同时使用几种菌株，只要其中有任何一株发生回复突变，即属阳性结果。

有些物质在体内经代谢活化后才显示致突变性。为了使试验条件更接近于哺乳动物代谢的情况，Ames 等采用了在体外加入哺乳动物微粒体酶系统（简称 S-9 混合液）而使被检物活化的方法，因而 Ames 试验又称为鼠伤寒沙门菌/哺乳动物微粒体酶试验法。试验时，同一被检物均须做加 S-9 混合液与不加 S-9 混合液的对照比较试验。

Ames 试验准确性较高、周期短、方法简便，可反映多种污染物联合作用的总效应。通过对亚硝胺类、多环芳烃、芳香胺、硝基呋喃类、联苯胺、黄曲霉毒素等 175 种已知致癌物质进行 Ames 试验，结果阳性吻合率为 90%；用 108 种非致癌物质进行测定，其阴性吻合率为 87%。这是一种很好的潜在致突变物与致癌物的初筛报警手段，被广泛应用于水源水、饮用水、食品添加剂、化妆品以及环境污染物等的致突变性测试。

（2）发光细菌检测法　　前面我们已经提到过利用发光细菌进行环境监测。发光细菌在合适培养条件下会发出蓝色的可见光，当它接触有毒污染物时，细菌的新陈代谢受到影响，发光强度减弱或熄灭，发光细菌发光强度的变化可用发光检测仪测定出来。在一定范围内，有毒物质浓度大小与发光细菌发光强度变化成一定比例关系。因此可以通过发光细菌来检测环境中的有毒污染物。

发光细菌应用最多的是明亮发光杆菌（*Photobacterium phosphoreum*）。将处于对数期的发光细菌与待测液混合，保持一定的温度和时间，一般培养 5min，即可通过精密光度计直接读出或扫描出光电损失百分率。

用发光细菌可以监测各种水体，对于气体中的可溶性有毒物质，可通过把它吸收、溶解在溶液中，然后观察其对发光细菌的影响。

10.7　环境生物修复技术与微生物

10.7.1　环境生物修复技术概述

土壤、地表水、地下水、沉积物等环境经常会由于人类排放的污染物质或是由于一些事故，造成各种有毒化合物的污染，包括石油烃类、酚类、杀虫剂、多氯联苯、氯酚、硝基芳烃类化合物、苯胺等。这些污染物的存在，破坏了环境质量，降低了环境的使用功能。

为了恢复环境的使用价值，需要用物理、化学或生物的方法对环境进行修复，也就是要治理和去除这些有毒污染物。最传统的方法是将污染的土壤挖出、卫生填埋或施用土壤改良剂进行土壤修复，或是将污染的地下水抽出来处理进行地下水修复。化学修复中可以使用氧化还原剂，如氧化物、过氧化物，还可使用光解、紫外-氧化处理和还原脱氯等方法；物理修复采用萃取、热解等技术；物理化学方法有空气吹脱、原位玻璃化以及射频加热等方法。

从 20 世纪 70—80 年代开始，生物修复逐渐受到人们的重视。生物修复（bioremediation）主要是利用天然存在的或特别培养的微生物在可调控环境条件下将环境中的有毒污染物转化为无毒物质的处理技术。生物修复可以消除或减弱环境污染物的毒性，可以减少污染物对人类健康和生态系统的风险。这项技术的关键在于精心选择、合理设计操作的环境条件，促进或强化在天然条件下本来发生很慢或不能发生的降解或转化过程。

（1）生物修复的优点　与物理、化学修复技术相比，生物修复具有以下许多优点：生物修复可以现场进行，这样可以减少运输费用和人类直接接触污染物的机会；生物修复经常在原位进行，可使对环境的干扰和破坏达到最小，并且可在一些难以处理的地方（如建筑物下、公路下）进行，在生物修复时场地照常可以进行生产活动；生物修复可与其他技术结合，处理复合污染；降解过程迅速，费用低，只有传统物理、化学方法的30%~50%。

（2）生物修复的缺点　当然生物修复也有着其局限性和缺点，表现在以下几个方面：不是所有的污染物都能使用生物修复，有的污染物不易或根本不能被生物降解，如多氯代化合物和重金属等；有些化学物质经过微生物作用后其产物的毒性和移动性反而增加，如三氯乙烯（TCE）在厌氧条件下发生一系列的还原脱卤作用，产物之一的氯乙烯（VC）是致癌物，因此，如果不对微生物降解过程有全面的了解，有时情况会比原来更糟；生物修复是一种高科技的处理方法，在实施前需要进行全面的评价和论证，造成费用的增加；有些情况下不适合采用生物修复技术，如一些低渗透性的土壤往往不适合生物修复；项目执行时监测指标除化学监测项目外，还需要微生物监测项目。

无论是哪种类型的生物修复技术，都必须遵循三个原则，即使用适合的微生物、在适合的地点和适合的环境条件下进行。适合的微生物是指具有生理和代谢能力并能降解污染物的微生物。这些微生物可以是原来环境中就存在的土著微生物，也可以是新引进的外源微生物。适合的地点是指要有污染物和合适的微生物发生作用的地点。可以使微生物进入环境中，或者将污染物从环境中取出，与微生物接触。适合的环境条件是指要控制或改变环境条件，使微生物的生长和代谢活动处于最佳状态。环境因子包括温度、无机营养盐（主要是氮和磷）、电子受体（氧气、硝酸盐和硫酸盐）和 pH 等。

10.7.2　环境生物修复技术的类型

生物修复技术的种类很多，可以根据不同的标准进行分类。

根据被修复的污染环境，可以分为土壤生物修复、地下水生物修复、沉积物生物修复和海洋生物修复等。

（1）土壤、沉积物和地下水生物修复　在土壤、沉积物和地下水的生物修复中，根据人工干预的情况，可分为以下几种。

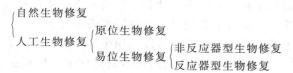

自然生物修复是不进行任何工程辅助措施或不调控生态系统，完全依靠自然的生物修复过程，即由土著微生物发挥作用，经常用于对土壤或地下水污染的修复。这类生物修复需要有一定的环境条件：有充分和稳定的地下水流；有微生物可利用的营养物质；有缓冲 pH 的能力；有使代谢能够进行的电子受体。

当自然条件下生物降解速率很低或不能进行时，可采用人工生物修复，通过补充营养物质、电子受体，改善某个环境条件或加入微生物菌体，促进生物降解过程。

原位生物修复在污染的原地点进行，采用一定的过程措施，但不人为移动污染物，不挖出土壤或抽出地下水，利用生物通气、生物冲淋等方式进行。

易位生物修复是移动污染物到邻近地点或反应器内进行，采用工程措施，挖掘土壤或抽取地下水进行。此方法能更好地控制，结果容易预料，技术难度较低，但投资成本较大，如通气土壤堆、泥浆反应器等形式。

反应器型生物修复的处理过程在反应器内进行，主要在泥浆相或水相中进行。采用反应器能使污染物与微生物充分接触，并且确保充足的氧气和营养物质供应。

（2）海洋生物修复　海洋污染的生物修复主要是治理由于油船海难事故造成的原油泄漏，对污染的海面和海滩进行生物修复。可用以下三种方式处理石油污染：投加表面活性剂，增加石油与海水中微生物接触的表面积；投加高效降解石油微生物菌剂，增加微生物种群数量；投加氮、磷等营养物质，促进海洋中土著降解菌的繁衍。

图 10-25 和图 10-26 是两个环境生物修复的实际例子。

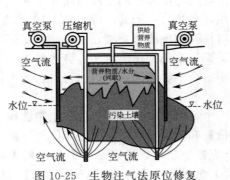

图 10-25　生物注气法原位修复
土壤和地下水污染

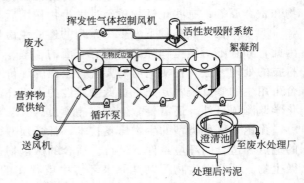

图 10-26　泥浆相反应器易位生物修复系统

10.7.3　环境生物修复中的微生物

在污染环境的生物修复中，微生物充当了主要的角色，根据生物修复所利用的微生物的情况，可以分为使用污染环境土著微生物和使用外源微生物。

使用土著微生物就是利用污染环境中自然存在的降解微生物，不需加入外源微生物，已成功应用于石油烃类的生物修复。对于一些人为进入环境的物质，自然界中并不存在能降解它们的土著微生物，就需要加入有降解能力的外源微生物，如在生物反应器中加入特定种类的微生物，能有效降解氯代芳烃或硝基芳烃、二氯甲烷、农药或杂酚油等。在自然条件下，微生物发挥的作用往往会由于缺少某些营养物质或其他条件的不合适而受到限制，这时可以采用微生物强化作用或称生物促进作用，就是不断向污染环境中投入外源微生物、酶、某种生长营养要素或无机盐等，促进微生物对污染物质的降解能力。

随着现代生物技术的发展，人们已经可以采用生物工程的方法，人工构建一些高效的所谓"工程菌"，它们具有比一般自然微生物高得多的对污染物降解的能力，从而能大大加快污染环境生物修复过程的进行。不过在应用这类在自然界中原本并不存在的微生物时，一定要十分小心，防止由此带来新的问题。

10.7.4　环境生物修复的发展前景

环境生物修复是一项很有希望、很有前途的环境污染治理技术。

利用生物修复技术处理污染环境的历史并不长。1972 年，在美国宾夕法尼亚州的 Ambler 曾首次使用生物修复方法清除管线泄漏的汽油。1989 年，美国阿拉斯加发生油轮事故，3.8 万吨原油进入海洋，当时采用了生物方法进行处理，在投加特殊的氮、磷营养盐以后，促进了土著石油降解菌的生长和繁殖，加速了油污的降解。这是最早大规模应用生物修复技术的成功例子。美国从 1991 年开始实施庞大规模的土壤、地下水、海滩等环境危险污染物的治理项目，称为"超基金项目"。欧洲的生物修复技术也发展很快，其中德国、荷兰等国家位于前列。

我国的生物修复处于起步阶段，随着我国国家综合国力的增强，人们认识的提高，国家各项制度的完善，国家和企业对污染治理投入的增加，我国生物修复技术将会有广泛的应用和质的飞跃。

随着生物修复技术的发展，其范围和内涵也在不断丰富，应用领域在不断扩大，除了传统的生物修复以外，还发展出真菌修复、植物修复以及无机污染物的生物修复等。

10.8　微生物与大气 CO_2 固定

大气温室效应是目前全球环境问题中最为重要的问题之一。减少 CO_2 的排放，减缓温室效应已经成为共识。在各种温室气体中，一般认为，CO_2 是对温室效应贡献最大的气体，约占温室气体的 2/3。

在自然界中，大气中的游离 CO_2 主要通过陆地、海洋生态环境中的植物、自养微生物等的光合作用或化能作用来实现分离和固定。过去人们的目光大多集中在植物对 CO_2 的吸收，近年来，越来越多的人开始注意到微生物对碳的固定作用。特别是在一些特殊的环境和场合中，如干旱贫瘠的沙漠土壤和工业废气的捕集场合，植物生长受到限制，微生物固定 CO_2 的优势更加突出。因此，从整个生物圈的物质、能量流来看，CO_2 的微生物固定是一个不可忽视的方面，其意义更大。

10.8.1　微生物固定 CO_2 的机理

早在 1954 年，卡尔文等就通过对绿色植物光合作用的研究，提出了固定 CO_2 的途径——卡尔文循环。后来发现这个循环在许多自养微生物中均存在。近年来的研究进一步证明，在自养微生物中，除了卡尔文循环之外，还有其他途径。现已比较清楚的微生物固定 CO_2 的生化途径主要有以下几种。

(1) 卡尔文循环（Calvin cycle）　Calvin 循环是最早被发现的，也是光能自养微生物和化能自养微生物固定 CO_2 的主要途径。

一般卡尔文循环可分为三步：CO_2 的固定，固定的 CO_2 的还原，CO_2 受体的再生。其中由 CO_2 受体 5-磷酸核酮糖到 3-磷酸甘油酸是 CO_2 的固定反应，由 3-磷酸甘油酸到 5-磷酸核酮糖是 CO_2 的再生反应，这两步反应是卡尔文循环所特有的。整个卡尔文循环的过程见图 10-27。

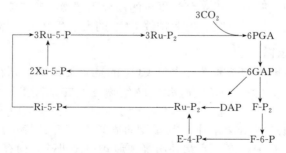

图 10-27　卡尔文循环（引自周集体等，1999）

Ru-P$_2$—1,5-二磷酸核酮糖；GAP—3-磷酸甘油醛；PGA—3-磷酸甘油酸；DAP—磷酸二羟丙酮；

F-P$_2$—1,6-二磷酸果糖；F-6-P—6-磷酸果糖；E-4-P—4-磷酸赤藓糖；Xu-5-P—5-磷酸木酮糖；

Ri-5-P—5-磷酸核糖；Ru-5-P—5-磷酸核酮糖

（2）还原三羧酸循环（reductive citric acid cycle） 还原三羧酸（柠檬酸）循环途径最早是在绿硫细菌中被发现的，随后在数种细菌及古菌中也发现到该途径。该途径中的酶对氧气敏感，故其只在厌氧环境中被发现。反应每循环旋转一次，可以固定 4 分子的 CO_2。

（3）乙酰辅酶 A 途径（reductive acetyl-CoA pathway） 乙酰辅酶 A 途径是产醋酸菌、硫酸盐还原菌和产甲烷菌等细菌在厌氧条件下对 CO_2 进行固定的一条途径，它以 2 分子的 CO_2 合成乙酸，可能是生命形成初期重要的合成有机物的方式。

（4）三羟基丙酸/苹果酰辅酶 A 途径（3-hydroxypropionate/malyl-CoA cycle） 三羟基丙酸/苹果酰辅酶 A 途径被发现于绿色非硫细菌中，该途径起始于乙酰辅酶 A 的羧化作用，接着是 CO_2 受体的再生，三羟基丙酸及苹果酰辅酶 A 是特征性中间产物。目前发现该途径只存在于绿弯菌属（*Chloroflexus*）中。

微生物固定 CO_2 的机制很复杂，不仅仅是上述 4 种。近年来，随着研究的深入，有新的固定 CO_2 机理被发现，如 2007 年发表在"Science"上的文章就报道了三羟基丙酸/四羟基丁酸酯途径（3-hydroxypropionate/4-hydroxybutyrate cycle），存在于一些自养的古菌中。

10.8.2　固定 CO_2 的微生物种类

固定 CO_2 的微生物一般有两类：光能自养微生物和化能自养微生物。前者主要包括藻类和光合细菌，它们都含有叶绿素，以光为能源、CO_2 为碳源合成菌体物质或代谢产物；后者是以 CO_2 为碳源，能源主要有 H_2、H_2S、$S_2O_3^{2-}$、NH_4^+、NO_2^- 及 Fe^{2+} 等。固定 CO_2 的微生物种类见表 10-7。

表 10-7　固定 CO_2 的微生物种类

碳源	能源	好氧/厌氧	微生物类群
二氧化碳	光能	好氧	藻类
			蓝细菌
		厌氧	光合细菌
	化学能	好氧	氢细菌
			硝化细菌
			硫化细菌
			铁细菌
		厌氧	甲烷菌
			醋酸菌

在各类具有固定 CO_2 能力的微生物中，藻类和氢细菌是被研究得比较多的，效率也高，但从应用角度来看，由于藻类的生长需要光照，氢细菌需要氢气作为电子供体，存在一定的困难性，受到限制。因此开发不用光照与供氢的高效固碳微生物，对于实现普通环境条件下的微生物固碳（如土壤环境下或吸收工业排放 CO_2 的大型生物反应器中）具有重要意义。

10.8.3　环境中的固碳微生物

（1）海洋中的固碳微生物 海洋是大气 CO_2 的重要汇集处，估计全世界的海洋能够吸收人为产生的 CO_2 的 30%～50%，而海洋微生物，尤其是藻类，吸收 CO_2 的潜力是很大的。

藻类固碳主要是通过卡尔文循环，但藻类的固碳途径有其特点。另外，在各类无机碳（CO_2、HCO_3^-、CO_3^{2-}）中，藻类究竟利用哪种形式的无机碳，尚存在争议。

天然海洋的微生物对固定碳元素、减缓温室效应的作用已经被承认和关注，但是其在全球范围的贡献到底有多大，还没有明确的研究结果，只有一些地区性的研究数据。人工利用藻类固碳的研究也正在进行中，这些研究对减轻因 CO_2 排放而造成的经济和环境压力，具有很大的现实意义。

（2）土壤中的固碳微生物　从 20 世纪 90 年代起，科学家开始研究土壤微生物在土壤碳库中的作用。土壤微生物固碳是一个全新的领域，大气温室效应的加剧使科学家开始关注土壤固定有机碳的作用，并且提出将农业土壤和森林土壤作为大气 CO_2 等主要温室效应气体"库"的构想。

土壤固定碳的主要过程包括有机物质的腐殖化、形成有机无机复合体、有机质由表层向深层的机械迁移、植物根系的深层分布。土壤质量和土壤缓冲能力（土壤对抗外界干扰的能力）与温室效应密切相关，而土壤有机质（soil organic carbon，SOC）含量的高低是衡量土壤质量的一个重要指标。土壤微生物对土壤有机质的形成和土壤缓冲能力的提高起着十分重要的作用，因此，微生物生理生化活动极大地影响着土壤的固碳能力。

目前对于土壤固碳微生物的研究还很少，相关的微生物种类也不是很清楚，对于土壤微生物固碳能力的测定也没有十分准确的指标，对其固碳功能的工程化研究更是空白。加强这方面的研究，将是很有意义的。

建议阅读　在环境污染控制和治理中，生物特别是微生物的应用具有不可替代的优越性。除了在本章中提到的内容，微生物技术在处理工业废水、废弃资源回用、矿业生产的冶炼等中有着广泛的应用。

[1]　李军，杨秀山，彭永臻. 微生物与水处理工程. 北京：化学工业出版社，2002.
[2]　沈德中. 污染环境的生物修复. 北京：化学工业出版社，2002.

本 章 小 结

1. 废水的好氧活性污泥生物处理法中微生物以悬浮状态存在，对废水的净化主要是对污染物质的吸附作用和生物降解作用。

2. 在生物膜生物处理法中，微生物以薄膜状附着在介质的表面，并且在不同厚度的位置出现差异，同时沿水流方向也出现不同的微生物群落特征。

3. 在好氧活性污泥和生物膜中起作用的主要是具有絮凝能力的菌胶团细菌，其他生物则起到辅助性的作用或指示作用。

4. 引起活性污泥丝状膨胀的原因是多方面的，需要针对具体情况采取相应的对策。

5. 氧化塘利用类似天然水体自净的过程，在菌类和藻类等的共同作用下，对废水进行净化。

6. 甲烷发酵是最常见的厌氧处理技术，它在水解产酸细菌、产氢产乙酸细菌和产甲烷细菌的联合作用下，将有机物降解，最终产生 CO_2 和甲烷等。

7. 光合细菌和硫还原菌也被应用到特定废水的处理中。

8. 生物脱氮是利用硝化和反硝化作用，最终将废水中的氮元素转化成氮气而离开水体，达到目的。

9. 生物除磷是利用聚磷菌在厌氧条件下释放磷，在好氧条件下过量吸收磷的特性，使磷转移到菌体内，再通过排泥的方式达到除磷的目的。

10. 堆肥法和填埋法是处理有机固体废物的常用方法，借助于微生物的发酵和分解作用，使固体废物向稳定的腐殖质转化。

11. 生物吸收和生物过滤是两种最常见的废气处理方法，如恶臭含硫化合物、NH_3、CO_2 等，均可采用生物方法进行去除。

12. 利用生物监测的方法，能对环境的综合质量做出全面的评价；对于一些具有特定毒性的污染物，可以采用生物（微生物）方法（如 Ames 试验、发光细菌法等）进行测定。

13. 微生物在环境生物修复中起着重要作用。利用土著的或外加的微生物，能对土壤、地下水、沉积物以及海洋等的污染进行有效的修复。

　　14. 环境生物修复应符合三个适合的原则，即使用适合的微生物、在适合的地点和适合的环境条件下进行。

　　15. CO_2 增加是个全球性的环境问题，在解决这个问题的过程中，微生物可以发挥其重要的作用。具有 CO_2 固定能力的微生物有光合性和非光合性两大类。

思考与实践

　　1. 好氧活性污泥中微生物主要有哪些种类？在实际工作中如何来表达活性污泥中微生物的浓度和数量？

　　2. 好氧活性污泥处理的基本工艺流程是什么？

　　3. 菌胶团在活性污泥中的作用是什么？

　　4. 原生动物及微型后生动物等在水处理中的作用是什么？

　　5. 引起活性污泥丝状膨胀的原因有哪些？如何防止活性污泥丝状膨胀的发生？

　　6. 好氧生物膜在微生物存在状态和作用机理上与活性污泥有何异同？

　　7. 氧化塘的作用机理是什么？在实际应用中它有什么优缺点？

　　8. 叙述甲烷发酵的理论和微生物群落。

　　9. 叙述废水脱氮原理。

　　10. 参与脱氮的微生物有哪些？它们具有什么特点？

　　11. 生物脱氮的工艺有哪些？

　　12. 叙述生物除磷的原理。

　　13. 生物除磷的工艺有哪些？

　　14. 叙述好氧堆肥的微生物过程。

　　15. 厌氧堆肥和卫生填埋的机理是什么？它们与好氧堆肥相比较，有什么特点？

　　16. 利用微生物处理气体污染物有哪些方法？

　　17. 如何利用微生物来检测环境中毒性物质的存在？比较几种常用的毒性测定方法。

　　18. 从环境生物修复技术的发展来论述该技术的发展前景。

　　19. 环境生物修复时应注意哪三个原则？

　　20. 环境生物修复中使用的微生物从何而来？

　　21. 能够固定 CO_2 的微生物有哪些种类？为什么说非光合性的固碳微生物在生产实际中更有应用价值？

11　微生物学新技术在环境科学领域中的应用

学习重点：

　　了解固定化酶和固定化微生物技术及其应用；了解微生物絮凝剂的特点、组成以及应用；了解现代分子生物学技术（核酸探针、PCR 技术、16S rRNA 序列、生物芯片及高通量测序技术等）的原理及在环境科学领域中的应用；了解微生物的非培养技术的原理和应用。

　　随着微生物学的发展，特别是分子生物学的手段和技术的发展，带来了许多新的研究和应用领域。这些技术很快地就延伸到环境科学领域。有关基因工程及其在环境科学中的应用，在第 7 章中已经叙述，以下再介绍几个方面。

11.1　固定化技术

　　酶是一类由生物细胞产生的具有催化功能的蛋白质，被广泛应用在酿造、食品、医药等领域，在环境治理的废水生物处理和废气生物净化中，也有应用的实例。但酶对环境条件十分敏感，各种因素如物理因素（温度、压力、电磁场）、化学因素（氧化、还原、有机溶剂、金属离子、离子强度、pH）和生物因素（酶修饰和酶降解）均有可能使酶丧失生物活力。即使在最佳条件下，酶也会失去活性，随着反应时间的延长，反应速率会逐渐下降，另外酶反应后不能回收，只能采取分批方式进行生产。这说明，传统的酶制剂添加方式不是一种理想的反应方式。

　　从 20 世纪 50 年代开始发展起来的固定化技术使得酶可以像一般化学反应的固体催化剂一样，既具有酶的催化活性，又具有一般化学催化剂能回收、反复使用等优点，并且生产工艺可以连续化、自动化。作为固定化的对象，不仅有酶，也可以有微生物细胞或细胞器，这些固定化物统称为固定化生物催化剂。固定化生物催化剂在节能、保护环境和生产连续化、自动化等许多方面都是十分有利的，为酶的应用开拓了广阔的前景。

11.1.1　固定化酶和固定化微生物的定义和特点

　　固定化酶又称为水不溶酶，是通过物理吸附法或化学键合法将水溶性酶和固态的不溶性载体相结合，使酶变成不溶于水但仍保留催化活性的衍生物。

　　固定化酶具有以下特点。

　　(1) 固定化酶比水溶性酶稳定，因为载体能有效地保护酶的天然构型，不易受酸、碱、有机溶剂、蛋白质变性剂、酶抑制剂及蛋白酶等的影响，可以在较长时间内保持酶的活性。

　　(2) 固定化酶适合于连续化、自动化和管道化工艺，还可以回收、再生和重复使用。

　　(3) 固定化酶可以设计成不同的形式，如在处理静态水时把酶制成酶片和酶布，处理动态废水时，可以制成酶柱。美国宾夕法尼亚大学将提取出来的高活性的酚氧化酶用化学手段结合到玻璃珠上，用于处理冶金工业含酚废水，固定化酶活性可达游离细胞的 90%。德国将能降解对硫磷等 9 种农药的酶，以共价结合法固定于多孔玻璃及硅珠上，制成酶柱，用于处理对硫磷废水，去除率可达 95% 以上，且可连续工作 70 天，而酶活性无明显损失。

　　微生物细胞自身就是一个天然的固定化酶反应器。用制备固定化酶的方法直接将细胞加以固定，即可催化一系列的生化反应。

　　固定化细胞比游离细胞稳定性高；催化效率也比离体酶高；且比固定化酶操作简便，成本低廉，能完成多步酶反应，通常能保留某些酶促反应所必需的 ATP、Mg、NAD 等，因此，在参与反应时无须补加这些辅助因子。

　　固定化细胞内含有庞大而复杂的酶系，其中有些酶对于人们所要求的某些催化反应则是不需要的，有时甚至是有害的，这是它的不足之处。

11.1.2 酶的分离提纯

　　酶是生物界普遍存在的物质。我们可从动物、植物和微生物中提取酶制品。如从动物肝脏中提取胰蛋白酶、淀粉酶、核糖核酸酶，从木瓜中提取木瓜蛋白酶等。但作为酶制剂工业生产则以微生物最为适合，因为与动植物相比，它具有生产周期短、不受地理条件和季节限制、能够大量生产和生产成本低等特点。利用微生物生产酶制品可以分为菌种选育、发酵培养、分离提取和菌种保存四个步骤。

　　（1）根据需要筛选产酶量高并易于培养和分离提取的优良菌株。

　　（2）按照微生物生长和产酶的最适条件进行培养，此为发酵过程。

　　（3）根据酶是蛋白质这一特征，可用一系列提纯蛋白质的方法对发酵液进行处理，如盐析（用硫酸铵或氯化钠）、调节 pH、等电点沉淀、有机溶剂（乙醇、丙酮、异丙醇等）分级分离等方法提纯。

　　（4）酶易受许多环境因素的影响而破坏，所以要长期保持酶的活性，就必须将酶制品浓缩、结晶，并且在低温下保存。常用的方法是：保持浓缩的酶溶液；将去除盐分的酶溶液冷冻干燥成酶粉，存放于冰箱；浓缩的酶溶液加入等体积的甘油于−20℃保存。

11.1.3 酶的固定化方法

　　酶的固定化方法有以下五种（见图 11-1）。

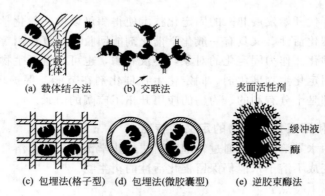

(a) 载体结合法　　(b) 交联法　　　　　　　　表面活性剂

(c) 包埋法(格子型)　(d) 包埋法(微胶囊型)　(e) 逆胶束酶法

图 11-1　酶的固定化方法

　　（1）载体结合法　此法是将酶结合在非水溶性的载体上。

　　（2）交联法　此法是利用双功能试剂或多功能试剂的作用，使酶与酶发生交联而进行固定的方法。

　　（3）包埋法　将酶包裹在凝胶格子中或由半透膜组成的胶囊中。

　　（4）逆胶束酶法　反应系统中酶以逆胶束的形式被"固定"。

　　（5）复合法　此法是将以上几种方法交叉使用处理，如先行包埋再行交联处理等。

　　测定制备好的固定化酶的各种参数，评价固定化酶方法的可行性是必不可少的研究内容，测定酶参数包括固定化反应偶联效率、固定化后酶的活力水平、酶的脱损耗率和酶的活力稳定性等。

11.1.4 细胞的固定化方法

前面所述的各种酶固定化方法，如载体结合法、交联法和包埋法，均可直接应用于微生物细胞的固定。另外，由于细胞在结构和功能上有其自身的特殊性，因此具体方法上亦有所不同。

（1）自溶酶灭活法　微生物细胞所具有的酶，从广义上讲也是酶的一种固定化形式。只要使细胞自溶酶失活，细胞即可反复使用。用 65℃ 高温或 β 射线照射处理白色链霉菌（*Streptomyces albus*）可以使其自溶酶失活，但其葡萄糖异构酶仍可保持原有活性的 80%～90%。这些处理方法往往使细胞中其他酶系和自溶酶一起失活而不能广泛地应用，应用范围受到限制。

（2）絮凝吸附法　多聚电解质等絮凝剂有絮凝微生物细胞的作用。这类絮凝剂有聚丙烯酰胺、聚磺化苯乙烯、聚羧酸、聚乙基胺、聚赖氨酸和活性硅胶等。在絮凝过程中加入吸附剂或助滤剂能促进絮凝效果。被絮凝的细胞再经冷冻或干燥处理后，可提高酶活性的稳定性和改善细胞壁的力学性能，使得固定化细胞可以反复使用，降低成本。

11.1.5 固定化酶和固定化微生物在环境工程中的应用

固定化酶和固定化微生物（细胞）依其原有的生物学功能可应用于诸多领域，如生物大分子的固相合成和序列分析、亲和分离、固相免疫分析、载体药物及试剂、生物反应器及生物传感器等。在环境工程领域也有应用固定化技术来对环境中污染物质进行含量测定和进行"三废"处理的。

国内外应用固定化细胞处理有机污染物、无机金属毒物和废水脱色的成功例子很多。1983年，英国采用固定化细胞反应设备处理含氰化物废水，这是生物技术在环境科学领域中实用的先例。我国近年在应用固定化细胞技术降解合成洗涤剂中的表面活性剂——直链烷基苯磺酸钠（LAS）方面的研究也已取得进展。降解含 LAS 100mg/L 废水，去除率和酶活性保存率均在90%以上，反应 15h，酶活性无明显下降，再培养后，可恢复固定化细胞的酶活性。

固定化产甲烷菌处理有机废水，效果很好，可以连续产甲烷 90 天以上。美国曾经试验用两步法厌氧固定化微生物反应器处理废液，既能产生能源，又可获得菌体蛋白。利用聚丙烯酰胺包埋一种柠檬酸细菌，可以高效地去除污水中的铅、镉和铜元素，而且能全部洗脱回收利用。用海藻酸钙固定白腐木霉细胞，处理硫酸盐纸浆废水中的色素，在适量添加碳源的条件下，脱色率可达 80%以上。据此有人认为，用分解木质素的真菌的固定化细胞净化造纸废水是一种有前途的方法。

目前，固定化技术处理污染物所面临的问题主要是载体成本较高，固定化材料对传质过程有阻碍，使酶活性大多低于游离细胞。这些问题的解决，是固定化技术得到进一步推广应用的关键。

目前在废水处理实践中已应用的固定化细胞技术有固定化酵母细胞用于降解酚、固定化混合菌细胞用于印染废水的脱色、固定化藻细胞去除水体里的氮磷营养物质等。

在废气的生物处理中，因废气的组分没有废水复杂，已经有不少研究人员对利用固定化技术处理恶臭含硫污染物和挥发性有机污染物进行可行性试验，有望在生产中应用。

11.2　微生物絮凝剂

传统的絮凝剂有无机和有机合成高分子两类，这些化学絮凝剂在成本、使用的安全性、对环境造成二次污染等方面,具有一些不足之处。20 世纪 70 年代,日本学者发现具有絮凝剂作用的微生物培养液,从 80 年代后期开始,各种第三类絮凝剂,即微生物絮凝剂,被研究和开发出来。

作为一种新颖、高效、廉价、无毒、无二次污染的水处理剂,微生物絮凝剂不仅能快速絮凝各种颗粒物质,而且在处理高浓度有机废水、废水脱色等方面具有独特的效果。

11.2.1 微生物絮凝剂的特点

与无机或有机高分子絮凝剂相比,微生物絮凝剂具有许多独特的性质。

(1) 微生物具有种类多、比表面积大、转化能力强、生长繁殖快、容易变异等特点,这使得微生物絮凝剂的来源广泛,生产周期短且效率高。

(2) 微生物絮凝剂具有很高的絮凝效果,与常用的聚铁、聚丙烯酰胺、藻蛋白酸钠等絮凝剂相比,微生物絮凝剂的絮凝速率快,沉淀易过滤。

(3) 微生物絮凝剂对人体和动物无任何危害,可应用于食品、医药等行业的发酵后处理。

(4) 微生物絮凝剂的成分来自生物,具有可生化性,因而可防止絮凝后带来的二次污染,不会产生新的环境问题。

(5) 微生物絮凝剂能广泛应用于各种污水的处理,具有很好的絮凝效果。

微生物絮凝剂的不足之处在于容易受到有毒物质的干扰,当废水中存在妨碍菌体生长的因素时,其处理效率会下降。另外,微生物絮凝剂用量大、成本高等问题也限制了它在工业生产上的广泛应用。因此,寻找高效微生物絮凝剂产生菌、提高絮凝活性、降低成本是微生物絮凝剂进一步发展推广的关键所在。

11.2.2 微生物絮凝剂的结构组成和化学本质

11.2.2.1 微生物絮凝剂的结构组成

(1) 微生物絮凝剂的种类 微生物絮凝剂包括利用微生物细胞壁提取物的絮凝剂、利用微生物代谢产物的絮凝剂、直接利用微生物细胞的絮凝剂和克隆技术所获得的絮凝剂。至今发现的具有絮凝性的微生物有 20 种以上,涉及各种类的微生物,有霉菌、细菌、放线菌和酵母菌等,表 11-1 列出的是一些具有絮凝性的微生物种类。

(2) 微生物絮凝剂的组成和结构 近年来,研究者借助各种技术和手段对多种微生物絮凝剂的组成和结构进行了分析,表 11-2 列出的是部分结果。

表 11-1 具有絮凝性的微生物种类

Alcaligenes cupulus 协腹产碱杆菌	*Nocardia rubra* 红色诺卡菌
Aspergillus sojae 酱油曲霉	*Paecilomyces* sp. 拟青霉菌属
A. ochraceus 棕曲霉	*Pseudomonas aeruginosa* 铜绿假单胞菌
A. parasiticus 寄生曲霉	*P. fluorescens* 荧光假单胞菌
Brevibacterium insectiohilium 嗜虫短杆菌	*P. faecalic* 粪便假单胞菌
Brown rot fungi 棕腐真菌	*Rhodococcus erythropolis* 红平红球菌
Corynebacterium brevicale 棒状杆菌	*Schizosaccharomyces pombe* 粟酒裂殖酵母
Geotrichum candidum 白地霉	*Slaphytococcus aureus* 金黄色葡萄球菌
Monascus anka 赤红曲霉	*Streptomyces grisens* 灰色链霉菌
Nocardia rhodnii 椿象虫诺卡菌	*S. vinaceus* 酒红链霉菌
N. calcarea 石灰壤诺卡菌	White tot fungi 白腐真菌

表 11-2　微生物絮凝剂的组成

絮凝剂产生菌	絮凝剂名称	组成
Aspergillus parasiticus	AHU7165	分子量在 30 万～100 万。由半乳糖胺残基以 α-1,4 糖苷键相连的直链大分子。含量为 55%～65%，氮未取代的半乳糖残基随机分布在多糖链上
Paecilomyces sp.	PF-101	分子量为 30 万。由半乳糖胺形成的多糖。含 85% 的半乳糖胺、2.3% 的 2-乙酰基和 5.7% 的甲酰基。还含有氮未取代的半乳糖胺，大部分以 α-1,4 相连
Aspergillus sojae	AJ7002	分子量大于 20 万。含 20.9% 的半乳糖胺、0.3% 的葡糖胺、35.3% 的 2-酮葡糖酸、27.5% 的蛋白质。其中，半乳糖胺和葡糖胺均非乙酰化
Alcaligenes cupulus	KJ201 AL-201	分子量超过 200 万。一种多聚糖絮凝剂。含 42.5% 的葡萄糖、36.38% 的半乳糖、8.52% 的葡糖醛酸和 10.3% 的乙酸
R-3 mixed microbes	APR-3	分子量超过 200 万。是由葡萄糖、半乳糖、琥珀酸和丙酮酸（摩尔比为 5.6：1.0：2.5）组成的酸性多糖
Rhodococcus erythropolis	S-1	由多肽和脂质组成
Nocardia amarae UKL	FIX	由三种以上物质组成的混合物。其中主要组分可能是多肽。其组分之一含有 25.6% 的甘氨酸、13.8% 的丙氨酸和 12.3% 的丝氨酸
Arcuadendron sp.	TS49	分析表明可能含有氨基己糖、糖醛酸、中性糖和蛋白质

11.2.2.2　微生物絮凝剂的化学本质

　　根据多年的研究结果，现在已经能够初步确定，微生物所产生的絮凝剂，从化学本质上看，主要是微生物代谢过程中所产生的各种多聚糖类，这类多聚糖中有些是由单糖单体组成，有些是由多糖单体构成的杂多聚糖，有些微生物絮凝剂的成分中是蛋白质（或多肽）或者是含有蛋白质（或多肽）。另外，一些絮凝剂中还含有无机金属离子，如 Ca^{2+}、Mg^{2+}、Al^{3+} 和 Fe^{3+} 等。

11.2.3　微生物絮凝剂的絮凝机理

　　对于生物絮凝剂的作用机理有过不同的学说。目前较为普遍接受的是"桥联作用"机理。该学说认为絮凝剂大分子借助离子键、氢键和范德华力，同时吸附多个胶体颗粒，在颗粒间产生"架桥"，从而形成一种网状的三维结构而沉淀下来。现在已经在电子显微镜下能够看到聚合细菌之间有胞外聚合物搭桥相联，正是这些桥使细胞丧失了胶体的稳定性而紧密聚合成絮状物而在液体中沉淀。

　　絮凝剂的分子结构、形状、分子量和所带基团都会对絮凝的效果产生影响。

　　絮凝剂的分子结构上要有线形结构，如果是交联或支链结构，则絮凝效果就差。一般来说，分子量越大，絮凝活性越高，微生物絮凝剂经过蛋白酶处理后活性会不同程度下降，其原因就是蛋白质被水解导致多聚物分子量降低，在有的微生物絮凝剂中，蛋白质成分是不可缺少的。一些特殊基团帮助絮凝剂维持颗粒物质的吸附部位或一定的空间构象，对絮凝剂的活性影响很大。

　　在使用微生物絮凝剂的过程中，絮凝剂的加入量、体系的 pH、存在的离子等都有着重要的影响。

　　絮凝的形成是一个复杂的过程，"架桥"机理并不能解释所有的现象，絮凝剂的广谱性表明其吸附机理不是单一的，需要对特定絮凝剂和胶体颗粒的组成、结构等性质及反应条件对它们的影响进行更深入的研究。

11.2.4 微生物絮凝剂的合成和应用

11.2.4.1 微生物絮凝剂的合成

微生物絮凝剂的形成与微生物的代谢活性有关。一般认为，微生物多在其生长的中后期释放絮凝剂形成絮体，但到了静止期后期，细胞不再产生新的絮凝物质，甚至会由于出现解絮凝酶而导致絮凝活性下降。因此最好在细菌对数生长后期或静止期早期收获微生物絮凝剂，此后，絮凝活性即使不下降也不会再增加。

絮凝剂在生物培养液中的分布不仅能够显示絮凝机制，也决定着絮凝剂的收获方法，有研究表明，微生物絮凝剂在培养物中主要是存在于培养液和微生物细胞表面。

培养基的组成、初始 pH、培养温度、通气状况、杂菌污染和混合培养等都会对微生物絮凝剂的合成产生影响。

由于微生物絮凝剂的化学成分是多聚糖和蛋白质以及一些金属离子，因而其提取方法与一般的多聚糖和蛋白质提取方法并无多大区别。常用的提取方法有以下三种。

(1) 凝胶电泳 将细菌培养物处理后，用 DEAE 琼脂糖凝胶（A-50）色谱和琼脂糖凝胶（G-200）色谱分离提纯。

(2) 溶剂提取 用丙酮或其他溶剂提取，得到絮凝剂的粗制剂。粗制剂可以应用在实验室研究或工业生产中。

(3) 碱提取 用 NaOH 从活性污泥或细菌培养物中提取微生物絮凝剂。

11.2.4.2 微生物絮凝剂的应用

微生物絮凝剂絮凝范围广、絮凝活性高，而且作用条件粗放，因此被广泛应用于污水和工业废水处理中。下面举几个例子。

(1) 高浓度有机废水的处理 畜业生产产生的废水有机物含量很高，常规方法难以处理。采用合成高分子絮凝剂存在二次污染的问题，用 NOC-1 微生物絮凝剂加 Ca^{2+} 处理，处理 10min，上清液接近透明，TOC 和 OD_{660} 均显著降低；在鞣革工业废水中加入 C-62 菌株产生的絮凝剂，其浊度去除效率可达 96%。

(2) 染料废水的脱色 染料废水成分复杂、水质变化大、色度高，是目前较难降解和处理的工业废水之一。分离、筛选高效脱色菌并投加到生物处理系统中去，以强化生化处理系统的脱色效果，是解决染料废水处理的有效方法。许多研究表明，微生物具有极高的降解有机染料的能力。目前人们分离到的脱色微生物主要有真菌（酵母菌、曲霉、青霉等）、藻类（小球藻、颤藻等）和细菌（假单胞菌、芽孢杆菌、肠道菌、产碱杆菌、转化杆菌等）。微生物絮凝剂还能应用于造纸黑液、糖蜜废水、墨水废水等的脱色，利用既有降解能力又有絮凝活性的菌株，使降解、絮凝和脱色在短时间内完成，可有效提高处理效率，降低处理成本，有着很好的应用前景。

(3) 乳化液油水分离 用 *Alcaligenes latus* 培养物可以很容易地将棕榈酸从其乳化液中分离出来。原来细小、均一的乳化液很快形成明显的油层浮于表面，下层清液的 COD 从 450mg/L 下降到 235mg/L，其效果要好于无机或人工合成的高分子絮凝剂。这种微生物絮凝剂不仅能用于乳化液油水分离，也可用于水体溢油事故的处理。

(4) 活性污泥的处理 活性污泥的处理是水处理中的难题之一。为了有效地把悬浮污泥沉淀下来，应用微生物絮凝剂可以达到很好的效果。将从 *Rhodococcus erythropolis* 中分离得到的絮凝剂加入发生膨胀的活性污泥中，污泥的体积指数从 290 下降到 50。在活性污泥中加入微生物絮凝剂可以促进污泥的沉降，但不会降低有机物的去除效率。

11.3　分子生物技术在环境科学领域中的应用

从 20 世纪 60 年代开始，现代分子生物技术得到迅猛发展，针对基因和 DNA，人们已经能够对其进行大量而有效的分离、鉴定及克隆，DNA 重组技术更使人们不仅能够分离到那些高产量的微生物菌株，还可以人工制造高产量的菌株。

下面我们介绍几个在现代分子生物学中常用的技术手段及其在环境领域中的应用。

11.3.1　核酸探针和 PCR 技术

核酸探针和 PCR 技术等是基于人们对遗传物质 DNA 分子的深入了解和认识的基础上建立起来的现代分子生物学技术。这些新技术的出现也为环境监测和评价提供了一条有效的途径。

在适当条件下，单链 DNA 片段能与另一段与之互补的单链片段结合，这个过程称为核酸杂交。利用这一特性，将最初的 DNA 片段进行标记，即可做成核酸探针。利用核酸探针技术可以检测环境中是否存在某些特定种类的微生物，如致病菌的存在，大肠杆菌、志贺菌、沙门菌和耶尔森菌等，在水环境中的数量一般不会很多，用核酸探针技术就可以很快地确定。此方法也可用于检测病毒，如乙肝病毒、艾滋病毒等。

核酸探针杂交技术既能弥补传统方法不能进行原位测定的不足，又克服了免疫探针只能用于纯培养微生物以及絮凝物阻止抗体作用靶细胞的缺陷，而被广泛应用于污水处理系统中微生物生态学的研究。目前，利用核酸探针检测微生物还受到成本的限制，难以广泛开展，但这是一种很有发展前途的方法。

PCR（polymerase chain reaction）称为 DNA 多聚酶链式反应，是 1985 年由美国的 Millus 建立起来的，是对特异性 DNA 片段在体外进行扩增的一种非常快速而简便的方法，是一项很有用的新技术。

PCR 反应是模仿细胞内发生的 DNA 复制过程，以 DNA 互补链聚合反应为基础，通过靶 DNA 变性、引物与模板 DNA（待扩增 DNA）一侧的互补序列复性杂交、耐热性 DNA 聚合酶延伸等过程的多次循环，产生待扩增的特异性的 DNA 片段。一般的 PCR 反应包括以下几个过程。

（1）加热变性　反应系统被加热到 90～95℃，模板 DNA 变性成为两条单链 DNA，作为互补链聚合反应的模板。

（2）退火　降温到约 55℃，使两种引物分别与模板 DNA 的 3′一侧的互补序列杂交（复性）。

（3）延伸　升温到 70～75℃，耐热性 DNA 聚合酶催化引物按 5′→3′方向延伸，合成模板 DNA 的互补链。

上述过程重复一次为一个循环，经过 25～30 个循环后，特异性 DNA 片段增加了 10^6 倍（见图 11-2）。

PCR 反应有着极高的灵敏性和特异性。它能在短时间内扩增出大量拷贝数的特异性 DNA，可满足常规的 DNA 测定和 DNA 重组等，被广泛应用在法医、医学、卫生检疫、环境监测等方面。采用 PCR 技

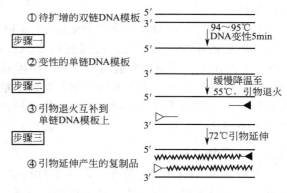

图 11-2　PCR 技术的操作步骤

术可以直接对土壤、废物和污水等环境标本中的生物进行检测，包括那些不能进行人工培养的微生物的检测。

除了常规 PCR 外，现在又有许多新的 PCR 技术或 PCR 组合技术出现，如反转录 PCR（RT-PCR）、竞争性 PCR（Competitive-PCR）、定量 PCR（Quantitative-PCR）、槽式 PCR（Nested-PCR）、任意扩增长度多态性（RAPD）、扩增的 rDNA 限制性酶切分析（ARDRA）等。

目前，应用 PCR 技术研究环境系统中的微生物主要集中在以下两个方面：检测体系中特定微生物和特定基因的存在；量化环境系统中微生物群体的各组成成员。美国的 Dionisi 等（2002）首次利用竞争性 PCR 对污水处理系统中的硝化螺菌和隶属于硝化螺菌属的亚硝酸盐氧化菌进行了定量描述，克服了活性污泥中絮状物过多的缺点，特别适合于活性污泥中待测微生物含量极低的情况。

11.3.2　16S rDNA 序列及其同源性的分析

核糖体存在于每个合成蛋白质的细胞中，在原核微生物中，核糖体是分散在细胞质中的亚微颗粒，细菌的核糖体由三种分子量不同的 rRNA 组成，分别为 5S rRNA、16S rRNA 和 23S rRNA。其中 16S rRNA 的长度在 1475～1544 个核苷酸，含有少量修饰碱基，16S rRNA 的结构十分保守。

Pace 等在 20 世纪 80 年代首先利用 rRNA 基因（rDNA）来确定环境中的微生物，通过对 5S rRNA 基因的序列分析来研究微生物的生态和进化，由于 5S rRNA 基因相对较小（约 120 个核苷酸），携带的信息较少，而随后开展的 16S rRNA 基因序列可以携带更多的信息，效率更高。以 16S rRNA 基因为基础，结合 DNA 扩增（PCR）技术，近年来发展出一种新的分子生物学手段，即通过对 16S rRNA 基因的 DNA 序列分析，可以分析细菌的种类信息，并且已经逐渐成为微生物分类和鉴定中非常重要而且有用的指标和手段。

目前，已有 10000 种以上的细菌的 16S rDNA 序列被报道，并且每年以很快的速度补充到 Genebank 的数据库中。利用特异的引物对未知的来自细菌的 DNA 样品进行 PCR 扩增，构建 16S rDNA 基因文库，通过测序，再与已知的 16S rDNA 序列进行同源性比较，就可以对未知细菌进行鉴定。

在环境科学研究工作中，在很多情况下，我们希望了解环境中存在的微生物，包括其种类、组成及在环境中的变化动态。而传统的以培养为基础的微生物分离鉴定技术，在这方面存在很大的局限，不仅工作量大，而且在环境中有许多微生物至今无法被培养出来。16S rRNA 基因技术的应用为我们带来新的研究技术和方法，目前主要有以下两个方面的工作：鉴定生物降解菌；研究某一特定环境中微生物的区系组成，进而了解其种群动态，研究微生物的多样性。

从环境样品中提取微生物总 DNA，经过 PCR 扩增 16S rRNA 基因后，对扩增产物进行变性梯度凝胶电泳（DGGE）或温度梯度凝胶电泳（TGGE）分析，将不同微生物的 16S rDNA 分离出来，经测序后就可以得知环境样品中微生物的分布和种类信息了。此方法最大的优点是可以不经过分离培养微生物，克服了培养技术的限制，从而能对环境样品进行客观的分析，得到在原始样品中存在的微生物不同种群的数量和种类分布信息，精确地揭示微生物种类和多样性信息。

11.3.3　生物芯片

生物芯片（biochip）是近年来在生命科学领域中迅速发展起来的一项高新技术，它是通过微加工技术和微电子技术将生物探针分子（寡聚核苷酸、cDNA、基因组 DNA、多肽、抗原、抗体等）固定在硅片、玻璃片、塑料片、凝胶、尼龙膜等固相介质表面，从而构建出一个微型生物化学分析系统。生物芯片可以对细胞、蛋白质、DNA 以及其他生物组分进行准确、快速和大信息量的检测。

当待测分析样品中的生物分子与生物芯片的探针分子发生杂交或相互作用后，可以利用激光共聚焦显微扫描仪等对杂交信号进行高通量检测，因此生物芯片技术是将生命科学研究中多种研究手段结合起来，可以使检测分析过程连续化、集成化和微型化。

生物芯片技术可广泛应用于疾病诊断和治疗、基因组图谱、药物筛选、农作物选育、司法鉴定、食品卫生监督等多个领域。在环境检测领域，可以利用生物芯片技术快速检测微生物或有机化合物对环境、人体、动植物的污染和危害。

11.3.4 高通量测序技术

DNA 序列中包含了大量的生物学信息，测定和了解这些序列信息，有助于我们对生物的深入分析和研究。高通量测序技术又称为下一代测序技术（next generation sequencing，NGS），是相对于传统的 Sanger 测序技术而言的。

2005 年，*Nature* 发表了 Margulies 等报道的一种快速简单的测序方法——高通量测序技术（high throughput sequencing），引起了学术界的轰动，该法与传统的 Sanger 测序方法相比，速度快 100 倍，效率大幅度提高，一次测序可以获得高达上百万的通量，单个碱基的测序成本也大幅度下降。

目前用于微生物群落多样性研究的高通量测序平台主要有来自罗氏公司的 454 法、Ilumina 公司的 Solexa 法和 ABI 的 SOLiD 法，目前最为常用的测序平台是 454 法的 GS FLX Titanium sequencing Kit XL＋，在微生物多样性分析中最具潜力的平台为 Solexa 法的 MiSeq，而 SOLiD 法相较于前两种在群落结构方面的分析较少。上述技术也被称为第二代测序技术，除此之外，还有另外一种以单分子实时测序和纳米孔为标志的第三代测序技术也正在如火如荼的发展中。

例如，454 高通量测序技术采用的是焦磷酸测序法，是 4 种酶催化统一体系的酶级联化学发光反应。首先将 PCR 扩增的单链 DNA 与引物杂交，并与 DNA 聚合酶、ATP 硫酸化酶、荧光素酶、三磷酸腺苷双磷酸酶、底物荧光素酶和 $5'$-磷酸硫酸腺苷共同孵育。在每一轮测序反应中只加入一种 dNTP，若该 dNTP 与模板配对，聚合酶就可以将其掺入到引物链中并释放出等物质的量的焦磷酸。焦磷酸盐被硫酸化酶转化为 ATP，ATP 就会促使氧合荧光素的合成并释放可见光。CCD 检测后通过软件转化为一个峰值，峰值与反应中掺入的核苷酸数目成正比，从而获得 DNA 互补链的序列信息。

高通量测序技术准确度高，对环境微生物群落的主要物种的识别真实、可靠，结合先进的生物信息学方法，可以获得某个环境样品中各种菌类组成信息，从而研究该区域微生物物种多样性；通过测序得到的微生物的群落结构、组成，再与微生物活性、营养元素的转化等理化性质结合一起分析，可以研究微生物的功能多样性。目前该技术已经被广泛应用于土壤、水体以及污染处理构筑物（活性污泥、生物膜、堆肥等）等环境中微生物多样性的分析。

高通量测序技术在实际应用中也存在一些缺点。第一，利用高通量测序技术测序会产生大量的测序数据，如何解读和应用测得的碱基序列是一个难题，并且由于通量的限制，信息深度、定量性还不够好，不易发现群落中丰度较低的微生物。第二，高通量测序技术所耗费的费用低是一个相对的概念，对于规模较小的测序，所用的费用相对于常规的 Sanger 测序法还是比较高的。不过，相信随着科研工作者们的不懈努力，这些问题都将会得到解决，并发明出更先进的测序技术。

11.4　微生物非培养技术的原理与应用

　　长期以来，人们对环境中的微生物的研究是基于微生物纯培养技术的基础上的，也就是说，首先要将微生物从环境样品中分离出来，纯化，得到单一的微生物，然后再对微生物进行鉴定、性能测试等各方面的研究。在特定的培养条件下，微生物显示出各种特性。这种研究的基础是微生物的培养，或者说可培养。

　　近年来，随着人们对微生物研究的逐渐深入，不可培养的微生物越来越多地被认识，由于它们不能用传统的培养技术进行培养，就需要采取一些特殊的研究方法和手段，微生物非培养技术也就应运而生，并且迅速发展起来。

11.4.1　环境中微生物的多样性和非培养微生物

　　(1) 环境中微生物的多样性　地球上微生物的数量远远超出了人们的想象，例如，据估计仅在 1g 土壤中就含几亿个细菌和几千万个放线菌孢子，每克新鲜叶子表面可附生 100 多万个微生物，人体肠道中的菌体总数可达 100 万亿个左右，全世界海洋中微生物的总质量估计达 280 亿吨。地球上微生物的种类数也是十分多的，虽然已经确定了 10 万多种的微生物，而且每年还在新发现几百个至上千个新种，但比起真实在自然界中存在的微生物种类数，我们所了解的还很少，可能还不到 1%。

　　(2) 非培养微生物　微生物的纯培养技术可以使人们将特定的微生物从环境中分离出来，在特定条件下进行研究。但这一技术的最大局限性在于平板计数异常 (plate count anomaly)，即环境中微生物实际数量与平板菌落计数之间存在巨大差异。造成这种差异的原因有两个：一是由于实验室难以再现微生物自然生存条件；二是大种群微生物易形成优势种进而抑制小种群的生长。因此，利用传统的纯培养技术总是重复筛选到相同的微生物，而多数难以被常规实验室方法培养的微生物被称为未培养微生物或不可培养微生物 (uncultured microorganism)。

　　可培养微生物，也就是能通过传统的纯培养技术得到的微生物，只占微生物总数的很小一部分。如研究表明，海水中可培养微生物占 0.001%～0.1%，淡水中约占 0.25%，土壤中约占 0.3%，活性污泥中占 1%～15%。

　　研究者公认 99% 的微生物遗传多样性由于培养困难而丢失。多数未培养微生物存在于极端环境中，也有一些存在于动植物体内。虽然我们并不是十分清楚这些微生物对人类的贡献，但可以肯定的是地球和人类都离不开它们。因此，发现、认识和开发这些微生物资源具有重要意义。

　　对获取未培养微生物的研究主要集中在两个方面：一是改进纯培养的培养条件，试图培养出尽可能多的微生物类群；二是从 DNA 水平上，通过分子生物学的手段来研究它们在环境中的功能、分布和变化情况，即非培养技术。

11.4.2　微生物非培养技术的原理、特点

11.4.2.1　微生物非培养技术的原理

　　由于目前许多微生物（特别是原核微生物）没有合适的培养基和生长条件，同时，在自然界中生物之间及它们与环境之间的相互作用形成了比较复杂的生态系统，因此，这就需要我们从系统水平而非单个细胞水平上来对生物系统进行研究和认识。为了解决这一难题，科学家采用非培养方法来研究自然界中的微生物，即避开传统的微生物分离培养方法，利用 DNA 含有不同的信息内容和信息容量这一特性，直接研究细胞的 DNA 以获取自然界中微

生物的多样性及群落组成的信息，从分子生态学的角度研究未培养微生物在环境中的变化。

11.4.2.2 微生物非培养技术的分类

微生物的非培养技术主要是解决微生物多样性的问题，可以将其分为两类：一是研究整个群落（群落组成、种类丰富度等）的方法；二是研究感兴趣的物种及基因的方法（见图11-3）。

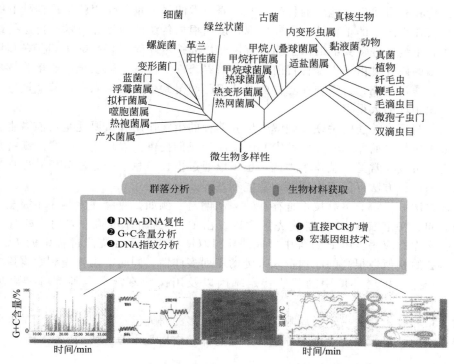

图 11-3 微生物非培养技术的分类（引自曲媛媛等，2010）

（1）以群落分析为目的的非培养技术 研究整个群落的非培养技术又可根据其精确水平分为不同方法，其中大尺度的方法有 DNA-DNA 复性和 G＋C 含量分析等，它们能分别给出所研究微生物群落总的基因多样性和结构的改变，但不能得到多样性的其他参数，如丰富度、均匀度和组成。DNA 指纹技术是一类具有较高准确度的群落分析非培养技术，该类技术主要依赖于精确性和稳定性较高的 PCR 技术，主要包括变性梯度凝胶电泳（DGGE）、扩增 rRNA 限制性分析（ARDRA）、末端限制性片段长度多态性（T-RFLP）、核糖体基因间序列分析（RISA）或者它们的变型方法。由于 PCR 扩增存在偏差，所以这类方法不能被单独用来估计微生物种类的丰富度，但主要联合应用这些技术，就可以获得微生物群落多样性的大量信息。

（2）以生物材料获取为目的的非培养技术 对于特定的微生物种类和基因，非培养技术的方法主要有两种：一种是基于目标瞄定的 PCR 直接扩增法，即不需要知道基因的序列，仅根据保守序列设计引物，就可以直接从环境 DNA 中扩增出目的基因，该法方便、简单、快速，但是不易获得新型基因；另一种重要方法是宏基因组技术，即通过对环境 DNA 构建基因组文库，并利用活性或序列筛选的方法以获取目标基因的新技术。宏基因组技术不仅可以将系统发育信息和未培养群落成员隐含的功能信息以及未被发现的有意义的新功能基因联系起来，而且还可用于共生关系或其他简单群落中未培养群落的全基因组测序，有利于我们重新认识有意义但未被开发的生物学过程。

11.4.2.3 微生物非培养技术的特点

根据现有的研究，微生物非培养技术已经在以下四个方面表现出纯培养技术无法替代的优越性。

（1）发现新的微生物分类单元 非培养技术能帮助人们发现许多新的微生物分类单元，这些分类单元可能是一个新种，也可能是一个新的门。

（2）评价具有重要生态地位的种类 非培养技术的另一重要作用就是根据种群的大小和活性来评价其在生态上的重要性。研究发现，以前根据传统的纯培养技术所得出的结论是不正确的，生态系统中许多类群的微生物只有用非培养技术才能了解和确认其存在和重要性。

（3）古菌的研究 由于古菌在目前使用的培养条件下往往不能生长，非培养技术的重要性更加突出。通过研究，人们现在对古菌的认识已经得到很大的深入，古菌在地球上的多样性和分布要比预计的大得多。

（4）菌种与环境功能的关联 破解未培养菌种的生物作用和重要性是目前微生物生态学家面临的最大挑战，而非培养技术的宏基因文库为我们提供了发现这一关联的新视角。这些文库中的克隆可以在常见的载体中表达，也可以通过生物信息学的方法分析其序列来获得其功能信息，利用该方法可能会发现新的功能和基因。

与其他方法一样，非培养技术也存在缺陷和偏差。例如，克隆文库测序不完全、细胞裂解程度的不同、特定细胞 DNA 被优先扩增以及由 PCR 的循环步骤带来的一些分析难题都会影响克隆文库的应用。PCR 过程中形成的异源双链核酸分子和克隆过程中的 *E. coli* 错配修复系统都会给相似性很高的序列带来人为的序列多样性，同时，由于受到数据库中现有序列的限制，选择性扩增环境中的某些特定基因以及用探针鉴定特定种都可能出现错误的结果。

虽然非培养技术存在一定的局限性，但越来越多的研究已经证明，用不同的非培养技术可以获得相似的结果，因此对这类方法的正确认识和应用是十分重要的。

11.4.3 微生物非培养技术的应用

微生物非培养技术的优势使其自出现之日起，就受到人们的重视，并且在各个研究领域得到广泛的应用。

（1）微生物多样性的测定 16S rRNA 技术的研究，已经揭示了环境中微生物群落的极其多样性。全部群落的基因组测序将有助于揭示微生物群落的遗传特性，包括遗传多样性程度、代谢能力以及群落生态系统内的多样性模式等。

（2）生态学和进化 了解某个群落的全基因组序列，我们就能揭示和理解微生物在环境中的生态学功能和进化程度，进而能解决许多问题，如非培养微生物在生态系统中的重要性，非培养微生物如何与其他微生物种群发生作用，它们如何反映和适应环境的变化，它们可能发生怎样的进化结果等。

（3）目标基因的获取 微生物细胞内有大量用于特定代谢途径的多样性基因，通过非培养技术克隆含有整个代谢操纵子的大片段 DNA，我们可以发现微生物的全部代谢途径，实现操纵子的异源表达，从而对目的基因进行分类。不仅有助于生产医药产品，而且可以跟踪和证实具有重要生态功能的基因，如与生物地球化学循环过程、污染物降解过程和发病机制有关的基因。

（4）非培养微生物特征的鉴定 只要找到带有系统发育标记的 DNA 片段，通过非培养技术获得大片段 DNA 克隆，就可以实现对非培养优势微生物的鉴定。

（5）系统水平理解微生物群落动力学 高通量的基因组技术可以使人们理解环境控制群

落中物种与亚种之间的分布及动力学特征的方式,从而有助于了解传代及最终进化的方向。

　　随着微生物学、生命科学、现代分子生物学等技术的发展,非培养技术会在越来越多的领域中显示出其巨大的应用价值,而非培养技术本身也在不断地发展完善,这将为人们的研究提供强大的支持和帮助。

建议阅读　现代生物学的发展,导致了许多新技术手段的出现,对于这些新的方法,如何应用到环境科学领域中,是一个值得研究的问题。

[1] 张景来,王剑波,常冠钦,等.环境生物技术及应用.北京:化学工业出版社,2002.
[2] 徐亚同,史家樑,张明.污染控制微生物工程.北京:化学工业出版社,2001.
[3] 宋思扬,楼士林.生物技术概论.第2版.北京:科学出版社,2003.
[4] 曲媛媛,魏利.微生物非培养技术原理与应用.北京:科学出版社,2010.

本 章 小 结

　　1.固定化酶是通过物理吸附法或化学键合法将水溶性酶和固态的不溶性载体相结合,使酶变成不溶于水但仍保留催化活性的衍生物。此方法也可以用于对细胞的固定。在环境工程中,可以将固定化技术应用到对环境中污染物质进行含量测定和进行"三废"处理。

　　2.具有絮凝性的微生物涉及霉菌、细菌、放线菌和酵母菌等,利用这些微生物细胞壁提取物、微生物代谢产物或直接利用微生物细胞等所获得的絮凝剂是一种新颖、高效、廉价、无毒、无二次污染的水处理剂,微生物絮凝剂不仅能快速絮凝各种颗粒物质,而且在处理高浓度有机废水、废水脱色等方面具有独特的效果。

　　3.核酸探针、PCR、生物芯片和高通量测序技术等分子生物学新技术是基于人们对遗传物质DNA分子的深入了解和认识的基础上建立起来的,这些手段在环境监测和环境微生物的检测方面有着许多独特的优势。

　　4.16S rDNA序列分析技术已经成为现代微生物分类学的重要手段,同时,它还能为我们提供环境系统内微生物的种类和分布信息,为微生物生态学研究提供崭新的技术手段。

　　5.在自然界中,不可培养的微生物占了很大的比例,要对这些不能在常规实验室条件下培养的微生物进行研究,需要一些特殊的手段和方法;现代生物学的发展,特别是分子生物学的发展,已经使对这些微生物进行研究成为可能。

思考与实践

　　1.固定化酶的定义和特点是什么?固定化微生物与之相比,有什么优缺点?

　　2.酶和微生物细胞的固定方法有哪些?

　　3.目前固定化技术处理污染物所面临的问题有哪些?你认为应该如何解决这些问题?

　　4.微生物絮凝剂有什么优点?

　　5.哪些微生物具有絮凝作用?微生物絮凝剂的化学本质是什么?

　　6.PCR技术的基本原理和过程是什么?

　　7.通过分析微生物的16S rDNA序列,我们能获得什么信息?

　　8.利用生物芯片和高通量测序技术,我们可以实现对生物宏基因组的分析,请对该类技术的发展前景做出概述分析。

　　9.为什么会有许多微生物在常规实验室条件下无法进行培养?它们能转变成可培养的微生物吗?

　　10.如何对不可培养的微生物进行研究?主要的方法有哪些?

12 环境微生物学实验

12.1 实验须知

教学实验是教学实践的重要组成部分，是不断提高学生动手能力及操作技能的主要教学形式。为了提高实验教学效果，保证实验的质量和实验室的安全，必须注意以下事项。

（1）预习　做到认真阅读有关的实验教材，对实验的主要内容、目的和方法等有所了解，做好各项准备工作。

（2）记录　实验课开始，教师对实验内容的安排及注意问题进行讲解，学生必须认真听讲并做必要的记录，实验中更要及时、准确地做好现场记录，作为完成实验报告的重要依据。

（3）示教　实验中有示教内容，尤其是形态学实验，可帮助学生了解实验的难点，加深印象，以便能在有限的时间内获得更多感性认识的机会。

（4）操作与观察　实验应按要求独立操作与观察，环境工程微生物学实验中最重要的环节之一就是无菌操作，必须严格要求反复练习，以达到一定的熟练程度。实验中注意观察实验现象和实验结果，结合微生物学理论知识，比较、分析、说明问题。

（5）实验报告　实验结束后，整理现场记录的有关内容，对实验结果做实事求是的总结、综合，完成实验报告。

（6）实验规则　规范实验，遵守学生实验守则及实验室安全工作规定，确保实验正常进行。

12.2 光学显微镜的使用及原核微生物的个体形态观察

12.2.1 实验目的

了解普通光学显微镜的构造和原理，准确掌握使用显微镜的方法；观察和识别几种原核微生物的个体形态。

12.2.2 实验材料与器皿

（1）标本片　细菌三型、丝状细菌、四联球菌、放线菌、颤蓝细菌、念珠蓝细菌、微囊蓝细菌等。

（2）器皿和试剂　显微镜、香柏油、无水乙醇、二甲苯、镜头纸等。

12.2.3 普通光学显微镜的原理、结构

显微镜是观察微观世界的重要工具。随着现代科学技术的发展，显微镜的种类越来越多，用途也越来越广泛。微生物学实验中最常用的是普通光学显微镜，无论是观察微生物的个体形态还是测量微生物细胞的大小，都必须借助于显微镜。学会显微镜的操作是本实验的主要内容，也是微生物学实验必须掌握的基本技能之一。由于绝大多数微生物的大小均在肉眼观察的极限（0.25mm）以下，所以显微镜成了必不可少的研究工具。

12.2.3.1 显微镜的成像原理

如图 12-1 所示，标本（F_1）置于聚光器与物镜之间，目镜、物镜、聚光器各自相当于一个凸透镜。平行的光线自反光镜折射入聚光器，光线经聚光器集聚增强，照射在标本上。标本的像经物镜放大成像于 F_2 处，但像是倒像，目镜将此倒像进一步放大成像于人眼的视网膜上（F_3）即正像。

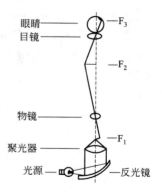

图 12-1 显微镜成像原理

12.2.3.2 显微镜的结构

显微镜由机械装置和光学系统两部分组成（见图 12-2）。

（1）机械装置

① 镜座（base） 显微镜的基座，起稳定和支持整个镜身的作用。

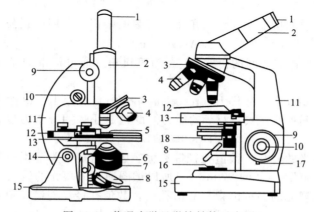

图 12-2 普通光学显微镜结构示意图

1—目镜；2—镜筒；3—物镜转换器；4—物镜；5—通光孔；6—聚光器；7—光圈；
8—反光镜；9—粗调节器；10—细调节器；11—镜臂；12—移片器；13—载物台；
14—倾斜关节；15—镜座；16—照明装置；17—粗调限位环凸柄；18—滤光片框

② 镜臂（arm） 镜臂支撑镜筒和载物台，直筒显微镜的镜臂与镜座之间有一倾斜关节，可使显微镜倾斜一定角度，便于观察。

③ 镜筒（light tube） 位于镜臂前方的圆筒，上端安装目镜，下端装有转换器。镜筒有单筒和双筒两种（根据特殊需要还有三筒的）。

④ 载物台（stage） 在镜筒下方呈方形或圆形，放标本片用，载物台上装有压片夹和移片器，中央有一圆形通光孔。

⑤ 物镜转换器（nosepiece） 在镜筒下方，一般装有 3~4 个物镜，可根据实验需要的放大倍数旋转物镜转换器。

⑥ 调节器（regulator） 调节器用于调节物镜和标本之间精确的工作距离，使物像更清晰。有一对大小旋钮（粗调和微调），大旋钮旋转一周可使镜筒（或载物台）升降约 10mm，小旋钮旋转一周可使镜筒（或载物台）升降约 0.1mm。

（2）光学系统

① 目镜（eyepieces） 每台显微镜配有 3~4 个放大倍数不同的目镜，如 5×、10×、15× 等，通过目镜观察物像。目镜由两片透镜组成，上面一块称为接目透镜，下面一块称为聚透镜，两片透镜之间有一光阑。光阑的大小决定了视野的大小，光阑的边缘就是视野的边缘，故又称为视野光阑。目镜有单目和双目之分。

② 物镜（objectives） 装在物镜转换器上的一组镜头，一般有低倍镜、高倍镜和油镜三种，每个物镜上都刻有相应的标记，包括放大倍数、数值孔径（numerical aperture，N. A）、工作距离（物镜下端至盖玻片之间的距离，mm）及要求盖玻片的厚度等主要参数（见图 12-3）。

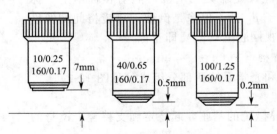

图 12-3   三种物镜及其工作距离

数值孔径是指介质的折射率与镜口角 1/2 正弦的乘积，可用下列公式表示：

$$N. A = n \times \sin(\alpha/2)$$

式中，n 为物镜与标本之间的折射率；α 为镜口角（通过标本的光线延伸到物镜前透镜边缘所形成的夹角）。

显微镜的性能主要取决于分辨力（resolving power）的大小，也称为分辨率，是指显微镜能分辨出物体两点间最小距离（D）的能力。D 值越小表明分辨力越高，可用下式表示：

$$D = 0.61 \times \lambda / N. A$$

分辨力的大小与光的波长、数值孔径等有关。因为普通光学显微镜所用的照明光源不可能超过可见光的波长范围（400~770nm），所以试图通过缩短光的波长去提高物镜的分辨力是不可能的。影响分辨力的另一因素是数值孔径，数值孔径又与镜口角 α 和折射率有关，当 $\sin\alpha$ 增大时，$\alpha = 90°$，就是说进入透镜的光线与光轴成 90° 角，这显然是不可能的，所以 $\sin(\alpha/2)$ 的最大值总是小于 1。而各种介质的折射率是不同的，所以，可利用不同介质的折射率去相应地提高显微镜的分辨力。

例如，空气的折射率 $n = 1$，水的折射率 $n = 1.33$，香柏油的折射率 $n = 1.52$。当使用油镜时光线入射 $\alpha/2$ 为 60°，则 $\sin60° = 0.87$，其数值孔径分别为：以空气为介质时，N. A $= 1 \times 0.87 = 0.87$；以水为介质时，N. A $= 1.33 \times 0.87 = 1.16$；以香柏油为介质时，N. A $= 1.52 \times 0.87 = 1.32$。

玻片的折射率为 1.5，因此，通常在物镜和标本之间加入香柏油作介质时，就可使数值孔径增大到 1.2~1.4。所以，当用数值孔径为 1.25 的油镜来观察标本时，就能分辨出距离不小于 0.2μm 的物体，而大多数细菌的大小在 0.5μm（直径）以上，故在油镜下能看清其细胞形态及某些构造。

显微镜的总放大倍数是指物镜放大倍数和目镜放大倍数的乘积。但由于物镜和目镜搭配的不同，其分辨力也不同。例如，在总放大倍数相同的情况下，采用数值孔径大的 40 倍物镜和 10 倍目镜相搭配，其分辨力就比数值孔径小的 20 倍物镜和 20 倍目镜相搭配时要高些，效果也比较好。

③ 聚光器（condensor） 在载物台下方，起会聚光线的作用，可上下调节（也有固定的），和物镜配合使用。

④ 光圈（aperture） 在聚光器下方，可通过光圈的大小调节光线的强弱。

⑤ 反光镜（reflecting mirror） 反光镜装在镜座上，一面为平面，一面为凹面，平面镜聚光力弱，使用于强光源和平面光源；凹面镜聚光力强，使用于弱光源和散射光源。反光镜

的方向可随意调节。

12.2.4　显微镜的使用

12.2.4.1　低倍镜的使用

① 调节光源，将低倍镜转到工作位置。

② 放置标本片，使观察的目的物位于圆孔的正中央。

③ 转动反光镜采集光源，双眼同时睁开，向目镜内观察，并通过聚光器和光圈调节光线至合适的强度。

④ 调节焦距，旋转粗调节钮，同时从显微镜侧面注视物镜镜头，使镜筒缓慢下降（或载物台上升），当镜头距玻片约5mm时，再用左眼（双筒则用双眼观察，单筒习惯用左眼，以便于绘图）从目镜中观察视野，并继续转动粗调节钮，直至视野中出现目的物为止。此时也可转动细调节钮，使物像更清晰。在此过程中，必须同时利用载物台上的移片器，可使观察范围更广。

12.2.4.2　高倍镜的使用

① 先用低倍镜找到目的物并移至中央。

② 旋动转换器换高倍镜。

③ 观察目的物，同时微微上下转动细调节钮，直至视野内见到清晰的目的物为止。

12.2.4.3　油镜的使用

① 先按低倍镜到高倍镜的操作步骤找到目的物，并将目的物移至视野正中。

② 将高倍镜移开，在标本上滴一滴香柏油，转换油镜镜头至正中，使镜面浸在油滴中，在一般情况下，转过油镜即可看到目的物，如不够清晰，可来回调节细调节钮，就可看清目的物。

③ 油镜观察完毕，先用镜头纸将镜头揩净，再用镜头纸蘸少许二甲苯轻揩，然后用镜头纸揩干。

12.2.5　实验内容

原核微生物（prokaryotes）即广义的细菌，都属于微生物，根据外表特征可将其粗分为6种类型，包括细菌（Bacteria）、放线菌（*Actinomycetes*）、蓝细菌（*Cyanobacteria*，旧名蓝藻或蓝绿藻）、支原体（*Mycoplasma*）、衣原体（*Chlamydia*）和立克次体（*Rickettsia*）。本实验以前三类为主，观察、识别不同类型的个体形态，并绘出个体形态图。

12.2.6　思考题

① 使用高倍镜和油镜时，为什么必须从低倍镜开始？

② 要使视野明亮，除光源外，还可采取哪些措施？

③ 使用油镜应注意哪些问题？

④ 当物镜由低倍转到油镜时，视野的亮度是增强还是减弱？

12.3　真核微生物的个体形态观察

12.3.1　实验目的

进一步熟悉和掌握显微镜的操作方法；观察和识别几种真核微生物的个体形态；学会用压滴法制作标本片。

12.3.2 实验原理

真核微生物（eukaryotes）包括酵母菌（yeast）、霉菌（mold）、原生动物（protozoa）、微型后生动物（metazoa）和藻类（algae）五大类。

酵母菌是一个通俗名称，一般泛指能发酵糖类的各种单细胞真菌。其细胞直径比细菌约粗 10 倍，个体形态有球状、卵圆、椭圆、柱状和香肠状等。

霉菌是丝状真菌的一个俗称。霉菌菌丝可分为基质菌丝、气生菌丝，并有进一步分化形成的繁殖菌丝（可产生孢子）。霉菌菌丝直径一般为 $3\sim10\mu m$，比细菌、放线菌直径约粗 10 倍。

原生动物是一类不行光合作用的、单细胞的真核微生物。原生动物的形态多种多样，有游泳型的和固着型的两种：游泳型的如漫游虫、楯纤虫等；固着型的如小口钟虫、大口钟虫和等枝虫等。

微型后生动物是多细胞的微型动物。常见的有轮虫、线虫等。

藻类是单细胞或多细胞的、能进行光合作用的真核原生生物。藻类分布很广，大多是水生，少数陆生。常见的有绿藻、硅藻等。

12.3.3 实验材料与器皿

（1）标本片 根霉、青霉、曲霉、酵母菌、小球藻、团藻、衣藻、硅藻、活性污泥等。

（2）器皿 显微镜、载玻片、盖玻片、滴管等。

12.3.4 实验方法与步骤

① 用低倍镜观察根霉，注意其假根与孢子囊部分。

② 用低倍镜或高倍镜观察酵母菌、其他霉菌、藻类等标本片。

③ 用压滴法制作活性污泥混合液的标本片，制作方法见图 12-4。注意观察菌胶团、丝状细菌、原生动物和微型后生动物等微生物组成。

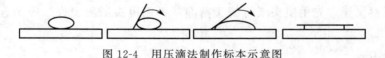

图 12-4 用压滴法制作标本示意图

12.3.5 思考题

① 试区别活性污泥中的几种固着型的纤毛虫。

② 如何区别酵母菌（椭圆）和衣藻的形态？画形态图时应注意什么问题？

12.4 四大类微生物菌落形态的识别

12.4.1 实验目的

熟悉四大类微生物菌落形态的主要特征；掌握识别四大类微生物菌落形态的依据和要点，并应用于未知菌落的识别。

12.4.2 实验原理

通过微生物菌落形态的观察，来识别细菌、放线菌、酵母菌、霉菌四大类微生物。区分和识别各大类微生物通常不外乎包括菌落形态和细胞形态两方面的观察，细胞的形态构造是群体形态的基础，群体形态则是无数细胞形态的集中反映（见表 12-1）。故每一大类微生物都有一定的菌落形态特征，即它们在形态、大小、色泽、透明度、致密度和边缘等特征上都有所差异，一般根据这些差异就能识别大部分菌落。但由于菌落特征还受培养基成分、培养时间及菌落在平板上分布的疏密程度等因素的影响，也给四大类菌落形态的识别带来了一些困难，有时需要借助于显微镜观察其细胞形态，才能做出正确的判断。

表 12-1　四大类微生物的菌落形态特征

主要特征	细菌	酵母菌	放线菌	霉菌
菌落主要特征	湿润或较湿润,小而突起或大而平坦	较湿润,大而突起,菌苔较厚	干燥或较干燥,小而紧密	干燥,大而疏松或大而紧密
菌落透明度	透明、半透明或不透明	稍透明	不透明	不透明
菌落与培养基结合程度	结合不紧	结合不紧	牢固结合	较牢固结合
菌落颜色	颜色多样	颜色单调,多为乳白色,少数红色	颜色多样	颜色多样,且鲜艳
菌落正反面颜色的差别	基本相同	基本相同	一般不同	一般不同
菌落气味	一般有臭味	多带酒香味	常有土腥味或冰片味	往往有霉味
细胞形态	球状、杆状、螺旋状和丝状	球状、卵圆状、椭圆状、柱状等	菌丝状,菌丝纤细而均匀	菌丝状,菌丝粗而分化
细胞生长速率	一般很快	较快	慢	一般较快

12.4.3　实验材料与器皿

各类已知菌落、培养箱、培养基、显微镜等。

12.4.4　实验方法与步骤

12.4.4.1　制备已知菌的单菌落

通过平板划线法获得细菌、放线菌、酵母菌的单菌落；用三点接种法❶获得霉菌的单菌落。

12.4.4.2　制备未知菌的单菌落

从环境中取样（如空气或水样等）制得平板，都可作为识别细菌、放线菌、酵母菌、霉菌四大类微生物用的未知菌落。细菌平板放置 37℃恒温培养 24～48h；酵母菌平板放置 28℃恒温培养 2～3 天；霉菌和放线菌放置 28℃恒温培养 5～7 天。待长成菌落后，观察并记录四大类微生物菌落的形态特征。

12.4.4.3　辨别未知菌落

根据四大类菌落的基本特征（要点），判断未知菌落属于哪一类，遇到疑问时，可与细胞形态的观察结合起来。并做菌落形态的描述。

细菌菌落形态的描述：菌落表面形态有光滑、皱褶、放射状、根状等形态；边缘形状有整齐、波状、丝状、锯齿状、裂叶状等形态；菌落隆起形状有扁平、隆起、草帽状、脐状等；透明度可分为透明、半透明、不透明等。

酵母菌菌落形态的描述：可参照细菌。

放线菌和霉菌菌落形态的描述：菌落表面形状有粗糙、同心圆、辐射状、粉状、绒毛状或皮革状等。

❶ 在适宜的平板培养基的表面进行霉菌菌落的培养与其形态观察比较，是霉菌分类鉴定的重要方法和依据。为了便于观察，通常可用接种针挑取少量霉菌孢子点接至平板培养基的中央成等边三角形的三点，经培养后在同一平板内形成三个重复的单菌落，称为三点接种法。三点接种法的优点是不仅可同时获得三个重复菌落，还由于在三个彼此相邻的菌落间会形成一个菌丝生长较稀疏且较透明的狭窄区域，在该区域内的气生菌丝仅分化出少数籽实器官，因此，只要直接将培养皿放在低倍镜下就可观察到子实体的特征。

12.4.5 思考题

① 具有鞭毛、芽孢和荚膜的细菌在形成菌落时一般会出现哪些特征？

② 当放线菌菌落的气生菌丝尚未分化出孢子丝之前，易被误认为是细菌，在这种情况下该如何判断？

12.5 微生物细胞的直接计数和细胞的显微测量

12.5.1 实验目的

掌握利用血球计数板计微生物细胞数的原理和方法；学会用显微测量计测量微生物大小的方法。

12.5.2 实验原理

12.5.2.1 细胞计数

利用血球计数板直接在显微镜下计细胞的数目，是一种常用的微生物计数法。与其他计数法相比，它具有直观、简便和快速等特点。

血球计数板是一块特制的载玻片（见图 12-5）。载玻片上有 4 条槽，将玻片分成 3 个平台，中间平台有 1 条短槽分隔成两个平台，两个平台上各有 1 个相同的方格网，每个方格网被划分成 9 个大格，其中央大格即为计数室。计数室的边长为 1mm，面积为 1mm^2，计数室与盖玻片之间的厚度为 0.1mm，故计数室的体积为 0.1mm^3。

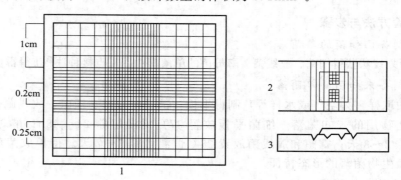

图 12-5　血球计数板
1—计数室刻度放大；2—计数板正面观；3—计数板侧面观

计数室的规格有两种：一种是一大格分成 16 个中格，每个中格分成 25 个小格；另一种是一大格分成 25 个中格，每个中格分成 16 个小格。两种规格的小格数是相同的，均为 $16 \times 25 = 400$（小格）。

12.5.2.2 细胞的显微测量

在显微镜下用来测量细胞大小的工具称为显微测量计，由目镜测微尺（ocular-micrometer）和镜台测微尺（stage micrometer）组成，两尺要配合使用（见图 12-6）。

目镜测微尺是放在目镜内的一块直径为 2cm 的圆形玻片。其上有 50 等分格（或 100 等

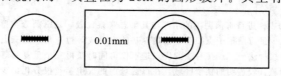

图 12-6　目镜测微尺和镜台测微尺外观形态

分格）的刻度，也有呈网格状的。每一分格表示的实际长度随显微镜不同的放大倍数而变化。镜台测微尺是一块特制的载玻片，在它的中央有一片圆形盖片封固着一具有精细刻度的标尺，标尺全长为 1mm，分为 100 等分的小格，每小格的长度为 $10\mu m$（1mm/100），标尺的外围有一小黑环，便于找到标尺的位置。显微测量时，先用镜台测微尺标定目镜测微尺每一分格表示的实际长度。在测量细胞时，移去镜台测微尺，换上被测标本，用目镜测微尺即可测得标本的实际长度。图 12-7 为目镜测微尺和镜台测微尺重叠时的情况。

图 12-7　目镜测微尺和镜台测微尺重叠

12.5.3　实验材料与器皿

酵母菌、显微镜、血球计数板、显微测量计等。

12.5.4　实验方法与步骤

12.5.4.1　细胞计数

（1）稀释　将样品稀释至合适的浓度（本实验用酵母菌），一般将样品稀释至每一中格约有 15～20 个细胞数为宜。

（2）加被测样品（菌液）　取已洗净的血球计数板，将血盖片盖住中央的计数室，用细口滴管吸取少量已经充分摇匀的菌液滴于血盖片的边缘，菌液则自行渗入计数室，静置 5～10min，待菌体自然沉降并稳定后即可计数。

（3）计数　先用低倍镜寻找大方格网的位置（视野可调暗一些），找到计数室后将其移至视野的中央，再换高倍镜观察和计数。为了减少误差，所选的中格位置应布点均匀，如规格为 25 个中格的计数室，通常取 4 个角上的 4 个中格及中央的 1 个中格共 5 个中格进行计数。为了提高精确度，每个样品必须重复计数 2～3 次。

（4）结果计算　先求得每中格菌数的平均值，乘以中格数（16 或 25），即为一大格（0.1mm³）中的总菌数，再乘以 10^4，则为每毫升稀释液的总菌数，如要换算成原液的总菌数，乘以稀释倍数即可。

12.5.4.2　细胞测量

（1）制片　与细胞计数用同一样品，可用压滴法制片，也可用细胞计数的血球计数板的样品直接测量。

（2）校核目镜测微尺一分格所表示的实际长度

① 取下目镜，将目镜测微尺（刻度面朝下）放入目镜内。

② 将镜台测微尺放在载物台上，用低倍镜找到镜台测微尺。

③ 移动镜台测微尺，同时转动目镜，使目镜测微尺与镜台测微尺平行靠近，并将两尺的起始线（左边）对齐，然后从左向右查看两尺刻度的另一重合处。用下式计算目镜测微尺一分格所表示的实际长度：

$$目镜测微尺一分格所表示的实际长度 = \frac{镜台测微尺格数 \times 10\mu m}{目镜测微尺格数}$$

（3）测量计算　移去镜台测微尺，换被测样品。用目镜测微尺测量细胞所占格数乘以目镜测微尺一分格所表示的实际长度，即为被测样品的实际大小，可测长度、宽度或直径等。在这过程中，如物镜的放大倍数有变化，需重新校核目镜测微尺一分格所表示的实际长度。

每一种被测样品需重复测量数次或数十次，取平均值。

12.5.5　思考题

① 试分析影响本实验结果的误差来源并提出改进措施。

② 在细胞计数时，为什么要强调被测样品的浓度？

12.6　细菌的简单染色和革兰染色

12.6.1　实验目的

了解细菌的涂片及染色在微生物学实验中的重要性；掌握细菌的涂片及染色的基本方法和步骤。

12.6.2　实验原理

在显微镜下观察微生物样品时，必须将其制成片，这是显微技术中一个重要的环节。常用的方法有压滴法、悬滴法和固定等。由于微生物尤其是细菌的细胞小而透明，在普通光学显微镜下与背景的反差小而不易识别，为了增加色差，必须进行染色，以便对各种形态及细胞结构进行识别。

细菌的染色方法很多，按其功能差异可分为简单染色法和鉴别染色法。前者仅用一种染料染色，此法比较简便，但一般只能显示其形态，不能辨别构造。后者常需要两种以上的染料或试剂进行多次染色处理，以使不同菌体和构造显示不同颜色而达到鉴别的目的。鉴别染色法包括革兰染色法、抗酸性染色法和芽孢染色法等，以革兰染色法最为重要。有关革兰染色法的机制和此法的重要意义在细菌的细胞结构章节已加以阐明。

12.6.3　实验材料与器皿

（1）实验材料　大肠杆菌、枯草杆菌等。

（2）器皿和试剂　显微镜、香柏油、二甲苯、镜头纸等；草酸铵结晶紫染色液、95％乙醇、革氏碘液、0.5％沙黄染色液等。

12.6.4　实验方法与步骤

12.6.4.1　简单染色法

（1）涂片　在洁净的载玻片中央滴一小滴蒸馏水，用接种环挑取少许菌体（无菌操作）与载玻片上的水滴混合均匀，并涂成薄的菌膜（见图 12-8）。

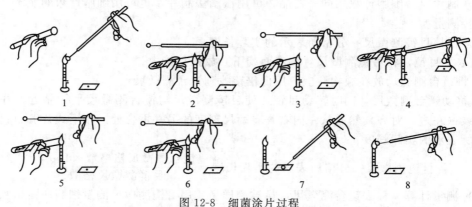

图 12-8　细菌涂片过程

1—灼烧接种环；2—拔棉塞；3—试管口过火；4—挑取菌体；5—试管口过火；

6—塞上棉塞；7—涂片；8—灼烧接种环

（2）固定　将涂片放在离火焰较远处，以微热烘干（也可自然晾干），烘干后再在火焰上方快速通过 3～4 次，使菌体完全固定在载玻片上。

（3）染色　滴加草酸铵结晶紫染色液，染 1～2min，染色液量以盖满菌膜为宜。

（4）冲洗　倾去染色液，斜置载玻片，用水冲去多余染色液，直至流出的水呈无色为止。

（5）干燥　用微热烘干或自然晾干。

（6）镜检　按显微镜的操作步骤观察菌体形态，并及时记录，包括形态图的绘制。

12.6.4.2　革兰染色法

各种细菌经革兰染色法染色后，能区分成两大类：一类最终染成紫色，称为革兰阳性细菌（Gram positive bacteria，G^+）；另一类被染成红色，称为革兰阴性细菌（Gram negative bacteria，G^-）。革兰染色过程如下所述。

（1）涂片、固定　同简单染色法。

（2）初染　滴加草酸铵结晶紫染色液，染 1～2min，水洗。

（3）媒染　滴加革氏碘液，染 1～2min，水洗。

（4）脱色　滴加 95％乙醇，约 45s 后即水洗；或滴加 95％乙醇后将载玻片摇晃几下即倾去乙醇，如此重复 2～3 次后即水洗。

（5）复染　滴加 0.5％沙黄染色液（番红），染 2～3min，水洗并使其干燥。

（6）镜检　同简单染色法，并根据呈现的颜色判断该菌属 G^+ 细菌还是 G^- 细菌，也可与已知菌对照。

12.6.5　注意事项

① 涂片用的载玻片要洁净无油污迹，否则影响涂片。

② 挑菌量应少些，涂片宜薄，过厚重叠的菌体则不易观察清楚。

③ 染色过程中勿使染色液干涸。用水冲洗后，应甩去载玻片上的残水以免染色液被稀释而影响染色效果。

④ 革兰染色成败的关键是脱色时间。如脱色过度，革兰阳性细菌也可被脱色而被误认为是革兰阴性细菌；而脱色时间过短，革兰阴性细菌则会被误认为是革兰阳性细菌。脱色时间的长短还受涂片的厚薄、脱色时载玻片晃动的程度等因素的影响。

12.6.6　思考题

① 涂片为什么要固定？固定时应注意什么问题？

② 为什么说乙醇脱色是革兰染色成败的关键？应如何控制？

12.7　培养基的配制与灭菌

12.7.1　实验目的

了解配制微生物培养基的基本原理；掌握配制、分装培养基的方法；通过常用的细菌培养基的配制，从而了解常规的配制培养基的方法；学会各类物品的包装、配制和灭菌。

12.7.2　实验原理

本实验除了配制培养基以外，还必须准备各种无菌物品，包括培养皿、移液管的包装，稀释水的准备等。

培养异养细菌最常用的培养基是牛肉膏蛋白胨培养基（普通培养基）。培养基的种类很多，根据营养物质的来源不同，可分为天然培养基、合成培养基和半合成培养基等。天然培养基适合于各类异养微生物生长；合成培养基适用于某些定量工作的研究，因为可减少一些研究中不能控制的因素。但一般微生物在合成培养基上生长较慢，有些微生物的营养要求复杂，在合成培养基上还不能生长。多数培养基配制是采用一部分天然有机物作碳源、氮源和生长因子的来源，再适当加入一些化学药品，就称为半合成培养基，其特点是使用含有丰富营养的天然物质，再补充适量的无机盐十分方便，能充分满足微生物的营养需要，大多数微生物都能在此培养基上生长。本实验配制的培养基就属此类。

12.7.3 实验材料与器皿

高压蒸汽灭菌器、培养皿、试管、移液管、锥形瓶、烧杯、量筒、药物天平、玻璃棒、玻璃珠、石棉网、角匙、铁架、表面皿、pH 试纸和棉花等；牛肉膏、蛋白胨、NaCl、NaOH 和琼脂等。

12.7.4 实验方法与步骤

12.7.4.1 玻璃器皿的准备

（1）培养皿的包装 培养皿由一底一盖组成一套。灭菌前先将培养皿用干净的报纸或牛皮纸包裹，一般 10 套为一包；也可装在不锈钢或铜制的容器内灭菌，灭菌后需在干燥箱内烘干备用。

（2）移液管的包装 在移液管的吸端用细铁丝将少许棉花塞入，构成 1～1.5cm 长的棉塞，起过滤作用。然后将移液管的尖端放在 4～5cm 宽的长条纸的一端（先将纸的一端折成双层的小方块包住尖端），使移液管与纸条成约 30°夹角，使纸条螺旋式地包在移液管外面，并使多余的纸条搓紧或打成结而不使其散开。按实验需要，可单支包装或多支包装。

有一种移液管筒可取代以上操作（见图 12-9）。

（3）试管（或锥形瓶）塞的制作

① 铺棉 按试管或锥形瓶的大小，取适量棉花铺成近正方形，中间稍厚，边缘稍薄。

② 折角 将近方形棉花的一角往里折，略成五边形，然后从一侧往另一侧卷紧。

③ 整理 使边缘的棉花起缚线的功能，勿使棉卷松开，并使外形像未开伞的蘑菇。棉塞的直径和长度视试管和锥形瓶的大小而定，一般约 3/5 塞入管内。必须做到松紧合适、紧贴管壁，拔出时不松散、不变形。现有一些市售的棉塞的替代品，如硅胶塞、塑料（耐高温）或不锈钢的套管等，均可使用（见图 12-10）。

图 12-9 培养皿和移液管的包装

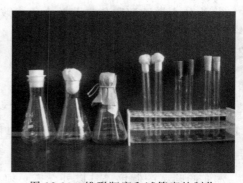

图 12-10 锥形瓶塞和试管塞的制作

12.7.4.2　稀释水的配制

（1）取 90mL 蒸馏水装入 250mL 的锥形瓶中，并放入约 30 颗玻璃珠，塞上棉塞后包扎。

（2）取 9mL 蒸馏水装入试管（18mm×180mm，共 4 管）中，塞上棉塞后将 4 支试管包在一起。

11.7.4.3　培养基的配制

牛肉膏蛋白胨培养基的配方：牛肉膏 0.3g，蛋白胨 1g，NaCl 0.5g，琼脂 2.0g，水 100mL，pH 7.2～7.4。

灭菌条件：121℃（相对蒸汽压力 0.105MPa），15～20min。

（1）称量　取少于总量的水于烧杯中，按配方称取各种药品，逐一加入水中。

（2）加热溶解　将烧杯放在石棉网上，用文火加热，并注意搅拌，待所有药品溶解后再补充水分至所需要量。

（3）调节 pH　一般刚配好的培养基是偏酸性的，故要用 1mol/L NaOH 调 pH 至 7.2～7.4。应缓慢加入 NaOH，边加边搅拌，并不时地用 pH 试纸测试。

（4）分装

① 分装锥形瓶　其装量一般不超过锥形瓶总容量的 3/5 为宜，若装量过多，灭菌时培养基易沾污棉花而导致染菌。

② 分装试管　将培养基趁热加至漏斗中（见图 12-11）。分装时左手并排地拿数根试管，右手控制弹簧夹，将培养基依次加入各试管。或者使用分液器向各个试管中定量加入培养基。用于制作斜面培养基时，一般装量不超过试管高度（15mm×150mm）的 1/5。分装时谨防培养基沾在管口上，否则会使棉塞沾上培养基而造成染菌。

（5）加塞、包装后灭菌　见"灭菌"过程。

（6）斜面　灭菌后如需制成斜面培养基，应在培养基冷却至 50～60℃时，将试管搁置成一定的斜度，斜面高度不超过试管总高度的 1/2（见图 12-12）。

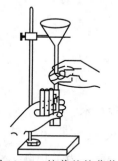

图 12-11　培养基的分装

图 12-12　斜面培养基的搁置

（7）灭菌　因微生物学实验一般都要求对所研究的实验材料进行无自然杂菌的纯培养，所以，实验中所用的材料、器皿、培养基等都要经包装灭菌后才可使用。灭菌方法有很多，可根据灭菌对象和实验目的的不同采用不同的灭菌方法，包括干热灭菌、加压蒸汽灭菌（湿热灭菌）、间歇灭菌、气体灭菌和过滤除菌等。加压蒸汽灭菌是最常用的方法，与干热灭菌相比，加压蒸汽灭菌的穿透力和热传导都要强，且在湿热时微生物吸收高温水分，菌体蛋白很易凝固、变性，灭菌效果好。

加压灭菌的原理在于提高灭菌器内的蒸汽温度来达到灭菌的目的。灭菌器有立式、卧式和手提式等数种。现在大多使用全自动灭菌器，其特点是性能稳定、使用方便、安

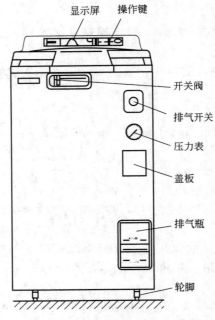

图 12-13　HVE-50 型高压灭菌器

全（见图 12-13）。

现以 HVE-50 型高压灭菌器（全自动）为例，介绍其操作步骤。

① 加水至水位。

② 依次堆放物品。

③ 打开电源，盖上盖子。

④ 预置灭菌温度和时间。

⑤ 加热灭菌。

⑥ 结束，待显示器上温度下降至约 90℃时，可打开盖子取物。

⑦ 关上电源。

HVE-50 型高压灭菌器系统中为了避免残留空气影响到灭菌效果，采用双向传感器检测灭菌器内是否有残留空气，并配有最新的自动排除蒸汽的装置以达到不用沸腾就能对液体基质进行灭菌。在完成灭菌后，蒸汽可以预先设定速率逐渐地释放蒸汽，使用十分方便。

适用于加压蒸汽灭菌的物品有培养基、生理盐水、各种缓冲液、玻璃器皿和工作服等。灭菌所需时间和温度常取决于被灭菌的培养基中营养物的耐热性、容器体积的大小和装物量的多少等因素。除含糖培养基用 0.072MPa（0.7kgf/cm^2，115℃）外，一般都用 0.105 MPa（1.05kgf/cm^2，121℃）。另外，对某些不耐高温的培养基如血清、牛乳等则可用巴斯德消毒法、间歇灭菌或过滤除菌等。

12.7.5　思考题

① 配制培养基的基本步骤有哪些？应注意什么问题？

② 了解加压蒸汽灭菌的原理和方法。

12.8　活性污泥中细菌的纯种分离和培养

12.8.1　实验目的

掌握一些常用的分离和纯化微生物的方法；学会几种接种技术。

12.8.2　实验原理

在自然界和废水生物处理中，细菌和其他微生物杂居在一起。为了获得纯种进行研究或用于生产，就必须从混杂的微生物群体中分离出来。微生物纯种分离的方法很多，归纳起来可分为两类：一类是单细胞（或单孢子）分离；另一类是单菌落分离。后者因方法简便，所以是微生物学实验中常用的方法。通过形成单菌落获得纯种的方法很多，对于好氧菌和兼性好氧菌可采用平板划线法、平板表面涂布或浇注平板法等。其中最简便的是平板划线法。

分离专性厌氧菌的方法也很多，如深层琼脂柱法、滚管法等，现有一种厌氧工作台，操作、使用均较方便。厌氧分离培养微生物的关键是创造一个缺氧环境，以利厌氧菌的生长。

平板划线法是指把混杂在一起的微生物的不同种的不同个体或同一种的不同细胞，通过带菌的接种环在培养基表面作多次划线的稀释法，能得到较多的独立分布的单个细胞，经培养后即成单菌落，通常把这种菌落当作待分离微生物的纯种。有时这种单菌落并非都由单个细胞繁殖而来，故必须反复分离多次才可得到细胞纯菌落的克隆纯种。

划线的形式有多种（见图 12-14），但其要求基本相同：既不能划破培养基，同时要能充分分散细胞以获得单菌落。其中将平板分区划线的形式（见图 12-14）可充分利用平板的有效面积，获得单菌落的可能性更大。

图 12-14　平板划线法的形式

平板表面涂布或浇注平板法一般都用样品（活性污泥）稀释液，前者通过涂布棒将菌液分散在培养基表面，经培养后获得单菌落；后者是将菌液和培养基混合后培养出单菌落。本实验主要进行平板划线法和浇注平板法。浇注平板法也常用于细菌菌落总数的测定。

12.8.3　实验材料与器皿

活性污泥、培养箱、水浴锅、接种环等。

12.8.4　实验方法与步骤

12.8.4.1　平板划线法

（1）倒平板　经融化的培养基，冷却至 50～60℃时倒平板，凝固后待用。

（2）划线　可先将皿底分区，左手拿皿底，有培养基的一面朝向煤气灯，右手用接种环挑取活性污泥（或其他菌类），先在培养皿的一区划 3～4 条平行线，转动培养皿约 70°角，并将接种环上残菌烧掉，冷却后使接种环通过第一次划线部分作第二次平行划线，同法接着作第三、第四次划线（见图 12-15）。也可按图 12-14 的形式操作。

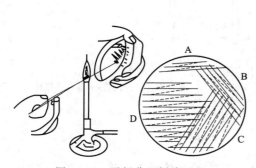

图 12-15　平板分区划线过程

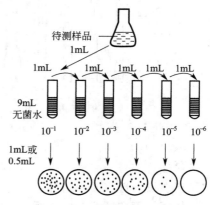

图 12-16　水样稀释过程

12.8.4.2　浇注平板法

（1）稀释样品（见图 12-16）　本实验样品（材料）为活性污泥。将无菌水依次排列，包括锥形瓶（90mL）1 份、试管（9mL）4 份，分别编号为 10^{-1}、10^{-2}、10^{-3}、10^{-4} 和 10^{-5}，先用 10mL 移液管取 10mL 活性污泥至 10^{-1} 锥形瓶中，充分摇匀、打碎（约摇 5min，内有玻璃珠，起打碎菌胶团的作用）；接着用 1mL 移液管取 1mL 10^{-1} 的样品至 10^{-2} 试管中，同法稀释至 10^{-5}。此过程中移液管连用，故在每个稀释度之间必须将移液管吸洗 3 次，并使样品混合均匀。稀释倍数的确定视被测样品的细菌浓度（估计），取能在每个平板上长出 30～300 个菌落的稀释倍数为宜。

（2）取样品至培养皿　从 10^{-5} 稀释度开始，用另一支移液管取 1mL 稀释液至培养皿中，每一稀释度重复 2 个培养皿（培养皿须编号），共做 3 个稀释度（10^{-3}、10^{-4} 和 10^{-5}）。

（3）倒培养基　在上述每个培养皿内倒入约 15mL 已融化并冷却至 50℃ 左右的培养基，随即快速而轻巧地摇匀，平放于桌面。

（4）培养　待平板完全凝固后，倒置于 37℃ 培养箱中培养 24h(或 48h)。

12.8.4.3　几种接种技术

接种技术是微生物学实验中常用的基本操作技术。接种就是将一定量的微生物在无菌操作条件下转移到另一无菌的并适合该菌生长繁殖所需的培养基中的过程。一般应在无菌室内或超净工作台上操作，以防杂菌污染。

根据不同的实验目的和培养方式，可以采取不同的接种工具和接种方法。常用的接种工具有接种针、接种环、接种铲、移液管、滴管、涂布棒和移液枪等（见图 12-17）。前三种工具用于从固体培养基到固体培养基或固体培养基到液体培养基的接种，如斜面接种；其他几种工具一般用于从液体培养基到液体培养基的接种，如液体发酵中需不断地转移纯培养物至培养液中。

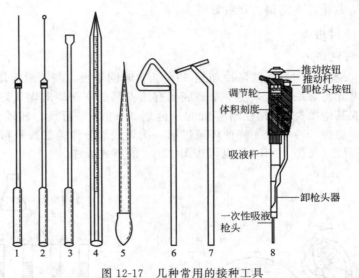

图 12-17　几种常用的接种工具

1—接种针；2—接种环；3—接种铲；4—移液管；5—滴管；6，7—涂布棒；8—可调移液器（移液枪）

（1）斜面接种

① 将试管编号。

② 点燃煤气灯（或酒精灯）。

③ 将菌种管和新鲜空白斜面试管的斜面朝上，用左手握住两支试管（见图 12-18）。

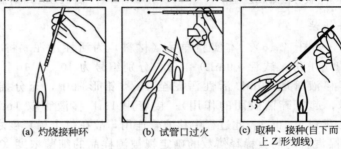

(a) 灼烧接种环　　(b) 试管口过火　　(c) 取种、接种(自下而上 Z 形划线)

图 12-18　斜面接种过程

④ 用右手将棉塞拧转松动，以利接种时拔出。

⑤ 灼烧接种环，将镍铬丝环口在火焰的氧化焰部位烧红并将可能伸入试管的接种环的其余部分均通过火焰灼烧灭菌后维持在火焰旁，等待拔塞后取菌样接种。

⑥ 拔出棉塞（棉塞用右手指缝夹住），试管口过一下火。

⑦ 接种，将灭过菌的接种环伸入菌种管中，使环端轻触内管壁冷却后取种即转移至待接种试管斜面上，自斜面底部开始向上作 Z 形致密划线直至斜面顶端。抽出接种环，试管过火后塞上棉塞，将试管放回试管架。

⑧ 灼烧接种环，杀灭环上细菌。

⑨ 送培养箱（37℃）培养，待看结果。

（2）液体接种

① 从斜面培养基到液体培养基的方法。与斜面接种的①～⑤同，取种后将沾有菌种的接种环送入液体培养基，使环上的菌种全部洗入培养基中，抽出接种环，试管过火后塞上棉塞，并将培养液轻轻摇动，使菌体在液体培养基中分布均匀，送培养箱（37℃）培养，待看结果。

② 从液体培养基到液体培养基的方法。操作步骤与斜面接种大同小异，只是用移液管、滴管等替代接种环作为接种工具，移液管、滴管在使用时不能像接种环那样灼烧，故必须在使用之前灭菌。另外，还有一种用移液枪取种转移法，此接种法在分子生物学实验中广泛应用，具有快速、微量、简便等特点而备受青睐。从无菌操作的规范来说，只能算是亚无菌操作法（因移液枪不能灭菌）。

（3）穿刺接种　穿刺接种用的培养基是半固体培养基。穿刺接种法就是用接种针挑取少量菌苔，直接刺入半固体的直立柱培养基中央的一种接种法，它只适用于细菌和酵母菌的接种培养。与斜面接种所不同的是，接种工具是接种针；取种后在培养基柱中做穿刺。

另外，有时也将平板划线法和平板表面涂布法等作为接种的方法。

12.8.5　思考题

① 用浇注平板法分离活性污泥时，为什么要稀释？

② 用平板划线法进行纯种分离的原理是什么？有何特点？

12.9　纯培养菌体和菌落形态的观察

12.9.1　实验目的

观察、识别菌落形态并做描述；选取分离到的单菌落做涂片染色并观察其个体形态；学会斜面接种。

12.9.2　实验材料与器皿

培养箱、接种环、载玻片、显微镜、香柏油、二甲苯、镜头纸等。

12.9.3　实验方法与步骤

12.9.3.1　菌落形态的观察

活性污泥（取自生活污水处理装置）中的微生物种类繁多，分离到的菌落形态也多种多样。其中绝大多数是细菌，可根据菌落的形状、大小、表面结构、边缘结构、颜色、透明度、表面光滑与粗糙等特征加以识别，并用文字做描述。

因为本实验用的培养基是细菌培养基，而活性污泥的微生物组成主要是由细菌形成的菌胶团，所以实验中可观察到的菌落多为细菌菌落，有时还有少量霉菌菌落出现，这两者之间比较容易识别。由于霉菌的细胞都是丝状的，当生长于固体培养基上时，有营养菌丝和气生菌丝的分化。气生菌丝向空间生长，菌丝之间无毛细管水，因此菌落外观呈干燥、不透明的丝状、绒毛状或皮革状等特征。又由于营养菌丝伸入培养基中使菌落和培养基连接紧密，故菌丝不易被挑起。而细菌菌落中的各细胞间都充满毛细管水、养料和某些代谢产物，因此绝大多数的细菌菌落具有湿润、较光滑透明、易被挑起、质地均匀的特征。酵母菌和放线菌在活性污泥中较少，某些特种废水的处理中有应用。

12.9.3.2 涂片染色

挑取单菌落（随机选择）做涂片染色，可用简单染色或革兰染色，巩固已学过的染色技术，并做镜检，绘制个体形态图。由于是只做一次分离实验，得到的单菌落可能还不太纯，镜检时会出现多种形态。

12.9.3.3 斜面接种

尽量选择独立的单菌落进行斜面接种，经培养后即得纯斜面菌种。因为只经一次划线，有可能有的菌落不纯，则应进行第二次或数次划线后才能得到纯菌种。若要观察微生物在斜面培养基上的生长特征，只需在斜面上由下而上划一直线，经合适温度培养后即可观察到斜面上菌苔的特征，这些生长特征不仅在菌种鉴定上具有参考价值，而且也可用于检查菌株的纯度。

12.9.4 思考题

① 要使斜面的线条致密、清晰，接种时应注意哪几点？

② 本实验中哪些步骤属无菌操作？为什么？

12.10 细菌淀粉酶的测定

12.10.1 实验目的

了解淀粉酶的作用特点，掌握测定方法。

12.10.2 实验原理

淀粉酶是指一类能催化、水解淀粉分子中糖苷键的酶的总称，主要包括 α-淀粉酶、β-淀粉酶、糖化酶和异淀粉酶等。本实验为淀粉酶的定性测定，活性污泥混合液中的淀粉酶将淀粉水解为糊精（或其他淀粉的水解物），淀粉遇碘呈蓝色，随着蓝色逐渐消失而成为棕色反应物，这时可根据淀粉酶作用后淀粉溶液与碘反应时蓝色物消失的速度来衡量酶活力的大小。细菌淀粉酶在固体培养基中的扩散实验是利用点种法判断该细菌是否产生淀粉酶。

12.10.3 实验材料与器皿

高压蒸汽灭菌器、培养皿、试管、锥形瓶、烧杯、量筒、药物天平、培养箱、接种环、培养基、水浴锅、枯草杆菌、大肠杆菌、活性污泥等。

12.10.4 实验方法与步骤

12.10.4.1 活性污泥混合液中的淀粉酶活性的测定

按表 12-2 所示顺序在试管中加入各种物质。

将试管中的各种溶液混合均匀，记录起始时间（加入碘液算起），当加入碘液后，4 支试管中的液体全呈蓝色，蓝色褪去的时间即为终点，计算各试管褪色所需要的时间，分析说明问题。

表 12-2　活性污泥混合液中的淀粉酶活性的测定

试管编号	1	2	3	4（对照）
活性污泥/mL	5	10	15	0
水/mL	10	5	0	15
淀粉溶液/滴	4	4	4	4
革氏碘液/滴	4	4	4	4

12.10.4.2　细菌淀粉酶在固体培养基中的扩散实验

（1）牛肉膏蛋白胨淀粉培养基及灭菌条件　牛肉膏 0.3g，蛋白胨 1.0g，NaCl 0.5g，淀粉 0.2g，琼脂 2.0g，水 100mL，pH 7.4～7.8。灭菌条件：121℃（相对蒸汽压力 0.105MPa），15～20min。

（2）倒培养基　待上述灭过菌的培养基冷却至 50℃左右，倒 3 个平板，冷凝后使用。

（3）点种　将上述 3 个平板编号，用接种环分别挑取枯草杆菌、大肠杆菌和活性污泥点种，每个平板点 5 个点，各点分布须均匀，严格无菌操作。此法与"四大类微生物菌落形态"实验中介绍的三点接种法基本相同。倒置于 37℃恒温培养箱内培养 24～48h。

（4）观察结果　取出平板，将革氏碘液滴加至菌体周围，观察菌体周围的现象。如发现菌体周围有透明圈，说明该菌（或活性污泥）产生淀粉酶并扩散至周围的培养基中，将培养基中的淀粉水解成遇碘不显色的物质；如滴加碘液后菌体周围呈蓝色，则说明该菌（或活性污泥）不产生淀粉酶，培养基中的淀粉未被水解，故遇碘显蓝色。

12.10.5　思考题

① 在活性污泥混合液中的淀粉酶活性的测定中，如果 1 号试管中（5mL 活性污泥）的蓝色一直不能褪去，请分析其原因。

② 观察点种培养的结果并做分析。

12.11　细菌菌落总数的测定

12.11.1　实验目的

学会细菌菌落总数的测定；了解水质与细菌数量之间的相关性。

12.11.2　实验原理

水中细菌菌落总数可作为判定被检水样（或其他样品）被有机物污染程度的标志。细菌数量越多，则水中有机质含量越高。在水质卫生学检验中，细菌菌落总数（colony form unit，CFU）是指 1mL 水样在营养琼脂培养基上、有氧条件下 37℃培养 48h 后，所得 1mL 水样所含菌落的总数（GB/T 5750.12—2006）。我国现行生活饮用水卫生标准（GB/T 5749—2006）规定：1mL 自来水中细菌菌落总数不得超过 100 个。

12.11.3　实验材料与器皿

高压蒸汽灭菌器、电热干燥箱、培养皿、锥形瓶、烧杯、量筒、药物天平、培养箱、水浴锅、移液管、石棉网、角匙、铁架、表面皿、pH 试纸和棉花等；牛肉膏、蛋白胨、NaCl、NaOH 和琼脂等。

12.11.4　实验方法与步骤

12.11.4.1　水样采集

（1）自来水　先将水龙头用火焰烧灼 3 min 灭菌，然后再放水 5～10min 后用无菌瓶取样，速送实验室检测。

（2）河水、湖水等水样　用特制的采样瓶或采样器，一般在距水面 10～15cm 的水层打开瓶塞取样，盖上盖子后再从水中取出，速送实验室检测。

如果在实验的一些反应器或实验装置中需要取样测细菌总数，可参考以上取样方法。

（3）水样的处置　采集的水样，一般较清洁的水可在 12 h 内测定，污水须在 6 h 内测定完毕。若无法在规定时间内完成，应将水样放在 4℃冰箱存放，若无低温保藏条件，应在报告中注明水样采集与测定的间隔时间。

经加氯处理过的水中含余氯，会影响测定结果，采样瓶在灭菌前加入硫代硫酸钠，以消除氯的作用。硫代硫酸钠的用量视水样量而定，若用 500mL 的取样瓶，加入 1.5％的硫代硫酸钠溶液 1.5mL，可消除余氯量为 2mg/L 的 450mL 水样中的全部氯量。

12.11.4.2　水样的测定

（1）自来水等洁净水　此类水的细菌菌落总数通常不会超过 100 个/mL，故可直接（不用稀释）用移液管吸取 1mL 水样至无菌的培养皿中（每个水样重复 2～3 套培养皿，同时用一套培养皿只倾注营养琼脂培养基作为空白对照，以下同），倾注约 15mL 已融化并冷却到 50℃左右的营养琼脂培养基，并立即旋摇培养皿，使水样与培养基充分混匀。待冷却凝固后送 37℃培养箱倒置培养 48h，待计数。

（2）河水、湖水或其他受污染的样品（包括实验装置等）　细菌菌落在每个培养皿上的数量一般控制在 30～300 个，对于有机物含量较高的水样，一般均超出此范围，所以水样需稀释后再测定，稀释倍数视水样污染程度而定。操作步骤与细菌的纯种分离和培养实验（12.8 节）中的"浇注平板法"相同。

实际上，细菌菌落总数的测定被广泛应用于食品等行业，像饮食店的餐具、厨具等，以及饮用水、各种饮料等食品，还有化妆品等，都有相应行业或企业的细菌菌落总数的标准，有关部门经常做抽检，一旦发现检测结果超标，就必须采取整改措施以达到各类指标，情况严重的必须停业整顿，并通过媒体曝光，利用舆论压力让不合格的产品淘汰出局，规范市场。在检测中，有些样品的来源或状态不同，但其测定方法基本相同，对有些固形物（固废、土壤等）样品来说，一般换算成每克样品中的菌落总数，还有比较特殊的样品可以面积来折算。

（3）计菌落数　用肉眼直接观察，计平板上的细菌菌落数；用放大镜或电子菌落计数器计数。

（4）结果记录　细菌菌落总数计算通常采用同一浓度的两个培养皿（或三个）的平均值，再乘以稀释倍数（或除以稀释度），即得 1mL（或 1g）水样中的细菌菌落总数。各种不同情况的计算方式如下。

① 首先选择菌落数在 30～300 的培养皿（指一个培养皿）进行计数，当只有一个稀释度符合此范围时，则以该平均菌落数乘以稀释倍数即可（见表 12-3，例 1）。

② 若有两个稀释度符合此范围时，则按两者菌落总数之比值来计算，若其比值小于 2，应取两者的平均值；若其比值大于 2，则取较小的菌落总数（见表 12-3，例 2 和例 3）。

③ 若所有稀释度的菌落数均大于 300 或均小于 30，则应取最接近该值的平板计数（见表 12-3，例 4 和例 5）。

④ 若在同一稀释度的两个平板中，其中一个平板中有较大片状菌苔生长，则该平板的数据不予采用，而应以无片状菌苔生长的平板来计数。若片状菌苔的大小不到平板的一半，而其余一半菌落分布又很均匀，则可将此一半的菌落数乘以 2 来表示整个平板的菌落数来计数。

表 12-3　菌落计数计算方法举例

例次	不同稀释度的平均菌落数			两稀释度菌落数之比值	菌落总数 /(CFU/mL)	备注
	10^{-1}	10^{-2}	10^{-3}			
1	1365	164	20	—	16400 或 1.6×10^4	
2	2760	295	46	1.6	37750 或 3.8×10^4	
3	2890	271	60	2.2	27100 或 2.7×10^4	两位以后的数字采取四舍五入法取舍
4	无法计数	1650	513		513000 或 5.1×10^5	
5	27	11	5		270 或 2.7×10^2	
6	无法计数	305	12		31000 或 3.1×10^4	

12.11.5　思考题

① 在倒培养基时，为什么要将培养基的温度控制在 50℃ 左右？平板为什么要倒置培养？

② 在细菌菌落计数实验中，样品的系列稀释对移液管的使用有哪些要求？为什么？

12.12　总大肠菌群的检测

12.12.1　实验目的

了解总大肠菌群的数量指标在环境领域的重要性；学会总大肠菌群的测定方法（GB/T 5750.12—2006）。

12.12.2　实验原理

大肠菌群是一群需氧或兼性厌氧的、在 37℃ 培养 24～48h 能发酵乳糖产酸产气、需氧和兼性厌氧的革兰阴性无芽孢杆菌。总大肠菌群数是指 1000mL（或 100mL）水中含有的大肠菌群的近似值。通常可根据水中总大肠菌群的数量来判断水源是否被粪便所污染，并可间接推测水源受肠道病原菌污染的可能性。但是，由于总大肠菌群中还包括来自自然环境（非粪源性）的大肠菌群，所以为了使检测结果与自然环境的大肠菌群相区别，则可通过温度的变化来达到。12.13 节耐热大肠菌群的测定就是在本实验的基础上进行的。

总大肠菌群包括埃希菌、产气杆菌属、枸橼酸细菌属（也称为柠檬酸细菌属）和肠杆菌属等。它们的形态均为杆状，革兰染色阴性，无芽孢，无荚膜；好氧或兼性，能发酵葡萄糖、乳糖等产酸产气。

我国《生活饮用水卫生标准》（GB 5749—1985）规定：1L 自来水中总大肠菌群数不得超过 3 个；对于只经过加氯消毒即供作生活饮用水的水源水，其大肠菌群数平均每升不得超过 1000 个；经过净化处理及加氯消毒后供作生活饮用的水源水，其大肠菌群数平均每升不得超过 10000 个。

新的《生活饮用水卫生标准》（GB 5749—2006）修订了总大肠菌群的指标。生活饮用水总大肠菌群数规定为 MPN/100mL 或 CFU/100mL 不得检出。

总大肠菌群的检测方法主要有多管发酵法和滤膜法。前者被称为水的标准分析法，即将一定量的样品接种到乳糖发酵管，根据发酵反应的结果，确认总大肠菌群的阳性管数后在检索表中查出大肠菌群的近似值。后者是一种快速的替代方法，能测定大体积的水样，但只局限于饮用水或较洁净的水，目前在一些大城市的水厂常采用此法。

12.12.3　实验材料与器皿

高压蒸汽灭菌器、培养皿、锥形瓶、烧杯、试管、量筒、药物天平、培养箱、水浴锅、移液管、铁架、表面皿、细菌过滤器、滤膜、抽滤设备、pH 试纸和棉花等；牛肉膏、蛋白胨、乳糖、酵母浸膏、琼脂、1.6% 溴甲酚紫乙醇溶液、2% 伊红水溶液、0.65% 亚甲蓝溶液、NaCl、NaOH 等。

12.12.4　实验方法与步骤

12.12.4.1　多管发酵法（MPN 法）

（1）培养基❶

① 乳糖蛋白胨培养基　蛋白胨 1.0g，牛肉膏 0.3g，乳糖 0.5g，氯化钠 0.5g，胆盐 0.5g，1.6%溴甲酚紫乙醇溶液 0.1mL，水 100mL，pH 7.2～7.4。

按上述配方配制成溶液后（溴甲酚紫乙醇溶液调 pH 后再加），分装于含有一倒置杜氏小管的试管中，每支 10mL。115℃（相对蒸汽压力 0.072MPa）灭菌 20 min。

② 三倍浓度（或二倍浓度）的乳糖蛋白胨培养基　按配方①三倍的浓度配制成溶液后分装，大发酵管每管装 50mL，小发酵管每管装 5mL，管内均放入一倒置杜氏小管。灭菌条件同上。

③ 伊红亚甲蓝培养基（EMB 培养基）　蛋白胨 1.0g，K_2HPO_4 0.2g，乳糖 1.0g，琼脂 2.0g，2%伊红水溶液 20mL，0.65%亚甲蓝溶液 10mL，水 100mL，pH 7.1。

配制过程中，先调 pH 再加伊红亚甲蓝溶液。分装于锥形瓶，每瓶 150～200mL。灭菌条件同上。

（2）检测步骤

① 初发酵实验

a. 确定是否稀释水样。根据对不同水样中大肠菌群浓度范围的估计，加入相应的水样量，如属于被污染水样，必须先将水样稀释，例如 10^{-1}～10^{-6} 等系列浓度。

b. 接种水样若为 50mL 三倍浓缩的乳糖蛋白胨溶液的大发酵管，应加入 100mL 水样；若为 5mL 三倍浓缩的乳糖蛋白胨溶液的小发酵管，加入 10mL 水样；若为 10mL 二倍浓缩的乳糖蛋白胨溶液的发酵管，加入 10mL 水样；以上加入的水样均为未稀释的原水（经稀释的水样则用单倍的培养液），混匀后于 37℃培养（24±2）h。

对已处理过的出厂自来水等水样，需经常检验或每天检验的，可直接接种 5 份 10mL 水样（三倍或二倍培养基）。

c. 观察初发酵结果。判断其是否产酸（培养液颜色由紫色变黄色）产气（倒置的杜氏小管中有气泡），若经（24±2）h 培养后所有的乳糖蛋白胨培养管均未产酸产气，则可报告为总大肠菌群阴性。如有产酸产气者，则按下列步骤进行。

② 确定性实验用平板分离　将 24h 培养后产酸产气或仅产酸的试管中的菌液分别划线接种于伊红亚甲蓝琼脂平板上，于 37℃培养 18～24h，观察菌落形态，将出现以下 4 种特征性的菌落进行涂片、革兰染色和镜检，证实实验。

伊红亚甲蓝琼脂平板上呈现的大肠菌群菌落特征为：深紫黑色，具有金属光泽的菌落（埃希菌属）；紫黑（绿）色，不带或略带金属光泽的菌落（克雷伯菌属）；淡紫红色，中心颜色较深的菌落（柠檬酸细菌属）；淡红（粉）色（产气肠杆菌属）。

③ 复发酵实验　选择具有上述特征的菌落，经涂片、染色和镜检后，若为革兰阴性无芽孢杆菌，则用接种环转接至乳糖蛋白胨培养液的试管中，于 37℃培养 24h 后，观察实验结果，若产酸产气或仅产酸的即证实有大肠菌群存在。

根据证实有大肠菌群存在的阳性管数查表（见附录四）。

④ 结果报告　根据证实为总大肠菌群阳性的管数，查 MPN（most probable number，最可能数）检索表，报告每 100mL（或 1000mL）水样中的总大肠菌群最可能数（MPN）值。

---

❶ 现在一般采用市售的半成品培养基，配制较方便。

12.12.4.2　滤膜法（以自来水为例）

总大肠菌群滤膜法是指用孔径 $0.45\mu m$ 的微孔滤膜过滤水样，将滤膜贴在固体培养基表面于 37℃ 培养 24h，能形成特征性菌落的需氧和兼性厌氧的革兰阴性无芽孢杆菌以检测水中总大肠菌群的方法。

（1）培养基、滤膜

① 乳糖蛋白胨培养基和伊红亚甲蓝培养基（EMB 培养基）　同多管发酵法。

② 品红亚硫酸钠培养基❶　蛋白胨 1.0g，乳糖 1.0g，酵母浸膏 0.5g，牛肉膏 0.5g，琼脂 15～20g，磷酸氢二钾 0.35g，无水亚硫酸钠 0.5g，碱性品红乙醇溶液（50g/L）20mL，水 100mL，pH 7.2～7.4。

③ 滤膜　孔径为 $0.45\mu m$ 的滤膜置于水浴中煮沸灭菌（间歇灭菌）三次，每次 15min。

（2）主要步骤

① 倒培养基　用伊红亚甲蓝培养基（或品红亚硫酸钠培养基）倒培平板，冷却后待用。

② 过滤水样　用无菌镊子将灭过菌的滤膜移至过滤器中，将粗糙面向上贴放在已灭菌的滤床上并固定好滤器，然后加 100mL 水样（如水样含菌数较多，可减少过滤水样量）至滤器抽气过滤，待水样滤完后再抽气 5s 即可。

③ 将滤膜转移至平板　滤膜截留细菌面向上，用无菌镊子将滤膜转移至上述已倒好的平板，使滤膜紧贴培养基表面。

④ 培养　于 37℃ 培养箱培养 24h。

⑤ 观察结果　将具有大肠菌群菌落特征、经革兰染色呈阴性、无芽孢的菌体（落）接种到乳糖蛋白胨培养液，经 37℃ 培养箱培养，有产酸产气者，则判定为总大肠菌群阳性。

品红亚硫酸钠培养基中呈现的大肠菌群菌落特征为：紫红色，具有金属光泽的菌落；深红色，不带或略带金属光泽的菌落；淡红色，中心颜色较深的菌落。

⑥ 结果计算　根据滤膜上生长的总大肠菌群菌落数，按下式计算每 100mL 水样中的总大肠菌群数（CFU/100mL）：

$$总大肠菌群菌落数（CFU/100mL）=\frac{数出的总大肠菌群菌落数\times100}{过滤的水样体积（mL）}$$

12.12.5　思考题

① 如果自行改变测试条件进行水中总大肠菌群的检测，该测试结果能作为正式报告采用吗？为什么？

② 为什么选用大肠菌群作为水的卫生指标？

12.13　耐热大肠菌群的检测

12.13.1　实验目的

在检测总大肠菌群的基础上，学会耐热大肠菌群的检测方法。

12.13.2　实验原理

耐热大肠菌群是总大肠菌群的一部分，主要来自粪便。由于总大肠菌群中的细菌除了生活在肠道（粪便）外，在自然环境的水体与土壤中也常存在，所以总大肠菌群既包括了来源于人类和其他温血动物粪便的耐热大肠菌群，还包括了其他非粪便（自然环境）的杆菌，故不能确切地反映水体近期是否受到粪便污染，而耐热大肠菌群能更准确地反映水体受粪便污

---

❶ 现在一般采用市售的半成品培养基，配制较方便。

染的情况，是目前国际上通行的监测水质是否受粪便污染的指示菌，在卫生学上有更重要的意义。

在自然环境生活的大肠菌群培养的最适温度为 25℃，但在 37℃培养仍能生长；如将温度提高到 44.5℃，则不再生长。而来自粪便的大肠菌群习惯于 37℃生长，但在 44.5℃下仍能继续生长。因此将 37℃培养出来的大肠菌群称为"总大肠菌群"；将在 44.5℃仍能生长的大肠菌群称为"耐热大肠菌群"（旧称粪大肠菌群，包括埃希菌属和克雷伯菌属）。

实验中通过提高培养温度的方法，造成不利于来自自然环境的大肠菌群生长的条件，从而选择培养出耐热大肠菌群，即监测水质是否受粪便污染的指示菌。

12.13.3　实验材料与器皿

所用的实验器材除与测定总大肠菌群所用的仪器设备相同外，还要有精确的恒温培养箱，能确保温度维持在 (44.5 ± 0.2)℃，一般采用水浴恒温培养箱。

12.13.4　实验方法与步骤

测定耐热大肠菌群的方法与总大肠菌群的方法大致相同，也分为多管发酵法和滤膜法两种，区别仅在于培养温度的不同。耐热大肠菌群的检测多在总大肠菌群的检测的基础上进行（GB/T 5750.12—2006）。

12.13.4.1　多管发酵法

（1）培养基

① 乳糖蛋白胨培养液　配制方法和成分与总大肠菌群多管发酵法相同。

② EC 培养液　胰蛋白胨 20.0g，乳糖 5.0g，三号胆盐 1.5g，K_2HPO_4 4.0g，KH_2PO_4 1.5g，NaCl 5.0g，蒸馏水 1000mL，灭菌后 pH 为 6.9。

分装于有小导管的试管中，包装后灭菌，115℃（相对蒸汽压力 0.072MPa）灭菌 20min，取出后置于阴冷处备用。

（2）实验步骤

① 确定稀释度　根据水样污染程度，确定稀释度。

② 接种水样　按总大肠菌群多管发酵法接种水样。

上述①和②属于总大肠菌群内容，所以耐热大肠菌群的检测多在总大肠菌群的检测的基础上进行。

③ 接种培养　用接种环从产酸产气或只产酸的发酵管（总大肠菌群②）中取一环（或一滴）分别接种于 EC 培养液中，置于 (44.5 ± 0.2)℃温度下培养24h（如水浴培养，水面应超过试管内液面）。

④ 结果观察　若所有 EC 培养液管都不产气，则可报告为阴性；若有产气者，则表示有耐热大肠菌群存在，即初步判定为阳性。将该阳性接种于伊红亚甲蓝培养基（平板划线）置于 (44.5 ± 0.2)℃温度下培养18～24h，凡平板上有典型菌落者，最终证实为耐热大肠菌群阳性。

如检测未经氯化消毒的水，而且只需要测耐热大肠菌群时，可直接用多管耐热大肠菌群方法，即在乳糖初发酵时按总大肠菌群（2）检测步骤中的① 初发酵实验a、b的操作，将培养温度调至 (44.5 ± 0.2)℃即可。以下步骤同本方法。

⑤ 结果报告　根据证实为耐热大肠菌群的阳性数查检索表，或根据统计学原理换算成 100mL 水样中耐热大肠菌群的最大可能数量（MPN）。

12.13.4.2　滤膜法

本方法适用于生活饮用水及低浊度水源水中耐热大肠菌群的检测。

耐热大肠菌群滤膜法是指用孔径 $0.45\mu m$ 的微孔滤膜过滤水样，细菌被截留在膜上，将滤膜贴在固体培养基表面于 44.5℃培养 24h，能形成特征性菌落以检测水中耐热大肠菌群的方法。

用滤膜法检测耐热大肠菌群的水样过滤等步骤与总大肠菌群滤膜法相同，只是培养基、培养时间和培养温度有所不同。

（1）培养基　MFC 培养基：　胰胨 10g，多（聚）胨 5g，酵母膏粉 3g，氯化钠 5g，乳糖 12.5g，3 号胆盐 1.5g，琼脂 15g，玫红酸 0.1g，苯胺蓝 0.1g，pH 7.4±0.2，蒸馏水 1000mL。

在 1000mL 蒸馏水中先加入玫红酸溶液（10g/L，0.2mol 氢氧化钠配制）10mL，混匀后，取 500mL 加入琼脂煮沸溶解，在另外 500mL 蒸馏水中先加入除苯胺蓝以外的其他试剂，加热溶解，倒入之前的琼脂，混匀后调 pH 为 7.4，然后加入苯胺蓝煮沸并迅速离开热源，待冷却至 60℃左右，制成平板，不可高压灭菌。

配制好的培养基应存放于 2~10℃，一般不超过 96h。

（2）实验方法与步骤　该培养基中的胰胨、多（聚）胨和酵母膏粉提供氮源、维生素和生长因子；氯化钠维持均衡的渗透压；乳糖为碳源，重要的底物；3 号胆盐抑制革兰阳性菌；琼脂是培养基的凝固剂；玫红酸和苯胺蓝为 pH 指示剂。

准备工作同总大肠菌群滤膜法中的（1），主要步骤同总大肠菌群滤膜法中的（2），将滤膜转移到 MFC 培养基上，于 44.5℃隔水式培养箱内培养 24h，耐热大肠菌群在此培养基上菌落为蓝色（非耐热大肠菌群菌落为灰色至奶油色）；将典型菌落在 EC 培养液中于 44.5℃培养 24h，观察是否产气，如产气则证实为耐热大肠菌群。

（3）实验结果　按实验中出现阳性管数（被证实）查检索表，得出耐热大肠菌群数（CFU/100mL），见下式：

$$耐热大肠菌群菌落数（CFU/100mL）=\frac{所计耐热大肠菌群菌落数\times100}{过滤的水样体积（mL）}$$

12.13.5　思考题

① 粪大肠菌群数和总大肠菌群数的测定有何异同？

② 为什么说（44.5±0.2）℃温度下培养出来的粪大肠菌群更能代表水质受粪便污染的情况？

12.14　环境样品中总 DNA 的提取

12.14.1　实验目的

了解总 DNA 提取的基本原理；学习并掌握水样总 DNA 提取的基本操作方法；了解各类环境样品 DNA 提取的基本思路。

12.14.2　实验原理

从样品中分离纯化基因组脱氧核糖核酸（DNA）的技术称为 DNA 提取。灵敏且可靠的 DNA 提取方法的建立是应用分子生物学手段分析环境样品的前提条件。环境样品种类繁多、组成复杂，常含有各种酶的抑制物质，如重金属、腐殖质等，且一些样品中微生物含量较低，这些都给 DNA 的提取带来了一定的困难。如何充分裂解细胞释放所有的 DNA，有效去除杂质，得到可以进行后续分子生物学操作的纯净 DNA，是研究环境样品中微生物结构和功能的关键。环境样品总 DNA 的提取是环境微生物基因组研究中最重要的实验技术之一，提取的 DNA 质量将直接影响后续分析结果的可信度。

DNA 存在于细胞内，在细胞中以脱氧核糖核蛋白复合物（DNP）形式存在。从细胞中提取 DNA 时，一般是先把 DNP 与细胞碎片等其他杂质分开，然后再进一步将 DNA 与核蛋白分离，得到纯化的 DNA。提取 DNA 时常采用浓度 1mol/L 的氯化钠溶液以增加 DNA 在水中的溶解度。DNA 在酸性溶液中易水解，在中性或弱碱性溶液中较为稳定，所以 DNA 一般保存于 pH 8.0 的弱碱性溶液中。

DNA 的提取主要包括以下三个过程：细胞的裂解、蛋白质的去除和 DNA 沉淀与 DNA 纯化及 DNA 提取效果的检测。用 OD_{260}、OD_{280} 和 OD_{230} 的值来判定 DNA 的浓度及纯度。纯 DNA 的 $OD_{260}/OD_{280} \approx 1.8$，纯净的核酸 OD_{260}/OD_{230} 应该为 2～2.5。

环境样品种类较多，如饮用水、河流湖泊水、污水、土壤、沉积物、活性污泥、厌氧污泥等，对于气体样品、较为洁净水样（如饮用水、海水）的 DNA 提取可以先用 $0.22\mu m$ 滤膜过滤，将微生物截留到膜上，再将膜放入离心管中裂解细胞提取 DNA。污水、污泥样品可以先离心，去上清液后按土壤、沉积物类似的方法裂解细胞提取 DNA。河流湖泊水根据水质情况选择过滤或离心处理后提取 DNA。试剂公司推出了针对各类样品的商品化 DNA 提取试剂盒，其中一些能很好地提取小量 DNA，如 Mo Bio 公司和 MP Bio 公司，这两个公司的试剂盒种类全，且提取的 DNA 质量较好，一般无须再纯化，即能满足后续分析实验的纯度需要，但价格较贵。本实验以传统的 DNA 提取法来提取水样及土壤样品的总 DNA。

12.14.3　实验材料与器皿

12.14.3.1　试剂与样品

无菌 $0.22\mu m$ 微孔滤膜、TE 溶液（10mmol/L Tris-HCl，1mol/L EDTA，pH 8.0）、DNA 提取缓冲液（Tris，100mmol/L EDTA，100mmol/L Na_3PO_4，1.5mol/L NaCl，1% CTAB，pH 8.0）、20mg/mL 溶菌酶、10mg/mL 蛋白酶 K、10mg/mL RNaseA、20% SDS、酚：氯仿：异戊醇（25：24：1）、氯仿：异戊醇（24：1）、5mol/L NaCl、无水乙醇、70%乙醇、异丙醇、无菌 Tip 头、离心管（1.5mL、2mL、50mL）。

12.14.3.2　仪器与设备

MP FastPrep 样品处理器、水浴锅、单道可调微量移液器、小型台式高速离心机、紫外分光光度计。

12.14.4　实验方法与步骤

12.14.4.1　水样总 DNA 提取

（1）用 $0.22\mu m$ 微孔滤膜过滤水样，根据水样的微生物含量确定需要过滤水的体积，确保滤膜上截留有足够数量的微生物，一般而言，微生物细胞数如少于 10^3 将难以提取 DNA。

（2）将滤膜对折，有微生物的面朝内，剪碎，放入 2mL 离心管，加 1mL TE 充分振荡混匀，去除滤膜，13000r/min 离心 1min，去上清液。

（3）沉淀再悬浮于 $500\mu L$ TE，加 $20\mu L$ 20mg/mL 溶菌酶，室温 10min；加 $40\mu L$ 蛋白酶 K，37℃静置 1h。

（4）加 1/3 体积 5mol/L NaCl，剧烈振荡混匀，13000r/min 离心 5min，转移上清液至一个干净的 1.5mL 离心管中。

（5）加等体积酚：氯仿：异戊醇（25：24：1），剧烈振荡，13000r/min 离心 10min，溶液分为三层，中间白色层为变性蛋白质，小心转移上清液至一个干净的 1.5mL 离心管中。重复此步操作（抽提至无可见白色蛋白质层为止）。

（6）加等体积氯仿：异戊醇（24：1），剧烈振荡，13000r/min 离心 10min，上清液转移至一个干净的 1.5mL 离心管中。

（7）上清液中加入 0.6 倍体积异丙醇，冰上静置 30min，13000r/min 离心 10min，去上清液。

（8）加 $500\mu L$ 70%乙醇洗涤沉淀，小心去除洗涤液。

（9）加 $300\mu L$ TE 重新溶解沉淀，加入 $5\mu L$ 10mg/mL RNaseA，65℃水浴 10min，加

1/10 倍体积 3mol/L pH 5.2 NaAc，2.5 倍体积无水乙醇，−20℃ 放置 30min 沉淀 DNA，13000r/min 离心 10min，去上清液。

（10）加 500μL 70% 乙醇洗涤沉淀，去除洗涤液。

（11）沉淀于 50℃ 烘干，加 50μL TE 溶解。测定 OD_{260}/OD_{280}、OD_{260}/OD_{230}，确定 DNA 的纯度和浓度，DNA 置于 −20℃ 保存备用。

12.14.4.2 土壤样品总 DNA 的提取

（1）于 50mL 离心管中加入 5g 土壤和 20mL 无菌水，摇动混匀，8000r/min 离心 5min，去上清液。再加入 20mL 无菌水重复一次。

（2）加入 13.5mL DNA 提取缓冲液（100mmol/L Tris-HCl，100mmol/L EDTA，100mmol/L Na$_3$PO$_4$，1.5mol/L NaCl，1% CTAB，pH 8.0），2 颗直径 1mm 无菌玻璃珠，1 颗直径 5mm 无菌玻璃珠，置于 FastPrep 样品处理器上，设置运行参数，速度 4.0m/s，运行 2× 30s，运行仪器，破碎细胞。

（3）加入 100μL 10mg/mL 蛋白酶 K 和 200μL 20mg/mL 溶菌酶，37℃ 水浴 30min，每隔 10min 颠倒混匀（或用 37℃ 恒温摇床，225r/min 振荡 30min）。

（4）加入 1.5mL 20% SDS 溶液，65℃ 水浴 2h，每隔 20min 轻柔颠倒混匀。

（5）8000r/min 离心 15min，小心转移上清液至一个无菌离心管中。

（6）用等体积氯仿：异戊醇（24:1）抽提；重复 2～3 次，直至无变性蛋白析出为止。

（7）水相中加入 0.6 倍体积的异丙醇，−20℃ 放置 30min，沉淀 DNA。

（8）在 4℃ 下 12000r/min 离心 20min，收集 DNA 沉淀。

（9）预冷的 70% 乙醇漂洗两次，干燥后用 100μL ddH$_2$O 溶解，转入 1.5mL 离心管，加入 10μL 10mg/mL RNAseA，65℃ 水浴 30min，溶液即为 DNA 粗提液。测定 OD_{260}/OD_{280}、OD_{260}/OD_{230}，确定 DNA 的纯度和浓度，粗提的 DNA 置于 −20℃ 保存备用。根据需要可用氯化铯密度梯度离心或纯化试剂盒对粗提 DNA 进行纯化。

12.14.4.3 实验结果与数据分析

提取出来的 DNA 进行紫外吸光度测定，用 OD_{260}/OD_{280}、OD_{260}/OD_{230} 确定 DNA 的纯度和浓度。标准双链 DNA 样品浓度为 1μg/mL 时，其 $OD_{260}=0.02$，所以当 $OD_{260}=1$ 时，dsDNA 浓度约为 50μg/mL。OD_{260}/OD_{280} 反映核酸中蛋白质、RNA 的情况，纯 DNA 的 $OD_{260}/OD_{280}\approx1.8$。该比值若大于 1.9，说明 DNA 中很可能有 RNA 污染；若小于 1.6，则说明 DNA 中可能有蛋白质污染。OD_{260}/OD_{230} 表征 DNA 受多糖、酚、盐类等污染的程度，纯净的核酸 OD_{260}/OD_{230} 应该为 2～2.5，过大或过小都说明核酸中有其他杂质污染。

12.14.5 思考题

① 影响 DNA 提取效率的因素有哪些？

② 如何根据 OD 值来判断 DNA 的纯度及浓度？

12.15 PCR 扩增总 DNA 中 16S rDNA 基因片段及琼脂糖凝胶电泳

12.15.1 实验目的

学习 PCR 扩增的原理；了解 PCR 扩增过程中各因素对扩增结果的影响；掌握 PCR 扩增实验的操作方法；学会利用琼脂糖凝胶电泳法分析 PCR 扩增结果。

12.15.2 实验原理

PCR 是 Polymerase Chain Reaction（聚合酶链式反应）的简称，也可称为 DNA 体外扩增技术。PCR 是以单链 DNA 为模板，4 种 dNTP 为底物，在模板 3′ 末端有引物存在的条件下，DNA 聚合酶进行互补链的延伸。PCR 循环一般分为变性（denature）、退火（anneal）、延伸（extension）三个基本步骤。对于环境样品而言，为了降低非特异性扩增及 PCR 反应偏好性的影响，一般采用 25～30 个循环为宜（关于 PCR 的原理见第 7 章）。

　　PCR 反应必须具备的五要素是引物、DNA 聚合酶、dNTP、模板与镁离子。

　　琼脂糖凝胶电泳是分离纯化 DNA 最常用的实验技术。DNA 分子带负电荷，电泳时由负极向正极泳动，在分子筛效应作用下，DNA 分子根据分子质量大小及构型的不同，形成不同的 DNA 条带。DNA 在凝胶中的迁移速率与其分子量的对数值成反比。利用溴化乙锭（EB）进行染色，DNA 分子与 EB 相遇结合形成 EB-DNA 复合物，该复合物在紫外线下显橙红色荧光，其荧光强度与 DNA 的含量成正比。电泳后，DNA 可分出不同的区带，达到分离、鉴定和提纯 DNA 片段的目的。用已知片段大小和浓度的分子质量标准物作参考，根据条带的相对位置可粗略估计样品 DNA 的片段大小，根据条带的荧光亮度可粗略估计样品 DNA 的浓度。

　　本实验以 PCR 扩增水样总 DNA 中的 16S rDNA 为例，学习 PCR 的原理和一般操作过程，以大肠杆菌 DNA 作阳性对照，以无菌水作阴性对照。学习用琼脂糖凝胶电泳判定 PCR 扩增成功与否，并学会用琼脂糖凝胶电泳图分析实验中可能存在的问题。

12.15.3　实验材料与器皿

12.15.3.1　试剂与样品

　　（1）模板 DNA　水样总 DNA 和大肠杆菌（*E. coli*）总 DNA。

　　（2）Taq DNA 聚合酶及其缓冲液　商品化的 Taq DNA 聚合酶均配有 10×Buffer，有的 Buffer 里面含有 1.5mmol/L MgCl$_2$，有的没有，需要自己另行加入，使用前注意查看说明书。

　　（3）dNTP　2.5mmol/L each，含 dATP、dCTP、dGTP、dTTP 各 2.5 mmol/L。

　　（4）引物　选用 16S rDNA 上扩增 V3 区的引物，扩增产物大小约 200bp，引物名中的数字是大肠杆菌 16S rDNA 碱基编号的序号，引物名及序列如下：338F，5′-ACTC-CTACGGGAGGCAGCAG-3′；518R，5′-ATTACCGCGGCTGCTGG-3′。

　　（5）琼脂糖　适量。

　　（6）50×TAE 电泳缓冲液（pH 8.5）　每 1000mL 含 Tris 242.0g，冰醋酸 57.1mL，Na$_2$EDTA·2H$_2$O 37.2g。使用时稀释 100 倍。

　　（7）6×Loading Buffer　0.25% 溴酚蓝，36% 蔗糖，0.6% Tris 碱。

　　（8）溴化乙锭的配制　称取 0.1g 溴化乙锭，溶于 10mL 水，配成终浓度为 10mg/mL 的母液，于棕色瓶中保存。

　　（9）DNA Marker　可选用 Takara 的 DL2000。

12.15.3.2　仪器与耗材

　　PCR 扩增仪、单道可调微量移液器（2.5μL、10μL、100μL、1000μL）、台式离心机、电泳仪、水平电泳槽、凝胶成像仪、1.5mL 离心管、0.2mL 薄壁管、Tip 头。

12.15.4　实验方法与步骤

12.15.4.1　实验过程

　　（1）预混液的配制　取一个 1.5mL 离心管，按表 12-4 用量，根据样品数计算出各试剂的加入量（本实验中模板仅为水样总 DNA、*E. coli* 总 DNA，加上一个阴性对照，共计需要 3 个反应管，由于管壁吸附等损耗，预混液按 4 个反应体系配制），依次加入无菌水、10×Buffer、dNTP、两种引物、Taq DNA 聚合酶（注意：不加模板 DNA），用微量移液器轻轻混匀（不要产生气泡）。

表 12-4 PCR 反应体系的配制

试剂名	每 25μL 中加入体积	预混液中加入
10×Buffer	2.5μL	10μL
dNTP(2mmol/L)	1μL	4μL
338F(10μmol)	0.5μL	2μL
518R(10μmol)	0.5μL	2μL
Taq DNA 聚合酶	0.25μL	1μL
无菌水	19.25μL	77μL

（2）分装 每个无菌 0.2mL 薄壁管中加入 24μL 预混液。

（3）加模板 在上述已加入预混液的薄壁管中分别加入 1μL 的水样总 DNA、*E. coli* 总 DNA（阳性对照）、无菌水（阴性对照），做好标记。

（4）扩增条件 94℃/3min→94℃/30s，56℃/30s，72℃/40s，30 个循环→72℃/5min。

（5）制胶 配制质量浓度为 1% 的琼脂糖凝胶，称取琼脂糖 0.2g，加入 20mL 0.5×TAE，微波加热至完全溶解，待冷却到 50℃ 左右，加入 EB（EB 是致癌剂，操作中注意戴好防护手套），终浓度为 0.5μg/mL，轻轻摇匀，倒入放有制胶板的制胶器中，插上梳子凝固待用。

（6）点样 待凝胶完全凝固，轻轻拔出梳子，拿制胶板的两侧将凝胶从制胶器中取出，连制胶板一起放入电泳槽中，加入 0.5×TAE 至淹没凝胶，5μL PCR 产物与 1μL 6×Loading Buffer 混匀后加入加样孔中，在一个空孔中加入 4μL Marker，记录点样次序和加样量，注意 Tip 头不要扎破胶孔边缘的凝胶。

（7）电泳 连接电泳槽电极导线，点样孔端接负极，另一端接正极，打开电源，调电压至 8～12V/cm，电泳 30min 左右，当溴酚蓝移到距胶孔 2～4cm 时，停止电泳。

12.15.4.2 实验结果与数据分析

用紫外成像仪拍下电泳照片，记录 PCR 产物 DNA 片段的大小。

12.15.5 思考题

① 什么是 PCR？PCR 技术的基本原理是什么？该技术在环境领域有何应用？

② 简述 PCR 五要素在 PCR 过程中的功能及各要素对 PCR 结果的影响。

③ 如果 PCR 结果样品没有出现目的条带，可以从哪些方面来分析出现此种情况的原因？

附　　录

附录一　教学常用染色液的配制

一、普通染色液

1. 吕氏（Loeffler）亚甲蓝染色液

溶液 A：亚甲蓝 0.6g、体积分数 95％ 乙醇 30mL。

溶液 B：KOH 0.01g、蒸馏水 100mL。

分别配制溶液 A 和 B，配好后混合即可。

2. 齐氏（Zehl）石炭酸品红染色液

溶液 A：碱性品红 0.3g（或 1g）、体积分数 95％ 乙醇 10mL。

将碱性品红在研钵中研磨后，逐渐加入体积分数 95％乙醇。继续研磨使之溶解，配成溶液 A。

溶液 B：石炭酸 5g、蒸馏水 95mL。

将溶液 A 和 B 混合即可。使用时将混合液稀释 5～10 倍，稀释液易失效，一次不宜多配。

二、革兰染色液

1. 草酸铵结晶紫染色液

溶液 A：结晶紫 2g、体积分数 95％乙醇 20mL。

溶液 B：草酸铵 0.8g、蒸馏水 80mL。

将溶液 A 和 B 混合即成。

2. 鲁哥（Lugol）碘液（革兰染色用）

碘 1g、碘化钾 2g、蒸馏水 300mL。

先将碘化钾溶于少量蒸馏水，再将碘溶解在碘化钾溶液中，然后加入其余的水即成。

3. 番红复染液

番红 2.5g 溶于体积分数 95％乙醇 100mL 中，取 20mL 番红乙醇溶液与 80mL 蒸馏水混合即成番红复染液。

三、芽孢染色液

1. 孔雀绿染色液

孔雀绿 7.6g、蒸馏水 100mL。

2. 番红水溶液

番红 0.5g、蒸馏水 100mL。

四、荚膜染色液

1. 石炭酸品红

配制方法同普通染色液 2。

2. 黑色素水溶液

黑色素 5g、蒸馏水 100mL、福尔马林（体积分数 40％甲醛）0.5mL。

将黑色素在蒸馏水中煮沸 5min，然后加入福尔马林作防腐剂。

五、鞭毛染色液

溶液 A：单宁酸（即鞣酸）5g、甲醛（体积分数 15％）2mL、$FeCl_3$ 1.5g、NaOH（质量浓度 10g/L）1mL、蒸馏水 100mL。

最好当日配制，次日使用效果差。

溶液 B：$AgNO_3$ 2g、蒸馏水 100mL。

待 $AgNO_3$ 溶解后，取出 10mL 备用，向其余的 90mL $AgNO_3$ 溶液中慢慢滴入浓 NH_4OH 形成很浓厚的悬浮液，再继续滴加 NH_4OH，直到新形成的沉淀又刚刚重新溶解为止。再将备用的 10mL $AgNO_3$ 慢慢滴入，则出现薄雾，轻轻摇动后薄雾状沉淀又消失，再滴入 $AgNO_3$，直到摇动后仍呈现轻微而稳定的薄雾状沉淀为止。如雾不重，此染色剂可使用一周。如果雾重则银盐沉淀出，不宜使用。

六、乳酸石炭酸棉蓝染色液

石炭酸 10g、蒸馏水 10mL、乳酸（相对密度 1.21）10mL、甘油 20mL、棉蓝 0.02g。

将石炭酸加在蒸馏水中加热，直到溶解后加入乳酸和甘油，最后加入棉蓝使之溶解即成。

七、聚 β-羟基丁酸染色液

1.质量浓度 3g/L 苏丹黑

将苏丹黑 0.3g 和体积分数 70％乙醇 100mL 混合后用力振荡，放置过夜备用，用前最好过滤。

2.褪色剂

二甲苯。

3.复染液

50g/L 番红水溶液。

八、异染颗粒染色液

甲液：体积分数 95％乙醇 2mL、甲苯胺蓝 0.15g、冰醋酸 1mL、孔雀绿 0.2g、蒸馏水 100mL。

先将染料溶于乙醇中，向染料液中加入事先混合的冰醋酸和水，放置 24h 后过滤备用。

乙液：碘 2g、碘化钾 3g、蒸馏水 300mL。

附录二　常用染色方法

一、简单染色法

简单染色法见 12.6 节。

二、革兰染色法

革兰染色法见 12.6 节。

三、芽孢染色法

1.取有芽孢的细菌（如枯草芽孢杆菌）制成涂片、干燥、固定。

2.在涂片上滴加质量浓度为 76g/L 的孔雀绿水溶液，然后将片子在火焰上方加热，在加热过程中不断添加染色液勿使染料干掉。待载玻片上出现蒸汽约 10min，取下载玻片，冷却，水洗。

3.用番红染色液复染 1min，水洗。

4.吸干，镜检，芽孢呈绿色，细胞为红色。

四、荚膜染色法（墨汁背景染色法）

荚膜对染料的亲和力低，常用背景染色（衬托）法。用有色的背景来衬托出无色的荚膜。染色时不能用加热来固定，不能用水冲洗。方法如下。

1.取少许有荚膜的细菌与一滴石炭酸品红在载玻片上混合均匀，制成涂片。

2.在空气中干燥。

3.滴一滴墨汁于载玻片的一端，取另一块边缘光滑的载玻片将墨汁从一端刮至另一端，使整个涂片上涂上一薄层墨汁，在室内自然晾干。

4.镜检。菌体呈红色，背景黑色，荚膜不着色。

五、鞭毛染色法

1.菌种准备

以新鲜幼龄菌种为宜。在染色前将菌种连续移植 2~3 次，16~24h 移植一次，染鞭毛的菌种也要培养 16~24h。

2.染色步骤

（1）在一片光滑无伤痕的、无油脂的载玻片的一端滴一滴蒸馏水，用接种环在斜面上挑取少许菌，在载玻片上的水滴中轻蘸几下，将载玻片稍倾斜，菌液随水滴缓慢流到另一端，然后平放在空气中自然干燥。

（2）涂片干燥后，滴加溶液 A 染 3~5min，用蒸馏水冲洗。将残水沥干或用乙液冲去残水后，加乙液染色 30~60s，并在酒精灯上稍加热，使其稍冒蒸汽而染色液不干，然后用蒸馏水冲洗。风干，镜检。镜检时应多找几个视野，有时只在部分涂片上染出鞭毛，菌体为深褐色，鞭毛为褐色。

六、聚 β-羟基丁酸（类脂粒、脂肪球）染色

1.按常规制成涂片，用苏丹黑染 10min。

2.用水冲去染色液，用滤纸将残水吸干。

3.用二甲苯冲洗涂片至无色素洗脱。

4.用质量浓度 5g/L 的番红复染 1~2min。

5.水洗、吸干、镜检。聚 β-羟基丁酸颗粒呈蓝黑色，菌体呈红色。

七、异染颗粒染色

1.按常规制成涂片，用甲液染 5min。

2.倾去甲液，用乙液冲去甲液，并染 1min。

3.水洗、吸干、镜检。异染颗粒呈黑色，其他部分呈暗绿或浅绿色。

附录三　教学用培养基

一、肉汤蛋白胨培养基

肉汤蛋白胨培养基见 12.7 节。

二、LB（Lucia-Bertani）培养基

1.成分

胰蛋白胨 10g、NaCl 5g、酵母膏 10g、蒸馏水 1000mL。pH 7.2。

2.灭菌条件

0.105MPa，20min。

三、查氏培养基

1.成分

$NaNO_3$ 2g、$MgSO_4$ 0.5g、琼脂 15～20g、K_2HPO_4 1g、$FeSO_4$ 0.01g、蒸馏水 1000mL、KCl 0.5g、蔗糖 30g。pH 自然。

2.灭菌条件

0.072MPa，20min。

四、马铃薯培养基

1.成分

马铃薯 200g、蔗糖（葡萄糖）20g、琼脂 15～20g、蒸馏水 1000mL。pH 自然。

2.制法

马铃薯去皮，切块煮沸半小时，然后用纱布过滤，再加糖及琼脂，溶化后补充水至 1000mL。

五、淀粉琼脂培养基（高氏 1 号）

1.成分

可溶性淀粉 20g、$FeSO_4$ 0.5g、KNO_3 1g、琼脂 20g、NaCl 0.5g、K_2HPO_4 0.5g、$MgSO_4$ 0.5g、蒸馏水 1000mL。pH 7.0～7.2。

2.灭菌条件

0.105MPa，20min。

3.制法

配制时先用少量冷水将淀粉调成糊状，在火上加热，然后加水及其他药品，加热溶化并补充水分至 1000mL。

六、麦芽汁培养基

1.制法

（1）取大麦或小麦若干，用水洗净，浸水 6～12h，置于 15℃阴暗处发芽，盖上纱布一块，每日早、中、晚淋水一次，麦根伸长至麦粒的两倍时，即停止发芽，摊开晒干或烘干，储存备用。

（2）将干麦芽磨碎，1 份麦芽加 4 份水，在 65℃水浴锅中糖化 3～4h（糖化程度可用碘滴定之）。

（3）将糖化液用 4～6 层纱布过滤，滤液如浑浊不清，可用鸡蛋澄清法处理。用一个鸡蛋的蛋白加 20mL 水，调匀至生泡沫，倒入糖化液中搅拌煮沸后再过滤。

（4）将滤液稀释到 5～6°Bé，pH 约 6.4，加入 20g/L 琼脂即成。

2.灭菌条件

0.105MPa，20min。

七、明胶培养基

1.成分

蛋白胨肉汤液 100mL、明胶 12～18g。pH 7.2～7.4。

2.制法

在水浴锅中将上述成分溶化，不断搅拌，调 pH 为 7.2～7.4，如果不清可用鸡蛋澄清法澄清，过滤。一个鸡蛋可澄清 1000mL 明胶液。

八、蛋白胨培养基

1.成分

蛋白胨 10g、NaCl 5g、蒸馏水 1000mL。pH 7.6。

2.灭菌条件

0.105MPa，20min。

九、亚硝化细菌培养基

1.成分

$(NH_4)_2SO_4$ 2g、$MgSO_4 \cdot 7H_2O$ 0.03g、NaH_2PO_4 0.25g、$CaCO_3$ 5g、K_2HPO_4 0.75g、$MnSO_4 \cdot 4H_2O$ 0.01g、蒸馏水 1000mL。pH 7.2。

2.灭菌条件

0.105MPa，20min。

3.测试方法

培养亚硝化细菌 2 周后，取培养液于白瓷板上，加格利斯试剂甲、乙液各 1 滴，呈红色证明有亚硝酸盐存在，有亚硝化作用。

十、硝化细菌培养基

1.成分

$NaNO_2$ 1g、$MgSO_4 \cdot 7H_2O$ 0.03g、K_2HPO_4 0.75g、$MnSO_4 \cdot 4H_2O$ 0.01g、NaH_2PO_4 0.25g、Na_2CO_3 1g、蒸馏水 1000mL。

2.灭菌条件

0.105MPa，20min。

3.测试方法

培养硝化细菌 2 周后，先用格利斯试剂测定，不呈红色时再用二苯胺试剂测试，若呈蓝色表明有硝化作用。

十一、反硝化细菌培养基

1.成分

① 培养基 1：蛋白胨 10g、KNO_3 1g、蒸馏水 1000mL。pH 7.6。

② 培养基 2：柠檬酸钠（或葡萄糖）5g、KH_2PO_4 1g、KNO_3 2g、K_2HPO_4 1g、$MgSO_4 \cdot 7H_2O$ 0.2g、蒸馏水 1000mL。pH 7.2～7.5。

2.灭菌条件

0.105MPa，20min。

3.测试方法

用奈氏试剂及格利斯试剂测定有无 NH_3 和 NO_2^- 存在。若其中之一或二者均呈正反应，均表示有反硝化作用。若格利斯试剂为负反应，再用二苯胺测试，亦为负反应时，表示有较强的反硝化作用。

十二、反硫化细菌培养基

1.成分

乳酸钠（也可用酒石酸钾钠）5g、$MgSO_4 \cdot 7H_2O$ 2g、K_2HPO_4 1g、天冬酰胺 2g、$FeSO_4 \cdot 7H_2O$ 0.01g、蒸馏水 1000mL。

2. 测试方法

培养 2 周后，加质量浓度 50g/L 柠檬酸铁 1～2 滴，观察是否有黑色沉淀，如有沉淀，证明有反硫化作用。或在试管中吊一条浸过乙酸铅的滤纸条，若有 H_2S 生成，则与乙酸铅反应生成 PbS 沉淀（黑色），使滤纸条变黑。

十三、球衣菌培养基

1. 成分

Trypticase 1g、琼脂 20g（若配成液体培养基则不加琼脂）、蒸馏水 1000mL。pH 7。

2. 灭菌条件

0.105MPa，20min。

十四、藻类培养基（水生 4 号培养基）

1. 成分

$Ca(H_2PO_4)_2 \cdot H_2O + 2(CuSO_4 \cdot 7H_2O)$ 0.03g、$(NH_4)_2SO_4$ 0.2g、$MgSO_4 \cdot 7H_2O$ 0.08g、$NaHCO_3$ 0.1g、KCl 0.025g、$FeCl_3$（1％）0.15mL、水 1000mL。土壤浸出液 0.5mL。

2. 制法

$FeCl_3$ 与其他盐类分开溶解，最后溶入培养基。

土壤浸出液是采用熟园土 1 份与水 1 份等重混合，静置过夜过滤，高压灭菌后保存于暗处。

附录四 总大肠菌群检索表（MPN 法）

附表 4-1 大肠菌群检验表 　　　　　　单位：个/L

10mL 水量的阳性管数	100mL 水量中的阳性管数			10mL 水量的阳性管数	100mL 水量中的阳性管数		
	0	1	2		0	1	2
0	<3	4	11	6	22	36	92
1	3	8	18	7	27	43	120
2	7	13	27	8	31	51	161
3	11	18	38	9	36	60	230
4	14	24	52	10	40	69	>230
5	18	30	70				

注：水样总量 300mL(2 份 100mL，10 份 10mL)，此表用于测定生活饮用水。

附表 4-2 大肠菌群检验表（一） 　　　　　　单位：个/L

100mL	10mL	1mL	0.1mL	水中大肠菌群数	100mL	10mL	1mL	0.1mL	水中大肠菌群数
－	－	－	－	<9	－	＋	＋	＋	28
－	－	－	＋	9	＋	－	－	＋	92
－	－	＋	－	9	＋	－	＋	－	94

续表

100mL	10mL	1mL	0.1mL	水中大肠菌群数	100mL	10mL	1mL	0.1mL	水中大肠菌群数
−	−	+	−	9.5	+	−	+	+	180
−	−	+	+	18	+	+	−	−	230
−	+	−	−	19	+	+	−	+	960
−	+	+	−	22	+	+	+	−	2380
+	−	−	−	23	+	+	+	+	>2380

注：水样总量 111.1mL (100mL，10mL，1mL，0.1mL)。+表示有大肠菌群，−表示无大肠菌群。

附表 4-3　　大肠菌群检验表（二）　　　　　　单位：个/L

10mL	1mL	0.1mL	0.01mL	水中大肠菌群数	10mL	1mL	0.1mL	0.01mL	水中大肠菌群数
−	−	−	−	<90	−	+	+	+	280
−	−	−	+	90	+	−	−	+	920
−	−	+	−	90	+	−	+	−	940
−	+	−	−	95	+	−	+	+	1800
−	+	−	+	180	+	+	−	−	2300
−	+	+	−	190	+	+	−	+	9600
−	+	+	+	220	+	+	+	−	23800
+	−	−	−	230	+	+	+	+	>23800

注：水样总量 11.11mL (10mL，1mL，0.1mL，0.01mL)。+表示有大肠菌群，−表示无大肠菌群。

附表 4-4　　用 5 份 10mL 水样时各种阳性和阴性结果组合时的最大可能数（MPN）

5 个 10mL 管中阳性管数	最大可能数（MPN）
	<2.2
	2.2
	5.1
	9.2
	16.0
	>16

注：水样总量 50.0mL (5 管 10mL)。

附表 4-5　　总大肠菌群的最大可能数（MPN 法）　　　　　　单位：个/100mL

出现阳性份数			每100mL水样中的最大可能数	95%可信限值		出现阳性份数			每100mL水样中的最大可能数	95%可信限值	
10mL 管	1mL 管	0.1mL 管		下限	上限	10mL 管	1mL 管	0.1mL 管		下限	上限
0	0	0	<2			1	2	0	6	<0.5	15
0	0	1	2	<0.5	7	2	0	0	5	<0.5	13
0	1	0	2	<0.5	7	2	0	1	7	1	17
0	2	0	4	<0.5	11	2	1	0	7	1	17
1	0	0	2	<0.5	7	2	1	1	9	2	21
1	0	1	4	<0.5	11	2	2	0	9	2	21
1	1	0	4	<0.5	11	2	3	0	12	3	28
1	1	1	6	<0.5	15	3	0	0	8	1	19

续表

出现阳性份数			每100mL水样中的最大可能数	95%可信限值		出现阳性份数			每100mL水样中的最大可能数	95%可信限值	
10mL管	1mL管	0.1mL管		下限	上限	10mL管	1mL管	0.1mL管		下限	上限
3	0	1	11	2	25	5	1	1	46	16	120
3	1	0	11	2	25	5	1	2	63	21	150
3	1	1	14	4	34	5	2	0	49	17	130
3	2	0	14	4	34	5	2	1	70	23	170
3	2	1	17	5	46	5	2	2	94	28	220
3	3	0	17	5	46	5	3	0	79	25	190
4	0	0	13	3	31	5	3	1	110	31	250
4	0	1	17	5	46	5	3	2	140	37	310
4	1	0	17	5	46	5	3	3	180	44	500
4	1	1	21	7	63	5	4	0	130	35	300
4	1	2	26	9	78	5	4	1	170	43	190
4	2	0	22	7	67	5	4	2	220	57	700
4	2	1	26	9	78	5	4	3	280	90	850
4	3	0	27	9	80	5	4	4	350	120	1000
4	3	1	33	11	93	5	5	0	240	68	750
4	4	0	34	12	93	5	5	1	350	120	1000
5	0	0	23	7	70	5	5	2	540	180	1400
5	0	1	34	11	89	5	5	3	920	300	3200
5	0	2	43	15	110	5	5	4	1600	640	5800
5	1	0	33	11	93	5	5	5	≥1600		

注：水样总量55.5mL（5管10mL，5管1mL，5管0.1mL）。

参 考 文 献

[1] 蔡晓明.生态系统生态学.北京：科学出版社，2000.
[2] 常学秀，张汉波，袁嘉丽.环境污染微生物学.北京：高等教育出版社，2006.
[3] 陈三凤，刘德龙.现代微生物遗传学.北京：化学工业出版社，2003.
[4] 陈世和，陈建华，王士芬.微生物生理学原理.上海：同济大学出版社，1992.
[5] 陈仁彪，孙岳平.细胞与分子生物学基础.第2版.上海：上海科学技术出版社，2003.
[6] 东秀珠，蔡妙英，等.常见细菌系统鉴定手册.北京：科学出版社，2001.
[7] 顾夏声，胡洪营，文湘华，等.水处理生物学.第5版.北京：中国建筑工业出版社，2011.
[8] 黄文林.分子病毒学.第3版.北京：人民卫生出版社，2016.
[9] 贾士儒.生物反应工程原理.第2版.北京：科学出版社，2003.
[10] 孔繁翔.环境生物学.北京：高等教育出版社，2000.
[11] 乐毅全，顾国维.16S rRNA基因技术在环境科学领域中的应用.四川环境，2003，22（6）：1-4.
[12] 李钟庆.微生物学技术丛书：微生物菌种保藏技术.北京：科学出版社，1989.
[13] 李博.生态学.北京：高等教育出版社，2000.
[14] 李军，杨秀山，彭永臻.微生物与水处理工程.北京：化学工业出版社，2002.
[15] 李素玉.环境微生物分类与检测技术.北京：化学工业出版社，2005.
[16] 林加涵，魏文铃，彭宣宪.现代生物学实验.北京：高等教育出版社，2000.
[17] 刘广发.现代生命科学概论.北京：科学出版社，2002.
[18] 刘建康.高级水生生物学.北京：科学出版社，1999.
[19] 刘志恒.现代微生物学.第2版.北京：科学出版社，2009.
[20] 倪丽娜，张婷，安志东.现代生物技术在环境微生物学中的应用：Ⅰ.基因探针和探针探测.氨基酸和生物资源，2002，24（4）：31-33.
[21] 秦麟源.废水生物处理.上海：同济大学出版社，1989.
[22] 曲媛媛，魏利.微生物非培养技术原理与应用.北京：科学出版社，2010.
[23] 瞿礼嘉，顾红雅，胡萍，陈章良.现代生物技术导论.北京：高等教育出版社，2003.
[23] 沈德中.污染环境的生物修复.北京：化学工业出版社，2002.
[25] 沈萍，陈向东.微生物学.北京：高等教育出版社，2009.
[26] 沈萍，范秀蓉，李广武.微生物学实验.第3版.北京：高等教育出版社，1999.
[27] 宋思扬，楼士林.生物技术概论.第2版.北京：科学出版社，2003.
[28] 王国惠.环境工程微生物学——原理和应用.第3版.北京：化学工业出版社，2015.
[29] 王建龙.环境微生物.北京：化学工业出版社，2002.
[30] 王建龙，文湘华.现代环境生物技术.第2版.北京：清华大学出版社，2008.
[31] 王镜岩，朱圣庚，徐长法.生物化学.第3版.北京：高等教育出版社，2002.
[32] 王林，李冰，朱健.高通量测序技术在人工湿地微生物多样性研究中的研究进展.中国农学通报，2016，32（5）：10-15.
[33] 王绍祥，杨洲祥，等.高通量测序技术在水环境微生物群落多样性中的应用.化学通报，2014，77（3）：196-203.
[34] 王宜磊.微生物学.北京：化学工业出版社，2009.
[35] 韦革宏，王卫卫.微生物学.北京：科学出版社，2008.
[36] 谢天恩，胡志红.普通病毒学.北京：科学出版社，2002.
[37] 辛华.细胞生物学实验.北京：科学出版社，2001.
[38] 熊治廷.环境生物学.武汉：武汉大学出版社，2000.
[39] 徐亚同，史家樑，张明.污染控制微生物工程.北京：化学工业出版社，2001.
[40] 徐亚同.废水中氮磷的处理.上海：华东师范大学出版社，1996.
[41] 杨苏声.细菌分类学.北京：中国农业大学出版社，1997.
[42] 俞毓馨，吴国庆，孟宪庭.环境工程微生物检验手册.北京：中国环境科学出版社，1990.
[43] 于自然，黄熙泰.现代生物化学.北京：化学工业出版社，2001.
[44] 张纪忠.微生物分类学.上海：复旦大学出版社，1990.
[45] 张金屯.应用生态学.北京：科学出版社，2003.
[46] 张景来，王剑波，常冠钦，等.环境生物技术及应用.北京：化学工业出版社，2002.

[47] 张倩茹，周启星，陈锡时，等.微生物分子生态学技术在污水处理系统中的应用.生态学杂志，2003，22（3）：49-53.

[48] 张婷，倪丽娜，安志东.现代生物技术在环境微生物学中的应用：Ⅱ.聚合酶链反应.氨基酸和生物资源，2003，25（1）：47-50.

[49] 郑师章，吴千红，王海波，等.普通生态学——原理、方法和应用.上海：复旦大学出版社，1994.

[50] 赵斌，何绍江.微生物学实验.北京：科学出版社，2002.

[51] 赵寿元，乔守怡.现代遗传学.北京：高等教育出版社，2001.

[52] 赵翔，安志东.现代生物技术在环境微生物学中的应用：Ⅲ.限制性片段长度多态性分析、变性/温度梯度凝胶电泳和报道基因.氨基酸和生物资源，2003，25（2）：48-51.

[53] 周德庆.微生物学教程.第3版.北京：高等教育出版社，2011.

[54] 周群英，王士芬.环境工程微生物学.第4版.北京：高等教育出版社，2015.

[55] 周少奇.环境生物技术.北京：科学出版社，2003.

[56] 周岳溪，钱易，顾夏生，等.废水生物除磷机理的研究.中国环境科学，1991，13（4）：2-4.

[57] 周岳溪，钱易，顾夏生，等.废水生物除磷机理的研究Ⅱ.中国环境科学，1993，13（3）：180-184.

[58] 周德庆，徐德强.微生物学实验教程.第3版.北京：高等教育出版社，2013.

[59] 朱玉贤，李毅，郑晓峰.现代分子生物学.第4版.北京：高等教育出版社，2013.

[60] 布坎南 R E，吉本斯 N E，等.伯杰细菌鉴定手册.中国科学院微生物研究所《伯杰细菌鉴定手册》翻译组译.北京：科学出版社，1984.

[61] 斯皮思 R E.工业废水的厌氧生物技术.李亚新译.北京：中国建筑工业出版社，2001.

[62] Dionisi H M，Layton A C，Harms G，et al. Quantification of *Nitrosomonas oligotropha*-like ammonia-oxidizing bacteria and *Nitrospira* spp. from full-scale wastewater treatment plants by competitive PCR. Appl Environ Microbiol，2002，68：245-253.

[63] Ketchum P A. Microbiology：Concepts and Applications. 2nd ed. New York：John Wiley，1998.

[64] Krieg N，et al. Bergey's Manual of Systematic Bacteriology. vol. 1-4. Baltimore：Williams & Wilkins，1984-1989.

[65] Madigan M T，Martinko J M，Parker J Brock. Biology of Microorganisms. 9th ed. New Jersey：Prentice Hall，2000.

[66] Pace N R，Stahl D A，Lane D J，Olsen G J. The analysis of natural microbial populations by ribosomal RNA sequence. Advanced in Microbial Ecology，1986，9：1-55.

[67] Garrity G M，Boone D R，Castenholz R W. Bergey's Manual of Systematic Bacteriology. 2nd ed. vol. 1. New York：Springer-Verlag，2001.

[68] Brenner D J，Krieg N R，Staley J T，Garrity G M. Bergey's Manual of Systematic Bacteriology. 2nd ed. vol. 2. parts A，B and C. New York：Springer-Verlag，2005.

[69] Vos P，Garrity G，Jones D，et al. Bergey's Manual of Systematic Bacteriology. 2nd ed. vol. 3. New York：Springer-Verlag：2009.

[70] Krieg N R，Ludwig W，Whitman W B，et al. Bergey's Manual of Systematic Bacteriology. 2nd ed. vol. 4. New York：Springer-Verlag，2010.

[71] Whitman W B，Goodfellow M，Kämpfer P，et al. Bergey's Manual of Systematic Bacteriology. 2nd ed. vol. 5. parts A and B. New York：Springer-Verlag，2010.

[72] Garrity G M，Boone D R，Castenholz R W. Bergey's Manual of Systematic Bacteriology. 2nd ed，vol. 1. New York：Springer-Verlag，2001.

[73] Brenner D J，Krieg N R，Staley J T，Garrity G M. Bergey's Manual of Systematic Bacteriology. 2nd ed. vol. 2. parts A，B and C. New York：Springer-Verlag，2005.

[74] Vos P，Garrity G，Jones D，et al. Bergey's Manual of Systematic Bacteriology. 2nd ed. vol. 3. New York：Springer-Verlag，2009.

[75] Krieg N R，Ludwig W，Whitman W B，et al. Bergey's Manual of Systematic Bacteriology. 2nd ed. vol. 4. New York：Springer-Verlag，2010.

[76] Whitman W B，Goodfellow M，Kämpfer P，et al. Bergey's Manual of Systematic Bacteriology. 2nd ed. vol. 5. parts A and B. New York：Springer-Verlag，2012.